数字调制解调技术的 MATLAB与FPGA实现

Altera/Verilog版（第2版）

· 杜勇 编著 ·

电子工业出版社·
Publishing House of Electronics Industry
北京·BEIJING

内 容 简 介

本书以 Altera 公司的 FPGA 为开发平台，以 MATLAB 及 Verilog HDL 为开发工具，详细阐述数字调制解调技术的 FPGA 实现原理、结构、方法和仿真测试过程，并通过大量工程实例分析 FPGA 实现过程中的具体技术细节。主要内容包括 FPGA 实现数字信号处理基础、ASK 调制解调、PSK 调制解调、FSK 调制解调、QAM 调制解调以及扩频通信等。本书思路清晰、语言流畅、分析透彻，在简明阐述设计原理的基础上，追求对工程实践的指导性，力求使读者在较短的时间内掌握数字调制解调技术的 FPGA 设计的知识和技能。

作者精心设计了与本书配套的 FPGA 开发板，详细讲解了工程实例的板载测试步骤及方法，形成了从理论到实践的完整学习过程，可以有效加深读者对调制解调技术的理解。本书的配套资料收录了完整的 MATLAB 及 Verilog HDL 代码，读者可登录华信教育资源网（www.hxedu.com.cn）免费注册后下载。

本书适合数字通信和数字信号处理领域的设计工程师、科研人员，以及相关专业的研究生、高年级本科生使用。

图书在版编目（CIP）数据

数字调制解调技术的 MATLAB 与 FPGA 实现：Altera/Verilog 版 / 杜勇编著. —2 版. —北京：电子工业出版社，2020.3

ISBN 978-7-121-38643-5

Ⅰ. ①数…　Ⅱ. ①杜…　Ⅲ. ①数字调制—解调技术—Matlab 软件②数字调制—解调技术—可编程序逻辑阵列　Ⅳ. ①TN761.93-39

中国版本图书馆 CIP 数据核字（2020）第 036002 号

责任编辑：田宏峰

印　　刷：涿州市般润文化传播有限公司

装　　订：涿州市般润文化传播有限公司

出版发行：电子工业出版社
　　　　　北京市海淀区万寿路 173 信箱　邮编　100036

开　　本：787×1 092　1/16　印张：26.5　字数：678 千字

版　　次：2015 年 3 月第 1 版
　　　　　2020 年 3 月第 2 版

印　　次：2024 年 10 月第 10 次印刷

定　　价：128.00 元

第 2 版前言

自 2012 年出版《数字滤波器的 MATLAB 与 FPGA 实现》后，根据广大读者的反馈和需求，作者从滤波器、同步技术和调制解调三个方面，出版了数字通信技术的 MATLAB 与 FPGA 实现系列图书。根据采用的 FPGA 和硬件描述语言的不同，这套图书分为 Xilinx/VHDL 版（采用 Xilinx 公司的 FPGA 和 VHDL）和 Altera/Verilog 版（采用 Altera 公司的 FPGA 与 VerilogHDL）。这套图书能够给广大工程师及在校学生的工作和学习有所帮助，是作者莫大的欣慰。

作者在 2015 年出版了 Altera/Verilog 版，在 2017 年出版了 Xilinx/VHDL 版。针对 Xilinx/VHDL 版，作者精心设计了 FPGA 开发板 CXD301，并在 Xilinx/VHDL 版中增加了板载测试内容，取得了良好效果，对读者的帮助很大。

根据广大读者的建议，以及 Xilinx/VHDL 版的启发，作者从 2018 年开始着手 Altera/Verilog 版的改版工作。但限于时间及精力，以及对应的开发板 CRD500 的研制进度，迟迟没有完稿，一晃竟推迟了近两年的时间。

与本书第 1 版相比，这次改版主要涉及以下几个方面：

（1）对涉及 FPGA 工程实例的章节，增加了主要工程实例的板载测试内容（基于开发板 CRD500 进行板载测试），给出了测试程序代码，并对测试结果进行了分析。

（2）Quartus 软件更新很快，几乎每年都会推出新的版本。2014 及以前的版本均为 Quartus II，2015 年后推出的版本更名为 Quartus Prime，目前最新的版本是 Quartus Prime 18.1。Quartus II 和 Quartus Prime 的设计界面相差不大，设计流程也几乎完全相同。其中，Quartus 13 是最后同时支持 32 bit 及 64 bit 系统的软件版本，后续版本仅支持 64 bit 系统。为了兼顾更广泛的设计平台，同时考虑到软件版本的稳定性，本书及开发板配套例程均采用 Quartus 13.1。本书第 1 版采用的是 MATLAB 7.0，这次改版采用的是 MATLAB R2014a。

（3）为了便于在 CRD500 上进行板载测试验证，对部分工程实例参数进行了适当的调整。

（4）在编写板载测试内容时，发现本书第 1 版中的部分程序还有需要完善的地方，这次改版对这些程序进行了补充及优化。

（5）根据读者的反馈信息，修改了本书第 1 版中的一些叙述不当或不准确的地方。

限于作者水平，本书的不足之处在所难免，敬请读者批评指正。欢迎大家就相关技术问题进行交流，或对本书提出改进建议。

技术博客：https://blog.csdn.net/qq_37145225。

产品网店：https://shop574143230.taobao.com/。

交流邮箱：duyongcn@sina.cn。

杜勇

2020 年 1 月

第 1 版前言

为什么要写这本书

为什么要写这本书呢？或者说为什么要写数字通信技术的 MATLAB 与 FPGA 实现相关内容的书呢？记得在电子工业出版社出版《数字滤波器的 MATLAB 与 FPGA 实现》时，我在前言中提到写作的原因主要有三条：其一是 FPGA 在电子通信领域得到了越来越广泛的应用，并已逐渐成为电子产品实现的首选方案；其二是国内市场上专门讨论如何采用 FPGA 实现数字通信技术的书籍相对欠缺；其三是数字通信技术本身十分复杂，关键技术较多，在一本书中全面介绍数字通信技术的 FPGA 实现时难免有所遗漏，且内容难以翔实。因此，根据自己从业经验，将数字通信的关键技术大致分为滤波器技术、同步技术和调制解调技术三种，并尝试着先写滤波器技术，再逐步完成其他两种技术的写作。在广大读者的支持和鼓励下，先后又出版了《数字通信同步技术的 MATLAB 与 FPGA 实现》和《数字调制解调技术的 MATLAB 与 FPGA 实现》。这样，关于数字通信技术的 MATLAB 与 FPGA 实现的系列著作总算得以完成，多年前的构想总算成为现实！

自数字通信技术的 MATLAB 与 FPGA 实现的系列著作出版后，陆续通过邮件或博客的方式收到广大读者的反馈意见。一些读者直接通过邮件告知书中的内容对工作的帮助；一些读者提出了很多中肯的、有建设性的意见和建议；更多的读者通过邮件交流书中的相关设计问题。《数字滤波器的 MATLAB 与 FPGA 实现》采用 Xilinx 公司的 FPGA 和 VHDL 作为开发平台（Xilinx/VHDL 版），该书出版后，不少读者建议出版采用 Verilog HDL 作为开发平台的版本。这是个很好的建议。在 Xilinx/VHDL 版顺利出版之后，终于可以开始 Altera/Verilog 版的写作了，以满足不同读者的需求。

回顾写作这套图书时的想法，作者显然是受了中学时代阅读的金庸先生的武侠小说的影响，金庸先生的几本经典小说在人物和情节的安排上是一脉相承的，因此，在这套图书的内容安排上也考虑了一定的衔接性。《数字滤波器的 MATLAB 与 FPGA 实现》的最后一章讨论的是调制解调方面的内容，一方面涉及了调制解调中的滤波器设计，另一方面简单地介绍了载波同步的知识。《数字通信同步技术的 MATLAB 与 FPGA 实现》中介绍的滤波器设计的内容多引自《数字滤波器的 MATLAB 与 FPGA 实现》，重点对载波同步、位同步、帧同步等经典的同步技术进行了详细的阐述。滤波器及同步技术又是调制解调技术中的核心功能电路。

李开复先生在他的博客中有下面这段话：

西方有一句名言，"听过的我会忘记，看过的我能记得，做过的我才理解"。在学校学习时，一定要做到融会贯通，不能只死背书本，一定要动手实践。不但要学习知识，还要知道应该如何使用知识。融会贯通意味着高校培养出的学生必须善于将学习到的知识应用于实践。在 IT 领域，许多公司都希望加入公司的毕业生拥有 10 万行代码以上的编程经验（例如，在 Google，很多应聘者都因为实际动手能力不足而没能通过面试），但不少计算机相关专业的中国学生告诉我说，他们在学校的四年时间里，自己真正动手编写过的程序还不超过 1000 行。这一方面说明了一些学校在教学时不重视对学生实践能力的培养，另一方面也说明了很多学生只知道学习"死"的知识，而不知道去寻找或创造机会来将学到的知识用在具体的实践中。

上面这段话道出了绝大多数刚毕业的大学生的状态。回想自己刚离开大学校园后，在初次从事具体的电路设计时所感觉到的茫然仍然清晰如昨日！

作为一名电子通信领域的技术人员，在从业之初通常都会遇到类似的困惑：如何将从教材中所学到的理论知识与实际中的工程设计结合起来？如何将这些教材中的理论知识转换成实际的电路？绝大多数的数字通信类教材对通信原理的讲解都十分透彻，但理论与实践之间显然需要有一座可以顺利通过的桥梁。一个常用的方法是通过采用 MATLAB 等工具进行软件仿真来加深对理论知识的理解，但更好的方法显然是直接参与工程的设计与实现。

然而，在校学生极少有机会参与实际工程的设计，在工作中往往感到学校所学的理论知识很难与实际的工程联系起来。教科书上讲解的是原理性的内容，即使可以很好地解答教科书中的习题，或者能够熟练地推导书中的公式，但在进行工程设计时，如何用具体的电路或硬件平台来实现这些理论知识及公式，仍然是广大工程师面临的一个巨大难题。对于数字通信专业来讲，由于其涉及的理论知识比较复杂，在真正进行工程设计时会发现根本无从下手。采用 MATLAB、System View 等软件对通信理论进行仿真，虽然可以直观地验证算法的正确性，并查看仿真结果，但这类软件的仿真仅仅停留在算法或模型上，与真正的工程设计及实现完全是两个不同的概念。FPGA 很好地解决了这一问题。FPGA 本来就是基于工程应用的，其仿真技术可以很好地仿真实际的工作情况。尤其是时序仿真技术，在计算机上通过了时序仿真的程序，几乎不再需要修改就可以直接应用到工程中。这种设计、验证、仿真的一体化，可以极好地将理论知识与工程实践完美地结合起来，从而提高学习的兴趣。

FPGA 具有快速的并行运算能力，以及独特的组成结构，已成为电子通信领域必不可少的实现平台之一。本书的目的正是架起一座理论知识与工程实践之间的桥梁，通过具体的设计实例，详细讲解从理论到工程实现的方法、步骤和过程，以便工程技术人员能够尽快掌握利用 FPGA 实现数字通信技术的方法。

目前，市场上已有很多介绍 ISE、Quartus II 等 FPGA 开发环境，以及 VHDL、Verilog HDL 等硬件描述语言的图书。如果我们仅仅使用 FPGA 来实现一些数字逻辑电路，或者理论性不强的控制电路，掌握 FPGA 开发工具及 VHDL 的语法就可以开始工作了。数字通信的理论性要强得多，采用 FPGA 实现数字通信技术的前提条件是要对理论知识有深刻的理解。在理解理论知识之后，关键的问题是根据这些理论知识，利用 FPGA 的特点，找到合适的算法实现结构，厘清工程实现的思路，并采用 VHDL、Verilog HDL 等硬件描述语言进行实现。因此，要想顺利地读懂本书，读者除了要掌握数字通信的理论知识，还需要对 FPGA 的开发环境和硬件描述语言有一定的了解。

在本书的写作过程中，作者兼顾了数字通信的理论知识和工程设计过程的完整性，重点突出 FPGA 设计、结构、实现的细节，以及仿真测试方法。在讲解理论知识时，重点从工程应用的角度进行介绍，主要介绍工程设计时必须掌握和理解的理论知识，并且结合 FPGA 的特点进行讨论，以便读者能够尽快找到理论知识与工程实践之间的结合点。在讲解具体工程实例的 FPGA 实现时，不仅给出了完整的程序代码，还从思路和结构上对程序代码进行详细的分析和说明。根据作者的理解，针对一些似是而非的概念，结合具体工程实例的仿真测试加以阐述，希望能够为读者提供更多有用的参考。相信读者按照本书讲解的步骤完成一个个具体的工程实例时，会逐步感觉到理论知识与工程实践之间完美结合的畅快，对理论知识的理解也必将越来越深刻，就更容易构建起理论知识与工程实践之间的桥梁。

本书的内容安排

第 1 章主要对数字通信技术的概念及 FPGA 的基础知识进行了简要的介绍。本章主要讲述数字通信中的基本概念，一是为了使全书所讲述的内容更成体系，二是想重申一个老掉牙的道理——基本概念永远是最重要的。在介绍这些基本概念时，尽量避免一些复杂的公式推导及深奥的理论知识，更多地是从直观的角度来进行介绍的。根据作者自身的工作经验和对数字通信的理解，对频谱、带宽、采样、信噪比等最基本的定义做了较为全面的阐述，希望能够对读者理解数字通信的理论知识有所帮助。由于职业的原因，作者对那些伟大的技术创新者备感敬意，因此在介绍 FPGA 的发展历程时，更多地从人物的角度来介绍那些科技创新的故事，这些故事非常有趣，那些伟大的科学家和技术创新者从来都不缺乏鲜明的个性。

在采用 MATLAB 及 FPGA 来实现数字通信的相关技术时，工程师首先需要熟练掌握一整套开发工具的使用方法，它们就是工程师手中的装备。要设计出完美的产品需要很多工具之间的相互配合，而掌握好手中的装备无疑是最基本的前提之一。第 2 章主要对本书使用到的开发工具进行简要的介绍。之所以说简要介绍，是因为这些开发工具的功能十分强大，无法用一章的篇幅对具体的功能进行详细的介绍。随着工程师设计经验的积累，会更加全面地掌握开发工具的特点，从而更好地发挥它们的性能，以最小的代价设计出理想的产品。

第 3 章介绍了 FPGA 中数的表示方法、数的运算、有限字长效应及常用的数字信号处理模块。在 FPGA 等硬件系统中实现数字信号时，因受寄存器长度的限制，不可避免地会产生有限字长效应。工程师必须了解有限字长效应对数字系统可能带来的影响，并在实际设计中通过仿真来确定最终的量化位宽、寄存器长度等参数。本章最后对几种常用的运算模块 IP 核进行了介绍，详细阐述了这些 IP 核控制参数的设置方法，并给出了几个简单的应用实例。IP 核在 FPGA 设计中应用得十分普遍，尤其在数字信号处理领域，采用设计工具提供的 IP 核进行设计，不仅可以提高设计效率，还可以保证设计的性能。因此，在进行 FPGA 设计时，工程师可以先浏览一下选定的目标器件所能提供的 IP 核，以便通过使用 IP 核来减少设计的工作量并提高系统的性能。当然，工程师也可以根据是否具有相应的 IP 核来选择目标器件。本章讨论的都是一些非常基础的知识，但正因为基础，所以非常重要。其中讨论的有效数据位运算，以及有限字长效应等内容在后续的具体工程实例中都会多次涉及，因此建议读者不要急于阅读后续章节的具体工程实例讲解，先切实练好基本功，才可以达到事半功倍的效果。

对于电子通信领域的技术人员来说，滤波器是一个再普通不过的概念了。数字滤波器本身已成为一个专业性很强的研究方向，第 4 章讲述的仅仅是最常用的 FIR（Finite Impulse Response，有限脉冲响应）滤波器和 IIR（Infinite Impulse Response，无限脉冲响应）滤波器。不过这不并不影响读者对数字调制解调技术内容的理解，因为后续章节只使用了这两种类型的数字滤波器。如果读者有兴趣了解更多与数字滤波器的 FPGA 实现相关的内容，请参考《数字滤波器的 MATLAB 与 FPGA 实现》。

第 5 章开始讨论各种调制解调技术。众所周知，无论数字通信还是模拟通信，幅度调制解调都被认为是一种最简单的通信技术。事实也确实如此，因此这种调制方式几乎成为学习通信原理的基础。在讨论 ASK 信号解调时采用了非相解调法，又进一步降低了 FPGA 实现的难度。虽然看似简单，但并非不重要，因为本章介绍了一个非常完整的数字通信传输系统。在介绍通信原理方面的教材中可以很容易找到 ASK 调制解调方面的内容，但如何将这个看似简单的系统真正应用到工程中，用 FPGA 实现出来，清楚了解从输入到输出之间信号的变化过程，并不是一件容易的事。读者根据本章所介绍的步骤及方法，完成整个系统的仿真测试之后，会对 ASK 调制解调技术有一个更加深入的理解。

经过对 ASK 调制解调技术的讨论，读者会对数字调制解调技术的整个设计流程有了一个初步的认识，甚至觉得工程设计并不是多么困难的事。建立信心是很重要的，但也要有一定的思想准备，并非所有数字调制解调技术都像第 5 章介绍的那么简单。第 6 章前半部分讨论了 FSK 调制解调技术，无论理论知识还是工程实现的难度都不大；后半部分详细讨论了 MSK 调制解调技术，其原理及工程实现都已有一定规模了，无论从原理还是从工程实现来讲，要完全掌握其设计流程和方法，都需要花一番工夫才行。不过也不用过于担心，读者跟着书中介绍的步骤，一步步完成整个 MSK 信号解调的 FPGA 工程实现，并在 ModelSim 仿真波形中看到一条条光滑的收敛曲线时，一定会产生一种成就感，设计的信心也会随之增加。

第 7 章讨论了三种典型的相位调制系统：BPSK、QPSK 及π/4 QPSK。Costas 环是一种非常经典的锁相环，是 BPSK 信号解调中常用的电路，绝大多数电子通信领域的读者对此都不会陌生。在设计完成 Costas 环后，采用 ModelSim 仿真环路的收敛性能，在波形界面看到完美的收敛曲线时，相信读者会感到工程设计成功的喜悦，一些原本只存在于教科书中的理论，已经演变成现实的工程设计了。本章进一步探讨了 QPSK 及π/4 QPSK 调制解调制的过程，为了给读者更多的参考，在解调时分别采用了相干解调法和非相干解调法。

第 8 章讨论了一个比较完整的 QAM 调制解调系统，比较详细地介绍了从原理到 MATLAB 仿真，再到 FPGA 实现的过程。QAM 是一种应用十分广泛的调制方式，相比前面讨论的调制方式，无论工作原理还是实现过程，都显得更为复杂。从整个 QAM 调制解调的实现过程来看，关键问题仍然是载波同步及位同步。其中，载波同步的相关内容与前面所讨论的锁相环有很强的关联性，如果读者通过前面章节已经对锁相环有了深刻的认识，则理解 QAM 载波同步原理及实现方法就相对比较容易了。插值算法位同步技术是本章的重点和难点，为了给读者更多的参考，本章还对插值算法的工作原理及仿真的过程进行了介绍。之所以介绍这些内容，是想说明，作为一名工程技术人员，掌握一项技术时首先要从原理上准确把握这项技术的工作机理，能够对仿真结果做出合理的解释。在遇到困难时，可以采用各种方式学习借鉴，如查阅资料或论坛求助等，但前提是需要花费大量精力对已有的基本知识进行消化。掌握的知识越多，积累的工程经验越丰富，学习的速度就越快，对相关领域知识的理解就越深刻，这是一个正反馈不断增强的过程。

本书最后一章讨论的是扩频调制解调技术，伪码同步是其中的核心技术，扩频通信的抗干扰性能也体现在伪码同步后的解扩上。本章首先介绍了直扩系统的原理，然后比较详细地讨论了直扩系统的同步原理及方法，并重点分析了本书所采用的滑动相关捕获法和延迟锁相环的原理。利用 FPGA 实现伪码同步环的关键在于合理划分功能模块，以及准确掌握各功能模块之间的控制与被控制关系以及整个系统的时序关系。如果没有 Costas 环的 FPGA 设计基础，直接学习本章内容是比较困难的，不仅是因为直扩系统解调系统本身需要将载波同步环与伪码同步环有机结合在一起，还因为本章在介绍整个环路的 Verilog HDL 设计时有意略去了载波同步环相关参数的设计方法。

关于 FPGA 开发环境的说明

众所周知，目前 Xilinx 公司和 Altera 公司的产品占据全球约 90%的 FPGA 市场。可以说，在一定程度上正是由于这两大厂商的相互竞争态势，才有力地推动了 FPGA 的不断发展。虽然硬件描述语言的编译及综合环境可以采用第三方公司所开发的产品，如 ModelSim、Synplify 等，但 FPGA 的实现必须采用各自公司开发的软件平台，无法通用。目前，Xilinx 公司的主流开发平台是 ISE 系列套件，Altera 公司的主流开发平台是 Quartus II 系列套件。与 FPGA 开发平台类似，硬件描述语言也存在两种难以取舍的选择：VHDL 和 Verilog HDL。

如何选择开发平台以及硬件描述语言呢？其实，对于有志于从事 FPGA 开发的技术人员来说，选择哪种平台及硬件描述语言并不重要，因为两种平台具有很多相似的地方，精通一种硬件描述语言后，再学习另一种也不是一件困难的事。通常可以根据周围同事、朋友、同学或公司的主要使用情况来选择，这样在学习的过程中可以方便地找到能够给你指点迷津的专业人士，从而加快学习的进度。

本书采用 Altera 公司的 FPGA 作为开发平台，采用 Quartus II 作为开发环境，采用 Verilog HDL 作为实现手段。由于 Verilog HDL 并不依赖于具体的 FPGA，因此本书的 Verilog HDL 程序可以很方便地移植到其他 FPGA 上。如果程序中应用了 IP 核，不同公司的 IP 核通常是不能通用的，这就需要根据 IP 核的功能参数，在另外一个平台上重新生成 IP 核，或编写 Verilog HDL 代码来实现 IP 核。

有人曾经说过，技术只是一个工具，关键在于思想。将这句话套用过来，对于本书来讲，具体的开发平台和硬件描述语言只是实现数字通信技术的工具，关键在于设计的思路和方法。因此，读者完全不必过于在意开发平台的差别，只要掌握本书所讲述的设计思路和方法，加上读者已经具备的 FPGA 开发经验，采用任何一种开发平台和硬件描述语言都可以很快地设计出满足用户需求的产品。

如何使用本书

本书讨论的是数字调制解调技术的 MATLAB 与 FPGA 实现。相信大部分工科院校的学生和电子通信的从业人员对 MATLAB 都有一个基本的了解。由于 MATLAB 的易用性及强大的功能，已经成为数学分析、信号仿真、数字处理必不可少的工具。另外，MATLAB 具有大量专门针对数字信号处理的常用函数，如滤波器函数、傅里叶分析函数等，十分有利于对一些通信的概念及信号进行功能性仿真，因此，本书在讲解具体的工程实例时，通常会采用 MATLAB 作为仿真验证工具。虽然本书中的 MATLAB 程序相对比较简单，主要应用一些数字信号处理函数进行仿真验证，但如果读者没有 MATLAB 的基础知识，还是建议先简单地学习 MATLAB 的编程概念及基本语法。考虑到程序及函数的兼容性，书中所有 MATLAB 程序的开发验证平台均为 MATLAB 7.0。

在讲解具体的 FPGA 工程实例时，通常会先采用 MATLAB 对所需设计的工程进行仿真，一方面可以仿真算法过程及结果，另一方面可以生成 FPGA 仿真所需要的测试数据。在 Quartus II 平台上编写 Verilog HDL 程序时，为了便于讲述，通常会先讨论程序的设计思路，或者先给出程序清单，然后对程序代码进行分析说明。在编写完程序后，还需要编写 TestBench 文件，根据所需产生输入信号的种类，可以直接在 TestBench 文件中编写代码来产生输入信号，也可以通过读取外部 TXT 文件的方式来产生输入信号；接下来就可以采用 ModelSim 对 Verilog HDL 程序进行仿真了，查看 ModelSim 仿真波形，并根据需要将仿真数据写入外部 TXT 文件，通常还会对仿真波形进行分析，查看仿真结果是否满足要求。如果 ModelSim 波形不便于精确地分析测试结果，则需要再次编写 MATLAB 程序来对 ModelSim 仿真结果进行分析处理，最终验证 FPGA 设计的正确性。

本书主要以工程实例的方式讲解各种数字调制解调技术的原理以及 FPGA 实现方法和步骤。大部分工程实例均给出了完整的程序清单，但限于篇幅，不同工程实例中的一些重复或相似的代码并没有完全列出，本书的配套资料收录了所有工程实例的源程序及工程设计资源，并按章节序号存放在配套资料的根目录下。本书在编写工程实例时，程序文件均放置在"D:\ModemPrograms"的文件夹下，读者可以先在本地硬盘下建立"D:\ModemPrograms"文件夹，然后将配套资料中的程序压缩包解压至该文件夹下，大部分程序均可直接运行。需要说明的是，在大部分工程实例中，需要由 MATLAB 产生 FPGA 测试所需的数据，或者由 MATLAB 读取外部 TXT 文件的数据，同时 FPGA 仿真用的 TestBench 文件通常也需要从指定的路径下读取外部 TXT 文件的数据，或将仿真结果输出到指定的路径下。文件的路径均为绝对路径，如"fid=fopen('D:\ ModemPrograms\Chapter_4\din.txt','w');"，读者运行程序时，请修改用于指定文件路径的代码，以确保仿真测试程序在正确的路径下对文件进行操作。

致谢

有人说，每个人都有他存在的使命，如果迷失他的使命，就失去了他存在的价值。不只是每个人，每件物品也都有其存在的使命。对于一本书来讲，其存在的使命就是被阅读，并给阅读者带来收获。数字通信的 MATLAB 与 FPGA 设计系列图书，能够对读者的工作和学习有所帮助，是作者莫大的欣慰。

在写作本书的过程中，作者查阅了大量的资料，在此对资料的作者及提供者表示衷心的感谢。由于写作的缘故，作者重新阅读一些经典的数字通信书籍时，再次深刻感受到了前辈们严谨的治学态度和细致的写作作风。

在此，感谢我的父母，几年来一直陪伴在我的身边，正是他们的默默支持，才让我能够在家里专心致志地写作。感谢我的妻子刘帝英女士，她不仅是一位尽心尽职的母亲，也是一位严谨细致的科技工作者，同时也是本书的第一位读者，在工作之余对本书进行了细致的校对。时间过得很快，女儿已经上小学四年级了，她最爱看书和画画，最近迷上了《西游记》，以前的儿童简化版已满足不了她的要求，周末陪她去书店买了一本原著，她自己常常被书中的情节逗得哈哈大笑，还常常推荐一些精彩的章节给我看。

FPGA 技术博大精深，数字通信技术繁多且实现难度大。本书虽尽量详细讨论了 FPGA 实现数字调制解调技术的相关内容，仍感觉到难以详尽叙述工程实现的所有细节。相信读者在实际工程应用中经过不断实践、思考及总结，一定可以快速掌握数字调制解调技术的工程设计方法，提高应用 FPGA 进行工程设计的能力。由于作者水平有限，不足之处在所难免，敬请广大读者批评指正。欢迎大家就相关技术问题与我进行交流，或对本书提出改进意见及建议。请读者访问网址 http://duyongcn.blog.163.com 以获得与该书相关的资料及信息，也可以发邮件至 duyongcn@sina.cn 与我进行交流。

杜 勇

2015 年 3 月

目　　录

第1章

数字通信及 FPGA 概述

很容易估计到的是，阅读本书的读者对数字通信的一般原理和 FPGA 概念都有一定的了解，甚至已经十分熟悉了。本书主要讨论数字调制解调技术的 MATLAB 与 FPGA 实现，本章耗费一些笔墨来讲述一些最基本的概念，一是为了使全书所讲述的内容更加体系化，二是想重申一个老掉牙的理由——基本的概念永远是最重要的。记得十多年前读研究生的时候，给我们讲电路设计课程的是一名具有丰富工程实践经验的老师，他开篇讲的是如何识别常用的电阻、电容等基本电子元器件。"要持续不断地去熟悉和体会最基本的概念，不论你已经达到多高的水平，永远不要荒废基本功。"十多年过去了，这段话犹在耳边。"不积跬步，无以至千里；不积小流，无以成江海。"我们不断熟悉基本概念的目的，是要将学习道路上辛苦收集的"每滴水"在蒸发之前汇集到我们已真正掌握的"知识江海"中。当然，如果读者已经具有扎实的通信理论知识，以及一定的 FPGA 设计经验，可以跳过本章直接阅读后续内容。

1.1　数字通信系统概述

1.1.1　数字通信的一般处理流程

什么是数字通信？简单来讲，数字通信是指用数字的形式传输消息，或用数字的形式对载波信号进行调制后再传输信息的通信方式。常规的电话和电视都属于模拟通信，因为整个传输过程全部是以模拟信号的形式实现的。电话和电视的模拟信号经数字化后，再进行数字信号的调制和传输，便称为数字电话和数字电视。以计算机为终端机的相互间的数据通信，因信号本身就是数字形式，因此属于数字通信。卫星通信中采用时分或码分复用形式的多路通信也属于数字通信。

在模拟通信中，原始信号（如语音的音频信号、电视的视频信号）直接对载波信号进行调制。在数字通信中，发送端原始信号必须先经过模/数转换器（Analog to Digital Converter，ADC）转换成数字信号（通常为 1 和 0 的形式），再对载波信号进行调制。在接收端，接收到的已调信号经过解调后，得到的仍是数字信号。数字信号还必须经过数/模转换器（Digital to Analog Converter，DAC）才能恢复成原始的模拟信号。

典型的数字通信系统组成框图如图 1-1 所示[1]，图中的上半部分表示从信源到发送端的信号传输过程，包括格式化、信源编码、加密、信道编码、多路复用、脉冲调制、带通调制、频率扩展、多址接入；下半部分表示从接收端到信宿的信号传输过程，基本上是框图上部分信号处理的逆过程。调制器和解调器合称为调制解调器（Modem），是数字通信最基本和最核心的部分，相当于整个数字通信系统的"大脑"，也正是本书所要讨论的内容。

在通信系统中，信源可以是模拟信号，如音频或视频信号；也可以是数字信号，如电传机的输出信号。数字信号在时间上是离散的，并且具有有限个输出字符。格式化和信源编码的作用类似，都包含数据的数字化，但信源编码还包括数据压缩功能。格式化是指对本身已是数字信号的信源进行简单的格式化变换，信源编码则包含将模拟信号转换为数字信号的过程。模拟信号的数字化需要经过 3 个过程：采样、量化和编码。采样过程将时间连续的模拟信号变为时间离散、幅度连续的采样信号；量化过程将采样信号变为时间离散、幅度离散的数字信号；编码过程将量化后的信号编码成为二进制码组输出。加密用于提高通信的保密性，防止没有被授权的用户获得信息或将差错信息加入系统中。

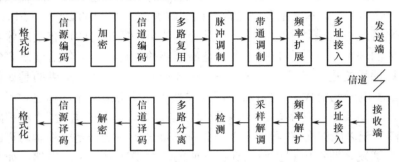

图 1-1 典型的数字通信系统组成框图

信源编码及加密处理后的数据仍然是二进制的，需要进行信道编码。信道编码的目的是在二进制数据流中以受控的方式引入一些冗余，以便在接收端克服信号在信道中传输时所遭受的噪声和干扰的影响。增加的冗余用来提高接收数据的可靠性，以及改善接收信号的逼真度。

多路复用和多址接入可以对不同特性或不同信源的信号进行合成，以便共享信道资源。扩频（频率扩展）能产生抵御干扰的信号，提高通信系统的保密性，同时它在多址接入方面也是一项有用的技术。在二进制数据流中，由于不同码元之间在时间上都是突变的，因此每个码元的频谱宽度都是无限的。但信道的带宽不可能是无限的，所以在数据通过信道传输之前需要首先将二进制数据流映射成带宽有限的信号波形。脉冲调制用于完成二进制数据流到基带信号的转换。基带（Base Band）是指从直流（或接近直流）延伸到某个有限值的信号频谱，这个值通常是小于几兆赫（MHz）的有限数。脉冲调制通常包含使传输带宽最小化的滤波器，这个滤波器就是数字通信中常用的脉冲成形滤波器。经过脉冲调制后产生的二进制信号称为脉冲编码调制（Pulse Code Modulation，PCM）信号。

在涉及射频传输的应用中，另一个重要步骤是带通调制，也称为频带调制。只要传输信道不支持 PCM 信号的传输，就必须应用带通调制。带通调制将基带信号的频谱通过一个载波搬移到比基带信号频谱大得多的频点上。

通信信道用来将发送端的信号发送给接收端。在无线传输中，信道既可以是大气（也称为自由空间），也可以是有线线路。无论用什么物理媒质来传输信息，其基本特点都是发送信号会受到各种噪声的影响，如由电子器件产生的加性热噪声、人为噪声和大气噪声。

在数字通信系统的接收端，数字解调器对受到信道恶化的发送信号进行处理，并将该信号还原成一个数字序列，该序列表示发送数据符号的估计值。这个数字序列被送至信道译码器后，根据信道编码器所用的关于码元的信息及接收数据重构初始的信息序列。

解调器和译码器性能好坏的一个判断依据是译码序列中发生差错的概率。更准确地说，译码器输出端的平均比特错误概率是解调器和译码器组合性能的一个度量。一般来说，错误概率是下列各种因素的函数：码特征、用来在信道上传输信息的信号类型、发送功率、信道特征（包括噪声的大小、干扰的性质等），以及解调和译码方法。

信源译码器从信道译码器接收其输出的数字序列，并根据所采用的信源编码方法的有关知识重构由信源发出的原始信号。由于信道译码的差错以及信源编码器可能引入的失真，在信源译码器输出端的信号只是原始信源输出信号的一个近似。

1.1.2　本书讨论的通信系统模型

图 1-1 所示的框图是一种典型的数字通信系统，但并非在每一个数字通信系统中都需要包括图中的每一个处理环节。例如，加密、多路复用、频率扩展、多址接入等处理环节可根据需要进行取舍。对于无线数字通信系统来讲，格式化、脉冲调制、带通调制、数字解调等处理环节是必不可少的。本书主要讨论数字调制解调技术的工程设计与实现，并不需要涉及图 1-1 所示的所有处理环节。本书所要讨论的数字通信系统模型可以用图 1-2 来表示。

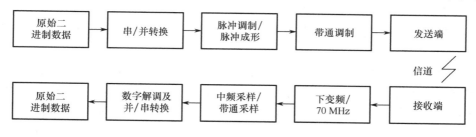

图 1-2　简化的数字通信系统模型

在图 1-2 中，原始二进制数据通常是随机的，一般由 MATLAB 软件随机产生，不再涉及对模拟信号的格式化及编码步骤。在讨论多进制调制解调技术时，需要对二进制数据进行串/并转换，在讨论二进制调制解调时，图 1-2 中的串/并转换及并/串转换步骤就可以忽略了。脉冲调制是每个数字通信系统中必不可少的环节，通常采用著名的升余弦滚降滤波器来实现。带通调制是本书讨论的主要内容之一，不同调制体制具有不同的实现结构和方法，带通调制其实是一个简单的频谱搬移过程，本身不产生额外的信息，也不改变信号的频谱形状。发送端及接收端的信号是模拟信号，其实现原理及方法不属于本书的讨论范围，之所以在图 1-2 中表示出来，是为了表示通信系统的完整性。在实际的无线数字通信系统中，接收到的信号首先需要进行低噪放大、滤波及下变频处理，为了便于接收端的设计，通常还会将射频信号下变频至固定的中频频率，这也就是通常所讲的超外差式接收端的基本思想。对于信号频谱宽度远小于载波频率的信号，采用奈奎斯特采样频率既不现实也无必要，带通采样定理很好地解决了这种情况下的采样方法。数字解调是数字通信系统中最核心的部分，是本书讨论的重点和难点，主要涉及滤波器设计、同步系统设计、解调结构设计等令广大电子通信工程师感到非常具有挑战性的内容。

1.1.3　数字通信的特点及优势

从 20 世纪中叶起，数字通信日益发展，开始出现了数字通信代替模拟通信的趋势。目前，无论模拟通信还是数字通信都得到了广泛的应用。从通信的发展历史来看，尽管数字通信（电报通信）很早就出现了，但在一个很长的时期中，数字通信的发展却比模拟通信缓慢得多，实际使用的通信设备也比模拟通信少。发展数字通信的原因除了数字信号本身具有的特点，数字通信还有很多突出的优点。

1．数字通信比模拟通信的抗干扰能力强

我们在打电话时，有时拨了对方的号码后，电话打不通，只能听到占线的"嘟嘟"声。这可能是对方正和别人讲话，也可能是连接两个电话之间的线路被占用了。因为两个电话局之间的中继线是有限的，如果同一时间有许多人在打电话，把这些中继线都占用了，后来的用户就打不通了。电话机的数目越多，各用户使用电话的次数越频繁，就需要有更多的中继线。如果要在两个电话局之间增设电缆，则又会受到土建工程的限制，困难较多，投资比较大。早期曾设法在一对中继线上同时接通多路模拟电话，但线路的高频特性不好，抗干扰能力差，串话的情况严重，通话效果不好。20 世纪 60 年代初，数字通信开始在电话中试用。由于数字信号波形简单，具有 0、1 区别鲜明的特点，数字通信抗干扰能力极强，可以实现在一对中继线上同时接通几十对电话机。

在有线和无线通信系统中，常常需要在沿途适当地加装"中间放大器"来放大信号，使信号始终保持一定的强度。信号经过一段距离传输后就会减弱，并可能发生"走样"。对于模拟信号的传输来讲，虽然可以通过"中间放大器"来放大信号，但"走样"却很难完全消除，从而导致接收端接收信号失真。但对数字信号来讲，信号一般只有两种状态，虽然经过一段距离的传输，信号在接收端的波形变坏，但我们不必关心信号波形的精确程度，只要能识别数字信号的两种状态，就可以利用电子设备将已经变坏的信号波恢复成原有形状。利用再生作用，数字通信的传输质量几乎与距离无关！

2．数字信号比模拟信号易于调制

随着生产发展和军事需要，对传输数字信息的需求也迅速增长。目前，在长距离传输中，还不可能完全采用直接电缆传输。这里有一个很有现实意义的问题，就是数字信号能否利用已经建立起来的四通八达的模拟电路进行传输？为了在模拟电路上传输数字信号，必须在数字终端设备和模拟电路之间加装以调制解调为主体的接口设备，通常称为数据传输机或调制解调器。由于数字信号只有 0 和 1 两种状态，所以数字信号调制完全可以理解为类似于报务员用开关键控制载波的过程，因此数字信号调制十分简单。基本的数字信号调制方式有振幅键控（Amplitude Shift Keying，ASK）、频移键控（Frequency Shift Keying，FSK）和相移键控（Phase Shift Keying，PSK）三种，分别根据数字信号对载波的幅度、频率和相位进行调制。

数字信号的调制一般由数字电路来完成，具有信号波形变换速度快、调整测试方便、体积小、设备可靠性高等特点。

3．数字通信比模拟通信的保密性强

在穿云破雾的飞机上，在快速推进的坦克里，在乘风破浪的军舰上，保持与指挥部的联系，以及相互间的密切协调，无线电通信是唯一的方法。在无线电通信中，电波是向各处发散的，不仅通话对方能收到，其他人也能接收到，就像电台广播时，谁都可以用收音机收到一样。因此通信中的保密是非常重要的，特别是在战争期间，泄密往往会造成非常严重的后果。对数字通信进行加密要比模拟通信容易，不需要很多的复杂设备，只要采用简单的逻辑运算就可以起到加密作用，而且效果要比模拟通信好得多。所谓加密，就是将包含着语音信息的电码根据加密方式按照一定规律进行与、非、或等逻辑运算，也就是将密码"加"到语音电码中去，使它成为"变幻莫测"的电码。即使人在空中截获加密后的语音电码，一时也无法知悉信号内容，而在自己一方的接收端可以经解密还原出原始的信息。

4．数字通信易于控制差错

通常人们的普遍心理是，通信中数据传输最好不要有差错，越精确越好。但由于模拟线路特性不良，以及外来的干扰等原因，在传输数据时，极有可能出现差错。在数字通信中采用差错控制技术，能自动发现差错且立即校正，并改善传输质量。数字通信中的差错控制方法主要有自动请求重发（Automatic Repeat-reQuest，ARQ）和前向纠错（Forward Error Correction，FEC）两种。

在 ARQ 中，当接收端检测出差错时，就设法通知发送端重发，直到收到正确的数据为止。为了捕捉这些错误，发送端的调制解调器对即将发送的数据执行一次数学运算，并将运算结果连同数据一起发送出去，接收端的调制解调器对接收到的数据执行同样的运算，并将两个结果进行比较。如果数据在传输过程中被破坏，则两个结果就不一致，接收端的调制解调器会请求发送端重新发送数据。ARQ 方式使用检错码，但必须有双向信道才可能将差错信息反馈到发送端，发送端需要存储发送数据以备重发的缓冲区。

在 FEC 方式中，接收端不但能发现差错，而且能确定二进制码元发生错误的位置，从而加以纠正。FEC 方式使用差错控制编码，不需要反向信道来传送请求重发的信息，发送端也不需要存储发送数据以备重发的缓冲区，但这种方式编码效率低，纠错设备也比较复杂。差错控制编码又可分为检错码和纠错码。检错码只能检查出传输中出现的差错，发送端只有重传数据才能纠正差错；而纠错码不仅能检查出差错，还能自动纠正差错，可避免重传。

5．数字通信易于和计算机结合

显而易见，数字通信适合与计算机结合，由计算机来处理信号，这样就使数字通信变得更通用、灵活，具有很好的适用性和兼容性。另外，由于数字通信中的数字信号简单，对通信设备的电路要求比较简单，因此成本低。目前，数字通信中用到的电路绝大部分都是集成电路，具有简便、轻巧、耗电低、不易发生故障等优点。随着大规模集成电路的发展，设备成本还可以进一步降低，数字通信设备会越来越普遍，其应用也将越来越广泛。

随着数字通信的发展，特别是在计算机应用于通信以后，就产生了计算机通信网。现代的数字通信网都是由计算机控制的，因此从通信的角度来看，它是计算机数字通信网；而从

计算机的角度来看，这就是计算机网络。在更广阔的领域内，计算机网络技术和数字通信技术相结合，就形成了计算机通信网。计算机通信网可以使一个城市内计算中心的计算机供本市的许多用户使用，也可以供一个地区甚至全国使用。这时，用户数据终端、计算机产生的数据信号需要在计算机通信网内有效地进行交换，形成数据交换。随着数字通信的进一步发展，计算机技术已广泛应用到通信领域的各个方面。

1.1.4 数字通信的发展概述

现代通信技术克服了时间和空间的局限性，使得人们可以随时随地获取和交换信息。近几十年来，通信技术发生了巨大的变化，尤其是数字通信的产生和应用，更是极大地推动了通信技术的发展。随着现代数字信号处理理论和微电子技术的发展，数字通信技术日新月异，不仅促进了整个信息产业的不断革新，而且正逐渐创造和改变着人类的历史。通信技术已经成为反映当今社会发展水平的重要标志之一。

通信技术的发展历史堪称突飞猛进，卫星通信和移动通信技术正在向数字化、智能化、宽带化发展。信息的数字转换处理技术走向成熟，为大规模、多领域的信息产品制造和信息服务创造了条件。

人类最早的有线通信可以追溯到 1799 年意大利人伏特（Volta）发明的蓄电池，随后美国的艺术家兼发明家莫尔斯（Morse，见图 1-3）从电线中流动的电流在电线突然截止时会迸出火花这一事实得到启发，"异想天开"地想，如果将电流截止时发出火花作为一种信号，电流接通时没有火花作为另一种信号，电流接通时间加长又作为一种信号，这三种信号组合起来，就可以表示全部的字母和数字，信息就可以通过电流在电线中传到远处了。经过几年的研究，1837 年，莫尔斯设计出了著名的莫尔斯电码，它利用"点""划""间隔"（实际上就是时间长短不一的电脉冲信号）的不同组合来表示字母、数字、标点和符号。1844 年 5 月 24 日，在华盛顿国会大厦联邦最高法院会议厅里，一批科学家和政府官员聚精会神地注视着莫尔斯，随着一连串的"点""划"信号的发出，远在 64 km 外的巴尔的摩城收到由"嘀""嗒"声组成的世界上第一份电报。世界上第一封电报的内容是圣经中的"上帝创造了何等的奇迹！"。有意思的是，由于莫尔斯设计的电码是用简单的几种状态来传输信息的，因此可以说是数字通信的起源。

莫尔斯电码虽然实现了远距离的电信号传输，但由于必须通过电缆来对电信号进行传输，因而极大地限制了通信距离和应用范围。伟大技术的产生首先需要有伟大理论的指引，英国的麦克斯韦（James Clerk Maxwell）于 1864 年提出了电磁场方程，预言电磁波的存在（见图 1-4）。随后，德国物理学家赫兹（Heinrich Rudolf Hertz）于 1886 年发明了一种电波环，并用这种电波环做了一系列的实验，终于在 1888 年发现了人们怀疑和期待已久的电磁波，从此开启了数字通信技术的新纪元。10 年以后，意大利的电气工程师马可尼（Guglielmo Marchese Marconi）成功发射了世界上的第一个无线电信号，成为无线电的发明者（见图 1-5）。

1948 年，香农提出了信息论，标志着数字通信迎来第二个辉煌的发展时期，从此人们不断寻求能够逼近香农极限的通信方法。需求永远是推动技术发展的最原始的动力。各种通信体制、通信终端之间的互连互通问题随着社会的发展变得越来越突出。1991 年爆发了海湾战争，在"沙漠风暴"行动中，为了保障盟军联合作战时有效及时的通信联络，不得不借助于许多额外的无线电台，这大大增加了通信保障的复杂度和难度。如何来解决这一问题呢？1992

年 5 月，MILTRE 公司的 Joseph Mitola 首次提出了软件无线电（Software Radio，SR）的概念，这无疑为通信的发展指明了前进的方向。软件无线电一经提出，立即得到世界范围内的热烈响应，无论理论研究还是产品研制，均如雨后春笋般应运而生。

图 1-3　莫尔斯

图 1-4　麦克斯韦

图 1-5　马可尼

软件无线电的中心思想是：构造一个具有开放性、标准化、模块化的通用硬件平台，将各种功能（如工作频段、调制解调类型、数据格式、加密模式、通信协议等）用软件来完成，并使宽带 A/D 和 D/A 转换器尽可能靠近天线，以研制出具有高度灵活性、开放性的数字通信系统。1999 年，Joseph Mitola 在他的博士论文中，基于软件无线电又提出了认知无线电（Cognitive Radio，CR）概念，其核心思想是 CR 具有学习能力，能与周围环境交互信息，以感知和利用在该空间的可用频谱，并限制和降低冲突的发生。

移动通信或许是离我们日常生活最近的一类通信技术了。从 20 世纪七八十年代的第一代模拟蜂窝移动电话系统，到 90 年代的第二代数字蜂窝移动通信系统，再到现在的 5G，几乎每个人都能感觉到通信技术对我们生活方式的改变。

伴随着通信技术与计算机信息技术越来越完善的融合，人类对信息量的需求也在持续增长。研究表明，数字通信对通信速率的需求也是按照摩尔定律增长的，即每 18 个月翻一番[13]。高速数字通信成为通信技术的一个前沿研究热点，并取得了重要的进展[14]，主要体现在微波毫米波通信系统、光通信系统和太赫兹通信系统三个方面。

1.2　数字通信中的几个基本概念

1.2.1　与频谱相关的概念

在数字通信中，我们会经常用到频谱的概念，频域分析也是信号分析最基本和最广泛使用的方法，通信人员最直接的体验就是用频谱分析仪分析测试信号的频谱。与频谱相关的概念有很多，如幅度谱、相位谱、功率谱和能量谱等，常常让人很感到糊涂，搞不清其中的关系。在信号分析中经常会出现负频率成分，这到底又是怎么回事呢？现实中会存在具有负频率成分的信号吗？

1. 傅里叶变换

在讨论上述概念之前，我们先了解一下法国数学家和物理学家傅里叶（见图 1-6），以及以他的名字命名的傅里叶变换。

傅里叶变换的建立有过一段漫长的历史[18]，涉及很多人的工作和对许多不同物理现象的研究。利用"三角函数和"的概念（成谐波关系的正弦函数和余弦函数或周期复指数函数的和）来描述周期性过程始于瑞士数学家和物理学家欧拉（Euler）在振动弦的研究工作中。事实上，由于当时无法证明很多有用信号都能够用复指数的线性组合来表示，欧拉本人后来也放弃了三角函数的想法。同时，另一位伟大的数学家拉格朗日（J. L. Lagrange）于 1759 年也曾强烈批评使用三角函数来研究振动弦运动的主张，并于 48 年后再次反对发表傅里叶所撰写的那篇具有重要意义的论文。

让·巴普蒂斯·约瑟夫·傅里叶（Jean Baptiste Joseph Fourier）

图 1-6 傅里叶

于 1768 年 3 月 21 日出生于法国奥克斯雷（Allxerre），法国著名数学家、物理学家，1817 年当选为科学院院士。他早在 1807 年就写成关于热传导的论文《热的传播》。傅里叶在论文中推导出了著名的热传导方程，并在求解该方程时发现解函数可以由三角函数构成的级数形式表示，从而提出了任一函数都可以展开成三角函数的无穷级数。傅里叶级数（即三角级数）、傅里叶分析等理论均由此创始。傅里叶向法国科学院呈交论文后，当时指定了 4 位著名的数学家来评审这篇论文，其中 3 位，即拉克劳克斯（S. F. Lacrolx）、孟济（G. Monge）和拉普拉斯（P. S. Laplace）均赞成发表傅里叶的论文，而拉格朗日仍然顽固地坚持他于 48 年前就已经提出过的关于拒绝接受三角级数的论点。由于拉格朗格日的强烈反对，傅里叶的论文从未公开发表过。为了使自己的研究成果能让法国科学院接受并发表，在经过多次的尝试后，傅里叶才把他的成果以另一种方式出现在《热的分析理论》一书中。这本书于 1822 年出版，比他首次在法国科学院宣读他的研究成果整整晚了 15 年。

我们知道，傅里叶级数其实是用不同频率的正弦波信号来表示各种信号（或曲线）的。为什么我们要用正弦波信号呢？比如我们也还可以用方波信号或三角波信号来代替呀。分解信号的方法是无穷多的，但分解信号是为了更加简单地处理原来的信号。用正弦波信号来表示原信号会更加简单，因为正弦波信号拥有原信号所不具有的性质：正弦曲线保真度。输入正弦波信号后，输出仍然是正弦波信号，幅度和相位可能发生变化，但频率和信号的形状仍是一样的。由于只有正弦波信号才拥有这样的性质，才不用方波信号或三角波信号来表示。

关于傅里叶变换的原理在此不再多做讨论，在讨论信号与系统的书籍中均可以找到详细的理论推导。这里，我们需要确立关于信号处理中的一个基本概念[20]：如果信号在频域是离散的，则该信号在时域就是周期性的时间函数；相反，在时域上是离散的，则该信号在频域必然是周期性的频率函数。不难设想，如果时域信号不仅是离散的，而且是周期的，那么由于时域离散，其频谱必是周期的，又由于在时域是周期的，相应的频谱必是离散的。换句话说，一个离散周期时间序列，它一定具有既是周期又是离散的频谱。我们还可以得出一个结论：一个域的离散就必然造成另一个域的周期延拓，这种离散变换，本质上都是周期的。

2．功率谱与能量谱

对时域信号进行傅里叶变换，可以得到信号的频谱。信号的频谱由两部分构成：幅度谱和相位谱。那么，什么是功率谱呢？什么又是能量谱呢？功率谱、能量谱与信号的频谱有什么关系呢？

要区分功率谱和能量谱，首先要清楚两种不同类型的信号：功率有限信号和能量有限信号。

信号的归一化能量（简称信号的能量）定义为信号电压或电流 $f(t)$ 加到 $1\,\Omega$ 电阻上所消耗的能量，表示为：

$$E = \int_{-\infty}^{\infty} |f(t)|^2 \mathrm{d}t \tag{1-1}$$

通常把能量为有限值的称为能量有限信号，简称能量信号。在实际应用中，一般的非周期信号属于能量信号。然而，对于像周期信号、阶跃信号，以及符号函数等这一类的信号，显然其能量积分无穷大，此时，一般不再研究其能量，而是研究信号的平均功率。

信号的平均功率（简称信号的功率）是指信号电压或电流 $f(t)$ 在 $1\,\Omega$ 电阻上所消耗的功率，表示为：

$$P = \lim_{T \to \infty} \left[\frac{1}{T} \int_{-\infty}^{\infty} |f(t)|^2 \mathrm{d}t \right] \tag{1-2}$$

$f(t)$ 在一个时间段 $[T_1, T_2]$ 上的平均功率为：

$$P = \frac{1}{T_2 - T_1} \int_{T_1}^{T_2} |f(t)|^2 \mathrm{d}t \tag{1-3}$$

如果信号的功率是有限的，那么称为功率有限信号，简称功率信号。系统中的波形要么具有能量值，要么具有功率值，因为能量信号的功率为零，而功率信号的能量为无穷大。一般来说，周期信号和随机信号是功率信号，而非周期的确定信号是能量信号。将信号区分为能量信号和功率信号可以简化对各种信号和噪声的数学分析。还有一类信号的功率和能量都是无限的，如 $f(t)=t$，这类信号很少会用到。

了解信号可能是能量信号，也可能是功率信号后，就可以很好地理解功率谱和能量谱的概念了。对于能量信号，常用能量谱来描述。所谓的能量谱，也称为能量谱密度，是指用密度的概念表示信号能量在各频率点的分布情况。也就是说，对能量谱在频域上积分就可以得到信号的能量。能量谱是信号幅度谱模的平方，其量纲是焦/赫。对于功率信号，常用功率谱来描述。所谓的功率谱，也称为功率谱密度，是指用密度的概念表示信号功率在各频率点的分布情况。对功率谱在频域上积分就可以得到信号的功率。从理论上来说，功率谱是信号自相关函数的傅里叶变换。因为功率信号不满足傅里叶变换的条件，其频谱通常不存在，维纳-辛钦定理证明了自相关函数和傅里叶变换之间的对应关系。在工程应用中，即使功率信号，由于持续的时间有限，可以直接对信号进行傅里叶变换，然后对得到的幅度谱的模求平方，再除以持续时间来估计信号的功率谱。

对于确定性的信号，特别是非周期的确定性信号，常用能量谱来描述。而对于随机信号，由于持续时间无限长，不满足绝对可积与能量可积的条件，因此不存在傅里叶变换，所以通常用功率谱来描述。周期性的信号，也同样不满足傅里叶变换的条件，常用功率谱来描述，这些在前面已经有所说明。只有如单频正弦波信号等很少的特殊信号，在引入冲激函数之后，才可以求解信号的傅里叶变换。

对于用功率谱描述的随机信号而言，白噪声是一个特例。根据定义，白噪声是指功率谱密度在整个频域内均匀分布的噪声。严格地说，白噪声只是一种理想化模型，因为实际噪声的功率谱密度不可能具有无限宽的带宽，否则它的功率将无限大，在物理上是不可实现的。白噪声在数学处理上比较方便，是系统分析的有力工具。一般来讲，只要一个噪声过程所具有的频谱宽度远远大于它所作用系统的带宽，并且在该带宽中其频谱密度基本上可以作为常数来考虑，就可以把它当成白噪声来处理。例如，热噪声和散弹噪声在很宽的频率范围内具有均匀的功率谱密度，通常可以认为它们是白噪声。

现在再回过头来讨论频谱仪上所测试到的信号。经过前面的分析可知，显然频谱仪所观测到的信号均是功率信号，且所观测到的频谱其实只是幅度谱，并没有相位与频率的关系。在本书后续讨论滤波器设计时，采用 MATLAB 很容易设计出满足需求的滤波器，并绘出滤波器的幅频响应和相频响应。

虽然在数学分析上，根据傅里叶变换会产生负频率成分的信号，以及出现虚信号，但现实中显然是不会出现这样的信号的。这些信号仅仅是方便进行数学分析而已。例如，根据傅里叶变换公式，任何实信号的频谱均是相对于纵轴对称的，采用本地载波信号进行混频时，很容易根据傅里叶变换的性质推导出混频后的所有频率信号。这一点在本章后续讨论带通采样理论时会再次进行分析。读者可以参考文献[18]-[20]来更加深入地了解傅里叶变换及频谱的概念，其中文献[18]和[20]注重于理论上的讲解及公式的推导，文献[19]则更注重于从直观、概念化、非数学化的角度讲解数字信号处理中的一些基本概念。

1.2.2　带宽的定义

信号带宽、滤波器带宽、3 dB 带宽、半功率带宽、信道带宽的概念的准确定义是什么？它们是一回事吗？或者之间有什么关联？

1. 信号带宽

对于一个经载波调制的信号 $x_c(t)$ 来讲，其频率范围覆盖了整个频域，单边带功率谱密度具有如下的表达形式：

$$G_x(f) = T\left[\frac{\sin\pi(f-f_c)}{\pi(f-f_c)T}\right]^2 \tag{1-4}$$

式中，f_c 是载波频率；T 为信号持续时间。$x_c(t)$ 的功率谱密度如图 1-7 所示，大多数数字调制方式产生的信号频谱形状大致如此。

以下是图 1-7 中几种信号带宽的定义[1]。

（1）半功率带宽（Half-Power Bandwidth）：指 $G_x(f)$ 的功率下降到峰值的一半或此峰值下降 3 dB 的两频率点之间的间隔，因此半功率带宽也称为 3 dB 带宽。

（2）等效矩形或等效噪声带宽（Equivalent Rectangular or Noise Equivalent Bandwidth）：等效噪声带宽概念的出现，最初是为了从具有宽带噪声输入的放大器中快速计算输出噪声功率，这个概念也可以推广到信号带宽。信号的等效噪声带宽 $B_N = P_x/G_x(f_c)$，其中 P_x 是所有频率上的信号总功率，$G_x(f_c)$是$G_x(f)$在带宽中心点的值（假设该值是最大值）。

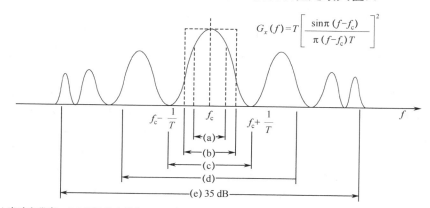

（a）半功率带宽；（b）等效噪声带宽；（c）零点到零点带宽；（d）99%功率带宽；（e）有界功率谱密度带宽

图 1-7 信号的功率谱密度

（3）零点到零点带宽（Null-to-Null Bandwidth）：这个带宽也称为主瓣宽度，是数字通信中最常用的带宽定义。在没有特别说明的情况下，通常所说的信号带宽就是指主瓣宽度，在这个频带包含了信号的大部分功率。

（4）部分功率保留带宽（Fractional Power Containment Bandwidth）：这个带宽定义已被联邦通信委员会（FCC）采纳，此带宽定义要求在正截止频率以上和负截止频率以下各留 0.5% 的信号功率，因此也称为 99%功率带宽。

（5）有界功率谱密度带宽（Bounded Power Spectral Density Bandwidth）：该定义指在确定带宽之外的任意频率处，$G_x(f)$必须比带宽中心点的值低一个确定数，典型的衰减电平值为 35 dB 或 50 dB；当衰减电平值为 35 dB 时，也称为限制带外衰减 35 dB 带宽。

（6）绝对带宽（Absolute Bandwidth）：指在该带宽之外的频谱全部为零的频率间隔，该定义在理论上很有用，但对于可实现的信号，绝对带宽为无穷大。

经过前面的讨论，我们对信号带宽、3 dB 带宽、半功率带宽的概念有了更为明确的认识。众所周知，滤波器是一个频率选择性器件，它的带宽是指能够通过滤波器的频率范围[20]。半功率带宽是指与最大功率增益相比，功率衰减量下降一半（3 dB）处的频率带宽。滤波器的另外一个重要带宽概念对应于信号带宽中的有界功率谱密度带宽，也称为通带带宽，指功率衰减下降了某个典型值（35 dB 或 50 dB）处的频率带宽，此时的频率值通常也称为截止频率或阻带频率。

2. 信道带宽

接下来的讨论中经常碰到信道带宽的概念。从电子电路的角度出发，带宽本意指的是电子电路中存在的一个固有通频带。这个概念比较抽象，我们有必要做进一步的解释。大家都知道，复杂的电子电路大都存在电感、电容或相应功能的储能元件，即使没有采用现成的电感线圈或电容，导线自身就是一个电感，而导线与导线之间、导线与地之间便可以组成电容（这就是通常所说的杂散电容或分布电容）。不论哪种类型的电容、电感，都会对信号起着阻滞作用，从而消耗信号能量，严重的话还会影响信号品质。这种效应与交流电信号的频率成正比关系，当频率高到一定程度、令信号难以保持稳定时，整个电子电路就无法正常工作。为此，电子学上就提出了带宽的概念，它指的是电路可以保持稳定工作的频率范围。而这里所说的带宽，可以更确切地理解为模拟信道的带宽。模拟信道可以理解为某个具体的电路，组成信道的电路确定了，信道的带宽就确定了。为了使信号的传输失真小些，就需要有足够的信道带宽。

有模拟信道带宽，自然就有与之对应的数字信道带宽的概念，这个概念也更接近于本书所要讨论的数字通信范畴。数字通信中离我们最近的就是无线通信，无线通信的信道其实就是空间。显然，我们生活的周围不仅充满了无处不在的空气，同时也充满了无处不在的电磁波，为了使通信不发生干扰，各个应用领域都有自己所能使用的频率范围，这个频率范围就是信道的带宽。数字信道带宽决定了信道能不失真地传输信号的最高速率。

既然信道带宽决定了传输信号的最高速率，因此两者之间必然存在一定的关系。实际上这个关系可以用数学公式表达出来，更确切地讲，这个关系可以用两个定理来描述：奈奎斯特（Nyquist）定理和香农（Shannon）定理。

早在 1924 年，贝尔实验室的研究员亨利·奈奎斯特（见图 1-8）就推导出了有限带宽无噪声信道的极限波特率，称为奈奎斯特定理。奈奎斯特定理指出，若信道带宽为 W，则最大码元速率 $R=2W$（Baud）。数据传输速率和波特率是两个不同的概念。若码元取两个离散值，则一个码元携带 1 比特（bit）信息。若码元可取四种离散值，则一个码元携带 2 bit 信息。总之一个码元携带的信息量 n（bit）与码元的离散值数量 N 的关系为 $n=\log_2 N$。请大家注意，奈奎斯特定理与我们更为熟悉的奈奎斯特采样定理的区别。采样定理是描述模拟信号和数字信号的转换过程中，采样频率与信号最高频率之间的关系。关于采样定理的内容后续还会加以讨论。

奈奎斯特定理仅描述了无噪声情况下信道带宽与波特率的关系，根据这一定理，只要增加每个码元的离散值数量，就可以增加信道中可以传输的信息量。然而无噪声的情况在现实中是不存在的。1948 年香农定理的提出解决了有噪声情况下带宽与数据传输速率的关系问题，香农也因此被称为信息论和数字通信的奠基人（见图 1-9）。

图 1-8 奈奎斯特

图 1-9 香农

香农定理表明，在高斯白噪声条件下实现无差错传输的信道容量（通常等同于最大数据传输速率）C 可由下面的公式计算：

$$C = W \log_2\left(1+\frac{S}{N}\right) = W \log_2\left(1+\frac{S}{WN_0}\right) \tag{1-5}$$

式中，W 为信道带宽；S 为信号的平均功率；N 为噪声的平均功率；S/N 为信噪比。当噪声为高斯白噪声时（功率谱密度为 N_0），$N=WN_0$。这个公式与信号取的离散值无关，也就是说，无论采用什么方式调制，只要给定信噪比，则单位时间内最大的信息传输量（信道容量）就确定了。例如，信道带宽为 3000 Hz，信噪比为 30 dB，则最大数据传输速率 $C \approx 30000$ bps。这是极限值，只有理论上的意义。实际上，在 3000 Hz 带宽的电话线上数据传输速率能达到 9600 bps 就很不错了。

从专业的角度来描述，带宽的意思是指波长、频率或能量带的范围，特指频带的上、下边界频率之差。这里可以打个比方，带宽其实就像高速公路的路面宽度和允许的最大车速，而数据流则相当于高速公路上的车流。当车的数量很少时，路面宽一些和窄一些，对车速都没有任何影响；随着车流的逐渐增大，直至某个临界点，路面宽度对车流量的影响才一下子凸显出来，路面窄的话，就不能让更多的车辆在同一时间内通过，甚至造成大塞车。当然，我们也可以提高允许的最大车速，这样也能使得在单位时间内通过更多的车。也就是说，带宽是用来描述频带宽度的，但是在数字信号传输方面，也常用带宽来衡量传输数据的能力。例如，可用带宽来表示单位时间内传输数据容量的大小、数据吞吐的能力，而数据传输能力与信道带宽的关系又可以通过香农定理联系起来。

1.2.3　采样与频谱搬移

对模拟信号进行数字化的第一个步骤就是采样，最基本的采样定理就是前面提到过的奈奎斯特采样定理，另外我们还要简单讨论带通采样定理的相关问题。

1. 奈奎斯特采样定理

奈奎斯特采样定理可以表述为：设有一个频率带限信号 $x(t)$，其频带限制在（0，f_H）内，如果以不小于 $f_s=2f_H$ 的采样频率对 $x(t)$ 进行等间隔采样，得到时间离散的采样信号 $x(n)=x(nT_s)$（其中 $T_s=1/f_s$，称为采样间隔），则原信号 $x(t)$ 将被所得到的采样值 $x(n)$ 完全确定。

上面这段描述读起来总感觉有些拗口。如何用更为通俗易懂的语言来理解这些枯燥的理论正是我们需要做的事。首先需要说明的是频率带限的概念，前面已经讨论了频谱及带宽的概念，这里理解频率带限就容易得多了。频率带限信号就是指信号的频率只在一定的频带之内存在，超出这一范围的频率信号全部为 0。既然是频带信号，则能量就一定是有限的，也就是所说的能量信号。实际情况中显然不是如此，工程中所处理的信号几乎都是功率信号，因此这里所说的频率带限信号只具有理论上的意义。工程上的信号可以看成理论信号的近似。例如，采用滤波器对所要处理的信号进行处理，则带外的信号能量很少，就可以看成频率带限信号了。虽然与理论分析的结果有些差异，但并不影响工程应用的正确性。另一个需要说明的概念是时间离散的采样信号，注意与工程上实际处理的数字信号相区别，数字信号在时间和幅值上都是离散的，而奈奎斯特采样定理中描述的采样信号仅指时间离散，在幅值上并不是离散的值。这又有什么区别呢？对采样后的信号进行量化处理就变成数字信号了，两者之间存在一个量化误差。奈奎斯特采样定理中的最后一句"原信号 $x(t)$ 将被所得到的采样值 $x(n)$ 完全确定"，也就是说可以用 $x(n)$ 通过一种算法完全恢复出 $x(t)$。这里说的"完全确定""完全恢复"，是指不会引起任何误差，当然前提是信号 $x(t)$ 为带限信号，且采样的数值没有经过量化。

奈奎斯特采样定理说明，如果以不低于信号最高频率两倍的采样频率对频率带限信号进行采样，那么所得到的离散采样值就能准确地确定原信号。下面我们从数学上进行简单的证明，给出用离散值 $x(n)$ 表示带限信号 $x(t)$ 的数学表达式。

引入单位冲激函数 $\delta(t)$（简称冲激函数），构成周期冲激函数 $p(t)$：

$$p(t) = \sum_{n=-\infty}^{\infty} \delta(t - nT_s) \tag{1-6}$$

根据傅里叶变换，将 $p(t)$ 用傅里叶级数展开，可得：

$$p(t) = \frac{1}{T_s} \sum_{n=-\infty}^{\infty} e^{j\frac{2\pi}{T_s}nt} \tag{1-7}$$

对 $x(t)$ 用采样频率 f_s 进行采样后得到的采样信号可以表示为：

$$x_s(t) = p(t) \cdot x(t) = \frac{1}{T_s} \sum_{n=-\infty}^{\infty} \left[e^{j\frac{2\pi}{T_s}nt} \cdot x(t) \right] \tag{1-8}$$

设 $x(t)$ 的傅里叶变换为 $x(\omega)$，则 $x_s(t)$ 的傅里叶变换 $X_s(\omega)$ 可表示为：

$$X_s(\omega) = \frac{1}{T_s} \sum_{n=-\infty}^{\infty} X\left(\omega - \frac{2\pi}{T_s}n\right) = \frac{1}{T_s} \sum_{n=-\infty}^{\infty} X(\omega - n\omega_s) \tag{1-9}$$

式中，$\omega_s = 2\pi/T_s = 2\pi f_s$。由此可见，采样信号的频谱为原信号频谱以 ω_s 为周期频移后的多个叠加。如果原信号 $x(t)$ 的频谱如图 1-10（a）所示，则采样信号的频谱如图 1-10（b）所示（图中 $\omega_H = 2\pi f_H$）。

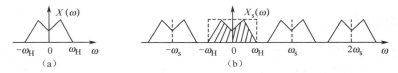

图 1-10　信号采样前后的信号频谱图

从式（1-9）可以看出，采样信号的频谱是周期性的。根据前面的讨论，我们可以从以下几个方面进行理解。

（1）再次验证前面讨论过的一个概念，即离散信号的傅里叶变换一定是周期性的。

（2）采样信号的频谱是无限带宽的，或者说其频率范围扩展到了整个频域，而不是只限于某一个带宽内。

（3）图 1-10（a）表示的是实信号的频谱，其傅里叶变换的表达式具有关于原点偶对称的两个部分，但现实中的频谱成分只有正频率部分。

（4）对信号在时域上进行采样，相当于对频谱进行周期性的搬移，并且同时向频域正反两个方向搬移；这种搬移也可以分别看成原信号频谱正负两部分的周期性搬移，正负频率部分均向正向搬移，在正频率部分形成实际的频谱形状。

（5）实信号的采样信号仍然是实信号，因此其频谱仍然是关于原点偶对称的。

理解采样对原信号频谱的搬移过程及方法非常重要，这一点在分析带通采样定理时还会用到。从采样前后的频谱形状也可以看出，正是由于在傅里叶变换中引入了负频率成分，采样前后信号的频谱形状变换关系才变得更容易理解。

接下来继续推导采样信号 $x(n)$ 如何还原成原信号 $x(t)$。由图 1-10 可知，由于采样频率 f_s 满足采样定理的条件，即大于 $2f_H$，因此图 1-10 中的阴影部分频谱并没有与其他频谱混叠。这时只需要用一个带宽不小于 ω_H 的滤波器，就能够滤出原信号 $x(t)$。同样，图中所画出的矩形低通滤波器在工程上是无法实现的，这里也只具有理论上的意义，但对工程应用具有很强的指导意义。理想滤波器对应的冲激响应 $h(t)$ 可以由傅里叶变换公式得到，即：

$$h(t) = \frac{2f_H}{f_s} \mathrm{Sa}(\omega_H t) \tag{1-10}$$

当 $f_H = 2f_s$ 时

$$h(t) = \mathrm{Sa}(\omega_H t) \tag{1-11}$$

式中，$\mathrm{Sa}(x) = \dfrac{\sin x}{x}$ 称为采样函数。根据信号分析理论可知，采样后的信号经低通滤波器后的输出为（用符号*表示卷积运算）：

$$x(t) = x_s(t) * h(t) = \sum_{n=-\infty}^{\infty} x(n) \cdot \mathrm{Sa}(\pi f_s t - n\pi) \tag{1-12}$$

式（1-12）为奈奎斯特采样定理的数学表达式，即频率带限信号 $x(t)$ 可以由其取样值 $x(n)$ 来准确地表示，只需要采样频率满足条件即可。奈奎斯特采样定理的意义在于，时间上连续的模拟信号可以用时间上离散的采样值来取代，这样就为模拟信号的数字化处理奠定了理论基础。

2. 带通信号采样定理

奈奎斯特采样定理只讨论了频谱分布在 $(0, f_H)$ 上信号的采样问题，如果信号的频率分布在某一有限的频带 (f_L, f_H) 上，那么该如何对图 1-11（a）所示的频率带限信号进行采样呢？当然，根据奈奎斯特采样定理，仍然可以按 $f_s \geqslant 2f_H$ 的采样频率来进行采样。但是人们很快就会想到，当 $f_H \gg B = f_H - f_L$ 时（B 为信号带宽），也就是当信号的最高频率 f_H 远远大于其信号带宽 B 时，如果仍然按照奈奎斯特采样频率来采样，则其采样频率会很高，很难实现，或者后续处理的速度也满足不了要求。由于带通信号本身的带宽并不一定很宽，那么自然会想到能不能采用比奈奎斯特采样频率更低的频率来采样呢？甚至使用两倍带宽的采样频率来采样呢？这就是带通信号采样定理要回答的问题。

根据信号的傅里叶变换性质可知，实信号的频谱一定是关于零频轴呈对称分布的，如图 1-11（a）所示。以频率 f_s 对其采样后的信号频谱，其实是对原信号以 f_s 为周期搬移的结果，如图 1-11（b）所示。显然，不失真重建信号的充要条件是搬移后的频谱互不重叠。取图 1-11（b）中的第 k 个周期，该周期内的频谱为原 $x(f)$ 的正频谱和负频谱的 k 次正向搬移，为保证频谱不混叠，要求：

$$\begin{cases} kf_s - f_L \leqslant f_L \\ kf_s - f_H \geqslant -f_s + f_H \end{cases} \tag{1-13}$$

对式（1-13）经过简单的整理，可以得到带通信号采样定理：采样频率并不需要一定大于信号最高频率的 2 倍，用较低的采样频率也可以正确反映带通信号的特性。对于某带通信号，假设其中心频率为 f_0，上、下边带的截止频率分别为 $f_H = f_0 + B/2$、$f_L = f_0 - B/2$。对其进行均匀采样，满足采样值无失真地重建信号的充要条件为：

$$\frac{2f_{\mathrm{H}}}{k+1} \leqslant f_{\mathrm{s}} \leqslant \frac{2f_{\mathrm{L}}}{k}, \qquad 0 \leqslant k \leqslant K, K = \lfloor f_{\mathrm{L}}/B \rfloor \tag{1-14}$$

式中，$\lfloor f_{\mathrm{L}}/B \rfloor$ 表示不大于 f_{L}/B 的最大整数。

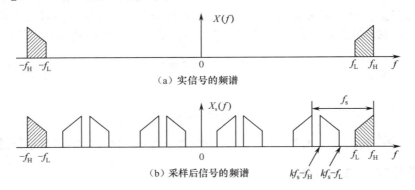

（a）实信号的频谱

（b）采样后信号的频谱

图 1-11　带通信号采样的频谱搬移示意图

　　根据式（1-14），对带通信号进行采样时，采样频率的范围是由一些不连续区间组合而成的。对于带宽为 B 的带通信号，最低采样频率是多少呢？我们需要对式（1-13）进一步进行分析。采样频率 f_{s} 的范围关键在于 k 值的选取。

　　（1）当 $f_{\mathrm{L}}<B$ 时，$k=0$，此时 $f_{\mathrm{s}} \geqslant 2f_{\mathrm{H}}$，等同于奈奎斯特采样定理。

　　（2）当 $f_{\mathrm{L}}=mB$，m 为大于 0 的整数时，f_{s} 的最小取值为 $2B$。

　　（3）其他情况，$f_{\mathrm{s}} \geqslant 2B$。也就是说，只有当带通信号的最低频率等于带宽的整数倍时，满足频谱不混叠条件的最低采样频率才是信号带宽的 2 倍，否则采样速率应大于信号带宽的 2 倍。

　　前面都是理论的推导和概念上的讨论，我们再以一个具体的例子来看看如何应用带通采样定理。假设在某个数字通信系统中，信号的带宽 B 为 10.4 MHz，载波频率 f_0 是典型的 70 MHz，满足采样条件的采样频率 f_{s} 是多少呢？根据式（1-13）不难算出，满足无失真重建信号的采样频率（单位为 MHz）f_{s} 为：

(25.0667,25.92)∪(30.08,32.4)∪(37.6,43.2)∪(50.1333,64.8)∪(75.2,129.6)∪(150.4,inf)

　　假设取 $f_{\mathrm{s}}=32$ MHz，则采样后的信号频谱是如何变换的呢？对于数字通信接收端来讲，对信号采样后通常需要进行解调处理，需要产生与载波信号相同频率的本地载波信号来实现零中频搬移。采用 32 MHz 的信号直接对 70 MHz 的中频信号采样后，数据速率就变成了 32 MHz。如果要产生 70 MHz 的载波信号，则载波信号的数据速率必须大于 140 MHz。如何实现解调呢？在分析奈奎斯特采样定理及带通采样定理时，我们已经了解到，采样的过程其实是对信号的频谱搬移过程。采样频率为 f_{s}，信号中心频率为 f_0，则采样后信号的中心频率 f_{as} 变换为：

$$f_{\mathrm{as}} = \pm pf_{\mathrm{s}} \pm f_0, \qquad p \text{ 为正整数} \tag{1-15}$$

　　根据奈奎斯特采样定理，采样频率为 f_{s} 时，只能无失真地处理小于 $f_{\mathrm{s}}/2$ 的信号。对于带通信号来讲，也只能处理信号带宽全部处于 $f_{\mathrm{s}}/2$ 以内的那部分频率信号。根据式（1-15），容易计算出采样后信号的中心频率 f_{as} 取值为 6 MHz、26 MHz、38 MHz 等。因此，采样后需要处理的中心频率为 6 MHz，信号频率范围为（0.8 MHz，11.2 MHz）。本地载波信号的频率只需为 6 MHz 即可。也可以理解为，32 MHz 对（64.8 MHz，75.2 MHz）范围内的信号采样，等同于对（0.8 MHz，11.2 MHz）范围内的信号采样后获得的信号。这里的"等同"有一个前提条件，即信号频带外没有任何噪声。当有噪声时，由于采样后噪声谱的叠加，满足奈奎斯特条件的采样信号显然具有更高的信噪比。在本书后续介绍 MATLAB 软件时，还会以具体的实例来进一步验证两种采样的区别。

1.2.4　噪声与信噪比

1. 白噪声与高斯白噪声

在讨论信噪比之前，先回顾一下噪声的概念。在通信中，噪声是无处不在的，一般来讲，我们将自然界中存在的随机信号称为噪声，将人为施加的无用信号称为干扰。如何有效避免干扰的影响是另外一个复杂的研究课题，本书只讨论噪声在数字通信中的影响。

噪声，通常是指白噪声（White Noise）。白噪声是一种功率谱密度为常数的随机信号或随机过程。换句话说，此信号在各个频段上的功率是一样的。其他不具有这一性质的噪声称为有色噪声。理想的白噪声具有无限带宽，因而其能量无限大，这在现实世界是不可能存在的。实际上，我们常常将有限带宽的平整信号视为白噪声，这样在数学分析上更加方便。一般来讲，只要噪声的频谱宽度远远大于它所作用的系统的带宽，并且在该带宽中其频谱密度基本上可以作为常数来考虑，就可以把该噪声作为白噪声来处理。例如，热噪声和散弹噪声在很宽的频率范围内具有均匀的功率谱密度，通常可以将它们看成白噪声。

另外一个经常提到的概念是高斯白噪声（White Gaussian Noise，WGN）。如果一个噪声的幅度分布服从高斯分布，而且它的功率谱密度又服从均匀分布，则称它为高斯白噪声。也就是说，高斯白噪声也属于白噪声，只是其幅度分布服从高斯分布而已。高斯白噪声在仿真中的应用十分广泛，因为实际系统（包括雷达和通信系统等大多数电子系统）中的主要噪声来源是热噪声，而热噪声就是典型的高斯白噪声。

这里还需要再说明高斯白噪声对通信解调影响的直观理解。我们知道，数字通信中信噪比的大小会直接影响解调端检测的错误概率。对于某个具体的通信体制及解调方法，信噪比与误码率在理论上有固定的换算关系。对于二进制调制方式来讲，检测端只需判断两种波形的区别即可正确解调出信号。例如，解调后信号的波形类似于正弦波信号，这时的信号叠加了一定功率的噪声，只要噪声的幅度大小不影响信号波形的判决（判断时刻一般选在波峰或波谷处），也就是说，噪声的大小不会使波峰的值或波谷的值接近零值，就不会出现误码检测的问题。我们在使用 MATLAB 仿真时，一般信噪比（如 10 dB）会感觉到噪声的幅度好像根本不会出现很大值，也就是说，根本不会影响到波形的判决。事实上是这样吗？回想一下高斯分布的特征，虽然信号的大部分幅值都分布在零值附近，叠加到信号上的噪声不会产生大的影响，但理论上每个噪声的幅度都可能是无限大的，只是大幅值的噪声出现的概率较小而已。当仿真的数据长度不够时，可能不会出现大幅值的噪声；当仿真数据长度足够时，大幅值的噪声将按照高斯分布的概率出现。这些大幅值的噪声叠加到信号上后，就会引起检测的错误，产生一定的误码率。

2. SNR 与 E_b/N_0

在模拟通信系统中，衡量信号质量的一个最重要的指标是信噪比（SNR）。SNR 指的是信号平均功率和噪声平均功率的比值，通常用 dB 作为单位。在数字通信中也有信噪比的概念，但与模拟通信不同，在数字通信中通常用信噪比的归一化形式 E_b/N_0 作为性能指标。E_b 为每比特信号的能量，等于信号功率 S 与每比特持续时间 T 的乘积；N_0 是噪声功率谱密度，等于噪声功率 N 与信道带宽 W 之比。由于每比特持续时间 T 与比特速率 R 互为倒数，因此有：

$$\frac{E_b}{N_0} = \frac{ST}{N/W} = \frac{S}{N}\frac{W}{R} \tag{1-16}$$

显然，只有当信道带宽 W 与比特速率 R 相等时，数字通信中的信噪比概念 E_b/N_0 才与 S/N 相同。作为数字通信系统性能的一个重要指标，可以将系统所需的 E_b/N_0 作为比较两个通信系统性能优劣的量度。在给定的差错概率条件下，所需的 E_b/N_0 越小，则系统性能越好。

为什么数字通信要用 E_b/N_0 作为衡量信号质量的指标，而不用 S/N 呢？接下来我们就这个问题进行解释。

根据 1.2.1 节的讨论，功率信号定义为平均功率有限而能量无穷大的信号，而将能量信号定义为平均功率等于零而能量有限的信号。这样的分类在对模拟信号和数字信号进行比较时是非常有用的。我们将模拟信号归类为功率信号。这有什么意义呢？通常模拟信号的持续时间是无限长的，不需要做分割或加时间窗。这里所说的加时间窗的概念请参考文献[20]，简单说来，加时间窗会引起时域信号在频域的扩展，为了减少这种频谱扩展，需要加减小扩展性能的时间窗，如汉明窗等。对时域无限的信号而言，其能量无穷大，因此不能用能量来描述该信号，而功率则是一个更有用的参数。

然而，数字通信采用时间长度为码元间隔的波形来发送和接收码元。每个码元的平均功率（在整个时间轴上取平均）等于零，所以功率不能用于描述数字信号。对于数字信号，应该采用能在时间窗内度量信号的测度来描述。也就是说，码元能量（功率在一个码元间隔内的积分）是一个更适合描述数字信号的参数。

接收能量可以很好地描述数字信号，但这还没有说明为什么 E_b/N_0 是数字通信的一个很好的指标。数字信号是代表数字信息的媒介，消息可能包含 1 bit（二进制）、2 bit（四进制），甚至 10 bit（1024 进制）等。与这种离散信息结构完全不同，模拟通信的信源是无限量化的连续波。数字通信的衡量指标必须在比特级上比较两个系统的性能。因为数字信号只可能包含 1 bit、2 bit 等以比特为单位的信息，所以无法用 S/N 对数字信号进行描述。例如，若给定差错概率，其二进制信号所需的 S/N 为 20 dB，因为二进制信号包含 1 bit 信息，所以每比特所需的 S/N 是 20 dB。若信号是 1024 进制的，所需的 S/N 仍为 20 dB，但由于该信号包含 10 bit 信息，所以每比特所需的 S/N 为 2 dB。由此产生一个问题，为什么不用更适合的参数——比特级别上的能量相关参数 E_b/N_0 来描述这个指标呢？这正是数字通信采用 E_b/N_0 来衡量信号质量的主要原因。

1.3　FPGA 的基础知识

1.3.1　从晶体管到 FPGA

1. 肖克利与"硅谷八叛逆"

电子电路的基础是晶体管。"二战"结束后，贝尔实验室开始研制新一代的电子管，具体由威廉·肖克利（William Shockley）负责（见图 1-12）。1947 年圣诞节前两天的一个中午，肖克利的两位同事沃尔特·布莱登（Walter Brattain）和约翰·巴丁（John Bardeen）用几条金箔片、一片半导体材料和一个弯纸架制成了一个小模型，该模型可以传导、放大和开关电流。他们把这一发明称为点接触晶体管放大器（Point-Contact Transistor Amplifier）。1948 年 1 月 23 日，也就是点接触晶体管放大器发明整整一个月的时候，肖克利想到了结型晶体管的方法。结型晶体管所有的功能都是在半导体内部完成的，这就使可靠性得到了很大的提高。肖克利只是发明了改进型的半导体晶体管，正是因为肖克利的改进，才使得世界上有了真正有用的晶体管。

1955 年，高纯硅的工业提炼技术已成熟，用硅晶片生产的晶体管收音机也已问世。在贝尔实验室工作的肖克利坐不住了。肖克利不满足眼下的发明，他更想将这项发明商品化，推向市场。1955 年，肖克利在硅谷建立了肖克利实验室股份有限公司。作为一名慧眼识英才的伯乐，肖克利聘用了 8 位优秀人才。这是从未有过的伟大天才的集合，所有的人都在 30 岁以下，正处于他们才能喷涌的顶峰时期，极具战斗力。琼·赫尔尼（Jean Hoerni）来自加州理工学院，拥有剑桥和日内瓦大学两个博士头衔；维克多·格里尼克（Victor Grinich）是斯坦福研究所的研究员；八个人中年龄最大、仅 29 岁的尤金·克莱尔（Eugene Kleiner）是通用电气的制造工程师；戈登·摩尔（Gordon Moore）来自约翰斯霍普金斯大学应用物理实验室；一心要成为最著名科学家的罗伯特·诺伊斯（Robert Noyce）来自菲尔科福特公司；此外还有朱利叶斯·布兰克（Julius Blank）、杰伊·拉斯特（Jay Last）和谢尔顿·罗伯茨（Sheldon Roberts），都是不凡之辈。如果没有肖克利，这些人才就不会出现在硅谷，肖克利一到，硅谷之火一触即发。

大伙都是仰慕肖克利的大名而来的，摩拳擦掌地要干一番大事。但他们初到肖克利的实验室时，都大吃一惊：所谓的实验室，就是光秃秃的墙、水泥地和裸露在外的屋椽。肖克利是伟大的科学家，却是最不好的老板。1956 年 1 月，肖克利被授予诺贝尔物理学奖。大伙异常兴奋，因为没有哪家公司是由诺贝尔奖得主领导的，他们觉得自己已到了改变整个世界的时候。

可惜这种欢乐是如此的短暂。

肖克利的市场学问十分零碎，而雄心又太大，对管理技巧一窍不通，甚至跟其他人打交道的能力也没有，却十分自以为是。作为经理，肖克利逐渐把自己孤立起来，跟人说话，总像对待小孩子一样，态度日趋傲慢。到了 1957 年，八个人中有七个产生了跳槽的想法。当肖克利还在野心勃勃地构建企业梦想时，他精心挑选的千里马已密谋集体离职。

新泽西的仙童（Fairchild）照相器材公司对肖克利麾下的这七个才华横溢的年轻人很有兴趣，其年轻的总裁约翰·卡特（John Carter）一直想创建一家高科技公司。但卡特还心存疑虑，因为这七个人都没有管理才能。于是七个人开始用高薪引诱肖克利公司最后一位坚守者——罗伯特·诺伊斯。因为他是八个人中唯一看上去有点领导才能的人。诺伊斯虽受肖克利赏识器重，但对肖克利也已不抱幻想。于是八个人很快向肖克利递上辞职书。肖克利大为震惊，继而大发雷霆，把他们称为叛徒，时称"八叛逆（The Traitorous Eight）"，如图 1-13 所示。

2. Ross Freman 与 FPGA 的发明

诺伊斯和摩尔是最后离开仙童的，他们想继续合作成立一家半导体公司，这时有风险投资商找到他们愿意投资，所以新公司的融资出奇地顺利，尽管这个创业公司没有任何业务计划，甚至也没有一定的产品目标，但投资者纷纷看好诺伊斯、摩尔的公司。1968 年 7 月，一个伟大的半导体公司——英特尔（Intel）在硅谷成立，诺伊斯是总裁，摩尔是负责技术的副总裁。

图 1-12　肖克利

图 1-13　"八叛逆"

　　企业管理者一定要明白一个道理：人才是关键。所谓很厉害的公司通常是因为聚集了一群业内顶尖人才，要想公司走向卓越就必须聚集一群顶尖人才，Intel 为什么厉害？是因为它聚集了一群高人，在存储子系统市场玩得风生水起之后，另一个天才人物来到了 Intel，他将用自己的知识把 Intel 推向新的高度。

　　佛德利克·法金（Federico Faggin），1941 年出生于意大利，是物理学博士，曾在 1968 年加入仙童半导体，发明了金属氧化物硅栅工艺技术，现在很多芯片还在采用这种技术。1970 年 4 月，他跳槽到了 Intel，正是他帮助 Intel 完成从存储器到微处理器的转型。微处理器无疑是 20 世纪人类最伟大的发明之一。谈到微处理器，一般人都知道发明人为特德·霍夫（Ted Hoff），事实上，法金的作用一点也不比霍夫逊色。微处理器设计正是由他完成的，他在硅片上确定了各种晶体管的实际排放位置，并发展了芯片规格和晶体管计数的细节。

　　很多公司都会遇到这样的矛盾，虽然掌握了某个新技术，但是难以将业务转型到新技术上来，因为它的主要收入来自传统业务。Intel 也不例外，于是就有了当 DRAM 日薄西山时，摩尔还在叫嚷"Intel 是一家存储器公司，我们永远不会卖微处理器"。由于 Intel 依然看中存储业务，法金只得黯然离开，之后创办了大名鼎鼎的 Zilog 公司，成为单片机行业的领军者。

　　Zilog 的员工 Ross Freeman 认为 FPGA 在未来大有市场，但是公司高层对其想法不认可。

图 1-14　Ross Freeman

Ross Freeman 愤然离职，并挖走了他的上司 Bernard Vonderschmitt 一起创办现在鼎鼎大名的 Xilinx 公司，随即开创了 IC 设计的 Fabless 模式（不直接从事产品的生产制造，生产制造环节均以外包方式完成）。

　　Xilinx 共同创始人之一 Ross Freeman（见图 1-14）因发明现场可编程门阵列（Field Programmable Gate Array，FPGA）荣登 2009 年美国发明家名人堂。Freeman 的发明是一块全部由"开放式门"组成的计算机芯片，工程师可以根据需要进行编程，添加新的功能，满足不断发展的标准或规范要求，并可在设计的最后阶段进行修改。25 年前，Freeman 按照摩尔定律准确推测，晶体管的成本将随时间推移稳步下降，低成本、高度灵活的 FPGA 将成为各种应用中定制芯片的替代品。

FPGA 的发明为 Xilinx 公司持续二十几年的创新奠定了坚实的基础，Freeman 发明的 FPGA 不仅为公司打下了基础，也为一个全新的行业奠定了基础。Xilinx 现在拥有 2000 多项专利，在数十亿美元规模的可编程逻辑器件（Programmable Logic Device，PLD）行业中占有 50%以上的市场份额，其产品广泛应用于汽车、消费、工业、医疗、航空航天、国防和通信等领域。

1.3.2 FPGA 的发展趋势

自 1985 年 Xilinx 公司推出第一片 FPGA 至今，已经历了 30 多年的历史。在这 30 多年的发展过程中，以 FPGA 为代表的数字系统现场集成技术取得了惊人的发展。FPGA 从最初的 1200 个可利用门，发展到 90 年代的 25 万个可利用门。21 世纪之初，FPGA 的著名厂商 Altera 公司、Xilinx 公司又陆续推出了数百万可利用门的单片 FPGA，将集成度提高到一个新的水平。FPGA 技术正处于高速发展时期，新型芯片的规模越来越大，成本也越来越低，低端的 FPGA 已逐步取代了传统的数字元器件，高端的 FPGA 在不断争夺专用集成电路（Application Specific Integrated Circuit，ASIC）、数字信号处理器（Digital Signal Processor，DSP）的市场份额。特别是随着 ARM、FPGA、DSP 技术的相互融合，在 FPGA 中集成专用的 ARM 及 DSP 核的方式已将 FPGA 的应用推到了一个前所未有的高度。

纵观 FPGA 的发展历史，之所以具有巨大的市场吸引力，其根本在于 FPGA 不仅可以解决电子系统小型化、低功耗、高可靠性等问题，而且其开发周期短、开发软件投入少、芯片价格不断降低，促使 FPGA 越来越多地取代了 ASIC、DSP 等的市场，特别是对小批量、多品种的产品需求，使 FPGA 成为首选。

目前，FPGA 的主要发展动向是：随着 FPGA 的发展，系统设计进入片上可编程系统（System-On-a-Programmable-Chip，SOPC）的新纪元；芯片朝着高密度、低电压、低功耗方向前进；各大公司都在积极扩充其 IP 核库，以便更好地满足用户的需求，扩大市场份额；特别引人注目的是 FPGA 与 ARM、DSP 等的相互融合，推动了多种芯片的融合式发展，从而极大地扩展了 FPGA 的性能和应用范围。

1. 大容量、低电压、低功耗 FPGA

大容量 FPGA 是市场发展的焦点。FPGA 产业中的两大生产商——Altera 和 Xilinx 在超大容量 FPGA 上展开了激烈的竞争。2011 年，Altera 公司率先推出了包括三大系列的 28 nm 的 FPGA——Stratix-V、Arria-V 与 Cyclone-V。Xilinx 公司随即也推出了自己的 28 nm FPGA 芯片，也包括三大系列——Artix-7、Kintex-7、Virtex-7。其中 Xilinx 公司已向客户推出世界最大容量 FPGA——Virtex-7000T。这款包含 68 亿个晶体管的 FPGA 具有 1954560 个逻辑单元。这是 Xilinx 公司采用台积电（TSMC）28 nm 的 HPL 工艺推出的第三款 FPGA，也是世界上第一个采用堆叠硅片互联（SSI）技术的商用 FPGA。目前，Xilinx 公司推出了 20 nm 的 All Programmable 产品系列，可满足下一代更加智能、更高集成度、更高带宽需求的系统。

采用深亚微米（DSM）的半导体工艺后，FPGA 在提高性能的同时，其价格也在逐步降低。由于便携式应用产品的发展，对 FPGA 的低电压、低功耗的要求日益迫切，因此，无论哪个厂家、哪种类型的产品，都在朝着这个方向而努力。

2．系统级高密度 FPGA

随着生产规模的提高，以及产品应用成本的下降，FPGA 的局限已不再仅仅应用于系统接口部件的现场集成，而是更加灵活地应用于系统级（包括其核心功能芯片）设计之中。在这样的背景下，国际主要 FPGA 厂商在系统级高密度 FPGA 的技术发展上，主要强调了两个方面：FPGA 的 IP（Intellectual Property，知识产权）硬核和 IP 软核。当前具有 IP 核的系统级 FPGA 的开发主要体现在两个方面：一方面是 FPGA 厂商将 IP 硬核（指完成版图设计的功能单元模块）嵌入 FPGA 中；另一方面是大力扩充优化的 IP 软核（指利用 HDL 设计并经过综合验证的功能单元模块），用户可以直接利用这些预定义的、经过测试和验证的 IP 核，有效地完成复杂的片上系统设计。

3．硅片融合的趋势

2011 年以后，整个半导体业界芯片融合的趋势越来越鲜明。例如，以 DSP 见长的德州仪器（Texas Instruments，TI）、美国模拟器件公司（Analog Device Inc.，ADI）相继推出将 DSP 与 MCU（Micro Control Unit，微控制单元）集成在一起的芯片平台，以 MCU 为主的厂商也推出了在 MCU 上集成 DSP 核的方案。在 FPGA 业界，这个趋势更加明显，除了 DSP 早已集成在 FPGA 芯片上，FPGA 厂商开始积极与处理器（核）厂商合作推出集成了 FPGA 的处理器平台产品。

这种融合趋势出现的根本原因是什么呢？这还要从 CPU、DSP、FPGA 和 ASIC 各自的优缺点说起。CPU 和 DSP 的软件可编程、灵活性高，但功耗较高；FPGA 具有硬件可编程的特点，非常灵活、功耗较低；ASIC 是针对特定应用固化的，不可编程、不灵活，但功耗很低。这就产生了灵活性和功耗的矛盾。随着电子产品推陈出新的速度不断加快，对产品设计的灵活性和功耗要求也越来越高，怎样才能兼顾灵活性和功耗，这是一个巨大的挑战。半导体业内最终共同认可了一点——芯片融合。将不同特点的芯片集成在一起，让平台具备它们的优点，避免它们的缺点。因此，微处理器+DSP+专用 IP 核+可编程架构成为芯片融合的主要架构。

在芯片融合的方向上，FPGA 具有天然的优势。这是因为 FPGA 本身架构非常清晰，其生态系统经过多年的发展，非常完善，软硬件和第三方合作伙伴都非常成熟。此外，因其自身在发展过程中已经进行了很多 CPU、DSP 和许多 IP 核的集成，因此，在与其他器件进行融合时，具有成熟的环境和丰富的经验。Altera 公司已经和业内多个 CPU 厂商展开了合作，如 MIPS、Freescale、ARM 和 Intel 等，推出了混合系统架构的产品。Xilinx 公司和 ARM 联合发布了基于 28 nm 工艺的全新的可扩展式处理平台（Extensible Processing Platform）架构。这款基于双核 ARM Cortex-A9 MPCore 的平台可以让开发人员同时拥有串行和并行处理能力，它可为各种嵌入式系统的开发提供强大的系统性能、灵活性和集成度。

1.3.3　FPGA 的组成结构

目前所说的 PLD，通常是指 FPGA 与 CPLD。FPGA 与 CPLD 因其内部结构不同，导致其集成度、运算速度、功耗和应用方面均有一定的差别。通常，将以乘积项结构方式构成逻辑行为的器件称为 CPLD，如 Xilinx 公司的 XC9500 系列、Altera 公司的 MAX7000S 系列和 Lattice 公司的 Mach 系列等，这类器件的密度在几千到几万个逻辑门之间。CPLD 更适合触发器有限而乘积项丰富的结构，适合完成复杂的组合逻辑。通常将基于查找表（Look-Up-Table，LUT）结构的 PLD 器件称为 FPGA，如 Xilinx 公司的 Spartan、Virtex-7 等系列，Altera 公司的 Cyclone、Arria、Stratix 等系列。FPGA 是在 CPLD 的基础上发展起来的。作为 ASIC 领域的一种半定制电路器件，FPGA 克服了 ASIC 灵活性不足的缺点，同时解决了 CPLD 等逻辑门电路资源有限的缺点，这种器件的密度通常在几万门到几百万可利用门之间。FPGA 更适合触发器丰富的结构，适合完成时序逻辑，因此在数字信号处理领域多使用 FPGA。

目前主流的 FPGA 仍是基于查找表技术的，但已经远远超出了先前版本的基本性能，并且整合了常用功能（如 RAM、时钟管理和 DSP）模块。FPGA 内部结构如图 1-15 所示（图 1-15 只是一个示意图，实际上每一个系列的 FPGA 都有其相应的内部结构），FPGA 主要由 6 部分组成，分别为可编程输入/输出单元（Input/Output Block，IOB）、可配置逻辑块（Configurable Logic Block，CLB）、数字时钟管理模块（Digital Clock Manager，DCM）、嵌入式块 RAM（Block RAM，BRAM）、丰富的布线资源和内嵌专用硬核。

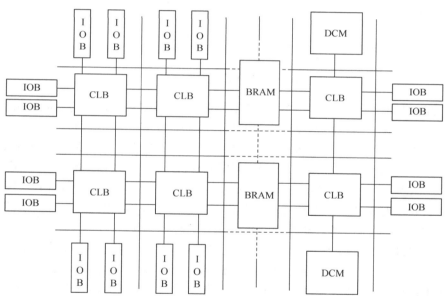

图 1-15　FPGA 内部结构示意图

（1）可编程输入/输出单元（IOB）。可编程输入/输出单元是 FPGA 与外界电路的接口部分，由于完成不同电气特性下对输入/输出信号的驱动与匹配要求，其示意结构如图 1-16 所示。

FPGA 内的 I/O 接口按组分类，每组都能够独立地支持不同的 I/O 接口标准。通过软件的灵活配置，可适应不同的电气标准与 I/O 接口物理特性，可以调整驱动电流的大小，可以改变上、下拉电阻的阻值。目前，I/O 接口的数据传输速率也越来越高，一些高端的 FPGA 通过 DDR 寄存器技术可以支持高达 2 Gbps 的数据传输速率。外部输入信号既可以通过 IOB 的存储单元输入 FPGA 的内部，也可以直接输入 FPGA 内部。为了便于管理和适应多种电气标准，

FPGA 的 IOB 被划分为若干组（Bank），每个 Bank 的接口标准由其接口电压 V_{cco} 决定，一个 Bank 只能有一种 V_{cco}，但不同 Bank 的 V_{cco} 可以不同。只有具有相同电气标准的端口才能连接在一起，V_{cco} 电压相同是接口标准化的基本条件。

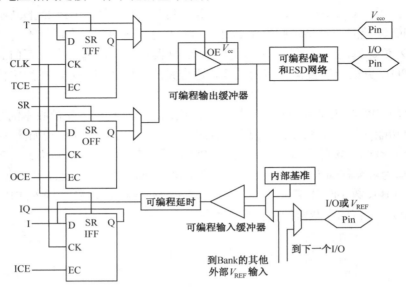

图 1-16　FPGA 内部的 IOB 结构图

（2）可配置逻辑块（CLB）。CLB 是 FPGA 内的基本逻辑单元，其实际数量和特性会因器件的不同而不同。用户可以根据设计需要灵活地改变其内部连接与配置，完成不同的逻辑功能。FPGA 一般是基于 SRAM 工艺的，其基本可配置逻辑块几乎都由查找表（Look Up Table，LUT）和寄存器（Register）组成。FPGA 内部的查找表一般为 4 输入的 LUT，Altera 公司的一些高端 FPGA 采用了 ALM（Adaptive Logic Modules，自适应逻辑块）结构，可根据设计需求由设计工具自动配置成所需的模式，如配置成 5 输入和 3 输入的 LUT、6 输入和 2 输入的 LUT 或两个 4 输入的 LUT 等。查找表一般用来完成组合逻辑功能。

FPGA 内部寄存器结构相当灵活，既可以配置为带同步/异步置位、时钟使能的触发器（Flip Flop，FF），也可以配置成锁存器（Latch）。FPGA 一般依赖寄存器完成同步时序逻辑设计。比较典型的 CLB 是 1 个寄存器加 1 个 LUT，但是不同厂商的寄存器和 LUT 的内部结构有一定的差异，而且寄存器和 LUT 的组合模式也不同。例如，Altera 公司的 CLB 通常被称为逻辑单元（Logic Element，LE），由 1 个寄存器外加 1 个 LUT 构成。Altera 公司大多数 FPGA 将 10 个 LE 有机地组合起来，构成更大的功能单元——逻辑阵列模块（Logic Array Block，LAB）。除了 LE，LAB 中还包含 LE 间的进位链、LAB 控制信号、局部互连线、LUT 链、寄存器链等连线与控制资源，如图 1-17 所示。Xilinx 公司 CLB 称为 Slice，它是由上下两个部分构成的，每个部分都由 1 个寄存器加 1 个 LUT 组成，称为逻辑单元（Logic Cell，LC），两个 LC 之间有一些共用逻辑，可以完成 LC 之间的配合与级联。Lattice 公司的底层 CLB 称为可编程功能单元（Programmable Function Unit，PFU），它由 8 个 LUT 和 8～9 个寄存器构成。当然，这些 CLB 的配置结构随着 FPGA 的发展也在不断更新，一些 FPGA 常常根据设计需求推出一些新的 LUT 和寄存器的配置比率，并优化其内部的连接构造。

　　了解 CLB 的 LUT 和寄存器比率的一个重要意义在于器件选型和规模估算[3]，很多器件通过 ASIC 门数或等效的系统门数来表示器件的规模。但是由于目前 FPGA 内部除了 CLB，还包含了丰富的嵌入式 BRAM、PLL 或 DLL，专用 Hard IP Core（硬知识产权功能核，IP 硬核）等。这些功能模块也会等效出一定规模的系统门，所以用 CLB 的数量来权衡 FPGA 是不准确的，常常会混淆设计者。比较简单、科学的方法是用器件的寄存器或 LUT 数量来衡量（一般来说，两者的比率为 1∶1）。例如，Xilinx 公司的 Spartan-3 系列的 XC3S1000 有 15360 个 LUT，而 Lattice 公司的 EC 系列 LFEC15E 也有 15360 个 LUT，所以这两款 FPGA 的 CLB 数量基本相当，属于同一规模的产品。同样的道理，Alter 公司的 Cyclone 系列的 EP1C12 的 LUT 数量是 12060 个，比前面提到的两款 FPGA 芯片规模略小。需要说明的是，FPGA 的选型是一个综合性问题，需要综合考虑设计需求、成本压力、规模、速度等级、时钟资源、I/O 接口特性、封装、专用功能模块等诸多因素。

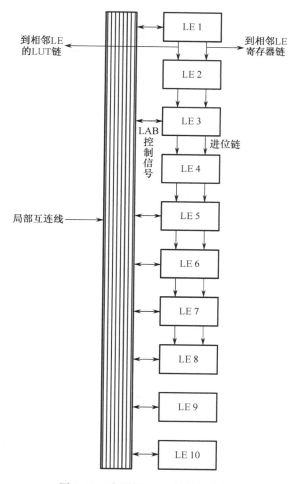

图 1-17　典型的 LAB 结构示意图

　　LE 是 Altera 公司 FPGA 的基本逻辑单位，通常由一个 4 输入的 LUT 和 1 个可编程触发器，再加上一些辅助电路组成。LE 有两种工作模式，即正常模式和动态算术模式。其中正常模式用于实现普通的组合逻辑功能，动态算术模式用于实现加法器、计数器和比较器等功能。

LE 正常模式的结构如图 1-18 所示。在正常模式下，LUT 作为通用的 4 输入函数，实现组合逻辑功能。LUT 的组合输出可以直接输出到行列互连线，或者通过 LUT 链输出到下一级 LE 的 LUT 输入端，也可以经过触发器的寄存后输出到行列互连线。触发器同样可以通过触发器链串起来作为寄存器。在不相关的逻辑功能中 LUT 和触发器可以被集成到同一个 LE 中，而且同一个 LE 中的触发器的输出可以反馈到 LUT 中，这样可以提高资源的利用率。

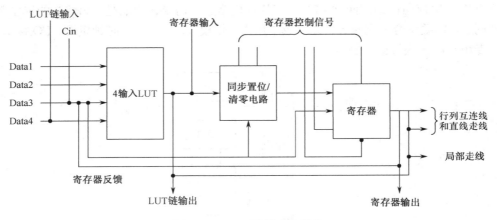

图 1-18　LE 正常模式的结构

在动态算术模式下，4 输入 LUT 被配置成两个 2 输入 LUT，用于计算两个数相加之和与进位值。LE 动态算术模式的结构如图 1-19 所示。

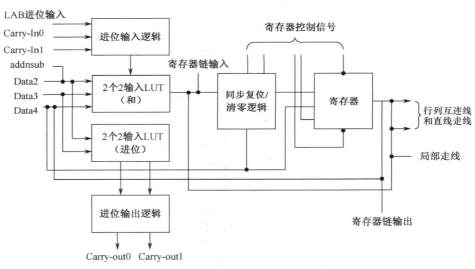

图 1-19　LE 动态算术模式的结构

（3）数字时钟管理模块（DCM）。大多数 FPGA 均提供数字时钟管理模块，用于产生用户所要求的稳定时钟信号，该功能主要由锁相环完成。锁相环能够提供精确的时钟综合、降低抖动，并实现过滤功能。DCM 主要指延迟锁相环（Delay Locked Loop，DLL）、锁相环（Phase Locked Loop，PLL）、DSP 等处理核。现在，越来越丰富的内嵌功能单元使得单片 FPGA 成为系统级的设计工具，使其具备了软硬件联合设计的能力，并逐步向 SoC 平台过渡。DLL 和 PLL 具有类似的功能，可以完成时钟高精度低抖动的倍频和分频，以及占空比调整和移相等功能。Xilinx 公司生产的 FPGA 集成了 DCM 和 DLL，Altera 公司的 FPGA 集成了 PLL，Attice 公司的 FPGA 同时集成了 DLL。PLL 和 DLL 可以通过 IP 核生成工具方便地进行管理和配置。典型 DLL 的结构如图 1-20 所示。

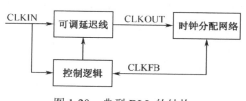

图 1-20　典型 DLL 的结构

（4）嵌入式块 RAM（BRAM）。大多数 FPGA 都具有嵌入式 BRAM，极大地拓展了 FPGA 的应用范围和灵活性。BRAM 可被配置为单端口 RAM、双端口 RAM、地址存储器（CAM）和 FIFO 等。CAM 在其内部的每个存储单元中都有一个比较逻辑，写入 CAM 中的数据会和内部的每一个数据进行比较，并返回与端口数据相同的所有数据的地址。除了 BRAM，还可以将 FPGA 中的 LUT 灵活地配置成 RAM、ROM 和 FIFO 等。在实际应用中，FPGA 内部的 BRAM 数量也是选择 FPGA 的一个重要因素。

（5）丰富的布线资源。布线资源连通 FPGA 内部的所有单元，而连线的长度和工艺决定着信号在连线上的驱动能力和传输速率。FPGA 内部有着丰富的布线资源。根据布线工艺、长度、宽度和分布位置的不同可分为 4 类：第一类是全局布线资源，用于 FPGA 内全局时钟和全局/置位的布线；第二类是长线资源，用以完成 FPGA 内 Bank 间的高速信号和第二全局时钟信号的布线；第三类是短线资源，用于完成基本逻辑单元之间的逻辑互连和布线；第四类是分布式布线资源，用于专有时钟、置位等控制信号线。

在实际工程设计中，设计者不需要直接选择布线资源，布局布线器可自动根据输入逻辑网表的拓扑结构和约束条件选择布线资源来连通各个模块单元。从本质上来讲，布线资源的使用方法和设计的结果有密切、直接的关系。

（6）内嵌专用硬核。内嵌专用硬核是相对底层嵌入的软核而言的，FPGA 内部集成了处理能力强大的硬核（Hard Core），相当于 ASIC 电路。为了提高 FPGA 性能，生产商在 FPGA 内部集成了一些专用的硬核。例如，为了提高 FPGA 的乘法速度，主流的 FPGA 都集成了专用乘法器核；为了适应通信总线与接口标准，很多高端的 FPGA 内部都集成了串/并收发器（SERDES）核，可以达到数 10 Gbps 的收发速率。Xilinx 公司的高端产品不仅集成了 PowerPC 系列 CPU，还内嵌了 DSP Core 模块，其相应的系统级设计工具是 EDK 和 Platform Studio，并依此提出了片上系统（System on Chip）的概念。通过 PowerPC、Microblaze、Picoblaze 等平台，能够开发标准的 DSP 及其相关应用。Altera 公司的高端 FPGA 不仅集成了大量的硬件乘法器、多个高速收发器模块、PCI 模块，还集成了 ARM Cortex-A9 等具有强大实时处理功能的嵌入式硬核，从而实现 SoC 的开发。

1.3.4　FPGA 的工作原理

众所周知，类似于 PROM（Programmable Read Only Memory，可编程只读存储器）、EPROM

（Erasable Programmable Read Only Memory，可擦可编程只读存储器）、EEPROM（Electrically Erasable Programmable Read Only Memory，电可擦可编程只读存储器）等可编程器件的可编程原理是通过加高压或紫外线导致晶体管或 MOS 管内部的载流子密度发生变化，从而实现所谓的可编程的，但这些器件大多只能实现单次可编程，并且编程状态难以稳定。FPGA 则不同，它采用了 LCA（Logic Cell Array，逻辑单元阵列）这样一个新概念，内部包括 CLB、IOB 和内部连线三个部分。FPGA 的可编程实际上是改变了 CLB 和 IOB 的触发器状态，这样可以实现多次编程。由于 FPGA 需要被反复烧写，它实现组合逻辑的基本结构不可能像 ASIC 那样通过固定的与非门来完成，而只能采用一种易于反复配置的结构。查找表可以很好地满足这一要求，目前主流 FPGA 都采用了基于 SRAM 工艺的查找表结构，也有一些军品和宇航级 FPGA 采用 Flash 或者熔丝与反熔丝工艺的查找表结构。

根据数字电路的基本知识可以知道，对于一个 n 输入的逻辑运算，不论与、或运算，还是其他逻辑运算，最多只可能存在 2^n 种结果。如果事先将相应的结果存放于一个存储单元，就相当于实现了与非门电路的功能。FPGA 的原理也是如此，它通过烧写程序文件来配置查找表的内容，从而在相同电路结构中实现了不同的逻辑功能。查找表简称 LUT，其本质上就是一个 RAM。目前 FPGA 中多使用 4~6 输入的 LUT，所以每一个 LUT 可以看成一个有 4~6 条地址线的 RAM。当用户通过原理图或 HDL 描述一个逻辑电路时，FPGA 开发软件会自动计算逻辑电路的所有可能结果，并把真值表（即结果）事先写入 RAM。LUT 的输入与逻辑电路的真值表如表 1-1 所示，每输入一个信号进行逻辑运算就等于输入一个地址进行查表，找出地址对应的内容，然后将其输出即可。

表 1-1　LUT 的输入与逻辑电路的真值表

实际逻辑电路		LUT 的实现方式	
a、b、c、d	逻辑输出	地　址	RAM 中存储的内容
0000	0	0000	0
0001	0	0001	0
...	0	...	0
1111	1	1111	1

从表 1-1 中可以看到，LUT 具有和逻辑电路相同的功能。实际上，LUT 具有更快的执行速度和更大的规模。由于基于 LUT 的 FPGA 具有很高的集成度，其器件逻辑门从数万门到数千万门不等，可以完成极其复杂的时序逻辑与组合逻辑电路功能，所以适用于高速、高密度的高端数字逻辑电路设计领域。

FPGA 是由存放在片内 RAM 中的程序来设置其工作状态的，因此在工作时需要对片内的 RAM 进行编程。用户可以根据不同的配置模式，采用不同的编程方式。在加电时，FPGA 将 EPROM 中的数据读入片内 RAM 中，配置完成后 FPGA 进入工作状态。在掉电后，FPGA 恢复成白片，内部逻辑关系消失，因此 FPGA 能够反复使用。FPGA 的编程无须专用的 FPGA 编程器，只需要通用的 EPROM、PROM 编程器即可。Actel、QuickLogic 等公司还提供反熔丝技术的 FPGA，具有抗辐射、耐高低温、低功耗和速度快等优点，在军品和航空航天领域中应用较多，但这种 FPGA 不能重复擦写，开发初期比较麻烦，成本也比较昂贵。

1.4　FPGA 与其他处理平台的比较

现代数字信号处理技术的处理平台主要有 ASIC、DSP、ARM 及 FPGA 四种。随着半导体生产工艺的不断发展，四种处理平台的应用领域已出现了相互融合的趋势，但因各自的侧重点不同，依然有各自的优势及鲜明特点。关于对四种处理平台的性能、特点、应用领域等方面的比较分析一直都是广大技术人员及专业杂志讨论的热点之一。相对而言，ASIC 只提供可以接受的可编程性和集成水平，通常可为指定的功能提供最佳解决方案；DSP 可为涉及复杂分析或决策分析的功能提供最佳可编程解决方案；ARM 在需要嵌入式操作系统、可视化显示等的领域得到广泛的应用；FPGA 可为高度并行或涉及线性处理的高速信号处理功能提供最佳的可编程解决方案。接下来对这四种处理平台的特点进行简要介绍。

1.4.1　ASIC、DSP 及 ARM 的特点

ASIC 是 Application Specific Integrated Circuit 的英文缩写，是一种为专门目的而设计的集成电路。ASIC 设计主要有全定制（Full-Custom）设计和半定制（Semi-Custom）设计。半定制设计又可分为门阵列设计、标准单元设计、可编程逻辑设计等。全定制设计完全由设计者根据工艺，以尽可能高的速度、尽可能小的面积，以及完全满意的封装独立地进行芯片设计。这种方法虽然灵活性高，而且可以达到最优的设计性能，但需要花费大量的时间与人力来进行人工布局布线，而且一旦需要修改内部设计，将会影响其他部分的布局，它的设计成本相对较高，适合于大批量的 ASIC 芯片设计，如存储芯片的设计等。相比之下，半定制设计是一种基于库元件的约束性设计，约束的主要目的是简化设计、缩短设计周期，并提高芯片的成品率。半定制设计更多地利用了 EDA 系统来完成布局布线等工作，可以大大减少设计者的工作量，比较适合于小规模的生产和实验。

DSP 是一种独特的微处理器，有自己的完整指令系统。一个数字信号处理器（DSP）内包括控制单元、运算单元、各种寄存器，以及一定数量的存储单元等，在其外围还可以连接若干存储器，并可以与一定数量的外部设备互相通信，DSP 本身就是一个微型计算机。DSP 采用哈佛结构设计，即数据总线和地址总线分开，使程序和数据分别存储在两个分开的空间，允许取指令和执行指令完全重叠。也就是说，在执行上一条指令的同时就可取出下一条指令并进行译码，这大大提高了 DSP 的速度。另外，DSP 还允许在程序空间和数据空间之间进行传输，从而增加了其灵活性。DSP 的工作原理是接收模拟信号，转换为 0 或 1 的数字信号，再对数字信号进行修改、删除、强化，并在其他系统芯片中把数字信号转换成模拟信号或实际环境格式。DSP 不仅具有可编程性，而且其实时运行速度可达每秒千万条复杂指令程序，远远超过了通用的微处理器，具有强大的数据处理能力和较高的运行速

度。由于 DSP 的运算能力很强、速度很快、体积很小，而且具有高度的灵活性，为各种复杂的应用提供了一种有效方案。当然，与通用的微处理器相比，DSP 的其他通用功能相对较弱。

ARM 是一种 32 bit 高性能、低功耗的，采用精简指令集（Reduced Instruction Set Computing，RISC）芯片，它由英国 ARM 公司设计，几乎所有的主要半导体厂商都生产基于 ARM 体系结构的通用芯片，或在其专用芯片中嵌入 ARM 的相关技术，如 TI、Intel、Atmel、Samsung、Philips、Altera、NEC、Sharp、NS 等公司都有相应的产品。ARM 只是一个内核，ARM 公司自己不生产芯片，采用授权方式供半导体厂商生产芯片。目前，几乎所有的半导体厂商都向 ARM 公司购买了各种 ARM 核，配上多种不同的控制器（如 LCD 控制器、SDRAM 控制器、DMA 控制器等）和外设、接口，生产各种基于 ARM 核的芯片。目前，基于 ARM 核的各种微处理器型号有好几百种，在国内市场上，常见的有 ST、TI、NXP、Atmel、Samsung、OKI、Sharp、Hynix、Crystal 等厂商的芯片。由于 ARM 核采用向上兼容的指令系统，用户开发的软件可以非常方便地移植到更高的 ARM 微处理器上。ARM 微处理器一般都具有体积小、功耗低、成本低、性能高、速度快的特点，ARM 微处理器广泛应用于工业控制、数字通信、网络产品、消费类电子产品、安全产品等领域。

1.4.2　FPGA 的特点及优势

FPGA 是英文 Field Programmable Gate Array（现场可编程门阵列）的缩写，它是在 PAL、GAL、PLD 等可编程器件的基础上进一步发展的产物，是专用集成电路（ASIC）中集成度最高的一种。FPGA 采用了逻辑单元阵列（Logic Cell Array，LCA），内部包括 CLB、IOB 和内部连线（Interconnect）三个部分。用户可对 FPGA 内部的逻辑模块和 I/O 模块重新配置，以实现用户的逻辑。FPGA 还具有静态可重复编程和动态在线系统重构的特性，使得硬件的功能可以像软件一样通过编程来修改。作为专用集成电路（ASIC）领域中的一种半定制电路，FPGA 既解决了定制电路的不足，又克服了原有可编程器件门电路数有限的缺点。可以毫不夸张地讲，FPGA 能完成任何数字器件的功能，上至高性能的 CPU，下至简单的 74 系列电路，都可以用 FPGA 来实现。FPGA 如同一张白纸或一堆积木，工程师可以通过传统的原理图输入法或硬件描述语言自由设计一个数字系统。通过软件仿真，可以事先验证设计的正确性。在完成 PCB 以后，还可以利用 FPGA 的在线修改能力，随时修改设计而不必改动硬件电路。使用 FPGA 来开发数字电路，可以大大缩短设计时间，减少 PCB 的面积，提高系统的可靠性。FPGA 是由存放在其片内 RAM 中的程序来设置其工作状态的，因此工作时需要对片内的 RAM 进行编程。用户可以根据不同的配置模式，采用不同的编程方式。当需要修改 FPGA 的功能时，只需修改 EPROM 中的程序即可。同一片 FPGA，不同的程序，可以实现不同的功能，因此，FPGA 的使用非常灵活。可以说，FPGA 是小批量系统提高系统集成度、可靠性的最佳选择之一。

上述四种处理平台的区别是什么呢？DSP 主要用来计算，如加/解密、调制解调等，优势是具有强大的数据处理能力和较高的运算速度。ARM 具有比较强的事务管理功能，可以用来运行界面和应用程序等，其优势主要体现在控制方面。FPGA 可以用 VHDL 或 Verilog HDL 来编程，灵活性强，由于能够进行编程、除错、再编程和重复操作，因此可以灵活地进行设计开发和验证。当电路有少量的改动时，更能显示出 FPGA 的优势，其现场编程能力可以延长产品在市场上的寿命，因为这种能力可以用来进行系统升级或除错。

任何处理器性能的评估必须包括衡量该器件是否能在指定时间内完成所需的功能。这类评估中一种最基本的方法就是测量多个乘加运算处理的时间。考虑一个具有 16 个抽头的简单 FIR 滤波器，该滤波器要求在每次采样中完成 16 次乘加运算（MAC 操作）。TI 公司的 TMS320C6203 具有 300 MHz 的时钟，在合理的优化设计中，每秒可完成 4 亿至 5 亿次 MAC 操作。这意味着由 TMS320C6203 构成的 FIR 滤波器具有最大为每秒 3100 万次采样的输入速率。但在 FPGA 中，所有 16 次 MAC 操作均可并行执行。对于 Xilinx 公司的 Virtex 系列 FPGA，16 bit 的 MAC 操作大约需要配置 160 个 CLB，因此 16 个并发 MAC 操作大约需要 2560 个 CLB。

目前，无线通信技术的发展十分迅速，无线通信技术发展的理论基础之一是软件无线电技术，而数字信号处理技术是实现软件无线电技术的基础。无线通信一方面正向语音和数据融合的方向发展；另一方面，在手持 PDA 产品中越来越多地需要使用移动技术。这一要求对应用于无线通信中的 FPGA 提出了严峻的挑战，其中最重要的三个方面是功耗、性能和成本。为了适应无线通信技术的发展需要，FPGA 系统芯片（System on a Chip，SoC）的概念、技术、芯片应运而生。利用系统芯片技术将尽可能多的功能集成在一片 FPGA 上，使其性能上具有速率高、功耗低的特点，不仅价格低廉，还可以降低复杂性，便于使用。

实际上，FPGA 的功能早已超越了传统意义上的胶合逻辑功能。随着各种技术的相互融合，为了同时满足运算速度、复杂度，以及降低开发难度的需求，目前在数字信号处理领域及嵌入式技术领域，"FPGA+DSP+ARM"的配置模式已浮出水面，并逐渐成为标准的配置模式。

1.5　Altera 公司 FPGA 简介

Altera 公司由 Robert Hartmann、Michael Magranet、Paul Newhagen 和 Jim Sansbury 于 1983 年创立，这些有远见的人认为半导体客户将从用户可编程标准产品中受益，逐步取代逻辑门阵列。为满足这些市场需求，Altera 公司的创始人发明了首款可编程逻辑器件（PLD）——EP300，开创了半导体业界全新的市场领域。这一灵活的新解决方案在市场上打败了传统的标准产品，为 Altera 公司带来了半导体创新领先企业的盛誉。

根据面向电子设计的未来发展需求，Altera 公司的可编程解决方案促进了产品的及时面市。相对于高成本、高风险的 ASIC 开发，以及不灵活的 ASSP（Application Specific Standard Parts，专用标准产品）和数字信号处理器，FPGA 具有明显的优势。与以前的可编程逻辑产品相比，Altera 公司的产品为更广阔的市场带来了更大的价值。

Altera 公司的产品种类众多，基本可以满足各种电子产品的设计需求。随着新技术的不断发展，Altera 公司的 FPGA 性能仍在不断提高，可分为高端 FPGA（Stratix 系列）、中端 FPGA（Arria 系列）、低成本 FPGA（Cyclone 系列）、低成本 CPLD（MAX 系列），以及 DC 电源芯片（Enpirion 系列）和 FPGA 程序配置器件（EPCS、EPCQ 系列）。

表 1-2 Altera 公司不同 FPGA 的主要功能特点

器件级别	器件系列	主要功能特点
高端 FPGA	Stratix-10 系列	● 采用 Intel 革命性的 14 nm 三栅极工艺； ● FPGA 体系结构内核性能提高了 2 倍； ● 功耗比上一代高端 FPGA 降低了 70%； ● 采用第三代硬核处理器系统； ● 采用异构 3D 多管芯解决方案，包括 SRAM、DRAM 和 ASIC
	Stratix-V 系列	● 带宽最宽、集成度最高的 28 nm FPGA，非常灵活； ● 不仅集成了 28 Gbps 的收发器和支持背板的 12.5 Gbps 的收发器，还集成了硬核模块，包括嵌入式 HardCopy 模块，以及用户友好的部分重新配置功能； ● 功耗比 Stratix-IV 系列 FPGA 低 30%； ● 可低风险、低成本地移植到 ASIC，实现量产
	Stratix-IV 系列	● 第四代 Stratix FPGA 系列； ● 性能好、密度高、功耗低； ● 具有同类最佳的 11.3 Gbps 的收发器，并具有优异的信号完整性
	Stratix-III 系列	● 第三代 Stratix 系列 FPGA，业界功耗最低的高性能 65 nm FPGA； ● 具有三种型号，即逻辑丰富型（L）、存储器和 DSP 增强型（E）、收发器型（GX）； ● 面向高端系统处理设计，由业界一流的 FPGA 设计工具提供支持，支持 ASIC 无风险移植
	Stratix-II 系列	● 第二代高性能 90 nm FPGA 系列； ● 具有同类最佳的 6.375 Gbps 收发器； ● 采用高级 FPGA 体系结构，具有分段式 8 输入的 LUT 的高性能 ALM、丰富的片内存储器、嵌入式 DSP 模块和高速外部接口，支持 ASIC 无风险移植
	Stratix 系列	● 第一代 Stratix 系列 FPGA； ● 中等性能，具有嵌入式 DSP 模块、片内存储器、灵活的 I/O； ● 具有丰富的 IP 核，包括世界上最通用的处理器 NIOS-II
中端 FPGA	Arria-10 系列	● 性能和功效最优的中端 FPGA； ● 性能比上一代中端 FPGA 高 60%； ● 带宽比上一代中端 FPGA 高 4 倍，支持 28 Gbps 收发器； ● 系统性能提高了 3 倍（2666 Mbps 的 DDR4、混合立方体存储器支持、1.5 GHz 的 ARM HPS）； ● 功耗比上一代中端 FPGA 降低了 40%
	Arria-V 系列	● 28 nm 的 FPGA，在成本、功耗和性能上达到了均衡； ● 包括低功耗的 6 Gbps 和 10 Gbps 串行收发器； ● 总功耗比 6 GHz 的 Arria-II 系列 FPGA 低 40%； ● 具有丰富的硬核模块，提高了集成度

器 件 级 别	器 件 系 列	主要功能特点
中端 FPGA	Arria-II 系列	● 带有收发器、高性价比的 40 nm FPGA； ● 实现了总功耗最低的收发器； ● 具有 16 个 3.75 Gbps 的收发器，提供了丰富的 DSP 和 RAM，性能优于同类其他器件
	Arria-GX 系列	● 带收发器的 90 nm FPGA； ● 为 3 Gbps 串行 I/O 应用提供优化； ● 用于桥接和端点应用的简捷的解决方案
低成本 FPGA	Cyclone-V 系列	● 28 nm 的 FPGA，实现了业界最低系统成本和功耗； ● 与前几代产品相比，总功耗降低了 40%，静态功耗降低了 30%； ● 具有丰富的硬核模块，提高了集成度
	Cyclone-IV 系列	● 低成本、低功耗的 Cyclone 系列第四代产品； ● 包括两种型号，即集成了 3.125 Gbps 收发器的 Cyclone-IV GX 系列 FPGA 和 Cyclone-IV E 系列 FPGA； ● 支持 NIOS-II 嵌入式处理器，具有多种 IP 核
	Cyclone-III 系列	● 低成本的 Cyclone 系列第三代产品； ● 低功耗、低成本的结合体； ● 支持 NIOS-II 嵌入式处理器，具有丰富的 IP 核
	Cyclone-II 系列	● 低成本的 Cyclone 系列第二代产品； ● 嵌入了 DSP 乘法器、片内存储器和中速率 I/O； ● 支持 NIOS-II 嵌入式处理器，具有丰富的 IP 核
	Cyclone 系列	● 低成本的 Cyclone 系列第一代产品，成本表现最为突出； ● 具有片内存储器、低速率到中速率 I/O； ● 支持 NIOS-II 嵌入式处理器，具有丰富的 IP 核

1.6 FPGA 开发板 CRD500

1.6.1 CRD500 简介

为便于学习实践，本书作者精心设计了与本书配套的开发板 CRD500（见图 1-21），并在书中详细讲解了工程实例的板载测试步骤及方法，形成了从理论到实践的完整学习过程，可以有效地加深读者对数字通信技术的理解，从而更好地构建数字通信技术理论知识与工程实践之间的桥梁。

CXD500 采用 130 mm×90 mm 的 4 层板结构，其中完整的地层保证了整个开发板具有很强的抗干扰能力和良好的工作稳定性。综合考虑信号处理算法对逻辑资源的需求，以及产品价格等因素，CRD500 采用 Altera 公司 Cyclone-IV 系列的 EP4CE15F17C8 为主芯片。Cyclone-IV 系列是市场占有率极高的 FPGA，其中各款芯片的硬件资源情况参见表 1-3。

图 1-21　FPGA 开发板 CRD500

表 1-3　Altera 公司的 Cyclone-IV 系列芯片的硬件资源表

资　　源	EP4CE6	EP4CE10	EP4CE15	EP4CE22	EP4CE30	EP4CE40	EP4CE55	EP4CE75	EP4C115
逻辑单元	6272	10320	15408	22320	28848	39600	55856	75408	114480
嵌入式存储器/KB	270	414	504	594	594	1134	2340	2745	3888
嵌入式 18 比特×18 比特乘法器	15	23	56	66	66	116	154	200	266
通用 PLL	2	2	4	4	4	4	4	4	4
全局时钟资源	10	10	20	20	20	20	20	20	20
用户 I/O 组	8	8	8	8	8	8	8	8	8
用户 I/O 数量	179	179	343	153	532	532	374	426	528

CRD500 开发板的结构示意图如图 1-22 所示，主要有以下特点及功能接口。

- 采用 4 层板结构，完整的地层可增加开发板的稳定性和可靠性；
- 采用 Altera 公司的 EP4CE15F17C8 为主芯片，丰富的资源可胜任一般数字信号处理算法，BGA256 的封装更加稳定，提供标准 10 针 JTAG 程序下载及调试接口；
- 具有 16 MB 的 Flash，具有足够的空间来存储 FPGA 配置程序，还可以作为外部数据存储器使用；
- 具有 2 个独立的晶振，可真实模拟信号发送端和接收端不同的时钟源；
- 具有 2 路独立的 8 比特的 DA 通道（AD9708），1 路独立的 8 比特的 AD 通道（AD9280），可以完成模拟信号产生、A/D 转换、A/D 采样、信号解调，以及解调后 D/A 转换输出的整个信号处理算法验证；
- 3 个低噪运放芯片（AD8056）可以有效调节 A/D 转换和 D/A 转换信号幅度的大小；
- 采用 USB 供电，配置的 CP2102 芯片可同时作为串口通信的接口；
- 具有 4 个共阳极 8 段数码管；
- 具有 8 个 LED；

- 具有 5 个独立按键；
- 具有 40 针扩展接口。

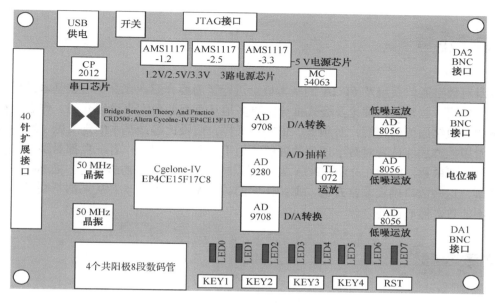

图 1-22　CRD500 开发板的结构示意图

1.6.2　CRD500 典型应用

CRD500 采用单片 FPGA 作为主芯片，具有双晶振、2 个 DA 通道，以及 1 个 AD 通道，十分便于数字通信技术的开发验证。图 1-23 是典型的数字调制解调工程实例验证结构图，图中除示波器外的其他部件的功能均在一块 CRD500 开发板上完成。

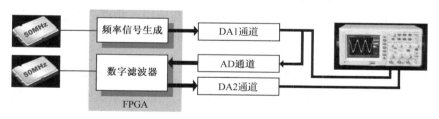

图 1-23　典型的数字调制解调工程实例验证结构图

如图 1-23 所示，在信号输入端，FPGA 在 50 MHz 的晶振驱动下，通过调制信号生成模块生成所需要的调制信号，如 ASK 信号，信号经 DA 通道后变成模拟信号并通过示波器显示出来。模拟信号通过跳线直接送至 CRD500 的 AD 通道，转换成数字信号送回 FPGA 处理。FPGA 的接收模块在另一个独立的 50 MHz 晶振驱动下进行 ASK 信号的解调处理，解调得到的本地信号再通过另一独立的 DA 通道转换成模拟信号，并通过示波器显示出来。读者也可以在发送端将待调制的基带信号通过 CRD500 的扩展接口输出，ASK 解调判决输出的信号也通过扩展接口输出，通过示波器双通道同时观察收发数据的波形是否一致，可验证 ASK 调制解调电路工作的正确性。这样，通过对比观察示波器两个通道显示的波形，就可以完整地对

ASK 调制解调电路的功能进行验证，且整个测试验证过程与实际工程中的应用场景及关键流程几乎完全一致。

1.7 小结

本章对数字通信系统及 FPGA 的基本概念进行了简要介绍，在介绍这些基本的概念时，尽量避免使用一些复杂的理论及公式推导，更多地从直观的角度来进行介绍。作者根据自身的经历和对数字通信的理解，对频谱、带宽、采样、信噪比等最基本的定义做了较为全面的阐述，希望能够加深读者对数字通信的理解。由于职业的原因，作者一直都对那些伟大的技术创新者备感敬意，因此在介绍 FPGA 发展历程时，更多地从人物的角度去描述那些科技创新的故事，这些故事确实非常有趣，那些伟大的科学家和技术创新者从来都不缺乏鲜明的个性。虽不能致，然心向往之。

参考文献

[1] Bernard Sklar. 数字通信——基础与应用（第 2 版）. 徐平平，宋铁成，叶芝慧，等译. 北京：电子工业出版社，2002.

[2] John G. Proakis. 数字通信（第 4 版）. 张力军，张宗橙，郑宝玉，等译. 北京：电子工业出版社，2005.

[3] John G. Proakis, Masoud Salehi. 通信系统工程（第 2 版）. 叶芝慧，赵新胜，等译. 北京：电子工业出版社，2002.

[4] 郭梯云，刘增基，詹道庸，等. 数据传输（第 2 版）. 北京：人民邮电出版社，1998.

[5] 杨小牛，楼才义，徐建良. 软件无线电原理与应用. 北京：电子工业出版社，2001.

[6] Jeffrey H. Reed. 软件无线电——无线电工程的现代方法. 陈强，等译. 北京：人民邮电出版社，2004.

[7] 王建萍，王春江. 认知无线电. 北京：国防工业出版社，2008.

[8] 夏宇闻. Verilog 数字系统设计教程（第 3 版）. 北京：北京航空航天大学出版社，2013.

[9] 鲍航. 无线移动通信技术发展现状与趋势. 咸宁学院学报，2012,32(6):47-48,51.

[10] 王麒. 第三代移动通信（3G）的应用与发展. 价值工程，2012,31(7):134-134.

[11] 田飞. 4G 移动通信关键技术. 中国新通信，2012,14(11):17-18.

[12] Lansing F, Lemmerman L, Walton A, et al. Needs for Communications and Onboard Processing in the Vision Era[C]//2002 IEEE International Geoscience and Remote Sensing Symposium. Toronto, Canada: [s.n.], 2002: 375-377.

[13] Cherry S. Edholm's law of bandwidth. IEEE Spectrum, 2004,41(7):58-60.

[14] 林长星，张健，邵贝贝. 高速无线通信技术研究综述. 信息与电子工程，2012,10(4):383-389.

[15] 赵海龙，张健. 下一代无线通信关键技术及其在遥测中的应用. 信息与电子工程，

2012,10(1):1-6.

[16] 皇甫堪，陈建文，楼生强. 现代数字信号处理. 北京：电子工业出版社，2003.

[17] 杜勇. 数字滤波器的 MATLAB 与 FPGA 实现——Xilinx/VHDL 版. 北京：电子工业出版社，2017.

[18] Alan V. Oppenheim, Alan S. Wilisky. 信号与系统. 刘树棠译. 北京：电子工业出版社，1998.

[19] 江志红. 深入浅出数字信号处理. 北京：北京航空航天大学出版社，2012.

[20] 李素芝，万建伟. 时域离散信号处理. 长沙：国防科技大学出版社，1998.

[21] 王世练. 宽带中频数字接收机的实现及其关键技术的研究. 国防科技大学博士学位论文，2004.

[22] 张国斌. 电路的故事. 电子创新网主页，http://www.eetrend.com/.

[23] 杨海钢，孙嘉斌，王慰. FPGA 器件设计技术发展综述. 电子与信息学报，2010,32(3):714-727.

第 2 章

设计语言及环境介绍

采用 MATLAB 和 FPGA 来实现数字通信的相关技术时，设计者首先需要熟练掌握一整套开发工具的使用方法。要设计出完美的产品需要很多开发工具之间的相互配合，而掌握好手中的开发工具无疑是最基本的因素之一。

本章主要对本书所使用到的设计语言和开发环境进行简要介绍。之所以说是简要介绍，是因为这些开发工具本身的功能十分强大，每一种工具都有图书进行了详细阐述。随着设计经验的积累，设计水平的提高，可更全面地掌握开发工具的特点，从而更好地发挥开发工具的性能，以最小的代价设计出理想的产品。

随着 FPGA 技术的迅猛发展，FPGA 开发软件的更新速度很快。本书采用的软件并不是最新版本，如果读者采用与本书相同的版本，本书配套资源中的工程文件开不需要任何修改就可以直接运行；如果采用更高的版本，由于开发工具的向下兼容性，大多数情况下也可以在设计环境中直接打开本书提供的工程文件，并正确运行；如果采用更低的版本就麻烦多了，需要手动将源程序重新添加到新建的工程中，才能正确进行仿真测试。虽然不同版本的工具软件会给实例程序的运行带来一些阻碍，但掌握本书工程实例中所讲述的方法和步骤才是最为重要的。毕竟，工具或装备虽然重要，但设计者的思想才是起决定性的因素。当读者真正理解了方法后，无论采用 VHDL 还是 Verilog HDL，无论采用 ISE 还是 Quartus II，都可以流畅地设计出所需要的系统。

2.1 HDL 简介

2.1.1 HDL 的特点及优势

PLD（可编程逻辑器件）出现后，需要有一个设计切入点（Design Entry）将设计者的意图表现出来，并最终在具体器件上实现。早期主要有两种设计方式：一种是采取画原理图的方式，就像 PLD 出现之前将分散的 TTL（Transistor-Transistor Logic）芯片组合成电路板一样进行设计，这种方式只是将电路板变成了一颗芯片而已；另一种是采取逻辑方程的形式来表现设计者意图，将多条逻辑方程语句组成的文件经过编译器编译后产生相应文件，再由专用工具写到可编程逻辑器件中，从而实现各种逻辑功能。

随着 PLD 技术的发展，开发工具的功能已十分强大。目前设计方式在形式上仍有原理图输入方式、状态机输入方式和 HDL 输入方式，但由于 HDL 输入方式具有其他方式无法比拟的优点，其他两种输入方式已很少使用。HDL 输入方式是采用编程语言进行设计的，主要有以下几方面的优点[1,2]。

（1）通过使用 HDL，设计者可以在非常抽象的层次上对电路进行描述。设计者可以在寄存器传输级（Register Transfer Level，RTL）对电路进行描述，而不必选择特定的制造工艺，逻辑综合工具将设计自动转换为任意一种制造工艺版图。如果出现新的制造工艺，设计者不必对电路进行重新设计，只需将 RTL 描述输入逻辑综合工具，即可形成针对新工艺的门级网表。逻辑综合工具将根据新的工艺对电路的时序和面积进行优化。

（2）由于 HDL 不必针对特定的制造工艺进行设计，HDL 就没有固定的目标器件，在设计时不需要考虑器件的具体结构。由于不同厂商生产的 PLD，以及相同厂商生产的不同系列的器件，虽然功能相似，但器件在内部结构上毕竟有不同之处，如果采用原理图输入方式，则需要对具体器件的结构、功能部件有一定的了解，从而增加设计的难度。

（3）通过使用 HDL，设计者可以在设计的初期对电路的功能进行验证。设计者可以很容易地对 RTL 描述进行优化和修改，满足电路功能的要求。由于能够在设计初期发现和排除绝大多数设计错误，从而大大降低在设计后期的门级网表或物理版图上出现错误的可能性，避免设计过程的反复，显著缩短设计周期。

（4）使用 HDL 进行设计类似于编写计算机程序，带有注释的源程序非常便于开发和修改。与原理图输入方式相比，这种方式能够对电路进行更加简明扼要的描述。对于非常复杂的设计，如果用原理图来表达，几乎是无法理解的。

（5）HDL 设计通用性、兼容性好，十分便于移植。用 HDL 进行设计，在大多数情况下几乎不需要做任何修改就可以在各种设计环境、PLD 之间编译实现，这给项目的升级开发、程序复用、程序交流、程序维护带来了很大的便利。

随着数字电路复杂性的不断增加，以及 EDA 工具的日益成熟，基于硬件描述语言的设计方法已经成为大型数字电路设计的主流。如果采用原理图输入方式，相信没有一个数字电路设计师能承担这种设计方法所付出的代价。

目前的 HDL 的种类较多，主要有 VHDL（VHSIC Hardware Description Language，VHSIC 是 Very High Speed Integrated Circuit 的缩写，甚高速集成电路硬件描述语言）、Verilog HDL、AHDL、SystemC、HandelC、System Verilog、System VHDL 等，其中主流语言为 VHDL 和 Verilog HDL，其他 HDL 仍在发展阶段，本身不够成熟，或者是某公司专为自己产品开发的工具，应用面不够广泛。

VHDL 和 Verilog HDL 各具有优势。选择 VHDL 还是 Verilog HDL，这是一个初学者最常见的问题。大量的事实告诉我们，要做出正确的选择，首先需要对被选择的对象有一定的了解。接下来简单介绍这两种硬件描述语言的特点。

2.1.2 选择 VHDL 还是 Verilog HDL

Verilog HDL 和 VHDL 都是用于逻辑设计的硬件描述语言，两者各有优劣，并且都已通过 IEEE 标准。VHDL 于 1987 年通过 IEEE 标准，Verilog HDL 则在 1995 年才正式通过 IEEE 标准。之所以 VHDL 比 Verilog HDL 早通过 IEEE 标准，是因为 VHDL 是美国军方组织开发的，而 Verilog HDL 是从一个民间公司的私有财产转化而来的。

VHDL 由美国军方所推出，最早通过 IEEE 标准，在北美及欧洲等地区应用非常普遍。

Verilog HDL 由 Gateway 公司提出，这家公司后来被美国益华科技（Cadence）并购，并得到美国新思科技（Synopsys）的支持。在得到这两大 EDA 公司的支持后，Verilog HDL 也通过了 IEEE 标准，在美国、日本及中国台湾地区使用非常普遍。

从语言本身的复杂性及易学性来看，Verilog HDL 是一种更加容易掌握的硬件描述语言，只要有 C 语言的编程基础，通过短期的学习和实际操作，读者就可以很快掌握这种语言。而掌握 VHDL 就比较困难，这是因为 VHDL 不很直观，需要有 Ada 编程基础，且代码风格相对较为烦琐。从易学性的角度来看，Verilog HDL 稍占上风。但辩证法告诉我们，事物的特性总是相对的。VHDL 的不直观及代码的烦琐，是因为 VHDL 语法更加严谨。Verilog HDL 语法宽松，但因其宽松导致描述具体设计时更容易产生问题，且对于同一个设计，在应用不同 EDA 工具实现时，可能出现不同的实现结果，会给程序交流和复用带来麻烦。

Verilog HDL 和 VHDL 在行为级抽象建模的覆盖范围方面也有所不同，Verilog HDL 在系统级抽象方面比 VHDL 略差一些，而在门级电路描述方面比 VHDL 强得多。Verilog HDL 在其门级电路描述的底层，也就是晶体管开关级的描述方面更有优势，即使是 VHDL 的设计环境，在底层实质上也会由 Verilog HDL 描述的器件库所支持。Verilog HDL 较为适合系统级、算法级、RTL、门级的设计，而对于特大型（千万门级以上）的系统级设计，VHDL 更为适合。

其实两种语言的差别并不大，它们的描述能力也是类似的。掌握一种语言以后，可以通过短期的学习，较快地学会另一种语言。选择何种语言还要看周围人群的使用习惯，这样可以方便日后的学习交流。当然，如果您是集成电路（IC）设计人员，则必须掌握 Verilog HDL，因为在 IC 设计领域，90%以上的公司都采用 Verilog HDL 进行 IC 设计；对于 PLD/FPGA 设计者而言，两种语言可以自由选择。而对有志于成为可编程器件设计的高手来讲，熟练掌握两种语言是必须打好的基本功。

2.2　Verilog HDL 基础

2.2.1　Verilog HDL 的特点

Verilog HDL 是在 1983 年由 GDA（Gateway Design Automation）公司的 Phil Moorby 首创的。Phil Moorby 后来成为 Verilog-XL 的主要设计者和 Cadence 公司（Cadence Design System）的合伙人。在 1984 至 1985 年，Phil Moorby 设计出了第一个关于 Verilog-XL 的仿真器；1986年，他对 Verilog HDL 的发展又做出了另一个巨大贡献，提出了用于快速门级仿真的 XL 算法。

随着 Verilog-XL 算法的成功，Verilog HDL 得到了迅速发展。1989 年，Cadence 公司收购了 GDA 公司，Verilog HDL 成为 Cadence 公司的私有财产。1990 年，Cadence 公司决定公开 Verilog HDL，于是成立了 OVI（Open Verilog International）来负责 Verilog HDL 的发展。基于 Verilog HDL 的优越性，IEEE 于 1995 年制定了 Verilog HDL 的 IEEE 标准，即 Verilog HDL 1364－1995。随着 Verilog HDL 的不断完善和发展，并先后制定了 IEEE 1364－2001 和 IEEE 1364－2005 两个标准。

Verilog HDL 是一种用于数字逻辑的硬件描述语言，用 Verilog HDL 描述的电路设计就是该电路的 Verilog HDL 模型。Verilog HDL 既是一种行为描述语言，也是一种结构描述语言。

也就是说，既可以用电路的功能描述，也可以用元器件和它们之间的连接描述来建立所设计电路的 Verilog HDL 模型。Verilog HDL 模型可以是实际电路的不同级别的抽象，这些抽象的级别和它们对应的模型类型共有以下几种。

- 系统级（System）：用高级语言结构实现设计模块的外部性能的模型。
- 算法级（Algorithm）：用高级语言结构实现设计算法的模型。
- RTL（Register Transfer Level）：描述数据在寄存器之间的流动，以及如何处理这些数据的模型。
- 门级（Switch-Level）：描述器件中晶体管和存储器节点，以及它们之间连接的模型。

一个复杂电路系统的完整 Verilog HDL 模型是由若干 Verilog HDL 模块构成的，每一个模块又可以由若干子模块构成。其中有些模块需要综合成具体电路，而有些模块只是与用户设计的模块进行交互的现存电路或激励源。利用 Verilog HDL 所提供的这种功能就可以构造一个模块间的清晰层次结构，从而描述极其复杂的设计，并对设计的逻辑进行严格的验证。

Verilog HDL 作为行为描述语言时是一种结构化和过程性的语言，其语法结构非常适合算法级和 RTL 的模型设计。这种行为描述语言具有以下功能：

- 可描述顺序执行或并行执行的程序结构；
- 用延迟表达式或事件表达式来明确控制过程的启动时间；
- 通过命名的事件来触发其他过程里的激活行为或停止行为；
- 提供了条件、if-else、case、循环等程序结构；
- 提供了可带参数且非零延时的任务（Task）程序结构；
- 提供了可定义新的操作符的函数结构（Function）；
- 提供了用于建立表达式的算术运算符、逻辑运算符、位运算符。

Verilog HDL 也非常适合门级模型的设计，因其结构化的特点又使它具有以下功能：

- 提供了完整的一套组合型原语（Primitive）；
- 提供了双向通路和电阻器件的原语；
- 可建立 MOS 器件的电荷分享和电荷衰减动态模型。

Verilog HDL 的构造性语句可以精确地建立信号的模型，这是因为 Verilog HDL 提供了延时和输出强度的原语来建立精确度很高的信号模型。信号值可以有不同的强度，可以通过设计宽范围的模糊值来降低不确定条件的影响。

Verilog HDL 作为一种高级的硬件描述语言，有着类似 C 语言的风格，其中有许多语句（如 if 语句、case 语句等）和 C 语言中的对应语句十分相似。如果读者有一定的 C 语言编程基础，那么学习 Verilog HDL 并不困难，只要对 Verilog HDL 某些语句的特殊方面着重理解，并加强上机练习就能很好地掌握它，利用它的强大功能来设计复杂的数字逻辑电路。

2.2.2 Verilog HDL 程序结构

Verilog HDL 的基本设计单元是模块（block）。一个模块是由两部分组成的，一部分用于描述接口，另一部分用于描述逻辑功能，即定义输入是如何影响输出的。下面是一段完整的 Verilog HDL 程序代码。

```
module block (a,b,c,d)
    input a,b;
```

```
        output c,d;

        assign c= a | b;
        assign d= a & b;

endmodule
```

在上面的例子中，程序的第 2、3 行说明了接口的信号流向，第 4、5 行说明了程序的逻辑功能。以上就是设计一个简单的 Verilog HDL 程序所需的全部内容。从这个例子可以看出，Verilog HDL 程序完全嵌在 module 和 endmodule 之间，每个 Verilog HDL 程序都包括模块的端口定义和模块内容。

（1）模块的端口定义。模块的端口声明了模块的输入/输出接口，其格式如下：

module 模块名（接口 1，接口 2…）

（2）模块内容。模块的内容包括 I/O 说明、内部信号声明和功能定义。I/O 说明的格式为：

输入口：input 端口名 1，端口名 2，…，端口名 i;　　//共有 i 个端口
输出口：output 端口名 1，端口名 2，…，端口名 j;　　//共有 j 个端口

I/O 说明也可以写在端口声明语句里，其格式如下：

module 模块名（input 端口 1，input 端口 2，…，output 端口 1，input 端口 2…）;

内部信号说明是指在模块内用到的与端口有关的 wire 和 reg 变量的声明。如：

reg　 [width-1: 0] R 变量 1，R 变量 2…;
wire [width-1: 0] W 变量 1，W 变量 2…;

功能定义是模块中最重要的部分。在模块中可以采用 assign 声明语句、实例元件和 always 块来产生逻辑，例如：

```
//采用 assign 声明语句
assign a = b & c;

//采用实例元件
and and_inst(q, a, b);

//采用 always 块
always @(posedge clk or posedge clr)
begin
    if (clr) q <= 0;
    elseif (en) q <= d;
end
```

需要注意的是，如果用 Verilog HDL 模块实现一定的功能，首先应该清楚哪些是同时发生的，哪些是顺序发生的。上面的例子分别采用了 assign 声明语句、实例元件和 always 块，这三种方式描述的逻辑功能是同时执行的。也就是说，如果将上面的代码放入一个 Verilog HDL 模块中，则它们的次序不会影响逻辑实现的功能，它们是同时执行的，也就是并发的。

在 always 块内，逻辑是按照指定的顺序执行的。always 块中的语句称为顺序语句，因为

它们是顺序执行的。请注意，两个或多个的 always 块也是同时执行的，但是 always 块内部的语句是顺序执行的。看一下 always 块内的语句，就会明白它是如何实现功能的。if…else…if 必须顺序执行，否则其功能就没有任何意义。如果 else 语句在 if 语句之前执行，功能就不符合要求。为了能实现上述描述的功能，always 块内的语句将按照书写的顺序执行。

2.3　FPGA 开发工具及设计流程

2.3.1　Quartus II 开发软件

1. Quartus II 开发软件简介

Quartus II 是 Altera 公司的综合性 PLD/FPGA 开发软件，支持原理图、VHDL、Verilog HDL 和 AHDL（Altera Hardware Description Language）等多种设计输入方式，内嵌综合器和仿真器，可以完成从设计输入到硬件配置的完整 PLD 设计流程。

Quartus II 可以在 Windows、Linux 和 UNIX 上使用，除了可以使用 Tcl 脚本完成设计流程，还提供了完善的用户图形界面设计方式，具有运行速度快、界面统一、功能集中、易学易用等特点。Quartus II 支持 Altera 公司的 IP 核，包含了 LPM/MegaFunction 宏功能模块库，用户可以充分利用成熟的模块来降低设计的复杂性，加快设计速度。Quartus II 对第三方 EDA 工具具有良好支持特性，用户可以在设计流程的各个阶段使用第三方 EDA 工具完成设计。

此外，Quartus II 通过 DSP Builder 工具与 MATLAB/Simulink 相结合，可以方便地实现各种 DSP 应用系统；支持 Altera 公司的片上可编程系统（SOPC）开发，集系统级设计、嵌入式软件开发、可编程逻辑设计于一体，是一种综合性的开发平台。

Maxplus II 作为 Altera 公司的上一代 PLD 设计软件，由于其出色的易用性而得到了广泛的应用。目前 Altera 公司已经停止了对 Maxplus II 的更新支持。Altera 公司在 Quartus II 中包含了许多诸如 SignalTap II、Chip Editor 和 RTL Viewer 的设计辅助工具，集成了 SOPC 和 HardCopy 设计流程，并且继承了 Maxplus II 友好的图形界面及简便的使用方法。

Quartus II 提供了完全集成且与电路结构无关的开发包环境，具有数字逻辑设计的全部特性，具体如下：

- 可利用原理图、结构框图、Verilog HDL、AHDL 和 VHDL 来完成电路描述，并将其保存为设计实体文件；
- 支持芯片（电路）平面布局连线编辑；
- LogicLock 增量设计方法，用户可建立并优化系统，然后添加对原始系统的性能影响较小或无影响的后续模块；
- 功能强大的逻辑综合工具；
- 集成了完备的电路功能仿真与时序逻辑仿真工具；
- 可进行定时/时序分析与关键路径延时分析；
- 可使用 SignalTap II 逻辑分析工具进行嵌入式的逻辑分析；
- 支持源文件的添加和创建，并将它们链接起来生成编程文件；

- 使用组合编译方式可一次完成整体设计流程；
- 可自动定位编译错误；
- 集成了高效的编程与验证工具；
- 可读入标准的 EDIF 网表文件、VHDL 网表文件和 Verilog HDL 网表文件；
- 能生成第三方 EDA 软件使用的 VHDL 网表文件和 Verilog HDL 网表文件。

2．Quartus II 的工作界面

启动 Quartus II 后的默认工作界面如图 2-1 所示，主要由标题栏、菜单栏、工具栏、资源管理窗、编译状态显示窗、信息显示窗和工程工作区等部分组成。

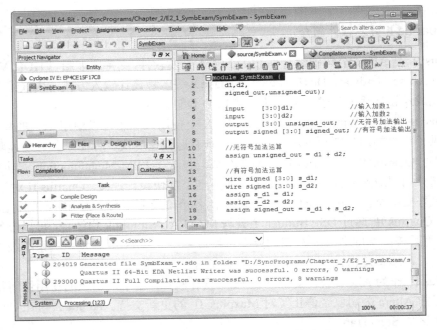

图 2-1　启动 Quartus II 后的默认工作界面

（1）标题栏。标题栏显示的是当前工程的路径和程序名称。

（2）菜单栏。菜单栏主要由文件（File）、编辑（Edit）、视图（View）、工程（Project）、资源分配（Assignments）、操作（Processing）、工具（Tools）、窗口（Window）和帮助（Help）9 个下拉菜单组成，其中工程（Project）、资源分配（Assignments）、操作（Processing）、工具（Tools）集中了 Quartus II 较为核心的全部操作命令，下面分别介绍。

① 工程（Project）菜单的主要功能是对工程的一些操作。

- Add/Remove Files in Project：添加或新建某种资源文件。
- Revisions：创建或删除工程，在其弹出的窗口中单击"Create"按钮可创建一个新的工程。在创建好的几个工程中选中一个，单击"Set Current"按钮把选中的工程设置为当前工程。
- Archive Project：将工程归档或备份。
- Generate Tcl File for Project：产生工程的 Tcl 脚本文件，选择要生成的文件名以及路径

后单击"OK"按钮即可。如果选中了"Open generated file"，则在工程工作区打开该 Tcl 文件。

- Generate Power Estimation File：产生功率估计文件。
- HardCopy Utilities：与 HardCopy 器件相关的功能。
- Locate：将 Assignment Editor 的节点或源代码中的信号在 Timing Clousure Floorplan、编译后布局布线图、Chip Editor 或源文件中定位。
- Set as Top-level Entity：把工程工作区打开的文件设定为顶层文件。
- Hierarchy：打开工程工作区显示的源文件的上一层或下一层的源文件，以及顶层文件。
- Device：设置目标器件型号。
- Assign Pins：打开分配引脚对话框，为设计的信号分配 IO 引脚。
- Timing Settings：设置 EDA 工具，如 Synplify 等。
- Settings：打开参数设置界面，可以切换到使用 Quartus II 开发流程的每个步骤所需的参数设置界面。
- Wizard：启动时序约束设置、编译参数设置、仿真参数设置、Software Build 参数设置。

② 资源分配（Assignments）的主要功能如下：

- Assignment Editor：分配编辑器，用于分配引脚、设置引脚电平标准、设定时序约束等。
- Remove Assignments：删除设定类型的分配，如引脚分配、时序分配等。
- Demote Assignment：允许用户降级使用当前较不严格的约束，使编译器更高效地编译分配和约束等。
- Back-Annotate Assigments：允许用户在工程中反标引脚、逻辑单元、节点、布线分配等。
- Import Assigments：给当前工程导入分配文件。
- Timing Closure Foorplan：启动时序收敛平面布局规划器。
- LogicLock Region：允许用户查看、创建和编辑 LogicLock 区域约束文件以及导入/导出 LogicLock 区域约束文件。

③ Processing 菜单包含了对当前工程执行各种设计流程，如开始综合、开始布局布线、开始时序分析等。

④ Tools 菜单用于调用 Quartus II 中集成的一些工具，如 MegaWizard Plug-In manager（用于生成 IP 核和宏功能模块）、Chip Editor、RTL Viewer、Programmer 等。

（3）工具栏。工具栏中包含了常用命令的快捷图标。当鼠标移动到相应图标上时，在鼠标指针下方会出现此图标对应的含义，而且每种图标在菜单栏均能找到相应的命令菜单。用户可以根据需要将自己常用的功能定制为工具栏上的图标，方便在 Quartus II 中灵活快速地进行各种操作。

（4）资源管理窗。资源管理窗用于显示当前工程中所有相关的资源文件。资源管理窗左下角有三个标签，分别是结构层次（Hierarchy）、文件（Files）和设计单元（Design Units）。结构层次标签在工程编译之前只显示了顶层模块名，工程编译之后，此标签会按层次列出工程中所有的模块，并列出每个源文件所用资源的具体情况。顶层模块可以是用户产生的文本文件，也可以是图形编辑文件。文件标签列出了工程编译后的所有文件，文件类型有设计器件文件（Design Device Files）、软件文件（Software Files）和其他文件（Others Files）。设计单元标签列出了工程编译后的所有单元，如 Verilog HDL 单元、VHDL 单元等，一个器件文件对应生成一个设计单元，参数定义文件没有对应设计单元。

（5）编译状态显示窗。编译状态显示窗主要显示模块综合、布局布线过程及时间。模块综合列出了工程模块，布局布线过程可以显示综合、布局布线进度条，时间可以显示综合、布局布线所耗费时间。

（6）信息显示窗。信息显示窗显示 Quartus II 在综合、布局布线过程中的信息，如开始综合时调用源文件、库文件、综合布局布线过程中的定时、告警、错误等，如果是告警和错误，则会给出具体的引起告警和错误的原因，方便设计者查找及修改错误。

（7）工程工作区。器件设计、定时约束设计、底层编辑器和编译报告等信息均显示在工程工作区中。当 Quartus II 实现不同的功能时，此区域还将打开相应的操作窗口，显示不同的内容，以及不同的操作。

2.3.2 ModelSim 仿真软件

Mentor 公司的 ModelSim 是业界最优秀的 HDL 仿真软件，它能提供友好的仿真环境，是业界唯一的单内核支持 VHDL 和 Verilog HDL 混合仿真的仿真器。ModelSim 采用直接优化的编译技术、单一内核仿真技术，编译仿真速度快，编译的代码与平台无关，便于保护 IP 核。ModelSim 具有软件个性化的图形界面和用户接口，为用户加快调试进程提供了强有力的手段。ModelSim 是 FPGA 的首选仿真软件，其主要特点如下：

- 采用了 RTL 和门级优化技术，编译仿真速度快，具有跨平台跨版本仿真功能。
- 可进行单内核 VHDL 和 Verilog HDL 混合仿真。
- 集成了性能分析、波形比较、代码覆盖、数据流、信号检测（Signal Spy）、虚拟对象（Virtual Object）、Memory 窗口、Assertion 窗口、源码窗口显示信号值、信号条件断点等众多调试功能。
- 具有 C 语言接口，支持 C 语言调试。
- 对系统级描述语言的最全面支持，支持 SystemVerilog、SystemC、PSL 等语言。

ModelSim 分为 SE、PE、LE 和 OEM 等版本，其中 SE 是最高级的版本，集成在 Actel、Atmel、Altera、Xilinx 和 Lattice 等 FPGA 厂商设计工具中的均是 OEM 版本。SE 版和 OEM 版在功能和性能方面有较大差别，比如对于大家都关心的仿真速度问题，以 Xilinx 公司提供的 OEM 版本为例，对于代码少于 40000 行的设计，SE 版本比 OEM 版本要快 10 倍；对于代码超过 40000 行的设计，SE 版本要比 OEM 版本快近 40 倍。SE 版本支持 Windows、UNIX 和 Linux 混合平台，提供全面完善的高性能验证功能，全面支持业界的标准。虽然集成在 Altera 等 FPGA 厂商设计工具中的是 OEM 版本，但用户可独立安装 SE 版本，通过简单设置即可将 SE 版本的 ModelSim 软件集成在 Quartus II 等开发软件中，方法如下。

直接运行 Quartus II 软件，依次单击"Tools→Options"菜单，在弹出的软件设置对话框中依次单击"General→EDA Tool Options"条目即可弹出集成工具选项设置对话框，如图 2-2 所示，从该对话框选项中可以看出，Quartus II 可以集成 ModelSim、Synplify、Synplify Pro 等工具。在相应工具的路径编辑框中输入工具的安装路径即可轻松地将 ModelSim 等第三方工具集成在 Quartus II 中。图 2-2 中设置"ModelSim-Altera"对应的安装路径为"C:\altera\13.1\modelsim_ase\win32aloem\"（读者需要根据 ModelSim 的安装路径进行设置）即可将 ModelSim

集成在 Quartus II 中。需要注意的是，"ModelSim-Altera"的安装路径名后端必须加上"\"字符，否则无法正确启动。

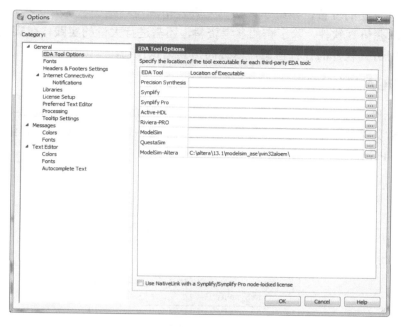

图 2-2 集成工具选项设置对话框

ModelSim 是独立的仿真软件，本身可独立完成程序代码编辑及仿真功能。ModelSim 运行界面如图 2-3 所示，主要由标题栏、菜单栏、工具栏、库信息窗口、对象窗口、波形显示窗口和脚本信息窗口组成。

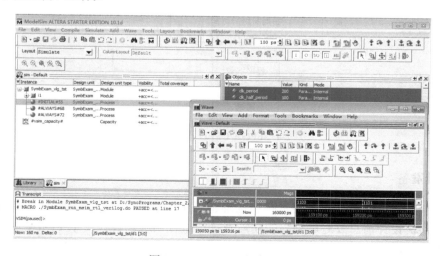

图 2-3 ModelSim 运行界面

ModelSim 的窗口很多，共 10 余个。在仿真过程中，除了主窗口，其他窗口均可以打开多个副本，且各个窗口中的对象均可以拖动的方式进行添加，使用起来十分方便。当关闭主窗口时，所有已打开的窗口均自动关闭。ModelSim 丰富的显示及调试窗口可以极大地方便设计者对程序的仿真调试，但也使初学者掌握起来比较困难。本书不对 ModelSim 进行详细介绍，读者可参考软件使用手册和其他参考资料学习 ModelSim 的使用方法。仿真技术在 FPGA 设计中具有十分重要的位置，熟练掌握仿真工具及仿真技巧是一名优秀工程师的必备技能。当然，要熟练掌握仿真软件，除了查阅参考资料，还需进行大量的实践，在实践中逐渐理解、掌握并熟练应用仿真软件的各种窗口，以提高仿真调试技巧。

2.3.3　FPGA 设计流程

整个 FPGA 设计过程可以与采用 Protel 软件设计 PCB 的流程类比。图 2-4 是 FPGA 的设计流程图。本节只是简单地介绍各个设计流程的基本知识，有关 FPGA 的详细设计方法可以参考专门介绍 FPGA 设计工具的资料。

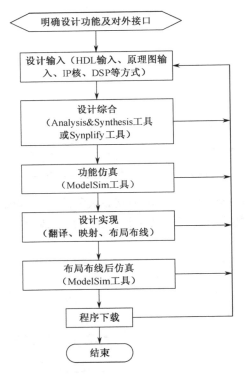

图 2-4　FPGA/CPLD 设计流程图

1．设计准备

在进行一个设计之前，首先要进行一些准备工作，好比进行软件开发前需要进行需求分析，进行电路板设计前总要对电路板的功能及接口进行明确。设计一个 FPGA 项目就和设计一块电路板一样，只是设计的对象是一块芯片的内部功能结构。一个 FPGA 设计就是一个 IC 设计，在编写代码前必须明确这个 IC 的功能及对外接口。电路板的接口是一些接口插座及信号线，IC 的对外接口则反映在其引脚上。FPGA 灵活性的最直接体现，在于其引脚可自由定义。也就是说，当没有下载程序文件前，FPGA 的引脚没有任何功能，各个引脚是输入还是输出，是复位信号还是 LED 输出信号，完全是由程序文件确定的，这对于常规的专用芯片来讲是无法想象的。

2．设计输入

明确了设计功能及对外接口后就可以开始设计输入了。所谓设计输入，就是完成编写代码、绘制原理图、设计状态机等工作。当然，对于复杂的设计，在动手编写代码前还需要进行顶层设计、模块功能设计等工作，对于简单的设计来讲就不用那么麻烦了，一个文件即可解决所有问题。设计输入的方式有多种，如原理图输入方式、状态机输入方式、HDL 输入方式、IP 核输入方式（高效率的输入方式，用经过测试的他人劳动成果可确保设计性能并提高设计效率），以及 DSP 输入工具等。

3．设计综合

大多数介绍 FPGA 设计的图书在讲解 FPGA 设计流程时，均把设计综合放在功能仿真之后，原因是功能仿真只是对设计输入的语法进行检查及仿真，不涉及具体的电路综合及实现。换句话说，即使你写出的代码最终无法综合成具体电路，功能仿真也可能正确无误。作者认为，如果编写的代码最终无法综合成电路，即根本不是一个可能实现的设计，这种情况下不尽早检查设计并修改，而是追求功能仿真的正确性，岂不是在进一步浪费你的宝贵时间？所以，在设计输入完成后，应当先对进行设计综合，看看设计是否能形成电路，再去进行仿真可能会更好些。所谓设计综合，也就是将 HDL、原理图等输入翻译成由与、或、非门，触发器等基本逻辑单元组成的逻辑链接，并形成网表格式文件，供布局布线器进行实现。FPGA/CPLD 内部本身是由一些基本的组合逻辑门、触发器、存储器等元素组成的，综合的过程也就是将通过 HDL 或原理图描述的功能电路自动编译成基本逻辑单元组合的过程。这好比用 Protel 进行设计时，设计好原理图后，要将原理图转换成网表文件，如果没有为每个原理图中的元件指定器件封装，或者元件库中没有指定的元件封装，则在转换成网表文件并进行后期布局布线时将无法进行下去。同样，如果 HDL 本身没有与之对应的硬件实现，自然也就无法将形成正确的电路。

4．功能仿真

功能仿真也称为行为仿真（在 Quartus II 中称为 RTL Simulation），顾名思义，即功能性仿真，用于检查设计输入的语法是否正确，功能是否满足要求。由于功能仿真仅仅关注语法的正确性，因而即使功能仿真正确，也无法保证最后设计实现的正确性。对于高速或复杂的设计来讲，在通过功能仿真后，要做的工作还可能十分繁杂，原因在于功能仿真并没有用到实现设计的时序信息，仿真延时基本忽略不计，处于理想状态，而对于高速或复杂的设计来讲，基本器件的延时正是制约设计的瓶颈。虽然如此，功能仿真在设计初期仍然是十分有用的，功能仿真都不能通过的设计通常也不可能通过布局布线后仿真，也不可能实现设计者的设计意图。功能仿真的另一好处是可以对设计中的每一个模块单独进行仿真，这也是程序调试的基本方法，先分别进行底层模块仿真调试，再进行顶层模块综合调试。

5．设计实现

设计实现是指根据选定的芯片型号、综合后生成的网表文件，将设计配置到具体 FPGA/CPLD 的过程。由于涉及具体的器件型号，所以实现工具只能选用 FPGA/CPLD 厂商提供的软件。Xilinx 公司的 ISE 软件中实现过程可分为翻译（Translate）、映射（Map）和布局布线（Place&Route）三个步骤。Quartus II 的实现工具主要有 Fitter、Assigment Editor、Floorplan Editor、Chip Editor 等。虽然看起来步骤较多，但在具体设计时，可以直接单击 Quartus II 中的设计实现（Fitter）条目，即可自动完成所有实现步骤。设计实现的过程就好比 Protel 软件根据原理图生成的网表文件进行绘制 PCB 的过程。绘制 PCB 可以采用自动布局布线和手动布局布线两种方式。对于 FPGA 设计来讲，ISE 工具同样提供了自动布局布线和手动布局布线两种方式，只是手动布局布线相对困难得多。对于常规或相对简单的设计来讲，仅依靠 Quartus II 的自动布局布线功能即可得到满意的效果。

6. 布局布线后仿真

一般来说，无论软件工程师还是硬件工程师，都更愿在设计过程中充分展示自己的创造才华，而不太愿意花过多时间去做测试或仿真工作。对于一个具体的设计来讲，工程师们更多地关注设计功能的实现，只要功能正确，工作也就差不多完成了。由于目前设计工具的快速发展，尤其仿真工具的功能日益强大，这种观念恐怕需要进行修正了。对于 FPGA 设计来说，布局布线后仿真（在 Quartus II 中称为 Gate Level Simulation）也称为后仿真或时序仿真，具有十分精确的器件延时模型，只要约束条件设计正确合理，仿真通过了，程序下载到芯片后基本上也就不用担心会出现什么问题。在介绍功能仿真时讲过，功能仿真通过了，设计离成功还比较远，但只要时序仿真通过了，则设计离成功就很近了。

7. 程序下载

通过时序仿真后就可以将设计生成的芯片配置文件写入芯片中进行最后的硬件调试，如果硬件电路板没有问题的话，那么在将程序下载到芯片后即可看到自己的设计已经在正确地工作了。

2.4　MATLAB 软件

2.4.1　MATLAB 简介、工作界面和优势

1. MATLAB 简介

20 世纪 70 年代，美国新墨西哥大学计算机科学系主任 Cleve Moler 为了减轻学生编程的负担，用 FORTRAN 语言编写了最早的 MATLAB，并于 1984 年成立了的 MathWorks 公司，正式把 MATLAB 推向市场。到 20 世纪 90 年代，MATLAB 已成为控制领域的标准计算软件。为便于程序的通用性，本书使用 MATLAB 2014a 进行设计及讲解。

MATLAB 将数值分析、矩阵计算、科学数据可视化，以及非线性动态系统的建模和仿真等诸多强大功能集成在一个易于使用的视窗环境中，为科学研究、工程设计，以及必须进行有效数值计算的众多科学领域提供了一种全面的解决方案，并在很大程度上摆脱了传统非交互式程序设计语言（如 C、FORTRAN 语言）的编辑模式。MATLAB 在数值计算方面首屈一

指，可以进行矩阵运算、绘制函数和数据、实现算法、创建用户界面、链接其他编程语言的程序等，主要应用于工程计算、控制设计、信号处理与通信、图像处理、信号检测、金融建模设计与分析等领域。

MATLAB 的基本数据单位是矩阵，其指令表达式与数学、工程中常用的形式十分相似，使用 MATLAB 来解算问题要比用 C、FORTRAN 等语言简捷得多，而且 MATLAB 吸收了像 Maple 等软件的优点，使其成为一个强大的数学软件。MATLAB 还加入了对 C、FORTRAN、C++、Java 等语言的支持，用户可以直接调用使用这些语言编写的程序，也可以将自己编写的实用程序导入 MATLAB 函数库中方便等语言以后调用，许多 MATLAB 爱好者都编写了一些经典的程序，用户可以直接下载使用。

2．MATLAB 的工作界面

MATLAB 的工作界面简单、明了，易于操作。正确安装好软件后，依次单击"开始→所有程序→MATLAB→R2014a→MATLAB R2014a"即可运行 MATLAB，其工作界面如图 2-5 所示。

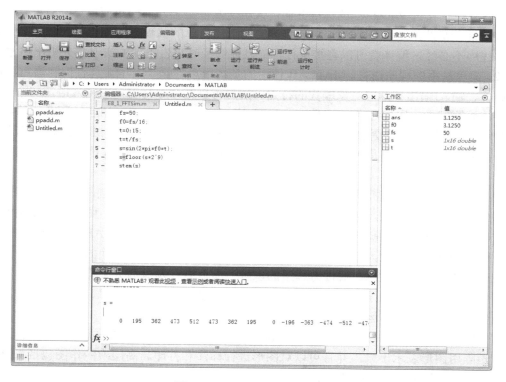

图 2-5　MATLAB 的工作界面

命令行窗口是 MATLAB 的主窗口，在命令行窗口中可以直接输入命令，系统将自动显示命令执行后的信息。如果一条命令语句过长，需要两行或多行才能输入完毕，则需要使用"…"作为连接符，按 Enter 键转入下一行继续输入。另外，在命令行窗口中输入命令时，可利用快捷键十分方便地调用或修改以前输入的命令。如通过向上键↑可重复调用上一个命令行，对它加以修改后直接按 Enter 键执行，在执行命令时不需要将光标移至行尾。命令行窗口只能执行单条命令，用户可通过创建 M 文件（后缀名为 ".m" 的文件）来编辑多条命令语句，在命令行窗口中输入 M 文件的名称，即可执行 M 文件中所有命令语句。

历史命令窗口用于显示用户在命令行窗口中执行过的命令，用户也可直接双击历史命令窗口中的命令来再次执行该命令，也可以在选中某条或多条命令后，执行复制、剪切等操作。工作空间窗口用于显示当前工作环境中所有创建的变量信息，单击工作空间窗口下的 "Current Directory" 标签可打开当前工作路径窗口，该窗口用于显示当前工作在什么路径下，包括 M 文件的打开路径等。

3．MATLAB 的优势

MATLAB 的主要优势体现在以下几个方面。

（1）友好的工作平台和编程环境。MATLAB 由一系列工具组成，这些工具方便用户使用 MATLAB 的函数和文件，其中大多数工具采用的是图形用户界面，包括 MATLAB 桌面和命令行窗口、历史命令窗口、编辑器、调试器、路径搜索以及用于用户浏览帮助、工作空间和文件的浏览器。随着 MATLAB 的商业化，以及软件本身的不断升级，MATLAB 的界面也越来越精致，更加接近 Windows 的标准界面，人机交互性更强，操作更简单，并且提供了完整的联机查询、帮助系统，极大地方便了用户的使用。简单的编程环境提供了比较完备的调试系统，程序不必经过编译就可以直接运行，而且能够及时报告出现的错误并分析出错原因。

（2）简单易用的程序语言。MATLAB 使用的是高级矩阵/阵列语言，具有控制语句、函数、数据结构、输入/输出和面向对象编程的特点。用户可以在命令行窗口中输入语句与命令，也可以导入编写好的应用程序（M 文件）。MATLAB 的底层语言为 C++语言，因此语法特征与 C++语言极为相似，而且更加简单，更加符合数学表达式的书写格式。MATLAB 的可移植性好、可拓展性极强，这也是 MATLAB 能够广泛应用于科学研究及工程计算各个领域的重要原因。

（3）强大的科学计算机数据处理能力。MATLAB 包含了大量的算法，拥有 600 多个工程中要用到的数学运算函数，可以方便地实现用户所需的各种计算功能。函数中所使用的算法都是科研和工程计算中的研究成果，且经过了各种优化和容错处理。MATLAB 的这些函数集包括最简单最基本的函数，以及诸如矩阵、特征向量、快速傅里叶变换的复杂函数，函数所能解决的问题包括矩阵运算、线性方程组的求解、微分方程及偏微分方程组的求解、符号运算、傅里叶变换、数据的统计分析、工程中的优化问题、稀疏矩阵运算、复数的各种运算、三角函数和其他初等数学运算、多维数组操作，以及建模动态仿真等。

（4）出色的图形处理功能。MATLAB 自产生之日起就具有方便的数据可视化功能，可将向量和矩阵用图形表示出来，并且可以对图形进行标注和打印。高层次的作图包括二维和三维的可视化、图像处理、动画和表达式作图，可用于科学计算和工程绘图。MATLAB 的图形处理功能十分强大，它不仅具有一般数据可视化软件都具有的功能（如二维曲线、三维曲面的绘制和处理等），还具有一些其他软件所没有的功能（如图形的光照处理、色度处理，以及四维数据的表现等）。对于特殊的可视化要求，如图形对话等，MATLAB 也有相应的功能函数，可满足不同层次的要求。

（5）应用广泛的模块集合——工具箱。MATLAB 针对许多专门的领域开发了功能强大的模块集合——工具箱（Toolbox），这些工具箱都是由特定领域的专家开发的，用户可以直接使用而不需要自己编写代码。目前，MATLAB 已经把工具箱延伸到了科学研究和工程应用领域，如数据采集、数据库接口、概率统计优化算法、偏微分方程求解、神经网络、小波分析、信号处理、图像处理、系统辨识、控制系统设计、鲁棒控制、模型预测、模糊逻辑、金融分析、地图工具、非线性控制设计、实时快速原型及半物理仿真、嵌入式系统开发、定点仿真、电力系统仿真等。

（6）实用的程序接口和发布平台。MATLAB 可以利用 MATLAB 编译器，以及 C/C++数学库和图形库，将编写的 MATLAB 程序自动转换为独立于 MATLAB 运行的 C 和 C++代码。允许用户编写和 MATLAB 进行交互的 C 或 C++程序。另外，MATLAB 网页服务程序还容许在 Web 应用中使用自己的 MATLAB 数学和图形程序。MATLAB 的一个重要特色就是具有一套程序扩展系统和一组称之为工具箱的特殊应用子程序，工具箱是 MATLAB 函数的子程序库，每一个工具箱都是为某一类学科专业和应用而定制的，如信号处理、控制系统、神经网络、模糊逻辑、小波分析和系统仿真等。

（7）用户界面的应用软件开发。在开发环境中，用户可方便地控制多个文件和图形窗口；在编程方面支持函数嵌套、有条件中断等；在图形化方面具备强大的图形标注和处理功能；在输入/输出方面，可以直接与 Excel 等文件进行链接。

2.4.2 MATLAB 中常用的信号处理函数

MATLAB 具有功能强大的函数，从本质上讲，可将函数分为以下三类。

（1）MATLAB 的内部函数。这类函数由 MATLAB 提供，用户不能修改，如调试函数、快速傅里叶变换函数等。

（2）MATLAB 工具箱中提供的大量实用函数。这类函数是针对不同领域开发的，如通信、机械等领域，用户可以根据自身需要对这类函数进行修改，以完成特定功能。

（3）用户编写的函数。

需要说明的是，虽然 MATLAB 具有不同类型的函数，但使用方法都是一样的，用户可以在自己编写的函数中调用其他类型的函数。

1．常用信号的产生函数

在进行数字信号处理仿真或设计时，经常需要产生随机信号、方波信号、锯齿波信号、正弦波信号，以及带有加性白噪声的信号。MATLAB 提供了很多信号的产生函数，用户直接调用即可。

（1）随机信号产生函数。MATLAB 提供了两类随机信号产生函数，分别为 rand(1,N)和 randn(1,N)，其中 rand 产生长度为 N 并且在[0，1]上均匀分布的随机信号；randn 产生均值为 0、方差为 1 的高斯随机信号，也就是功率为 1 W 的白噪声序列。具有其他分布特性的信号可以由这两种随机数变换产生。

（2）方波信号产生函数。MATLAB 提供了方波信号产生函数 square。square 有两种格式，即 square(T)和 square(T,DUTY)，前者相对于时间变量 T 产生周期为 2π、幅值为±1 的方波信号；后者产生指定占空比的方波信号，DUTY 指定信号为正值的区域在一个周期内所占的比例，取值为 0～100，当 DUTY 取 50 时，产生方波信号，即与 square(T)函数完全相同。

（3）锯齿波信号产生函数。MATLAB 提供的锯齿波信号产生函数 sawtooth 也有两种格式，即 sawtooth(T)和 sawtooth(T,WIDTH)，前者对时间变量 T 产生周期为 2π、幅值为±1 的锯齿波信号；后者对时间变量 T 产生三角波信号，WIDTH 参数指定三角波信号的尺度值，取值为 0～1，当 WIDTH 取 0.5 时，产生对称的三角波信号，当 WIDTH 取 1 时，产生锯齿波信号。

（4）正弦波信号产生函数。MATLAB 提供了完整的三角函数，如正弦函数 sin、双曲正弦函数 sinh、反正弦函数 asin、反双曲正弦函数 asinh、余弦函数 cos、双曲余弦函数 cosh、反余弦函数 acos、反双曲余弦函数 acosh、正切函数 tan、余切函数 cot 等。这几种函数的用法基本相同，如 sin(T)函数相对于时间变量 T 产生周期为 2π、幅值为±1 的正弦波信号。

我们以一个具体的实例来演示这几个函数的具体用法。

例 2-1　MATLAB 常用信号的产生函数实例

编写一个 M 文件，依次产生均匀分布的随机信号、高斯白噪声随机信号、方波信号、三角波信号、正弦波信号，以及信噪比 SNR 为 10 dB 的加性高斯白噪声正弦波信号。程序源代码如下。

```
%E2_1_BasicWave.m 文件源代码
%产生方波、三角波及正弦波信号
%定义参数
Ps=10;                                      %正弦波信号功率为 10 dBW
Pn=1;                                       %噪声功率为 0 dBW
f=100;                                      %信号频率为 100 Hz
Fs=1000;                                    %采样频率为 1 kHz
width=0.5;                                  %函数 SAWTOOTH()的尺度参数为 0.5
duty=50;                                    %函数 SQUARE()的尺度参数为 50

%产生信号
t=0:1/Fs:0.1;
c=2*pi*f*t;
sq=square(c,duty);                         %产生方波信号
tr=sawtooth(c,width);                      %产生三角波信号
si=sin(c);                                 %产生正弦波信号
%产生随机信号
noi=rand(1,length(t));                     %产生均匀分布的随机信号
noise=randn(1,length(t));                  %产生高斯白噪声信号
%产生带有加性高斯白噪声的正弦波信号
sin_noise=sqrt(2*Ps)*si+sqrt(Pn)*noise;
sin_noise=sin_noise/max(abs(sin_noise));   %归一化处理

%画图
subplot(321); plot(t,noi);
axis([0 0.1 -1.1 1.1]);
xlabel('时间/s','fontsize',8,'position',[0.08,-1.3,0]);   ylabel('幅度/V','fontsize',8);
title('均匀分布随机信号','fontsize',8);
subplot(322); plot(t,noise);
axis([0 0.1 -max(abs(noise)) max(abs(noise))]);
xlabel('时间/s','fontsize',8,'position',[0.08,-3.2,0]);   ylabel('幅度/V','fontsize',8);
```

```
title('高斯白噪声','fontsize',8);
subplot(323); plot(t,sq);
axis([0 0.1 -1.1 1.1]);
xlabel('时间/s','fontsize',8,'position',[0.08,-1.3,0]);        ylabel('幅度/V','fontsize',8);
title('方波信号','fontsize',8);
subplot(324); plot(t,tr);
axis([0 0.1 -1.1 1.1]);
xlabel('时间/s','fontsize',8,'position',[0.08,-1.3,0]);        ylabel('幅度/V','fontsize',8);
title('三角波信号','fontsize',8);
subplot(325); plot(t,si);
axis([0 0.1 -1.1 1.1]);
xlabel('时间/s','fontsize',8,'position',[0.08,-1.3,0]);        ylabel('幅度/V','fontsize',8);
title('正弦波信号','fontsize',8);
subplot(326); plot(t,sin_noise); axis([0 0.1 -1.1 1.1]);
xlabel('时间/s','fontsize',8,'position',[0.08,-1.3,0]);        ylabel('幅度/V','fontsize',8);
title('SNR＝10dB 的正弦波信号','fontsize',8);
```

程序运行结果如图 2-6 所示。在这个实例中，为了使图形显示更为美观，使用了较多的坐标轴设置函数。在以后的实例中，为节约篇幅，源文件中类似坐标轴操作函数将不再列出，只列出程序的核心部分代码，读者可在随书配套资料中查寻完整的程序源文件代码。

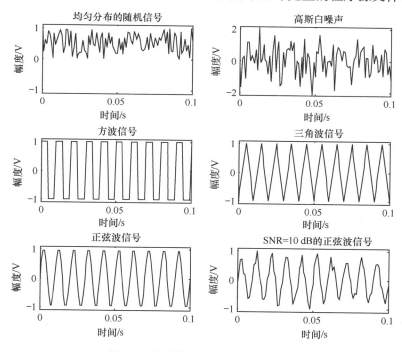

图 2-6　几种常用的信号波形仿真图

2. 常用的信号分析及处理函数

（1）滤波函数。filter 是利用递归滤波器或非递归滤波器对信号进行滤波处理的函数。任何一个离散系统均可以看成一个滤波器，离散系统的输出就是输入信号经过滤波后的结果。

由于 filter 函数的参数涉及离散系统的系统函数，因此先简要介绍离散系统的一般表示方法。一个 N 阶的离散系统的系统函数可表示为：

$$H(z) = \frac{\sum_{i=0}^{M} b_i z^{-i}}{1 + \sum_{j=1}^{N} a_j z^{-j}} \qquad (2\text{-}1)$$

其差分方程可表示为：

$$y(n) = \sum_{i=0}^{M} b_i x(n-i) - \sum_{j=1}^{N} a_j y(n-j) \qquad (2\text{-}2)$$

将式（2-1）的分子项系数依次从小到大排列成一个行向量 **b**，分母项依次从小到大排列成一个行向量 **a**（其中 $a_0=1$），则依据 **b**、**a** 可唯一确定离散系统。

filter 函数有三个参数：filter(b,a,x)，其中 b、a 分别为系统函数的分子项系数、分母项系数组成的行向量，x 为输入信号序列。函数返回值为输入信号 x 经滤波后的输出结果。

（2）单位采样响应函数。MATLAB 提供了一个可以直接求取系统单位采样响应的函数 impz。impz 函数有两种用法：impz(b,a,p) 及 h=impz(b,a,p)。其中 b、a 分别为系统函数的分子项系数和分母项系数向量，p 为计算的数据点数，如不设置 p 值，则函数取默认点数进行计算，h 为单位采样响应结果。函数的前一种用法直接在 MATLAB 绘图界面上画出系统的单位响应杆图（Stem）图形，后一种用法则将单位采样响应结果存入变量 h 中，但不绘图。

（3）频率响应函数。频率响应指系统的幅频（幅度-频率）响应及相频（相位-频率）响应。频率响应是系统最基本、最重要的特征，用户在设计系统时，通常以达到系统所需的频率响应为目标。对于一个给定的离散系统来说，MATLAB 提供了 freqz 函数来获取系统的频率响应。与 impz 函数类似，freqz 函数也有两种用法：freqz(b,a,n,Fs) 及 [h,f]=freqz(b,a,n,Fs)。其中 b、a 分别为系统函数的分子项系数和分母项系数向量；Fs 为采样频率；n 为在[0，Fs/2]范围内计算的频率点数量，并将频率值存放在 f 中；h 存放频率响应计算结果。函数的第一种用法可直接绘出系统的幅频响应和相频响应曲线，第二种用法将频率响应结果存放在 h 及 f 变量中，但不绘图。

（4）零、极点增益函数。对于一个离散系统来说，系统的零、极点及增益参数可以明确地反映系统的因果性、稳定性等重要特性，进行系统分析及设计时也常常会计算其零、极点和增益参数。用户可以使用 MATLAB 提供的 root 函数来计算系统的零、极点，也可以直接使用 zplane 函数来绘制系统的零、极点图。

例 2-2　MATLAB 常用信号分析及处理函数实例

编写一个 M 文件，分别用 filter 及 impz 函数获取指定离散系统（b=[0 0.5 0.3 0.2], a=[1 0.2 0.4 −0.8]）的单位采样响应；用 freqz 函数获取系统的频率响应；分别用 root 及 zplane 函数获取系统的零、极点图及增益，程序源代码如下。

```
%E2_2_SignalProcess.m 文件源代码
L=128;                          %单位采样信号的长度
Fs=1000;                        %采样频率为 1 kHz
b=[0.8 0.5 0.6];                %系统函数的分子项系数向量
```

```
a=[1 0.2 0.4 -0.8];                          %系统函数的分母项系数向量
delta=[1 zeros(1,L-1)];                      %生成长度为 L 的单位采样信号

FilterOut=filter(b,a,delta);                 %用 filter 函数获取单位采样响应
ImpzOut=impz(b,a,L);                         %用 impz 函数获取单位采样响应
[h,f]=freqz(b,a,L,Fs);                       %用 freqz 函数求频率响应
mag=20*log(abs(h))/log(10);                  %幅度转换成以 dB 为单位
ph=angle(h)*180/pi;                          %相位值单位转换
zr=roots(b)                                  %求系统的零点，并显示在命令行窗口中
pk=roots(a)                                  %求系统的极点，并显示在命令行窗口中
g=b(1)/a(1)                                  %求系统的增益，并显示在命令行窗口中

%绘图
figure(1);
subplot(221);stem(FilterOut);
subplot(222);stem(ImpzOut);
subplot(223);plot(f,mag);
subplot(224);plot(f,ph);
figure(2);
freqz(b,a);                                  %用 feqz 函数绘制系统频率响应
figure(3);
zplane(b,a);                                 %用 zplane 函数绘制系统零、极点图
```

程序运行后的结果如图 2-7 和图 2-8 所示。同时，在 MATLAB 的命令行窗口中显示系统的零、极点及增益。

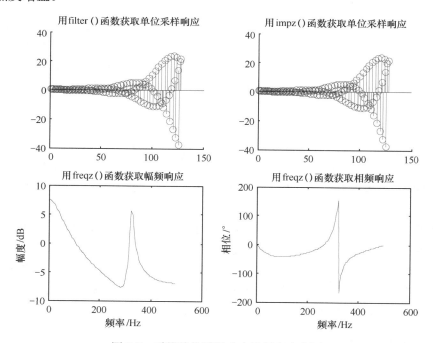

图 2-7　系统单位采样响应及频率响应图

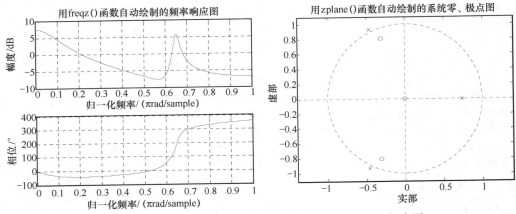

图 2-8　用 freqz()及 zplane()函数绘制的频率响应及零、极点图

```
zr =
    −0.3125 + 0.8077i
    −0.3125 − 0.8077i
pk =
    −0.4677 + 0.9323i
    −0.4677 − 0.9323i
     0.7354
g =
     0.8000
```

由图 2-7 可知，filter()函数和 impz()函数获取的系统单位采样响应序列完全相同。freqz()函数两种用法的频率响应完全相同，其中函数自动绘制的幅频响应横坐标为归一化频率。

（5）快速傅里叶变换函数。离散傅里叶变换（Discrete Fourier Transform，DFT）是数字信号处理最重要的基础之一，也是对信号进行分析和处理时最常用的工具之一。200 多年前，法国数学家、物理学家傅里叶提出以他名字命名的傅里叶级数之后，用 DFT 来分析信号就已经为人们所知了。但在很长时间内，这种分析方法并没有引起更多的重视，最主要的原因在于这种分析方法运算量比较大。

快速傅里叶变换（Fast Fourier Transform，FFT）是 1965 年由库利和图基共同提出的一种快速计算 DFT 的方法。这种方法充分利用了 DFT 运算中的对称性和周期性，从而将 DFT 运算量从 N^2（N 为计算的数据点数）减少到 $N\log_2 N$。当 N 比较小时，FFT 的优势并不明显。但当 N 大于 32 时，点数越大，FFT 对运算量的改善越明显。例如，当 N 为 1024 时，FFT 的运算效率比 DFT 提高了 100 倍。

快速傅里叶变换在信号分析及处理中的应用十分广泛，MATLAB 提供了 fft 及 ifft 两个函数来分别处理快速傅里叶正/反变换。函数最常用的用法是 y=fft(x,n)，其中 x 是输入信号，n 为参与计算的数据点数，y 存放函数运算结果。当 n 大于输入的长度，fft 函数在 x 的尾部补零构成 n 点数据；当 n 小于输入信号的长度，fft 函数对输入信号 x 进行截尾。为提高运算速度，n 通常取 2 的整数幂次方。

例 2-3　快速傅里叶函数演示实例

编写一个 M 文件，产生频率为 100 Hz 和 105 Hz 正弦波信号叠加后的信号，用 fft 函数对叠加后的信号进行频率分析，要求能分辨出两种频率的正弦波信号，分别绘出时域信号波形及信号频谱图。实例源代码文件名为 E2_3_fft.m，程序源代码如下。

```
%E2_3_fft.m 文件源代码
N=512;                                %输入信号长度
f1=100;                               %输入信号频率，单位为 Hz
f2=105;
Fs=400;                               %采样频率，单位为 Hz

t=0:1/Fs:1/Fs*(N-1);                  %产生时间序列
s=sin(2*pi*f1*t)+sin(2*pi*f2*t);      %产生两个频率信号的合成信号
f=fft(s,N);                           %计算傅里叶变换
f=20*log(abs(f))/log(10);             %换算成 dBW 单位
ft=[0:(Fs/N):Fs/2];                   %横坐标以 Hz 为单位
f=f(1:length(ft));

%绘图
subplot(211);plot(t,s);
xlabel('时间/s'); ylabel('幅度/V'); title('时域信号波形');
subplot(212);plot(ft,f);
xlabel('频率/Hz'); ylabel('功率/dBW'); title('信号频谱图');
```

程序运行后的结果如图 2-9 所示，从图中可以看出，在时域上难于分辨的两个正弦波信号，在频域上可以很容易分辨出来。

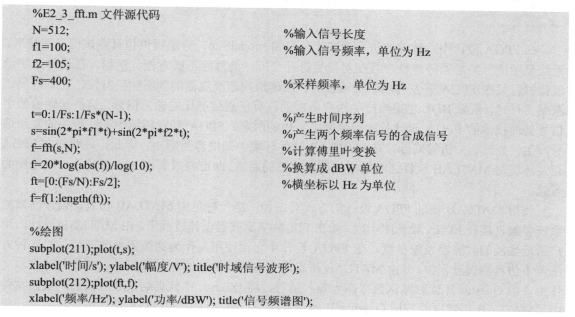

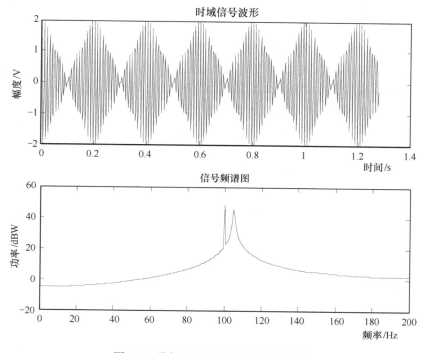

图 2-9　叠加正弦波信号的频域变换图

2.5　MATLAB 与 Quartus II 的数据交换

在 FPGA 设计中，目前的仿真调试工具，如 ModelSim，只能提供仿真测试信号的波形，无法显示信号的频谱等特性，且在对信号进行分析、处理时不够方便。例如，在设计数字滤波器时，只在 FPGA 开发环境中很难直观、准确地判断滤波器的频率响应特性，在编写测试激励文件时，依靠 HDL 也很难产生用户所需的具有任意信噪比的输入信号。这些问题给数字信号处理技术的 FPGA 设计与实现带来了不小的困难。FPGA 开发环境中无法解决的复杂信号产生、处理、分析等问题，在 MATLAB 软件环境中却很容易解决。因此，只要能在 FPGA 开发环境与 MATLAB 软件之间搭建起可以交互的通道，即可有效解决 FPGA 设计中所遇到的难题。

使用 MATLAB 辅助 FPGA 设计的方式有三种：第一种是由 MATLAB 仿真、设计出来的系统参数直接在 FPGA 设计中实现，如在 FIR 数字滤波器设计过程中，由 MATLAB 设计出用户所需性能的滤波器系统参数，在 FPGA 设计中直接使用，作为滤波器参数即可；第二种方法用于仿真测试过程中，即由 MATLAB 仿真产生出所需特性的测试数据并存放在外部文本文件中，由 Quartus II 读取测试数据作为输入信号，将 Quartus II 仿真结果存放在另一数据文件中，MATLAB 再读取并分析 Quartus II 的仿真结果，将以此判断 FPGA 设计是否满足设计需求；第三种是由 MATLAB 设计出相应的数字信号处理系统，并在 MATLAB 中直接将 MATLAB 代码转换成 VHDL 或 Verilog HDL 代码，在 Quartus II 中直接嵌入这些代码即可。第一、二种方式最为常用，也是本书采用的设计方式；第三种方式近年来的应用也较为广泛，这种方式可以在用户完全不熟悉 FPGA 硬件编程的情况下完成 FPGA 设计，但这种方式在一些系统时钟较为复杂或对时序要求较为严格的场合不易满足设计者的要求。

众所周知，MATLAB 对文件数据的处理能力是很强的，关键在于 FPGA 开发环境中对外部文本（TXT）文件读取及存储功能是否能满足要求。在 FPGA 设计过程中，在对程序进行仿真测试时，Quartus II 提供了波形测试文件类型（Waveform）和 HDL 激励文件类型（TestBench）两种。其中，Waveform 是在波形界面上通过直接修改波形数据产生所需的测试数据的，简单直观但不够灵活，无法生成复杂的测试数据，也不能单独存储仿真结果；TestBench 是根据所测试的程序文件自动生成测试文件框架的，用户可在测试文件中修改或添加代码，可灵活地产生所需的测试数据，且可方便地将测试数据存入指定的外部文本文件中，或从指定的外部文本文件中读取数据作为仿真测试的输入。MATLAB 与 Quartus II 等 FPGA 开发软件之间可以通过文本文件进行交互。

2.6　小结

本章首先介绍了硬件描述语言的基本概念及优势，并对 Verilog HDL 进行了简要介绍；然后对 Quartus II、ModelSim 及 MATLAB 进行了简要介绍。熟练掌握开发工具是一名电子工程师的必备技能之一。限于篇幅的原因，本章对各种设计环境的介绍比较简略，读者还需要通过大量的实践来不断提高自己对设计环境及 Verilog HDL 的熟练程度。在进行工程设计时，设计灵感的迸发也多是以深刻理解和掌握手中的开发工具为前提条件的。

参考文献

[1] Samir Palnitkar．Verilog HDL 数字设计与综合（第 2 版）．夏宇闻，胡燕祥，刁岗松，等译．北京：电子工业出版社，2004．

[2] 杜勇．FPGA/VHDL 设计入门与进阶．北京：机械工业出版社，2011．

[3] 夏宇闻．Verilog 数字系统设计教程（第 3 版）．北京：北京航空航天大学出版社，2013．

[4] 邹鲲、袁俊泉、龚享铱．MATLAB 6.x 信号处理．北京：清华大学出版社，2002．

[5] 刘波，文忠，曾涯．MATLAB 信号处理．北京：电子工业出版社，2006．

[6] Ingle, V.K, Porakis, J.G, 数字信号处理（MATLAB 版）．刘树棠，译．西安：西安交通大学出版社，2008．

[7] 杜勇，刘帝英．MATLAB 在 FPGA 设计中的应用．电子工程师，2007,33(1):9-11．

第 3 章

FPGA 实现数字信号处理基础

数字信号是指时间和幅度均是离散的信号，时间离散是指信号在时间上的不连续性，通常是等间隔的；幅度离散是指信号的幅值只能取某个区间上的有限值，而不能取区间上的任意值。当使用计算机或专用硬件处理时间离散信号时，因受寄存器或字长限制，这时的信号实际上就是数字信号。物理世界上的原始信号大多是模拟信号，在进行数字信号处理之前需要将模拟信号数字化，数字化的过程会带来误差。

本章将对数的表示及运算、有限字长效应等内容展开讨论。与 DSP、CPU 不同，FPGA 没有专用的 CPU 或运算处理单元，程序运行的过程其实是庞大电路的工作过程，几乎每个加、减、乘、除等操作都需要相应的硬件资源来完成。Altera 公司的 FPGA 开发软件 Quartus II 提供了丰富且性能优良的常用运算模块及其他专用知识产权（IP）核，熟练掌握并应用这些 IP 核不仅可以提高设计效率，还可以有效提高系统的性能。本章将详细介绍几种最常用的运算处理模块，并在后续章节中使用这些模块进行设计。

3.1 FPGA 中数的表示

3.1.1 莱布尼兹与二进制

在德国图灵根著名的郭塔王宫图书馆（Schlossbiliothke zu Gotha）保存着一份弥足珍贵的手稿，其标题为："1 与 0，一切数字的神奇渊源，这是造物主的秘密美妙的典范。因为一切无非都来自上帝。"这是莱布尼兹（Gottfried Wilhelm Leibniz，见图 3-1）的手迹。但是，关于这个神奇美妙的数字系统，莱布尼兹只有几页异常精练的描述。用熟悉的表达方式，我们可以对二进制做如下的解释：

图 3-1　莱布尼兹

2 的 0 次方=1
2 的 1 次方=2
2 的 2 次方=4
2 的 3 次方=8
2 的 4 次方=16
2 的 5 次方=32
2 的 6 次方=64
2 的 7 次方=128
……

以此类推，把等号右边的数字相加，就可以获得任意一个自然数，或者说任意一个自然数均可以采用这种方式进行分解。我们只需要说明采用了 2 的几次方、舍掉了 2 的几次方即可。二进制数的表述序列都从右边开始，第一位是 2 的 0 次方，第二位是 2 的 1 次方，第三位是 2 的 2 次方，以此类推。采用 2 的次方的位置用 1 来标志，舍掉 2 的次方的位置用 0 来标志。例如，对于序列 11100101，根据上述表示方法，可以很容易推算出序列所表示的值。

1	1	1	0	0	1	0	1
2 的 7 次方	2 的 6 次方	2 的 5 次方	0	0	2 的 2 次方	0	2 的 0 次方
128+	64+	32+	0+	0+	4+	0+	1

在这个例子中，十进制数 229 就可以表述为二进制数 11100101。任何一个二进制数最左边的一位都是 1。通过这个方法，用 1～9 和 0 这十个数字表述的整个自然数列都可用 0 和 1 这两个数字来代替。0 与 1 这两个数字很容易被电子化，例如有电流就是 1，没有电流就是 0。

1679 年，莱布尼兹写了论文《二进制算术》，对二进制进行了充分的讨论，并建立了二进制数的表示及运算。随着计算机的广泛应用，二进制进一步大显身手。因为计算机是用电子元件的不同状态来表示不同的数字的，如果要用十进制就要求电子元件能准确地变化出 10 种状态，这在技术上是非常难实现的。二进制只有两个数字，只需两种状态就能实现，这正如一个开关只有开和关两种状态。如果用开表示 0，关表示 1，那么一个开关的两种状态就可以表示一个二进制数。由此我们不难想象，5 个开关就可以表示 5 个二进制数，这样运算起来就非常方便。

3.1.2　定点数表示

1．定点数的定义

几乎所有的计算机，包括 FPGA 在内的数字信号处理器件，数字和信号变量都是用二进制数来表示的。二进制数的小数点将整数和小数部分分开，为了与十进制数的小数点相区别，使用三角符号 Δ 来表示二进制数的小数点。例如，十进制数 11.625 对应的二进制数为 1011Δ101。二进制数小数点左边的四位 1011 表示整数部分，小数点右边的三位 101 代表小数部分。对于任意一个二进制数来讲，均可由 B 个整数位和 b 个小数位组成，即：

$$a_{B-1}a_{B-2}\cdots a_1a_0\Delta a_{-1}a_{-2}\cdots a_{-b} \tag{3-1}$$

其对应的十进制数 D 可由

$$D = \sum_{i=-b}^{B-1} a_i 2^i \tag{3-2}$$

给出。式中，a_i 的值为 1 或 0，最左端的位 a_{B-1} 称为最高位（Most Significant Bit，MSB），最右端的位 a_{-b} 称为最低位（Least Significant Bit，LSB）。式（3-2）是当二进制数为正数时与十进制数之间的对应关系，当二进制数为负数时，则与十进制数的对应关系与二进制数的表示形式有关。

表示一个数的一组数字称为字，字包含位的数目称为字长，也称为位宽。位宽的典型值是 2 的幂次方的正整数，如 8、16、32 等。字的大小通常用字节（Byte）来表示，1 B 有 8 bit。

2．定点数的三种表示法

定点数有三种表示法：原码表示法、反码表示法及补码表示法。这三种表示法在 FPGA 设计中的应用十分普遍，下面分别进行讨论。

（1）原码表示法。原码表示法是指符号位加绝对值的表示法，符号位通常用 0 表示正号，用 1 表示负号。例如，二进制数 0Δ110 表示+0.75，二进制数 1Δ110 表示−0.75。如果已知原码各位的值，则它代表的十进制可表示为：

$$D = (-1)^{a_{B-1}} \sum_{i=-b}^{B-2} a_i 2^i \tag{3-3}$$

（2）反码表示法。正数的反码与原码相同，负数的反码表示法也十分简单，将原码的符号位之外所有位取反，即可得到负数的反码。例如，十进制数−0.75 的二进制数的原码为 1Δ110，其反码为 1Δ001。

（3）补码表示法。正数的补码、反码及原码完全相同，负数的补码与反码之间有一个简单的换算关系，即补码等于在反码的最低位加 1。例如，十进制数−0.75 的二进制数原码表示为 1Δ110，反码为 1Δ001，其补码为 1Δ010。值得一提的是，如果将二进制数的符号位定在最右边，即二进制数表示整数，则负数的补码与负数绝对值之间也有一个简单的运算关系：将补码当成正整数，补码的整数值+原码绝对值的整数值=2^B（B 表示二进制数的整数位数）。还是上面相同的例子，十进制数−0.75 的二进制数的原码为 1Δ110，反码为 1Δ001，补码为 1Δ010。补码 1Δ010 的符号位定在最末位，且当成正整数 1010Δ，十进制数为 10，原码 1Δ110 的符号位定在最末位，且取绝对值的整数 0110Δ，十进数为 6，则 10+6=16=2^4。在二进制数的运算过程中，补码最重要的特性是可以用加法运算实现减法运算。

原码的优点是乘、除运算方便，不论正负数，乘、除运算都一样，并以符号位决定结果的正、负号；若进行加法运算则需要判断两个数符号是否相同；若进行减法运算，还需要判断两个数绝对值的大小，而后用大数减去小数。补码的优点是加、减法运算方便，不论正、负数均可直接相加，符号位同样参与运算。

3.1.3　浮点数表示

1．浮点数简介

浮点数在计算机中用来近似表示某个实数。实数由一个整数或定点数（即尾数）乘以某个基数的整数次幂得到，这种表示方法类似于基数为 10 的科学记数法。

一个浮点数 A 由 m 和 e 两个数来表示，即 $A=m \times b^e$。在这种表示方法中，我们需要确定两个参数：基数 b 和精度 B（使用多少位来存储数字）。m（即尾数）是 B 位二进制数，如 $\pm d\Delta ddd \cdots ddd$。如果 m 的第一位是非 0 整数，m 称为规格化后的数据。e 在浮点数中表示基的指数。采用这种表示方法，可以在某个固定长度的存储空间内表示定点数无法表示的更大范围的数。此外，浮点数表示法通常还包括一些特别的数值：$+\infty$、$-\infty$，以及 NaN（Not a Number）等。无穷大用于数太大而无法表示的情形，NaN 用于表示非法操作或者出现一些无法定义的结果。

大部分计算机采用二进制数（$b=2$）的表示方法。位（bit）是衡量浮点数所需存储空间的单位，通常为 32 bit 或 64 bit，分别称为单精度浮点数和双精度浮点数。一些计算机提供更大的浮点数，例如，Intel 公司的浮点数运算单元 Intel 8087 协处理器（以及集成了该处理器的其他产品）提供 80 bit 的浮点数，这种长度的浮点数通常用于存储浮点数运算的中间结果。还有一些系统提供 128 bit 的浮点数（通常用软件实现）。

在 IEEE 754 标准之前，业界并没有一个统一的浮点数标准。很多计算机制造商都设计了自己的浮点数运算规则和细节。当时，实现的速度和简易性比数字的精确性更受重视，这种情况给代码的移植造成了不小的困难。直到 1985 年，Intel 公司打算为它的 8086 微处理器引进一种浮点数协处理器时，聘请了加利福尼亚大学伯克利分校最优秀的数值分析家之一，William Kahan 教授，来为浮点数协处理器设计浮点数格式。William Kahan 又找来两个专家来协助他，于是就有了 KCS 组合（Kahn，Coonan and Stone），并共同完成了 Intel 公司的浮点数格式设计。

Intel 公司的浮点数格式完成得如此出色，使 IEEE 决定采用一个非常接近 Intel 公司的方案作为 IEEE 的标准浮点数格式。IEEE 于 1985 年制定了二进制浮点数运算标准 IEEE 754，该标准限定指数的底为 2，该标准同年被美国引用为 ANSI 标准。目前，几乎所有计算机都支持该标准，大大改善了代码的可移植性。考虑到 IBM System/370 的影响，IEEE 于 1987 年推出了与底数无关的二进制浮点数运算标准 IEEE 854，同年该标准也被美国引用为 ANSI 标准。1989 年，国际标准组织 IEC 批准 IEEE 754 和 IEEE 854 为国际标准 IEC 559:1989，后来经修订，标准号改为 IEC 60559。现在，几乎所有的浮点数协处理器都支持 IEC 60559。

2. 单精度浮点数格式

IEEE 754 标准定义了浮点数的格式，包括部分特殊值的表示（+∞、−∞ 和 NaN），同时还给出了对这些数值进行操作的规定，它也确定了 4 种取整模式和 5 种例外（Exception），包括何时会产生例外，以及具体的处理方法。

在 IEEE 754 中规定了 4 种浮点数的格式：单精度（32 bit）浮点数、双精度（64 bit）浮点数、单精度扩展浮点数（≥43 bit，不常用）、双精度扩展浮点数（≥79 bit，通常采用 80 bit）。事实上，很多计算机语言都遵从了这个标准，例如，C 语言在 IEEE 754 发布之前就已存在，现在它能完美支持 IEEE 754 标准的单精度浮点数和双精度浮点数运算，虽然它早已有其他的浮点数实现方式。

单精度浮点数格式如图 3-2 所示。

图 3-2 单精度浮点数格式

符号位 S（Sign）占 1 bit，0 代表正号，1 代表负号；指数 E（Exponent）占 8 bit，E 的取值范围为 0～255（无符号整数），实际数值 $e=E$-127，有时 E 也称为移码或阶码（阶码实际应为 e）；尾数 M（Mantissa）占 23 bit，M 也称为有效数字位（Significant）、系数位（Coefficient），甚至被称为小数。在一般情况下，$m=(1.M)_2$，使得实际的作用范围为 1≤尾数<2。为了对溢出进行处理，以及提高对接近 0 的极小数值的处理能力，IEEE 754 对 M 做了一些额外规定：

（1）0 值：以指数 E、尾数 M 全零来表示 0 值。当符号位 S 变化时，实际存在正 0 和负 0 两个内部表示，都认为是 0。

（2）当 $E=255$、$M=0$ 时，用于表示无穷大（或 Infinity、∞）。根据符号位的不同，又有 $+\infty$ 和 $-\infty$。当 $E=255$、M 不为 0 时，用于表示 NaN（Not a Number，表示此时不是一个数）。

浮点数所表示的具体值可用下面的通式表示：

$$V = (-1)^S \times 2^{E-127} \times (1.M) \tag{3-4}$$

式中，$1.M$ 中的 1 为隐藏位。

还需要特别注意的是，与定点数相比，虽然浮点数的表示范围、精度有了很大的改善，但浮点数毕竟也是以有限的长度（如 32 bit）来表示实数的，因此大多数情况下浮点数都是一个近似值。表 3-1 是几个单精度浮点数与实数之间的对应关系表。

表 3-1 单精度浮点数与实数之间的对应关系表

符号 S	指数 E	尾数 M	对应的实数 V
1	127（01111111）	1.5（10000000000000000000000）	−1.5
1	129（10000001）	1.75（11000000000000000000000）	−7
0	125（01111101）	1.75（11000000000000000000000）	0.4375
0	123（01111011）	1.875（11100000000000000000000）	0.1171875
0	127（01111111）	2.0（11111111111111111111111）	2
0	127（01111111）	1.0（00000000000000000000000）	1
0	0（00000000）	1.0（00000000000000000000000）	0

3. 一种适合 FPGA 的浮点数格式

与定点数相比，浮点数虽然可以表示更大的范围、更高的精度，但在 FPGA 中实现浮点数却需要占用成倍的硬件资源。例如，加法运算，两个定点数直接相加即可，浮点的加法却需要更为繁杂的运算步骤，具体如下：

● 对阶操作：比较指数大小，对指数小的操作数的尾数进行移位，完成尾数的对阶操作。

● 尾数相加：对对阶后的尾数进行加（减）操作。

● 规格化：规格化有效位并且根据移位的方向和位宽修改最终的阶码。

这一系列操作不仅会成倍地消耗 FPGA 内部的硬件资源，也会大幅降低系统的运算速度。对于浮点数乘法操作来说，一般需要以下操作步骤：

● 指数相加：完成两个操作数的指数相加运算。

● 尾数调整：将尾数 M 调整为 $1.M$ 的补码格式。

● 尾数相乘：完成两个操作数的尾数相乘运算。

● 规格化：根据尾数运算结果调整指数，并对尾数进行舍入截位操作，规格化输出结果。

浮点数乘法器的运算速度主要由 FPGA 内部集成的乘法器决定。如果将 24 bit 的尾数修改为 18 bit 的尾数，则可在尽量保证运算精度的前提下最大限度地提高浮点数乘法运算速度，同时也可大量减少所需的乘法器资源（大部分 FPGA 内部的乘法器核均为 18 bit×18 bit 的）。2 个 24 bit 浮点数的乘法操作需要使用 4 个 18 bit×18 bit 的乘法器，2 个 18 bit 的浮点数乘法操作只需要使用 1 个 18 bit×18 bit 的乘法器）。IEEE 标准中尾数设置的隐藏位主要是用于节约寄存器资源，而 FPGA 内部具有丰富的寄存器资源，如直接将尾数表示成 18 bit 的二进制数补码格式，则可去除尾数调整的运算，也可以减少一级流水线操作。

文献[5]根据 FPGA 内部的结构特点定义了一种新的浮点数格式，如图 3-3 所示。

图 3-3　一种适合 FPGA 实现的浮点数格式

图 3-3 中，E 为 8 bit 有符号数（$-128 \leq E-127 \leq 127$）；M 为 18 bit 有符号小数（$-1 \leq M < 1$）。自定义浮点数所表示的具体值可用式（3-5）表示。

$$V = M \times 2^{E-127} \tag{3-5}$$

为便于数据规格化输出及运算，规定数值 1 的表示方法为指数为 0，尾数为 01_1111_1111_1111_1111；数值 0 的表示方法为指数为 -128，尾数为 0。这种自定义的浮点数格式与单精度浮点数格式的区别在于：自定义的浮点数格式将原来的符号位与尾数位合并成 18 bit 的二进制数补码格式定点数，虽然精度有所下降，却可大大节约乘法器资源（由 4 个 18 bit×18 bit 乘法器减少到 1 个），从而达到有效减少运算步骤并提高运算速度（由二级 18 bit×18 bit 乘法运算减少到一级运算）的目的。表 3-2 是几个自定义的浮点数与实数之间的对应关系表。

表 3-2　自定义的浮点数与实数之间的对应关系表

指数（E）	尾数（M）	对应的实数 V
0（00000000）	0.5（010000000000000000）	0.5
2（00000010）	0.875（011100000000000000）	3.5
−1（11111111）	0.875（011100000000000000）	0.4375
−2（11111110）	1.0（011111111111111111）	0.25
1（00000001）	−0.5（110000000000000000）	−0.5
−2（11111110）	−1.0（100000000000000000）	−0.25
−128（10000000）	0（000000000000000000）	0

3.2　FPGA 中数的运算

3.2.1　加、减法运算

如 3.1.3 节所述，FPGA 中的二进制数可以分为定点数和浮点数，虽然浮点数的加、减法运算相对于定点数而言在运算步骤和实现难度上都要复杂得多，但基本的运算仍然可通过分解为定点数和移位等运算步骤来实现的，因此本节只针对定点数运算进行分析讲解。

进行 FPGA 实现的设计输入语言主要有 Verilog HDL 和 VHDL 两种，由于本书使用 Verilog HDL 讲解，这里只介绍 Verilog HDL 中对定点数的运算及处理方法。

Verilog HDL 设计文件中最常用的数据类型是单比特 wire 及 reg，以及它们的向量形式。当需要进行数据运算时，Verilog HDL 如何判断二进制数的小数位、有符号数表示形式等信息呢？在 Verilog HDL 程序中，所有二进制数均当成整数处理，也就是说，小数点均在最低位的右边。如果要在程序中表示带小数点的二进制数运算，该如何处理呢？其实，进行 Verilog HDL 程序设计时，定点数的小数点位可由程序设计者隐性标志。比如说，对于两个二进制数 00101 和 00110，当进行加法运算时，Verilog HDL 的编译器按二进制数加法规则逐位相加，结果为 01011。如果将数据均看成无符号整数，则表示 5+6=11，将数据的小数点位均看成在最高位与次高位之间，即 $0\Delta0101$、$0\Delta0110$、$0\Delta1011$，则表示 0.3125+0.375=0.6875。

需要注意的是，与十进制数运算规则相同，即做加、减法运算时，参与运算的两个数的小数点位置必须对齐，且结果的小数点位置也必须相同。仍然以前面的两个二进制数 00101 和 00110 为例，当进行加法运算时，如果两个数的小数点位置不相同，如分别为 $0\Delta0101$、$00\Delta110$，代表的十进制数分别为 0.3125 和 0.75，两个数不经过处理，仍然直接相加，Verilog HDL 的编译器按二进制数加法规则逐位相加，结果为 01011。小数点位置与第一个数相同，则表示 0.6875，小数点位置与第二个数相同，则表示 1.375，显然结果不正确。为了进行正确的运算，需要在第二个数末位补 0，为 $00\Delta1100$，两个数再直接相加，得到 $01\Delta1001$，转换成十进制数为 1.0625，得到了正确的结果。

显然，如果将数据均看成无符号整数，则不需要进行小数位扩展，因为 Verilog HDL 编译器会自动将参与运算的数据的最低位对齐后进行运算。

Verilog HDL 如何表示负数呢？比如二进制数 1111，在程序中是表示 15 还是-1 呢？方法十分简单。在声明端口或信号时，默认状态均表示无符号数；如需指定某个数为有符号数，则只需要在声明时增加关键字 signed 即可。如 "wire signed [7:0] number;" 表示将 number 声明为 8 bit 的有符号数，在对其进行运算时自动采用有符号数运算规则。这里所说的无符号数指所有二进制数均是正整数，对于 B 比特的二进制数：

$$x = a_{B-1}a_{B-2}...a_1a_0 \tag{3-6}$$

转换成十进制数为：

$$D = \sum_{i=0}^{B-1} a_i 2^i \tag{3-7}$$

有符号数则指所有二进制数均是补码形式的整数，对于 B 比特的二进制数，转换成十进制数为：

$$D = \sum_{i=0}^{B-1} a_i 2^i - 2^B \times a_{B-1} \tag{3-8}$$

有读者可能会问：如果在设计文件中同时使用有符号数和无符号数，该怎么处理呢？为了更好地说明程序中对二进制数表示形式的判断方法，我们来看一个具体的实例。

例 3-1 Verilog HDL 中同时使用有符号数及无符号数的实例

在 Quartus II 中编写一个 Verilog HDL 程序，在程序中同时使用有符号数及无符号数，并进行仿真。

由于该程序十分简单，这里直接给出了源代码。

```
--SymbExam.v 的程序清单
module SymbExam (d1,d2, signed_out,unsigned_out);

    input    [3:0]   d1;                           //输入加数 1
    input    [3:0]   d2;                           //输入加数 2
    output   [3:0]   unsigned_out;                 //无符号数加法输出
    output   signed [3:0]   signed_out;            //有符号数加法输出

    //无符号数加法运算
    assign unsigned_out = d1 + d2;

    //有符号数加法运算
    wire signed [3:0] s_d1;
    wire signed [3:0] s_d2;
    assign s_d1 = d1;
    assign s_d2 = d2;
    assign signed_out = s_d1 + s_d2;

endmodule
```

图 3-4 为该程序综合后的 RTL 原理图。从图中可以看出，signed_out、unsigned_out 均为 d1、d2 相加后的输出，且加法器并没有标明是否为有符号数运算。

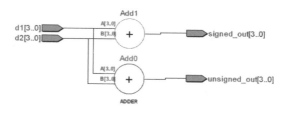

图 3-4　有符号数及无符号数加法程序综合后的 RTL 原理图

图 3-5 为程序的仿真波形。从图中可以看出，signed_out 及 unsigned_out 的输出结果完全相同，这是为什么呢？相同的输入数据，进行无符号数运算和有符号数运算的结果竟然没有任何区别？既然如此，为何在程序中区分有符号数及无符号数呢？原因其实十分简单，对于加法、减法，无论有符号数运算还是无符号数运算，其结果均完全相同，因为二进制数的运算规则完全相同。如果将二进制数转换成十进制数，就以看出两者的差别了。下面以列表的形式来分析具体的运算结果，如表 3-3 所示。

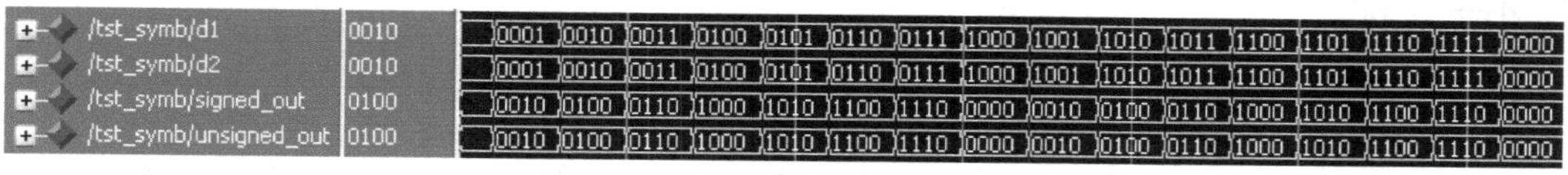

图 3-5　有符号数加法及无符号数加法的仿真波形

表 3-3 有符号数及无符号数加法运算结果表

输　　入	无符号十进制	有符号十进制	二进制运算结果	无符号十进制	有符号十进制
0000/0000	0/0	0/0	0000	0	0
0001/0001	1/1	1/1	0010	2	2
0010/0010	2/2	2/2	0100	4	4
0011/0011	3/3	3/3	0110	6	6
0100/0100	4/4	4/4	1000	8	−8（溢出）
0101/0101	5/5	5/5	1010	10	−6（溢出）
0110/0110	6/6	6/6	1100	12	−4（溢出）
0111/0111	7/7	7/7	1110	14	−2（溢出）
1000/1000	8/8	−8/−8	0000	0（溢出）	−8（溢出）
1001/1001	9/9	−7/−7	0010	2（溢出）	−14（溢出）
1010/1010	10/10	−6/−6	0100	4（溢出）	−12（溢出）
1011/1011	11/11	−5/−5	0110	6（溢出）	−10（溢出）
1100/1100	12/12	−4/−4	1000	8（溢出）	−8
1101/1101	13/13	−3/−3	1010	10（溢出）	−6
1110/1110	14/14	−2/−2	1100	12（溢出）	−4
1111/1111	15/15	−1/−1	1110	14（溢出）	−2

结合二进制数的运算规则可以得出以下几点结论：

● B 比特的二进制数，如看成无符号整数，表示的范围为 $0 \sim 2^B - 1$；如看成有符号整数，表示的范围为 $-2^{B-1} \sim 2^{B-1} - 1$；

● 如果二进制数的表示范围没有溢出，将运算数据均看成无符号数或有符号数，则运算结果正确；

● 两个 B 比特的二进制数进行加、减法运算，如果要确保运算结果不溢出，则需要 $B+1$ 比特的数据存放运算结果；

● 两个二进制数进行加、减法运算，只要输入数据相同，则不论有符号数还是无符号数，其运算结果的二进制数完全相同。

虽然在二进制数的加、减法运算中，两个二进制数运算结果的二进制形式完全相同，在实际 Verilog HDL 程序设计时，仍然十分有必要根据设计需要，采用关键字 signed 对信号进行有符号声明。例如，在进行做比较运算时，对于无符号数，1000 大于 0100；对于有符号数，1000 小于 0100。

3.2.2 乘法运算

加、减法运算在数字电路中的实现相对较为简单，在使用综合工具进行综合设计时，RTL 原理图中加、减法运算会被直接综合成加法器或减法器组件。乘法运算在软件编程中的实现也十分简单，但用门电路、加法器、触发器等基本数字电路实现乘法运算却不是一件容易的事。使用 Altera 公司的 FPGA/CPLD 进行设计时，如果选用的器件内部集成了专用的乘法器核，则 Verilog HDL 程序的乘法运算符在综合成电路时将直接综合成硬件乘法器，否则会综合成由 LUT 等基本元件组成的乘法电路。与加、减法运算相比，乘法运算需要占用成倍的硬件逻辑资源。当然，实际 FPGA 工程设计中，在需要用到乘法运算的情况下，可以尽量使用器件提供的乘法器核，这种方法不仅不需要占用普通逻辑资源，并且可以达到很高的运算速度。

FPGA 中的硬件乘法器资源十分有限，而乘法运算本身又比较复杂，用基本逻辑单元按照乘法运算规则实现乘法运算时占用的资源比较多。在 FPGA 设计中，遇到的乘法运算可分为信号与信号之间的运算，以及常数与信号之间的运算。信号与信号之间的运算通常只能使用乘法器核实现，常数与信号之间的运算则可以通过移位及加、减法运算来实现。信号 A 与常数相乘运算的例子如下：

$$A×16=A \text{ 左移 4 bit}$$
$$A×20=A×16+A×4=A \text{ 左移 4 bit}+A \text{ 左移 2 bit}$$
$$A×27=A×32-A×4-A=A \text{ 左移 5 bit}-A \text{ 左移 2 bit}-A$$

需要注意的是，由于乘法运算结果的数据位宽比乘数的数据位宽多，因此在使用移位及加、减法运算实现乘法运算前，需要扩展数据位宽，以免数据溢出。

3.2.3　除法运算

实际上，用基本逻辑元件构建除法、指数、求模、求余等运算是十分复杂的工作，如果要用 Verilog HDL 实现这些运算，一种方法是使用开发环境提供的 IP 核或使用商业 IP 核，另一种方法只能是将算法分解成加、减法运算、移位等操作步骤来逐步实现。

Altera 公司的 FPGA 一般都提供了除法器核。对于信号与信号之间的除法运算，最好的方法是采用 IP 核，而对于除数是常量的除法运算，则可以采取加、减法运算移位来完成。下面是信号 A 与常数相除的例子。

$$A÷2 ≈ A \text{ 右移 1 bit}$$
$$A÷3 ≈ A×(0.25+0.0625+0.0156) ≈ A \text{ 右移 2 bit}+A \text{ 右移 4 bit}+A \text{ 右移 6 bit}$$
$$A÷4 ≈ A \text{ 右移 2 bit}$$
$$A÷5 ≈ A×(0.125+0.0625+0.0156) ≈ A \text{ 右移 3 bit}+A \text{ 右移 4 bit}+A \text{ 右移 6 bit}$$

需要说明的是，与乘法运算不同，常数乘法通过左移运算可以得到完全准确的结果，而常数除法运算却不可避免地存在误差。显然，采用分解方法来实现除法运算只能得到近似正确的结果，且分解运算的项数越多，精度越高。这正是由 FPGA 等数字信号处理硬件平台的有限字长效应引起的。

3.2.4　有效数据位的计算

1. 有效数据位的概念

众所周知，在 FPGA 中，每个数据位都需要相应的寄存器来存储，参与运算处理的数据位越多，所占用的硬件资源就越多。为确保运算结果的正确性，或者为尽量获取较高的运算精度，通常又不得不增加相应的运算字长。因此，为确保硬件资源的有效利用，需要在进行工程设计时，准确掌握运算中的有效数据位长度，尽量减少无效数据位参与运算，避免浪费宝贵的硬件资源。

所谓有效数据位，是指表示有用信息的数据位。例如，整型的有符号二进制数 001，显然只需要用 2 bit 即可正确表示 01，因此最高位的符号位其实没有代表任何信息。

2．加法运算中的有效数据位

先考虑两个二进制数之间的加法运算（对于二进制数的补码来说，加、减法运算规则相同，因此只讨论加法运算）。假设数据较大的位宽为 N，则加法运算结果需要用 $N+1$ 比特的数才能保证运算结果不溢出，也就是说，两个长度为 N（另一个数据位长度也可以小于 N）比特的二进制数进行加法运算，运算结果的有效数据位的长度为 $N+1$。如果运算结果只能采用 N 比特的数表示时，该如何对结果进行截位呢？截位后的结果如何能保证运算的正确性呢？下面我们还是以具体的例子来进行分析。

例如，两个长度为 4 bit 的二进制数 d_1、d_2 进行相加运算，分析 d_1、d_2 取不同值时的运算结果及截位后的结果。有效数据位截位与加法运算结果的关系如表 3-4 所示。

表 3-4　有效数据位截位与加法运算结果的关系

输入（d_1、d_2）	有符号十进制数	取全部有效位运算结果	取低 4 位运算结果	取高 4 位运算结果
0000、0000	0、0	00000（0）	0	0
0001、0001	1、1	00010（2）	2	1
0010、0010	2、2	00100（4）	4	2
0011、0011	3、3	00110（6）	6	3
0100、0100	4、4	01000（8）	−8（溢出）	4
0101、0101	5、5	01010（10）	−6（溢出）	5
0110、0110	6、6	01100（12）	−4（溢出）	6
0111、0111	7、7	01110（14）	−2（溢出）	7
1000、1000	−8、−8	10000（−16）	−8（溢出）	−8
1001、1001	−7、−7	10010（−14）	−14（溢出）	−7
1010、1010	−6、−6	10100（−12）	−12（溢出）	−6
1011、1011	−5、−5	10110（−10）	−10（溢出）	−5
1100、1100	−4、−4	11100（−8）	−8	−4
1101、1101	−3、−3	11010（−6）	−6	−3
1110、1110	−2、−2	11100（−4）	−4	−2
1111、1111	−1、−1	11110（−2）	−2	−1

由表 3-4 给出的结果可知，当两个长度为 N 比特的二进制数进行加法运算时，需要采用 $N+1$ 比特的数才能获得完全准确的结果。如果需要采用 N 比特的数存放结果，则取低 N 比特时会产生溢出，得出错误结果，取高 N 比特时不会出现溢出，但运算结果相当于降低了 1/2。

前面的分析实际上将数据均看成整数，也就是说小数点均位于最低位的右边。在数字信号处理中，定点数通常把数限制在−1～1 之间，即把小数点位定在最高位和次高位之间。同样是表 3-4 的例子，考虑小数运算时，运算结果的小数点位置又该如何确定呢？对比表 3-4 中的数据，可以很容易地看出，如果采用 $N+1$ 比特的数表示运算结果，则小数点位置位于次高位的右边，而不再是最高位的右边；如果用 N 比特的数表示运算结果，则小数点位置位于最高位的右边。也就是说，运算前后小数点右边的数据位宽（也是小数位宽）是恒定不变的。实际上，在 Verilog HDL 环境中，如果对两个长度为 N 比特的数进行加法运算，为了得到 $N+1$ 比特的准确结果，必须先对参加运算的数进行 1 bit 的符号位扩展。

3．乘法运算中的有效数据位

与加法运算一样，乘数也是二进制数补码表示（有符号数）的，这也是使用 FPGA 进行数字信号处理时最常用的数据表示方式。在理解二进制数补码的相关情况后，读者可以很容易得出无符号数的运算规律。

从表 3-5 可以得出几条运算规律：

- 对于位宽分别为 M、N 的数进行乘法运算，需要采用 $M+N$ 比特的数才能得到准确的结果；
- 对于乘法运算，不需要通过扩展位宽来对齐乘数的小数点位置；
- 当乘数为小数时，乘法结果的小数位宽等于两个乘数的小数位宽之和；
- 当需要对乘法运算结果截位时，为保证得到正确的结果，只能取高位，而舍去低位数据，这样相当于降低了运算结果的精度；
- 只有当两个乘数均为所能表示的最小负数（最高位为 1，其余位均为 0）时，才有可能出现最高位与次高位不同的情况。也就是说，只有在这种情况下，才需要 $M+N$ 比特的数来存放准确的最终结果，其他情况下，实际上均有两位相同的符号位，只需要 $M+N-1$ 比特的数即可存放准确的运算结果。

表 3-5　有效数据位截位与乘法运算结果的关系

输入（d_1、d_2）	有符号十进制	取全部有效位的运算结果	小数点在次高位右边的运算结果
0△000、0△000	0、0	00000000（0）	00△000000
0△001、0△001	1、1	00000001（1）	000△00001
0△010、0△010	2、2	00000100（4）	00△000100
0△011、0△011	3、3	00001001（9）	00△001001
0△100、0△100	4、4	00010000（16）	00△010000
0△101、0△101	5、5	00011001（25）	00△011001
0△110、0△110	6、6	00100100（36）	00△100100
0△111、0△111	7、7	00110001（49）	00△110001
1△000、1△000	−8、−8	01000000（64）	01△000000（此时溢出）
1△001、1△001	−7、−7	00110001（49）	00△110001
1△010、1△010	−6、−6	00100100（36）	00△100100
1△011、1△011	−5、−5	00011001（25）	00△011001
1△100、1△100	−4、−4	00010000（16）	00△010000
1△101、1△101	−3、−3	00001001（9）	00△001001
1△110、1△110	−2、−2	00000100（4）	00△000100
1△111、1△111	−1、−1	00000001（1）	00△000001

在 Quartus II 提供的乘法器核选择输出数据位宽时，如果选择全精度运算，则会自动生成 $M+N$ 比特的运算结果。在实际工程设计中，如果预先知道某个乘数不可能出现最小负值的情况，或者通过一些控制手段去除出现最小负值的情况，则完全可以只用 $M+N-1$ 比特的数来存放运算结果，从而节约 1 bit 的寄存器资源。如果乘法运算只是系统的中间环节，则后续的每个运算步骤均可节约 1 bit 的寄存器资源。

4．乘加运算中的有效数据位

在前文讨论运算结果的有效数据位时，都是假设参加运算的信号均是变量的情况。在数字信号处理中，通常会遇到乘加运算的情况，一个典型的例子是有限脉冲响应（Finite Impulse Response，FIR）滤波器的设计。当乘法系数是常量时，最终运算结果的有效数据位需要根据常量的大小来重新计算。

例如，需要设计一个 FIR 滤波器：

$$H(z) = \sum_{n=0}^{N-1} h(n)z^{-n} = h(0) + h(1)z^{-1} + \cdots + h(N-1)z^{-(N-1)} \tag{3-9}$$

假设滤波器系数为[13，−38，74，99，99，74，−38，13]，如果输入数据为 N 比特的二进制数，则最少需要采用多少位来准确表示滤波器输出呢？显然，要保证运算结果不溢出，就需要计算滤波器输出的最大值，并以此推算输出的有效数据的位宽。方法其实十分简单，只需要计算所有滤波器系数绝对值之和，再计算表示该绝对值之和所需的最小无符号二进制数的位宽 n，则滤波器输出的有效数据的位宽为 $N+n$。对于这个实例，可知滤波器绝对值之和为 448，至少需要 9 bit 的二进制数表示，因此 $n=9$。

3.3 有限字长效应

3.3.1 有限字长效应的产生原因

数字信号处理的实质是一组数值运算，这些运算可以在计算机上通过软件实现，也可以通过专门的硬件实现。无论采用哪种实现方式，数字信号处理系统的一些系数、信号序列的各个数值及运算结果等都要以二进制数的形式存储在有限长的存储单元中。如果处理的是模拟信号，如常用的采样信号处理系统，输入的模拟量经过采样和量化后，变成有限字长的数字信号，有限字长的数就是有限精度的数。因此，具体实现中往往难以完全保证原设计精度而产生误差，甚至导致错误的结果。在数字系统中，产生有限字长效应的因素主要有以下三种：

● 模/数（A/D）转换器把模拟输入信号转换成一组离散电平时产生的有限字长效应。
● 把系数用有限位二进制数表示时产生的有限字长效应。
● 在数字运算过程中，为限制字长进行的尾数处理和为防止溢出而压缩信号电平产生的有限字长效应。

引起有限字长效应的根本原因是寄存器（存储单元）的字长有限，与数字系统的类型、结构形式、数字的表示方法、运算方式及字长有关。在计算机中，字长较长，量化步长很小，量化误差不大，因此通过计算机实现数字系统时，一般不考虑有限字长的影响。但通过专用硬件（如 FPGA）实现数字系统时，其字长较短，就必须考虑有限字长效应了。

3.3.2　A/D 转换的有限字长效应

从功能上讲，A/D 转换器可简单分为两部分：采样和量化。采样将模拟信号变成离散信号，量化将每个采样值用有限字长表示。采样频率的选取直接影响 A/D 转换的性能，根据奈奎斯特定理，采样频率至少需要大于或等于信号最高频率的 2 倍，才能够从采样后的离散信号中恢复原始的模拟信号，且采样频率越高，A/D 性能越好。A/D 转换的有效字长效应可以等效为输入信号为有限字长的数字信号，其统计意义上的等效模型如图 3-6 所示。

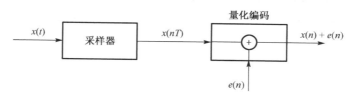

图 3-6　A/D 转换的等效模型

根据图 3-6 所示的模型，量化后的取值可以表示成精确取样值和量化误差的和，即：

$$\hat{x}(n) = x(n) + e(n) \tag{3-10}$$

这一模型基于以下几点假设：
- $e(n)$ 是一个平稳随机取样序列。
- $e(n)$ 具有等概分布特性。
- $e(n)$ 具有白噪声特性。
- $e(n)$ 和 $x(n)$ 是不相关的。

由于 $e(n)$ 具有等概分布特性，因此舍入误差的概率分布如图 3-7（a）所示，补码截尾误差的概率分布如图 3-7（b）所示，原码截尾误差的概率分布如图 3-7（c）所示。图 3-7 中，δ 为量化步长，即最小码位代表的数值。

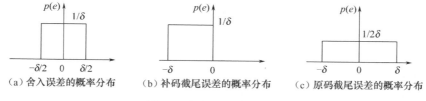

（a）舍入误差的概率分布　　（b）补码截尾误差的概率分布　　（c）原码截尾误差的概率分布

图 3-7　量化误差概率分布

上述三种误差的均值和方差分别为：
- 舍入误差：均值为 0，方差为 $\delta^2/2$。
- 补码截尾误差：均值为 $-\delta/2$，方差为 $\delta^2/12$。
- 原码截尾误差：均值为 0，方差为 $\delta^2/3$。

这样，量化过程可以等效为在无限精度的信号上叠加一个噪声，其中，舍入操作得到的信噪比，即量化信噪比的表达式为：

$$\text{SNR}_{\text{A/D}} = 10\lg\left(\frac{\delta_x^2}{\delta_e^2}\right) = 6.02B + 10.79 + 10\lg(\delta_x^2) \tag{3-11}$$

式中，δ_x 为信号的功率，δ_e 为 $e(n)$ 的功率，B 为量化位宽。

从式（3-11）中可以看出，舍入后的字长每增加 1 bit，SNR 约增加 6 dB。那么，在数字信号处理系统中，字长是否选取得越长越好呢？其实在选取 A/D 转换器的字长时应主要考虑两个因素：输入信号本身的信噪比，以及系统实现的复杂度。由于输入信号本身有一定的信噪比，字长增加到一定长度时，当 A/D 转换器的量化噪声比输入信号的噪声电平更低时，再增加字长就没有意义了。随着 A/D 转换器字长的增加，数字系统实现的复杂程度也会急剧增加，特别是对于采用 FPGA 等硬件平台实现的数字系统，这一问题显得尤其突出。文献[3]、[4]对量化噪声相关问题进行了详细的讨论，文献[3]对 A/D 转换器字长对不同系统解调性能的影响进行了详细的分析及仿真。

3.3.3　系统运算中的有限字长效应

对于二进制数运算来讲，定点数的加法运算虽然不会改变字长，但存在数据溢出的可能，因此需要考虑数据的动态范围。定点数的乘法运算显然存在有限字长效应，2 个 B 比特的定点数相乘，要保留所有有效位则需要使用 $2B$ 比特的数，数据截尾或舍入必定会引起有限字长效应。在浮点数运算中，乘法或加法运算均有可能引起尾数位的增加，因此也存在有限字长效应。一些读者可能会问：为什么不能通过增加字长来保证运算过程不产生截尾或舍入操作呢？这样虽然需要增加一些寄存器资源，但毕竟可以避免因截尾或舍入而带来的运算精度下降甚至运算错误吧！对于没有反馈的系统，这样理解也未尝不可。对于数字滤波器或较为复杂的数字系统来讲，通常具有反馈网络的结构，这样每一次闭环运算均会增加一定的字长，循环运算下去势必要求越来越多的寄存器资源，字长的增加是单调增加的，也就是说，随着运算的持续，所需寄存器资源是无限增加的。采用这样的方法来实现一个数字系统，显然是不现实的。

考虑一个一阶滤波器，其系统函数为：

$$H(z) = \frac{1}{1 + 0.5z^{-1}} \tag{3-12}$$

在无限精度运算的情况下，其差分方程为：

$$y(n) = -0.5y(n-1) + x(n) \tag{3-13}$$

在定点数运算中，每次乘加运算后都必须对尾数进行舍入或截尾处理，即量化处理，而量化过程是一个非线性过程，处理后相应的非线性差分方程为：

$$w(n) = Q[-0.5w(n-1) + x(n)] \tag{3-14}$$

例 3-2　运算中的有限字长效应

用 MATLAB 仿真式（3-14）所示的一阶数字滤波器输入信号响应结果，输入信号为冲激信号。仿真原系统、2 bit、4 bit、6 bit 量化情况下的输出响应结果，并画图进行对比说明。

该实例的部分 MATLAB 源程序清单如下，完整的程序请参考本书配套资料中的"Chapter_3\E3_2_QuantArith.m"文件。

%E3_2_QuantArith.m 的部分程序清单

```
x=[7/8 zeros(1,15)];
y=zeros(1,length(x));              %存放原始运算结果
Qy=zeros(1,length(x));             %存放未量化运算结果
Qy2=zeros(1,length(x));            %存放 2 bit 量化运算结果
Qy4=zeros(1,length(x));            %存放 4 bit 量化运算结果
Qy6=zeros(1,length(x));            %存放 6 bit 量化运算结果


%滤波器系数
A=0.5;
b=[1];
a=[1,A];


%未经过量化运算
for i=1:length(x);
    if i==1
        y(i)=x(i);
    else
        y(i)=-A*y(i-1)+x(i);
    end
end


%经过量化运算
B=2;                                %量化位宽
for i=1:length(x);
    if i==1
        Qy(i)=x(i);
        Qy(i)=round(Qy(i)*(2^(B-1)))/2^(B-1);
    else
        Qy(i)=-A*Qy(i-1)+x(i);
        Qy(i)=round(Qy(i)*(2^(B-1)))/2^(B-1);
    end
end
Qy2=Qy;


%4 bit 量化运算结果存放在 Qy4 中
%6 bit 量化运算结果存放在 Qy6 中
%绘图
xa=0:1:length(x)-1;
plot(xa,y,'-',xa,Qy2,'--',xa,Qy4,'O',xa,Qy6,'+');
legend（'原系统运算结果'，'2bit 量化运算结果'，'4bit 量化运算结果'，'6bit 量化运算结果'）
xlabel（'运算次数'）; ylabel（'滤波结果'）;
```

图 3-8 为程序仿真运算结果，从仿真结果可以看出，在无限精度运算时，输出响应逐渐趋近于 0；在经过量化运算后，输出响应在几次运算后形成固定值的来回振荡过程；量化位宽越小，振荡的值越大。

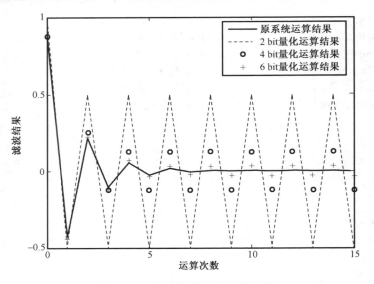

图 3-8　一阶系统的量化运算结果

3.4　FPGA 中的常用处理模块

3.4.1　加法器模块

加法器是 FPGA 设计中使用最为频繁的模块之一。根据加法器的实现结构，可分为串行加法器和流水线加法器。两种运算结构的差别在于所需的硬件资源及运算速度。在 FPGA 设计中，虽然也可以利用真值表、最基本的门电路、寄存器等单元搭建所需位宽的加法器，但这种方法的效率显然不能满足工程设计的要求。FPGA 设计中最常用的是多位二进制数加、减法运算。最简单、最常用的方法是在程序文件中直接使用运算符"+""-"来完成相应的运算。

除了使用运算符完成相应运算，另一种简便、实用、高效的方法是使用 Quartus II 提供的加减法器核。Quartus II 提供的 IP 核种类与所选的目标器件有关，一般来讲，器件的规模越大，所提供的 IP 核种类就越多。

Quartus II 提供了两种加减法器核（ALTFP_ADD_SUB、LPM_ADD_SUB），其中 ALTFP_ADD_SUB 为浮点数加减法器 IP 核。下面介绍 LPM_ADD_SUB 核的基本使用方法。

Altera 公司提供的加减法器 IP 核可以方便用户生成所需要的加法器。用户可指定输入数据位宽、选择加/减法运算方式等参数。启动 MegaWizard Plug-In Manager 工具后，依次选中"Arithmetic→LPM_ADD_SUB"，并设置好目标器件、输出文件中的语言模型、IP 核存放路径及名称后，单击"Next"按钮后即进入加减法器核运算模式设置界面，如图 3-9 所示。图中可以选择运算模式：加法（Addition only）、减法（Subtraction only）、加/减法（Create an 'add_sub'input port to allow me to do both）。我们选择加/减法模式，输入数据位宽保持默认值 8 bit，单击"Next"按钮进入输入数据设置界面，如图 3-10 所示。

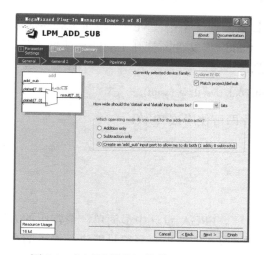

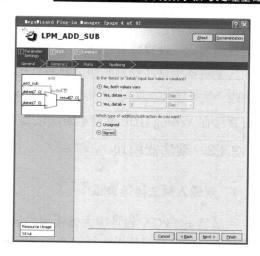

图 3-9　加减法器核运算模式设置界面　　　　图 3-10　加减法器核输入数据设置界面

在图 3-10 所示的界面中，用户可以设置输入数据是否为常数（constant），且可以设置具体的常数值；该界面还提供了输入数据是否为有符号数的选项。如图 3-10 所示，我们选择输入数据为变量值（No，both values vary），同时选中"Signed"单选按钮，设置输入数据为有符号数。继续单击"Next"按钮进入加减法器核参数设置的第 5 个界面，如图 3-11 所示。

在这个界面中，用户可以设置是否需要输入进位参与运算（Create a carry/borrow-out input），是否需要提供溢出指示信号（Create a carry/borrow-out output）及进位信号（Create an overflow output）。选中该界面的所有单选按钮，可以看到界面左侧的加法器 RTL 原理图中增加了相应的信号接口。继续单击"Next"按钮进入加减法器核参数设置的第 6 个界面，如图 3-12 所示。

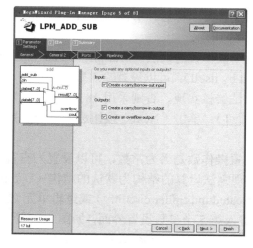

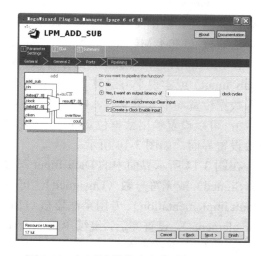

图 3-11　加减法器核进位信号设置界面　　　　图 3-12　加减法器核流水线功能设置界面

在这个界面中，用户可以设置加减法器核的流水线运算模式。如果选择"No"单选按钮，则加法器是一个不带寄存器、时钟信号的纯粹逻辑功能运算单元；否则，可以设置异步清零接口、时钟允许接口，以及流水线级数。

至此，我们已完成了加减法器核的主要参数设置，连续单击"Next"按钮直到完成所有设置界面为止。设置好 IP 核和各种参数后，双击"add.v"文件，打开生成的加法器源代码，在文件编辑区中打开并查看加法器的对外接口信息。

```
module add (aclr, add_sub, cin, clken, clock, dataa, datab, cout, overflow, result);
```

直接在 Verilog HDL 文件中对加法器进行实例化即可使用该 IP 核。

3.4.2　乘法器模块

1．双输入乘法器运算核

乘法器是 FPGA 设计中大量使用的运算单元之一。FPGA 设计中最简单、最常用的方法是在程序文件中直接使用运算符"*"来完成相应的运算，但使用运算符只能进行简单的乘法运算，不利于设置输入/输出寄存器、流水线操作等功能。

除了使用运算符完成相应运算，另一种简便、实用、高效的方法是使用 Quartus II 提供的乘法器核。Quartus II 提供了多种乘法器核，如 ALTFP_MULT（浮点数的乘法运算）、ALTMEMMULT（基于存储器结构的常系数乘法运算）、ALTMULT_ACCUM（乘法累加运算）、ALTMULT_ADD（乘加运算）、ALTMULT_COMPLEX（复数乘法运算），以及 LPM_MULT（常规乘法运算）。

我们先介绍 LPM_MULT 的使用方法，再介绍 ALTMULT_COMPLEX 的使用方法。

Quartus II 提供的乘法器 IP 核可以方便用户生成所需要的乘法器。用户可指定输入数据位宽、运算流水线级数等参数。LPM_MULT 的数据位宽范围为 1～256，支持有符号数及无符号数运算，支持流水线运算，提供异步清零及时钟允许信号等控制接口。

启动 MegaWizard Plug-In Manager 工具后，依次选中"Arithmetic→LPM_MULT"，并设置好目标器件、输出文件中的语言模型、IP 核存放路径及名称后，单击"Next"按钮后即进入乘法器核（LPM_MULT）参数设置界面，如图 3-13 所示。

在 Multiplier configuration 部分可以设置实现两个操作数的乘法（Multiply 'dataa' input by 'datab' input）或实现平方运算（Multiply 'dataa' input by itself）；可以设置输入数据的位宽（当输入数据位宽均不大于 9 时，FPGA 采用 9 bit 的乘法器核实现，否则采用 18 bit 的乘法器核实现）；可以设置输出数据位宽（通常保持默认值即可）。单击"Next"按钮进入下一步数据参数设置界面，如图 3-14 所示。

在图 3-14 所示界面中的 Data Input 部分可以设置操作数是否为常数，可以设置为有符号数（Signed）或无符号数（Unsigned），可以设置实现乘法运算的结构为默认的结构（Use the default implementation）、专用乘法器核（Use the dedicated multiplier circuitry）或逻辑单元（Use logic elements）。设置完后，继续单击"Next"按钮进入第 5 个参数设置界面，如图 3-15 所示。

在图 3-15 所示的界面中，可以设置乘法运算的流水线级数个参数设置，以及 FPGA 实现时的优化策略是速度（Speed）还是面积（Area）。至此，LPM_MULT 的参数设置基本完成，持续单击"Next"按钮，进入第 7 个参数设置界面，如图 3-16 所示。在这个界面中，用户可以选择 IP 核所需生成的文件种类，一般保持默认值即可，只生成 Verilog HDL 的模块文件。

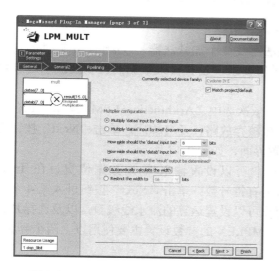

图 3-13　LPM_MULT 参数设置界面（一）

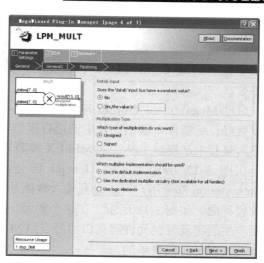

图 3-14　LPM_MULT 参数设置界面（二）

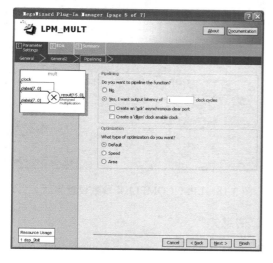

图 3-15　LPM_MULT 参数设置界面（三）

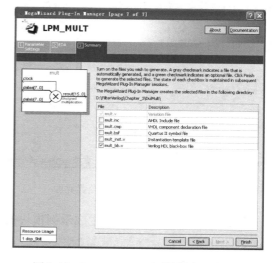

图 3-16　LPM_MULT 参数设置界面（四）

下面是乘法器核生成后的模块示例接口信息。

```
module mult (clock, dataa, datab, result);
```

2．复数乘法器运算核

众所周知，2 个复数的乘法运算，其实是 4 个定点数的相互运算结果，即：

$$A=A_R+A_I\times i$$
$$B=B_R+B_I\times i$$
$$P=A\times B=P_R+P_I\times i$$

式中，

$$P_R=A_R\times B_R-A_I\times B_I$$

$$P_\mathrm{I}=A_\mathrm{R}\times B_\mathrm{I}+B_\mathrm{R}\times A_\mathrm{I}$$

从上式可知，2 个复数相乘，需要 4 个乘法器及 2 个加减法器。Quartus II 提供的复数乘法器核（LPM_COMPLEX）可根据用户的设置要求，设置输入数据的位宽及流水线级数等参数。

启动 MegaWizard Plug-In Manager 工具后，依次选中"Arithmetic→LPM_COMPLEX"，并设置好目标器件、输出文件中的语言模型、IP 核存放路径及名称后，单击"Next"按钮后即进入复数乘法器核 LPM_COMPLEX 参数设置界面，如图 3-17 所示。

在图 3-17 所示界面的 General 部分，用户可以设置输入/输出数据位宽，在 Input Representation 部分用户可以设置输入数据是否为有符号数；单击"Next"按钮进入第 4 个参数设置界面，如图 3-18 所示。在这个界面，用户可以设置运算的流水线级数，以及选择是否需要产生清零及时钟允许等接口信号。LPM_COMPLEX 的参数设置主要使用以上两个界面，其参数设置是比较简单的。

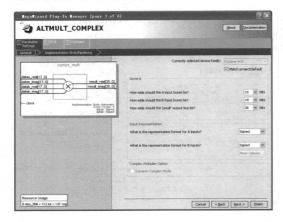

图 3-17　LPM_COMPLEX 参数设置界面（一）　　图 3-18　LPM_COMPLEX 参数设置界面（二）

下面是 LPM_COMPLEX 生成示例模块的接口信息。

```
module compx_mult_altmult_complex_42q ( aclr, clock, dataa_imag, dataa_real, datab_imag, datab_real, ena,
result_imag, result_real);
```

3.4.3　除法器模块

Quartus II 提供了定点数除法器核（LPM_DIVIDE）和浮点数除法器核（ALTFP_DIV），本节介绍 LPM_DIVIDE 的使用方法。

启动 MegaWizard Plug-In Manager 工具后，依次选中"Arithmetic→LPM_DIVIDE"，并设置好目标器件、输出文件中的语言模型、IP 核存放路径及名称后，单击"Next"按钮后即进入 LPM_DIVIDE 参数设置界面，如图 3-19 所示。

LPM_DIVIDE 参数设置界面主要有两个，如图 3-19 和图 3-20 所示。在图 3-19 所示的界面中，用户可以设置输入数据的位宽，以及是否为有符号数。在图 3-20 所示的界面中，用户可以设置运算的流水线级数，以及选择是否需要产生清零及时钟允许等接口信号，同时还可以设置 FPGA 实现时的优化策略，如果选中"Always return a postive remainder?"中的"Yes"

单选按钮，则表示除法运算的余数始终保持为正数。从上述可知，LPM_DIVIDE 参数设置是比较简单的。

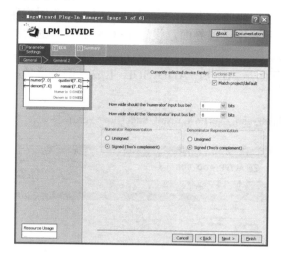

图 3-19　LPM_DIVIDE 参数设置界面（一）

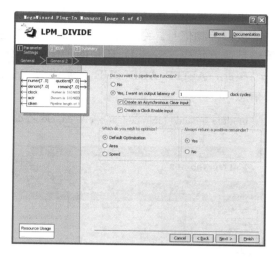

图 3-20　LPM_DIVIDE 参数设置界面（二）

下面是 LPM_DIVIDE 生成示例模块的接口信息。

module div (aclr, clken, clock, denom, numer, quotient, remain);

3.4.4　浮点数运算模块

前面讲述加法器、乘法器、除法器模块时，均针对的是定点数运算。正如 3.1 节所述，浮点数运算的复杂度及所需的逻辑资源，相比定点数运算来讲会成倍地增加，也正因为如此，FPGA 设计较少使用浮点数。当定点数无法满足设计要求时，浮点数依然是最好的，甚至是唯一的解决方式。使用浮点数时，难免会对浮点数进行加、减、乘、除、开平方等基本的运算。前面所述的定点数的乘、除、开平方等运算已经十分复杂，所幸 Quartus II 提供了成熟 IP 核使用，否则真不知要耗费 FPGA 工程师多少汗水来实现这些基本的运算模块了！

Quartus II 提供了多种浮点运算的 IP 核，如 ALTFP_ABS（浮点数取绝对值运算）、ALTFP_ADD_SUB（浮点数加、减法运算）、ALTFP_COMPARE（浮点数比较运算）、ALTFP_DIV（浮点数除法运算）、ALTFP_LOG（浮点数取对数运算）、ALTFP_MULT（浮点数乘法运算）等。

下面，我们以 ALTFP_ADD_SUB 为例，简要介绍浮点数运算 IP 核的使用方法。启动 MegaWizard Plug-In Manager 工具后，依次选中"Arithmetic→ALTFP_ADD_SUB"，并设置好目标器件、输出文件中的语言模型、IP 核存放路径及名称后，单击"Next"按钮后即进入 ALTFP_ADD_SUB 参数设置界面，如图 3-21 所示。

在图 3-21 所示界面的"What is the floating point format"部分，用户可以设置浮点数的格式，如 32 bit 的单精度数据（Single precision）、64 bit 的双精度数据（Double precision）或单精度扩展数据（Single extended precision）。在"What is the output latency in clock cycles?"部分可以设置运算的流水线级数。在"Which operation mode do you want for the adder/subtractor?"

部分可以设置 IP 核只完成加法运算（Additional only）、只完成减法运算（Subtraction only）或可根据接口信号完成加、减法运算（Create an 'add_sub' input port to do both）。

单击"Next"按钮进入第 4 个参数设置界面，如图 3-22 所示，该界面仅用于设置用户所需的接口控制信号。继续单击"Next"按钮进入下一步设置界面，设置 FPGA 实现时的优化策略是速度优先（Speed）还是面积优先（Area）。

至此，ALTFP_ADD_SUB 参数设置完毕。下面是 ALTFP_ADD_SUB 生成示例模块的接口信息。

module floatadd (aclr, add_sub, clk_en, clock, dataa, datab, nan, overflow, result, underflow, zero);

图 3-21　ALTFP_ADD_SUB 参数设置界面（一）

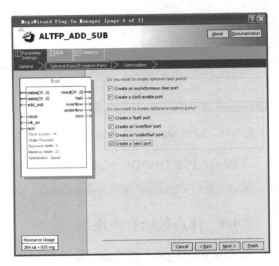

图 3-22　ALTFP_ADD_SUB 参数设置界面（二）

3.5　小结

本章首先介绍了二进制数的起源及其在计算机中的常用表示方法，二进制数的表示方法是进行 FPGA 设计数字系统最基本的知识。在 FPGA 等硬件系统中处理数字信号时，因受寄存器长度的限制，不可避免地产生了有限字长效应，工程师必须了解有限字长效应对数字系统可能带来的影响，并在实际设计中通过仿真来确定最终的量化位宽、寄存器长度等参数。本章最后对几种常用运算的 IP 核进行了介绍，详细阐述了各 IP 核参数设置的方法，并给出了几个简单的模块应用实例。

IP 核在 FPGA 设计中的应用十分普遍，尤其在数字信号处理领域，采用 IP 核进行设计，不仅可以提高设计效率，而且可以保证设计的性能。因此，在进行 FPGA 设计时，工程师可以先浏览一下选定目标器件所能提供的 IP 核，以便通过使用 IP 核来减少设计工作量并提高系统性能。当然，工程师也可以根据设计需要，根据是否提供相应的 IP 核来选择目标器件。

参考文献

[1] 杜勇. 数字滤波器的 MATLAB 与 FPGA 实现——Xilinx/VHDL 版. 北京：电子工业出版社，2017.

[2] 夏宇闻. Verilog 数字系统设计教程（第 3 版）. 北京：北京航空航天大学出版社，2013.

[3] 王世练. 宽带中频数字接收机的实现及其关键技术的研究. 国防科技大学博士学位论文，2004.

[4] Bernard Widrow, István Kollár. Quantization Noise: Roundoff Error in Digital Computation, Signal Processing, Control, and Communications. Cambridge University Press, 2008.

[5] 杜勇，朱亮，韩方景. 一种高效结构的多输入浮点数乘法器在 FPGA 上的实现. 计算机工程与应用. 2006,42(10):103-104.

[5] Altera 公司主页. https://www.intel.cn/content/www/cn/zh/products/programmable.html.

第 4 章

滤波器的 MATLAB 与 FPGA 实现

对于从事电子通信行业的技术人员来说，滤波器是一个再常见不过的概念了。本书讨论的是数字调制解调技术的相关内容，但由于滤波器应用的广泛性、通用性，因此本书专门用一章来对其进行讨论。滤波器一个专业性很强的研究方向，本章所要讲述的仅仅是最常用的有限脉冲响应（Finite Impulse Response，FIR）滤波器和无限脉冲响应（Infinite Impulse Response，IIR）滤波器。这并不影响读者对数字调制解调技术内容的理解，因为后续章节所讨论的工程实例中，只使用到这两种类型的数字滤波器。读者如果有兴趣了解更多与滤波器的 FPGA 实现相关的内容，可以参考《数字滤波器的 MATLAB 与 FPGA 实现——Altera/Verilog 版（第 2 版）》一书。

4.1 滤波器概述

4.1.1 滤波器的分类

滤波器是一种用来减少或消除干扰的器件，其功能是对输入信号进行过滤处理，以便得到所需的信号。滤波器最常见的用法是对特定频率的频点或该频点以外的频率信号进行有效滤除，从而实现消除干扰、获取某特定频率信号的功能。一种更为广泛的定义是将能进行信号处理的装置都称为滤波器。在现代电子设备和各类控制系统中，滤波器的应用极为广泛，其性能优劣在很大程度上决定了产品的优劣。

滤波器的分类方法有很多种，从处理的信号形式来讲可分为模拟滤波器和数字滤波器两大类。模拟滤波器由电阻、电容、电感、运放等电气元件组成，可对模拟信号进行滤波处理。数字滤波器则通过软件或数字信号处理器件对离散化的数字信号进行滤波处理。两者各有优缺点及适用范围，均经历了由简到繁，以及性能逐步提高的发展历程。

数字滤波器（Digital Filter，DF）一词出现在 20 世纪 60 年代中期，通常定义为通过对数字信号的运算处理，改变信号频谱，完成滤波作用的算法或装置。数字滤波器的种类很多，分类方法也不同，可以从功能上分类，也可以从实现方法上分类，或从设计方法上来分类等。一种比较通用的分类方法是将数字滤波器分为两大类，即经典滤波器和现代滤波器。

经典滤波器是假定输入信号 $x(n)$ 中的有效信号和噪声分布在不同的频带上，当 $x(n)$ 通过一个线性滤波系统后，可以有效地减少或去除噪声。如果有效信号和噪声的频带相互重叠，那么经典滤波器将无能为力。经典滤波器主要有低通滤波器（Low Pass Filter，LPF）、高通滤

波器（High Pass Filter，HPF）、带通滤波器（Band Pass Filter，BPF）、带阻滤波器（Band Stop Filter，BSF），以及全通滤波器（All Pass Filter，APF）等。图 4-1 是各种经典滤波器的幅频特性响应示意图，图中，ω 为数字角频率，$|H(e^{j\omega})|$ 是归一化的幅频响应值，数字滤波器的幅频特性相对于 π 对称，且以 2π 为周期。

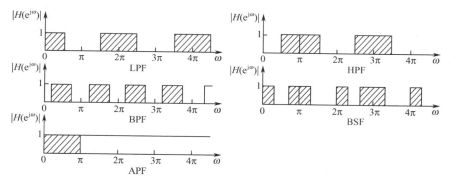

图 4-1　经典滤波器的幅频特性响应示意图

现代滤波理论研究的主要内容是从含有噪声的数据记录（又称为时间序列）中估计出信号的某些特征或信号本身。一旦信号被估计出，那么估计出的信号将比原信号有更高的信噪比。现代滤波器把信号和噪声都视为随机信号，利用它们的统计特征（如自相关函数、功率谱函数等）推导出一套最佳的估值算法，然后用硬件或软件实现。现代滤波器主要有维纳滤波器（Wiener Filter）、卡尔曼滤波器（Kalman Filter）、线性预测器（Liner Predictor）、自适应滤波器（Adaptive Filter）等。一些专著将基于特征分解的频率估计及奇异值分解算法也归入现代滤波器的范畴。

从实现的网络结构或者从单位取样响应分类，数字滤波器可以分成无限脉冲响应（Infinite Impulse Response，IIR）滤波器和有限脉冲响应（Finite Impulse Response，FIR）滤波器。IIR 滤波器与 FIR 滤波器的根本区别在于两者的系统函数结构不同。式（4-1）和式（4-2）分别为 FIR 滤波器及 IIR 滤波器的系统函数。

$$H(z) = \sum_{n=0}^{N-1} h(n)z^{-n} \tag{4-1}$$

$$H(z) = \frac{\sum_{i=0}^{M} b_i z^{-i}}{1 - \sum_{i=1}^{N} a_i z^{-i}} \tag{4-2}$$

FIR 滤波器与 IIR 滤波器的系统函数特点也决定了不同的实现结构及特点，FIR 滤波器不存在输出对输入的反馈结构，IIR 滤波器存在输出对输入的反馈；FIR 滤波器具有严格的线性相位特性，IIR 滤波器无法实现线性相位特性，且其频率选择性越好，相位的非线性就越严重。

FIR 滤波器与 IIR 滤波器是最常用的数字滤波器，大多数的数字通信系统都可以采用这两种滤波器来实现对噪声的滤除。这两种滤波器有一个共同的特点，即均是在时域对信号进行各种处理的，以实现滤除噪声获取有用信号的功能。但有些情况下在时域很难滤除的噪声，在频域却可以十分容易地进行分辨及处理[1]。例如，在有用信号频段内的强窄带噪声，如果将信号变换到频域，则可以十分容易地进行滤除干扰。这种信号处理方法也就是频域滤波技术，即将输入的时域信号先经过运算变换成频域信号，在频域采用与时域相类似的滤波处理方法对噪声进行处理，然后将频域信号反变换成时域信号。特别是随着快速傅里叶变换（Fast Fourier Transform，FFT）算法的应用，以及高性能超大规模集成电路的发展，变换域滤波技术也得到了越来越广泛的应用。有关频域滤波技术的内容不在本书的讨论范围内，读者可以参考文献[1]和[2]以了解更多的知识。

4.1.2 滤波器的特征参数

对于经典滤波器的设计来说，理想的情况是完全滤除干扰信号，同时有用信号不发生任何衰减或畸变，也就是说，滤波器的幅频特性曲线形状在频域呈矩形。在频域上幅频特性曲线形状呈矩形的滤波器转换到时域后就变成了一个非因果系统（详细分析及推导请参见文献[3]、[4]），这在物理上是无法实现的。工程上设计时只能尽量设计一个可实现的滤波器，并且使设计的滤波器性能尽可能地逼近理想滤波器。图 4-2 是低通滤波器特征参数示意图。

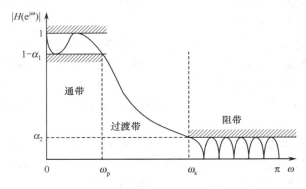

图 4-2　低通滤波器特征参数示意图

如图 4-2 所示，低通滤波器的通带截止频率为 ω_p，通带容限为 α_1，阻带截止频率为 ω_s，阻带容限为 α_2。通带定义为 $|\omega|{\leqslant}\omega_p$，$1-\alpha_1{\leqslant}|H(e^{j\omega})|{\leqslant}1$；阻带定义为 $\omega_s{\leqslant}|\omega|{\leqslant}\pi$，$|H(e^{j\omega})|{\leqslant}\alpha_2$；过渡带定义为 $\omega_p{\leqslant}|\omega|{\leqslant}\omega_s$。通带内和阻带内允许的衰减以 dB 为单位，通带内允许的最大衰减用 α_p 表示，阻带内允许的最小衰减用 α_s 表示，α_p 和 α_s 分别定义为：

$$\alpha_p = 20\lg\frac{|H(e^{j\omega_0})|}{|H(e^{j\omega_p})|}dB = -20\lg(1-\alpha_1)dB \tag{4-3}$$

$$\alpha_s = 20\lg\frac{|H(e^{j\omega_0})|}{|H(e^{j\omega_s})|}dB = -20\lg(\alpha_2)dB \tag{4-4}$$

式中，$|H(e^{j\omega})|$ 归一化为 1。当 $\dfrac{|H(e^{j\omega_0})|}{|H(e^{j\omega_p})|}=\dfrac{\sqrt{2}}{2}=0.707$ 时，α_p=3 dB，此时的 ω_p 称为低通滤波器的 3 dB 通带截止频率。

4.2　FIR 滤波器与 IIR 滤波器的原理

4.2.1　FIR 滤波器原理

FIR 滤波器（有限脉冲响应滤波器）是指单位取样响应的长度是有限的滤波器。FIR 滤波器的突出特点是其单位取样响应 $h(n)$ 是一个 N 点长的有限长序列，$0 \leqslant n \leqslant N-1$。滤波器的输出 $y(n)$ 可表示为输入序列 $x(n)$ 与单位取样响应 $h(n)$ 的线性卷积，即：

$$y(n) = \sum_{k=0}^{N-1} x(k)h(n-k) = x(n) * h(n) \tag{4-5}$$

其系统函数为：

$$H(z) = \sum_{n=0}^{N-1} h(n)z^{-n} = h(0) + h(1)z^{-1} + \cdots + h(N-1)z^{-(N-1)} \tag{4-6}$$

从系统函数很容易看出，FIR 滤波器只在原点上存在极点，这使得 FIR 滤波器具有全局稳定性。FIR 滤波器是由一个抽头延迟线加法器和乘法器的集合构成的，每一个乘法器的操作系数就是一个 FIR 滤波器系数。因此，FIR 滤波器的这种结构也被人们称为抽头延迟线结构。

FIR 滤波器的一个突出优点是具有严格的线性相位特性。是否所有 FIR 滤波器均具有这种严格的线性相位特性呢？事实并非如此，只有当 FIR 滤波器单位取样响应满足对称条件时，FIR 滤波器才具有严格的线性相位特性。

讨论 FIR 滤波器的幅度特性意义不大，因为滤波器的设计目的大多集中在幅频特性上，即设计成低通、高通、带通或带阻滤波器。然而事实证明，了解得越多，设计者对自己的产品就越有信心。讨论 FIR 滤波器的幅度特性在于进一步了解不同对称情况的单位取样响应结构，分别适合哪种形式的滤波系统。

我们可以将滤波器的单位取样响应分为偶对称及奇对称两种形式。在分析幅度特性时，再进一步分为四种情况：（a）偶数阶、偶对称；（b）奇数阶、偶对称；（c）偶数阶、奇对称；（d）奇数阶、奇对称。四种情况的单位取样响应如图 4-3 所示。

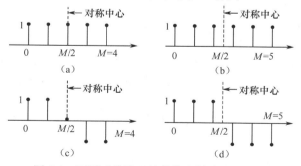

图 4-3　不同对称情况的单位取样响应示意图

知道不同结构 FIR 滤波器的特性后，在设计所需频率响应的滤波器时，可以据此选择滤波器的级数。例如，设计一个低通滤波器，不能使用具有奇对称特性单位取样响应的滤波器结构。为便于对比，现将四种结构的 FIR 滤波器特性以列表形式给出，如表 4-1 所示[3]。

表 4-1 不同结构的 FIR 滤波器特性

单位取样响应特征	相 位 特 性	幅 度 特 性	滤波器种类
偶对称、偶数阶	线性相位	对于 $\omega = 0$、π、2π 偶对称	适合各种滤波器
偶对称、奇数阶	线性相位	对于 $\omega = \pi$ 奇对称，对于 $\omega = 0$、2π 为偶对称，$\omega = \pi$ 处为 0	不适合高通、带阻滤波器
奇对称、偶数阶	线性相位，附加 90° 相移	对于 $\omega = 0$、π、2π 均呈奇对称，在 $\omega = 0$、π、2π 处为 0	只适合带通滤波器
奇对称、奇数阶	线性相位，附加 90° 相移	在 $\omega = 0$、2π 处奇对称，对 $\omega = \pi$ 为偶对称，在 $\omega = 0$、2π 处为 0	适合高通、带通滤波器

4.2.2 IIR 滤波器原理

IIR 滤波器（无限脉冲响应滤波器）的单位取样响应是无限的，其系统传递函数为：

$$H(z) = \frac{\sum_{i=0}^{M} b_i z^{-i}}{1 - \sum_{l=1}^{N} a_l z^{-l}} \tag{4-7}$$

系统的差分方程可以写成：

$$y(n) = \sum_{i=0}^{M} x(n-i)b(i) + \sum_{l=1}^{N} y(n-l)a(l) \tag{4-8}$$

从系统函数可以很容易看出，IIR 滤波器有以下几个显著特性。

（1）IIR 滤波器同时存在不为零的极点和零点。要保证滤波器为稳定的系统，需要使系统的极点在单位圆内。也就是说，系统的稳定性由系统函数的极点决定。

（2）由于线性相位滤波器所有的零点和极点都是关于单位圆对称的，所以只允许极点位于单位圆的原点。由于 IIR 滤波器存在不为零的极点，因此只可能实现近似的线性相位特性。也正因为 IIR 滤波器的非线性相位特性限制了其应用范围。

（3）在 FPGA 等数字硬件平台上实现 IIR 滤波器时，由于存在反馈结构，因此受限于有限的寄存器长度，无法通过增加字长来实现全精度的滤波器运算，滤波器运算过程中的有限字长效应是工程实现时必须考虑的问题。

4.2.3 IIR 滤波器与 FIR 滤波器的比较

IIR 滤波器与 FIR 滤波器是最常见的数字滤波器，两者的结构及分析方法相似。为了更好地理解两种滤波器的异同，下面对它们进行简单的比较，以便在具体工程设计中更合理地选择滤波器种类，以更少的资源获取所需的性能。本节先直接给出两种滤波器的性能差异及应用特点[3]，在本章后续介绍 FIR 滤波器及 IIR 滤波器的设计方法、FPGA 实现结构时，读者可以进一步加深对这两种滤波器的理解。

（1）通常在满足同样幅频响应设计指标情况下，FIR 滤波器的阶数是 IIR 滤波器的 5～10 倍。

（2）FIR 滤波器能得到严格的线性相位特性（当单位取样响应具有对称性时），在滤波器的阶数相同情况下，IIR 滤波器具有更好的幅度特性，但其相位特性是非线性的。

（3）FIR 滤波器的单位取样响应是有限的，一般采用非递归结构，是稳定的系统，即使在有限精度运算时，误差也较小，即受有限字长效应影响较小。IIR 滤波器必须采用递归结构，极点在单位圆内时才能稳定。这种具有反馈的结构，由于运算的舍入处理，易引起振荡现象。

（4）FIR 滤波器的运算是一种卷积运算，它可以利用快速傅里叶变换和其他快速算法来实现，运算速度快。IIR 滤波器无法采用类似的快速算法。

（5）在设计方法上，IIR 滤波器可以利用模拟滤波器现成的设计公式、数据和表格等资料，FIR 滤波器不能借助模拟滤波器设计成果。由于计算机设计软件的发展，FIR 滤波器和 IIR 滤波器的设计均可以采用现成的函数，因此在工程设计中两者的设计难度均已大大降低。

（6）IIR 滤波器主要用于设计规格化的、频率特性为分段恒定的标准滤波器，FIR 滤波器要灵活得多，适应性更强。

（7）在 FPGA 设计中，FIR 滤波器可以采用现成的 IP 核进行设计，工作量较小。IIR 滤波器的 IP 核很少，一般需要手动编写代码，工作量较大。

（8）当给定幅频特性，而不考虑相位特性时，采用 IIR 滤波器较好。当要求严格线性相位特性时，或幅频特性不同于典型模拟滤波器特性时，通常采用 FIR 滤波器。

4.3　FIR 滤波器的 MATLAB 设计

4.3.1　利用 fir1 函数设计 FIR 滤波器

1．fir1 函数功能介绍

可以使用 MATLAB 的 fir1 函数设计低通、带通、高通、带阻等多种类型的具有严格线性相位特性的 FIR 滤波器。需要注意的是，采用 fir1 函数设计 FIR 滤波器实际上是利用了窗函数的设计方法。fir1 函数的语法形式有以下几种。

```
b=fir1(n,wn);
b=fir1(n,wn,'ftype');
b=fir1(n,wn,'ftype',window);
b=fir1(…,'noscale');
```

其中各项参数的意义及作用如下所述。

（1）b。返回的 FIR 滤波器单位取样响应，单位取样响应为偶对称，长度为 n+1。

（2）n。FIR 滤波器的阶数，需要注意的是，设计出的 FIR 滤波器长度为 n+1。

（3）wn。FIR 滤波器截止频率。需要注意的是，wn 的取值范围为 0<wn<1，1 对应为信号采样频率一半。如果 wn 是单个数值，且 ftype 参数为 low，则表示设计截止频率为 wn 的低通滤波器；如果 ftype 参数为 high，则表示设计截止频率为 wn 的高通滤波器；如果 wn 是由两个数组成的向量[wn1 wn2]，且 ftype 为 stop，则表示设计带阻滤波器，ftype 为 bandpass，则表示设计带通滤波器；如果 wn 是由多个数组成的向量，则表示根据 ftype 的值设计多个通带或阻带范围的滤波器，ftype 为 DC-1 时表示设计的第一个频带为通带，ftype 为 DC-0 时表示设计的第一个频带为阻带。

（4）window。指定使用的窗函数向量，默认为海明窗，最常用的窗函数有汉宁窗（Hanning）、海明窗（Hamming）、布拉克曼窗（Blackman）和凯塞窗（Kaiser）。可以在 MATLAB 中输入

"help window"命令来查询各种窗函数的名称。

（5）noscale。指定是否归一化 FIR 滤波器的幅度。

从 fir1 函数的语法形式也可以知道，使用窗函数设计方法只能设置 FIR 滤波器的截止频率及阶数，而无法设置滤波器的通带、阻带衰减、过渡带宽等参数，而这些参数与所选择的窗函数种类密切相关。

2．fir1 函数的使用方法

fir1 函数的使用方法十分简单，例如，要设计一个归一化截止频率为 0.2，阶数为 11、采用海明窗的低通滤波器，只需在 MATLAB 命令行窗口中依次输入以下几条命令，即可获得滤波器的单位取样响应以及滤波器的幅频响应图。

```
b=fir1(11,0.2);
plot(20*log(abs(fft(b)))/log(10));
```

现在来验证一下 4.2.1 节讲述不同对称特性滤波器结构所适合的滤波器种类。表 4-1 中所述的第二种类型，即滤波器阶数为奇数、单位取样响应为偶对称时不适合高通滤波器。在 MATLAB 命令行窗口中输入以下命令，设计截止频率为 0.2，阶数为 11 阶、利用海明窗函数的高通滤波器，看看会出现什么结果。

```
b=fir1(11,0.2,'high');
```

输入完上述命令后，出现了一条警告信息。

Warning: Odd order symmetric FIR filters must have a gain of zero at the Nyquist frequency.The order is being increased by one.

信息提示，奇数阶对称的 FIR 滤波器在奈奎斯特频率处无增益，滤波器阶数已增加了一阶，同时输出长度为 13 的单位取样响应序列。

0.0025　　0.0000　　−0.0145　　−0.0543　　−0.1162　　−0.1750　　0.7976　　−0.1750　　−0.1162　　−0.0543　　−0.0145　　0.0000　　0.0025

例 4-1　利用 fir1 函数设计各种滤波器

利用海明窗函数，分别设计长度为 41（阶数为 40）的低通滤波器（截止频率为 200 Hz）、高通滤波器（截止频率为 200 Hz）、带通滤波器（通带为 200～400 Hz）、带阻滤波器（阻带为 200～400 Hz），采样频率为 2 000 Hz，画出各种滤波器单位取样响应及幅频响应曲线。

根据例 4-1 的要求，很容易使用 fir1 函数设计出所需的滤波器，firl 函数设计的各种滤波器如图 4-4 所示。E4_1_fir1.m 文件的源代码如下。

```
%E4_1_fir1.m 文件的源代码
N=41;                        %滤波器长度
fs=2000;                     %采样频率
%各种滤波器的特征频率
fc_lpf=200;
fc_hpf=200;
fp_bandpass=[200 400];
```

```
fc_stop=[200 400];
%以采样频率的一半对特征频率进行归一化处理
wn_lpf=fc_lpf*2/fs;
wn_hpf=fc_hpf*2/fs;
wn_bandpass=fp_bandpass*2/fs;
wn_stop=fc_stop*2/fs;
%利用 fir1 函数设计各种滤波器
b_lpf=fir1(N-1,wn_lpf);
b_hpf=fir1(N-1,wn_hpf,'high');
b_bandpass=fir1(N-1,wn_bandpass,'bandpass');
b_stop=fir1(N-1,wn_stop,'stop');
%求滤波器的幅频响应
m_lpf=20*log(abs(fft(b_lpf)))/log(10);
m_hpf=20*log(abs(fft(b_hpf)))/log(10);
m_bandpass=20*log(abs(fft(b_bandpass)))/log(10);
m_stop=20*log(abs(fft(b_stop)))/log(10);
%设置幅频响应的横坐标单位为 Hz
x_f=[0:(fs/length(m_lpf)):fs/2];
%绘制单位取样响应
subplot(421);stem(b_lpf);xlabel('n');ylabel('h(n)');
subplot(423);stem(b_hpf);xlabel('n');ylabel('h(n)');
subplot(425);stem(b_bandpass);xlabel('n');ylabel('h(n)');
subplot(427);stem(b_stop);xlabel('n');ylabel('h(n)');
%绘制幅频响应曲线
subplot(422);plot(x_f,m_lpf(1:length(x_f)));xlabel('频率/Hz','fontsize',8);ylabel('幅度/dB','fontsize',8);
subplot(424);plot(x_f,m_hpf(1:length(x_f)));xlabel('频率/Hz','fontsize',8);ylabel('幅度/dB','fontsize',8);
subplot(426);plot(x_f,m_bandpass(1:length(x_f)));xlabel('频率/Hz','fontsize',8);ylabel('幅度)/dB', 'fontsize',8);
subplot(428);plot(x_f,m_stop(1:length(x_f)));xlabel('频率/Hz','fontsize',8);ylabel('幅度/dB','fontsize',8);
```

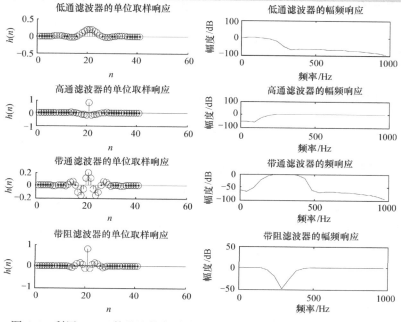

图 4-4　利用 fir1 函数设计的各种滤波器的单位取样响应和幅频响应曲线

4.3.2 利用 kaiserord 函数设计 FIR 滤波器

从函数 fir1 的用法及例 4-1 的仿真过程可以清楚地看出，fir1 函数设计的滤波器无法准确设置过渡带、纹波等参数。凯塞窗具有可调参数选项，因此在实际工程设计中，可根据相关算法，先设置过渡带、纹波参数，并根据这些参数计算出凯塞窗的 β 值，以及滤波器阶数。MATLAB 已经提供了现成的设计函数，使用起来十分方便。

kaiserord 函数的语法形式为：

```
[n,wn,beta,filtype]=kaiserord(f,a,dev,fs);
```

其中各项参数的意义及作用如下所述。

（1）f 及 fs。如果参数 f 是一个向量，其中的元素为待设计滤波器的过渡带的起始频率和结束频率。如果没有参数 fs，则 f 中元素的取值范围为 0～1，即相对于采样频率一半的归一化频率；如果有参数 fs，则 fs 为信号采样频率，f 中元素即实际的截止频率。例如，需要设计滤波器的过渡带宽为 1000～1200 Hz、2000～2100 Hz，信号采样频率为 8000 Hz，如没有设置 fs，则 f=[0.25　0.3　0.5　0.525]，如设置 fs 为 8000，则 f=[1000　12000　2000　2100]。

（2）a。参数 a 是一个向量，参数 f 确定了待设计滤波器的过渡带宽，向量 a 用于指定这些频率段的幅值。例如，要求某个频带为通带则设置为 1，阻带则设置为 0。a 与 f 的对应关系为：a 的第一个元数 a1 对应为 f 中的 0～f1 频段，a 中的第二个数 a2 对应 f 中的 f2～f3 频段，后续对应关系以此类推。对于上面讲述 f 及 fs 参数的例子，设置 a=[1 0 1]，则表示设计带阻滤波器。可以看出，由 f 及 a 可以表示滤波器的类型。

（3）dev。参数 dev 是一个向量，用于指定通带或阻带内的容许误差。同样是上述例子，要求通带容许误差为 0.01，阻带容许误差为 0.02，则 dev=[0.01 0.02 0.01]。

（4）n。返回值 n 为 kaiserord 函数根据滤波器要求，可得到满足设计的最小阶数。

（5）wn。返回值 wn 是一个向量，kaiserord 函数计算得到的滤波器截止频率点。

（6）beta。返回值 beta 是根据滤波器要求，kaiserord 函数计算得到的 β 值。

（7）ftype。返回值 ftype 是根据设计要求获得的滤波器类型参数。

关于该函数的应用示例，在讲述最优滤波器设计函数 firpm 时一并给出。

4.3.3 利用 fir2 函数设计 FIR 滤波器

利用 fir1 及 kaiserord 函数能完成多种滤波器设计，但还有一种比较特殊的情况是这两种函数无能为力的，即任意响应滤波器的设计。所谓任意响应滤波器，是指滤波器的幅频响应在指定的频段范围内有不同的幅值，如在 0～0.1 频段内的幅值为 1，在 0.2～0.4 频段内的幅值为 0.5，在 0.6～0.7 频段内的幅值为 1 等。MATLAB 提供的函数 fir2 能够完成任意响应滤波器的设计。fir2 函数的算法是：首先根据要求的幅频响应的向量形式进行插值，然后进行傅里叶变换得到理想滤波器的单位取样响应，最后利用窗函数对理想滤波器的单位取样响应进行截短处理，由此获得滤波器的系数。fir2 函数的 6 种语法形式如下。

```
b=fir2(n,f,m);
b=fir2(n,f,m,window);
b=fir2(n,f,m,npt);
b=fir2(n,f,m,npt,window);
```

```
b=fir2(n,f,m,npt,lap);
b=fir2(n,f,m,npt,lap,window);
```

其中各项参数的意义及作用为如下所述。

（1）n 及 b。n 为滤波器的阶数，与 fir1 函数类似，返回值 b 为滤波器系数，其长度为 n+1。同时，根据 FIR 滤波器的结构特点，当设计的滤波器在归一化频率为 1 处的幅值不为 0 时，n 不能为奇数。

（2）f 及 m。f 是一个向量，取值为 0～1 之间，对应为滤波器的归一化频率。m 是长度与 f 相同的向量，用于设置对应频段内的幅值。例如，要求设计的滤波器在 0～0.125 频段内的幅值为 1，在 0.125～0.25 频段内的幅值为 0.5，在 0.25～0.5 频段内的幅值为 0.25，在 0.5～1 频段内的幅值为 0.125，则 f 可以设置为[0 0.125 0.125 0.25 0.25 0.5 0.5 1]，m 可以设置为[1 1 0.5 0.5 0.25 0.25 0.125 0.125]。

（3）window。window 是一个向量，用于指定窗函数的种类，其长度为滤波器长度 n+1，当没有指定窗函数时，默认为海明窗函数。

（4）npt。npt 是一个正整数，用于指定在对幅度响应进行插值时的插值点个数，默认值为 512。

（5）lap。lap 是一个正整数，用于指定在对幅度响应进行插值时不连续点转变成连续时的点数，默认值为 25。

例 4-2　利用 fir2 函数设计任意响应滤波器

利用 fir2 函数设计 120 阶的任意响应滤波器，要求设计的滤波器在 0～0.125 频段内的幅值为 1，在 0.125～0.25 频段内的幅值为 0.5，在 0.25～0.5 频段内的幅值为 0.25，在 0.5～1 频段内的幅值为 0.125。绘出滤波器的频率响应曲线。

使用 fir2 设计的任意响应滤波器频率响应曲线如图 4-5 所示。

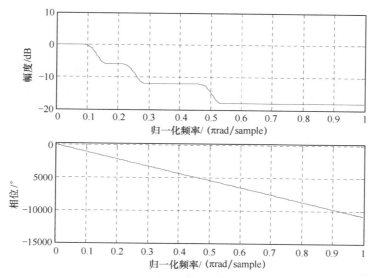

图 4-5　利用 fir2 函数设计的任意响应滤波器频率响应曲线

该实例的 M 程序文件 E4_2_fir2.m 的源代码如下。

```
N=120;                                      %滤波器阶数
fc=[0 0.125 0.125 0.25 0.25 0.5 0.5 1];      %截止频率
mag=[1 1 0.5 0.5 0.25 0.25 0.125 0.125 ];    %理想滤波器幅值
b=fir2(N,fc,mag);                           %利用海明窗函数
freqz(b);                                   %绘制频率响应曲线
```

4.3.4　利用 firpm 函数设计 FIR 滤波器

我们知道，所有的设计均是为了得到更逼近理想滤波器的效果，而衡量逼近程度的准则有多种，其中最常用的是最大误差最小准则。采用这种准则进行滤波器设计的函数即接下来将要介绍的 firpm 函数。对于工程设计来说，所谓最优设计当然要用实际的设计效果来体现。下面先介绍 firpm 函数的使用方法，然后与利用窗函数法设计的滤波器进行性能比较。firpm 函数的语法形式主要有以下 5 种。

```
b=firpm(n,f,a);
b=firpm(n,f,a,w);
b=firpm(n,f,a,'ftype');
b=firpm(n,f,a,w,'ftype');
[b,delta]=firpm(...);
```

firpm 函数语法中各项参数的意义及作用如下。

（1）n 及 b。n 为滤波器的阶数，与 fir1 函数类似，返回值 b 为滤波器系数，其长度为 n+1。

（2）f 及 a。f 是一个向量，取值为 0～1，对应为滤波器的归一化频率。a 是长度与 f 相同的向量，用于设置对应频段内的幅值。对于 f 及 a 之间的关系用图形表示更为清楚，设置 f=[0 0.3 0.4 0.6 0.7 1]，a=[0 1 0 0 0.5 0.5]，则 f 及 a 所表示的幅频响应如图 4-6 所示，由图 4-6 可知，firpm 实际上也可以设计任意幅频响应的滤波器。

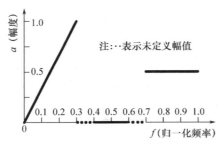

图 4-6　firpm 函数中的 f 与 a 参数
所定义的幅频响应

（3）w。w 是长度为 f 一半的向量，表示设计滤波器时，实现对应频段内幅值的权值。用下标表示向量的元素，则 w0 对应的是 f0～f1 频段，w1 对应的是 f2～f3 频段，以此类推。权值越高，则实现时相应频段内的幅值越接近理想状态。

（4）ftype。ftype 用于指定滤波器的结构类型，如没有设置该参数，则表示设计偶对称结构的滤波器；如设置为 hilbert，则表示设计奇对称结构的滤波器，即具有 90°相移特性；如设置为 differentiator，则表示设计奇对称结构的滤波器，且设计时针对非零幅值的频带进行了加权处理，使滤波器的频带越低幅值误差越小。

（5）delta。delta 为返回的滤波器纹波最大值。

经过上面的介绍，我们发现 firpm 函数好像是万能的，既能设计出最优滤波器，又能设计任意幅频响应的滤波器，还能设计出 90°相移的滤波器。

例 4-3　不同函数设计的低通滤波器性能对比

利用凯塞窗函数设计一个低通滤波器，过渡带为 1000～1500 Hz，采样频率为 8000 Hz，通带纹波最大值为 0.01，阻带纹波最大值为 0.05。利用海明窗及 firpm 函数设计相同的低通滤波器，截止频率为 1500 Hz，滤波器阶数为凯塞窗函数求取的值。绘出三种方法设计的幅频响应曲线。

该实例的 M 程序文件 E4_3_FilterCompare.m 的源代码如下。

```
fs=8000;                                          %采样频率
fc=[1000 1500];                                   %过渡带
mag=[1 0];                                        %窗函数的理想滤波器幅值
dev=[0.01 0.05];                                  %纹波
[n,wn,beta,ftype]=kaiserord(fc,mag,dev,fs)        %获取凯塞窗参数
fpm=[0 fc(1)*2/fs fc(2)*2/fs 1];                  %firpm 函数的频段向量
magpm=[1 1 0 0];                                  %firpm 函数的幅值向量

%利用凯塞窗函数及海明窗设计滤波器
h_kaiser=fir1(n,wn,ftype,kaiser(n+1,beta));
h_hamm=fir1(n,fc(2)*2/fs);
%设计最优滤波器
h_pm=firpm(n,fpm,magpm);

%求滤波器的幅频响应
m_kaiser=20*log(abs(fft(h_kaiser,1024)))/log(10);
m_hamm=20*log(abs(fft(h_hamm,1024)))/log(10);
m_pm=20*log(abs(fft(h_pm,1024)))/log(10);

%设置幅频响应的横坐标单位为 Hz
x_f=[0:(fs/length(m_kaiser)):fs/2];
%只显示正频率部分的幅频响应
m1=m_kaiser(1:length(x_f));
m2=m_hamm(1:length(x_f));
m3=m_pm(1:length(x_f));

%绘制幅频响应曲线
plot(x_f,m1,'-',x_f,m2,'-.',x_f,m3,'--');
xlabel('频率/Hz');ylabel('幅度/dB');
legend('凯塞窗','海明窗','最优滤波器');grid;
```

程序运行结果如图 4-7 所示。使用 kaiserord 函数获得的滤波器阶数为 36，截止频率为 0.3125，凯塞窗的 β 值为 3.3953。本实例其实演示了采用窗函数设计低通滤波器的一般方法，即采用 kaiserord 函数根据设计要求获取滤波器阶数等信息，然后与利用多种窗函数设计的滤波器进行对比，最终选择性能最好的滤波器。从几种滤波器的幅频响应曲线可以看出，最优滤波器与利用凯塞窗函数设计的滤波器相比，最优滤波器的第一旁瓣电平约低 2.5 dB，且阻带纹波相同，而利用凯塞窗函数设计的滤波器阻带纹波却逐渐减小。

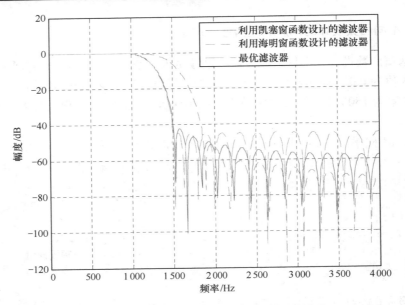

图 4-7　三种滤波器设计方法设计的低通滤波器

4.4　IIR 滤波器的 MATLAB 设计

在阅读一些滤波器的理论著作时，我们会发现设计一个 IIR 滤波器需要记住很多公式，需要经过详尽而细致的推导。总之，设计 IIR 滤波器不是一件容易的事情。事实上并非如此，掌握好 MATLAB 就可以轻松应对各种滤波器的设计。MATLAB 已经提供了多种现成的 IIR 滤波器设计函数，常用的是根据原型转换法原理实现的四种 IIR 滤波器设计函数：butter（巴特沃斯函数）、cheby1（切比雪夫 I 型函数）与 cheby2（切比雪夫 II 型函数）、ellip（椭圆滤波器函数）及 yulewalk 函数。

4.4.1　利用 butter 函数设计 IIR 滤波器

在 MATLAB 中可以利用 butter 函数直接设计各种滤波器，其语法为：

```
[b,a]=butter(n,Wn);
[b,a]=butter(n,Wn,'ftype');
[z,p,k]=butter(n,Wn);
[z,p,k]=butter(n,Wn,'ftype');
[A,B,C,D]=butter(n,Wn);
[A,B,C,D]=butter(n,Wn,'ftype');
```

利用 butter 函数可以设计低通、高通、带通和带阻等滤波器。利用 "[b,a]=butter(n,Wn)" 可以设计一个阶数为 n、截止频率为 Wn 的低通滤波器，其返回值 a 和 b 为系统函数的分子项和分母项的系数。Wn 为滤波器的归一化截止频率，取值范围为 0～1，其中 1 对应采样频率的一半。如果 Wn 是一个含有两个元素的向量[w1 w2]，则返回的[a,b]所构成的是阶数为 2n

的带通滤波器，通带范围为 w1～w2。

利用 "[b,a]=butter(n,Wn,'ftype')" 可以设计高通滤波器和带阻滤波器，其中参数 ftype 用于确定滤波器的形式，当 ftype 为 high 时，构成的是 n 阶的、截止频率为 Wn 的高通滤波器；当 ftype 为 stop 时，构成的是阶数为 2n、阻带范围为 w1～w2 的带阻滤波器。

利用 "[z,p,k]=butter(n,Wn)" 及 "[z,p,k]=butter(n,Wn,'ftype')" 可以得到滤波器的零、极点和增益表达式；利用 "[A,B,C,D]" = "butter(n,Wn)" 及 "[A,B,C,D]=butter(n,Wn,'ftype')" 可以得到滤波器的状态空间表达形式，实际设计中很少使用这种形式。

例如，要设计采样频率为 1000 Hz、阶数为 9、截止频率为 300 Hz 的高通巴特沃斯滤波器，并画出滤波器的频率响应，只需在 MATLAB 中使用下面的命令语句即可。

```
[b,a]=butter(9,300*2/1000,'high');
freqz(b,a,128,1000);
```

4.4.2　利用 cheby1 函数设计 IIR 滤波器

在 MATLAB 中可以利用 cheby1 函数直接设计各种滤波器，其语法为：

```
[b,a]=cheby1(n,Rp,Wn);
[b,a]=cheby1(n, Rp,Wn,'ftype');
[z,p,k]=cheby1(n, Rp,Wn);
[z,p,k]=cheby1(n, Rp,Wn,'ftype');
[A,B,C,D]=cheby1(n, Rp,Wn);
[A,B,C,D]=cheby1(n, Rp,Wn,'ftype');
```

cheby1 函数是先设计切比雪夫 I 型模拟原型滤波器，然后用原型变换法得到数字低通、高通、带通或带阻滤波器。切比雪夫 I 型模拟原型滤波器在通带是等波纹的，在阻带是单调的，可以设计低通、高通、带通和带阻等滤波器。

可以利用 "[b,a]=cheby1(n,Rp,Wn)" 设计阶数为 n、截止频率为 Wn、通带波纹最大衰减为 Rp（dB）的低通滤波器，它的返回值 b、a 分别是元素个数为 n+1 的向量，表示滤波器系统函数的分子项和分母项的系数。如果 Wn 是一个含有两个元素的向量[w1 w2]，则 cheby1 函数返回值是阶数为 2n 的带通滤波器系统函数的多项式系数。

可以利用 "[b,a]=cheby1(n,Rp,Wn,'ftype')" 设计高通和带阻滤波器，其中的参数 ftype 用于确定滤波器的形式，当 ftype 为 high 时得到的是 n 阶的、截止频率为 Wn 的高通滤波器，当 ftype 为 stop 时得到的是阶数为 2n、阻带范围为 w1～w2 的带阻滤波器。

利用 "[z,p,k]=cheby1(n,Rp,Wn)" 及 "[z,p,k]=cheby1(n,Rp,Wn,'ftype')" 可以得到滤波器的零、极点和增益表达式；利用 "[A,B,C,D]=cheby1(n,Rp,Wn)" 及 "[A,B,C,D]=cheby1(n,Rp, Wn,'ftype')" 可以得到滤波器的状态空间表达形式，实际设计中很少使用这种形式。

例如，要设计采样频率为 1000 Hz、阶数为 9、截止频率为 300 Hz、通带波纹为 0.5 dB 的低通切比雪夫 I 型滤波器，并画出滤波器的频率响应，只需在 MATLAB 中使用下面的命令语句即可。

```
[b,a]=cheby1(9,0.5,300*2/1000);
freqz(b,a,128,1000);
```

4.4.3 利用 cheby2 函数设计 IIR 滤波器

在 MATLAB 中可以利用 cheby2 函数直接设计各种滤波器。该函数的使用方法与 cheby1 函数完全相同，只是利用 cheby1 函数设计的滤波器在通带是等波纹的，在阻带是单调的，而利用 cheby2 函数设计的滤波器在阻带是等波纹的，在通带是单调的。在此不再做详细讨论，仅通用一个例子进行说明。

例如，要设计采样频率为 1000 Hz、阶数为 9、截止频率为 300 Hz、阻带衰减为 60 dB 的低通切比雪夫 II 型滤波器，并画出滤波器的频率响应，只需在 MATLAB 中使用下面的命令语句即可。

```
[b,a]=cheby2(9,60,300*2/1000);
freqz(b,a,128,1000);
```

4.4.4 利用 ellip 函数设计 IIR 滤波器

在 MATLAB 中可以利用 ellip 函数直接设计各种滤波器，其语法为：

```
[b,a]=ellip(n,Rp,Rs,Wn);
[b,a]=ellip(n, Rp,Rs,Wn,'ftype');
[z,p,k]=ellip(n,Rp,Rs,Wn);
[z,p,k]=ellip(n, Rp,Rs,Wn,'ftype');
[A,B,C,D]=ellip(n,Rp,Rs,Wn);
[A,B,C,D]=ellip(n, Rp,Rs,Wn,'ftype');
```

ellip 函数是先设计出椭圆模拟原型滤波器，然后用原型变换法得到数字低通、高通、带通或带阻滤波器。在模拟滤波器的设计中，ellip 函数是几种滤波器设计方法中最为复杂的一种设计方法，但它设计出的滤波器阶数最小，同时它对参数的量化灵敏度最高。

可以利用 "[b,a]=ellip(n,Rp,Wn);" 设计阶数为 n、截止频率为 Wn、通带纹波最大衰减为 Rp（dB）、阻带纹波最小衰减为 Rs（dB）的低通滤波器，它的返回值 a、b 分别是元素个数为 n+1 的向量，表示滤波器系统函数的分子项和分母项系数。如果 Wn 是一个含有 2 个元素的向量[w1 w2]，则 ellip 函数返回值是阶数为 2n 的带通滤波器系统函数的多项式系数。

可以利用 "[b,a]=ellip(n,Rp,Rs,Wn,'ftype');" 设计高通和带阻滤波器，其中的参数 ftype 用于确定滤波器的形式，当 ftype 为 high 时得到的是阶数为 n、截止频率为 Wn 的高通滤波器；当 ftype 为 stop 时得到的是阶数为 2n、阻带范围为 w1～w2 的带阻滤波器。

利用 "[z,p,k]=ellip(n,Rp,Rs,Wn);" 及 "[z,p,k]=ellip(n,Rp,Rs,Wn,'ftype');" 可以得到滤波器的零、极点和增益表达式；利用 "[A,B,C,D]=ellip(n,Rp,Rs,Wn);" 及 "[A,B,C,D]=ellip(n,Rp, Rs,Wn,'ftype');" 可以得到滤波器的状态空间表达形式，实际设计中很少使用这种形式。

例如，要设计采样频率为 1000 Hz、阶数为 9、截止频率为 300 Hz、通带纹波为 3 dB、阻带衰减为 60 dB 的椭圆低通数字滤波器，并画出滤波器的频率响应，只需在 MATLAB 中使用下面的命令语句即可。

```
[b,a]=ellip(9,3,60,300*2/1000);
freqz(b,a,128,1000);
```

4.4.5　利用 yulewalk 函数设计 IIR 滤波器

在 MATLAB 中，yulewalk 函数是一种递归的数字滤波器设计函数。与前面介绍的几种滤波器设计函数不同的是，yulewalk 函数只能设计数字滤波器，不能设计模拟滤波器。yulewalk 函数实际是一种在频域采用最小均方法设计滤波器的函数，在 MATLAB 中的语法形式为：

```
[b,a]=yulewalk(n,f,m);
```

函数中的参数 n 表示滤波器的阶数，f 和 m 用于表征滤波器的幅频特性。其中 f 是一个向量，它的每一个元素都是 0～1 的实数，表示频率，其中 1 表示采样频率的一半，且向量中的元素必须是递增的，第一个元素必须是 0，最后一个元素必须是 1。m 是频率 f 处的幅频响应，它也是一个向量，其元素个数与 f 相同。当确定了滤波器的频率响应后，为了避免从通带到阻带的过渡陡峭，应该对过渡带进行多次仿真试验，以便得到最优的滤波器设计。

例如，要设计一个 9 阶的低通滤波器，滤波器的截止频率是 300 Hz、采样频率为 1000 Hz，采用 yulewalk 函数的设计方法如下：

```
f=[0 300*2/1000 300*2/1000 1];
m=[1 1 0 0];
[b,a]=yulewalk(9,f,m);
freqz(b,a,128,1000);
```

4.4.6　几种滤波器设计函数的比较

前面介绍了常用的 IIR 滤波器设计函数的使用方法，本节通过一个具体的实例对这几种函数设计的滤波器性能进行对比。

例 4-4　不同函数设计 IIR 滤波器的性能对比

设计一个滤波器，要求通带最大衰减为 3 dB、阻带最小衰减为 60 dB、通带截止频率为 1000 Hz、阻带截止频率为 2000 Hz、采样频率为 8000 Hz。利用巴特沃斯滤波器阶数计算公式，计算出满足需求的滤波器最小阶数。分别使用 butter、cheby1、cheby2、ellip、yulewalk 函数设计相同参数的滤波器，画出滤波器的幅频响应曲线，并进行简单的比较。

下面直接给出实例程序的源代码清单。

```
%E4_4_IIR4Functions.m
fs=8000;                        %采样频率
fp=1000;                        %通带截止频率
fc=2000;                        %阻带截止频率
Rp=3;                           %通带衰减（dB）
Rs=60;                          %阻带衰减（dB）
N=0;                            %滤波器阶数清零

%计算巴特沃斯滤波器的滤波器最小阶数
na=sqrt(10^(0.1*Rp)-1);
ea=sqrt(10^(0.1*Rs)-1);
N=ceil(log10(ea/na)/log10(fc/fp))
```

```
[Bb,Ba]=butter(N,fp*2/fs);                %巴特沃斯滤波器
[Eb,Ea]=ellip(N,Rp,Rs,fp*2/fs);           %椭圆滤波器
[C1b,C1a]=cheby1(N,Rp,fp*2/fs);           %切比雪夫 I 型滤波器
[C2b,C2a]=cheby2(N,Rs,fp*2/fs);           %切比雪夫 II 型滤波器
%yulewalk 滤波器
f=[0 fp*2/fs fc*2/fs 1];
m=[1 1 0 0];
[Yb,Ya]=yulewalk(N,f,m);

%求取单位取样响应
delta=[1,zeros(1,511)];
fB=filter(Bb,Ba,delta);
fE=filter(Eb,Ea,delta);
fC1=filter(C1b,C1a,delta);
fC2=filter(C2b,C2a,delta);
fY=filter(Yb,Ya,delta);

%求滤波器的幅频响应
fB=20*log10(abs(fft(fB)));
fE=20*log10(abs(fft(fE)));
fC1=20*log10(abs(fft(fC1)));
fC2=20*log10(abs(fft(fC2)));
fY=20*log10(abs(fft(fY)));

%设置幅频响应的横坐标单位为 Hz
x_f=[0:(fs/length(delta)):fs-1];
plot(x_f,fB,'-',x_f,fE,'.',x_f,fC1,'-.',x_f,fC2,'+',x_f,fY,'*');
%只显示正频率部分的幅频响应
axis([0 fs/2 -100 5]);
xlabel('频率/Hz');ylabel('幅度/dB');
legend('butter','ellip','cheby1','cheby2','yulewalk'); grid;
```

程序运行后，计算出满足设计需求的巴特沃斯滤波器最小阶数为 10。几种滤波器的幅频响应曲线如图 4-8 所示，从图中可以看出，相同阶数的滤波器，利用 ellip 函数设计的滤波器的幅频响应、过滤带及阻带衰减性能最好；利用 butter 函数设计的滤波器的幅频响应在通带具有最为平坦的特性。

在讨论 FIR 滤波器的设计时，本章进行过类似不同设计函数的仿真。通常，函数设计仿真的结果可以直接作为后续选定滤波器设计函数的依据。对 IIR 滤波器来说，情况要更为复杂一些，因为 FIR 滤波器没有反馈结构，滤波器系数量化效应及滤波器运算的有限字长效应对系统的性能影响相对较小，而 IIR 滤波器具有反馈结构，有限字长效应对滤波器的影响较大。利用不同函数设计的滤波器对有限字长效应的影响程度不同，因此，需要通过精确的仿真来确定最终的滤波器设计函数。

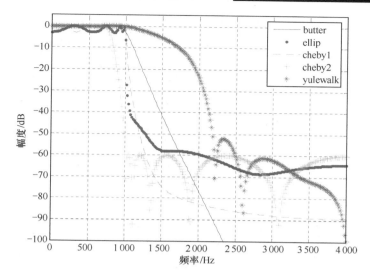

图 4-8　不同函数设计的 IIR 滤波器幅频响应曲线

4.5　FIR 滤波器的 FPGA 实现

4.5.1　FIR 滤波器的实现结构

　　根据 FIR 滤波器的原理可知，FIR 滤波器其实就是一个简单的乘加运算。根据 FPGA 设计中速度与面积互换的原则，可以采用不同的 FPGA 实现方法，主要可分为基于串行结构、并行结构及分布式结构的实现方法。文献[1]对基于这三种结构的实现方法进行了详细的分析，并给出了具体的工程设计实例。在进行具体的 FPGA 设计时，一种更好的方式是采用 FPGA 开发工具提供的 IP 核进行设计，Quartus II 提供了功能强大的 FIR 滤波器核。本节首先基于上面三种结构的 FPGA 实现方法进行简要介绍，然后通过一个具体实例来讲解采用 IP 核进行 FIR 滤波器的设计及仿真测试过程。

1．串行结构

　　FIR 滤波器实际上就是一个乘加运算，且乘加运算的次数由滤波器阶数来决定。由于 FIR 滤波器大多是具有线性相位的滤波器，也就是说滤波器系数均呈一定的对称性，因此可以根据系数的对称性来有效减少运算次数或硬件资源。需要说明的是，本章后续所讨论的 FIR 滤波器均是具有线性相位的滤波器。

　　所谓串行结构，即串行实现滤波器的乘加运算，将每级延时单元与相应系数的乘积结果进行累加后输出，因此整个滤波器实际上只需要一个乘法器。串行结构还可分为全串行及半串行结构，全串行结构是指进行对称系数的加法运算也由一个加法器串行实现，半串行结构则指用多个加法器同时实现对称系数的加法运算。基于两种串行结构实现 FIR 滤波器的结构如图 4-9 和图 4-10 所示。

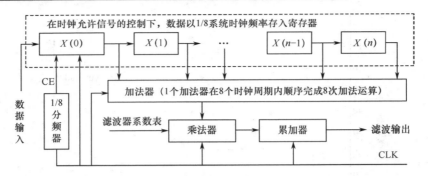

图 4-9　基于全串行结构实现 FIR 滤波器的结构

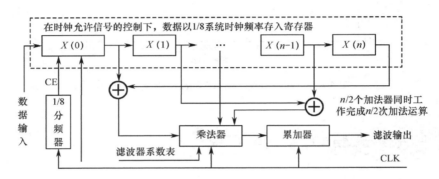

图 4-10　基于半串行结构实现 FIR 滤波器的结构

　　两种结构的区别在于实现对称系数的加法运算实现方式。显然，全串行结构占用的加法器资源更少一些。

2．并行结构

　　所谓并行结构，即并行实现滤波器的乘加运算，具体来讲，即并行地将具有对称系数的输入数据进行相加，然后采用多个乘法器并行实现系数与数据的乘法运算，最后将所有乘积结果相加输出。毫无疑问，这种结构具有最高的运行速度，由于不需要乘加运算，因此系数时钟频率可以与数据输出时钟频率一致。所谓鱼与熊掌不可兼得，与串行结构相比，并行结构虽然可以提高系统运行速度，但要占用成倍的硬件资源。基于并行结构实现 FIR 滤波器的结构如图 4-11 所示。

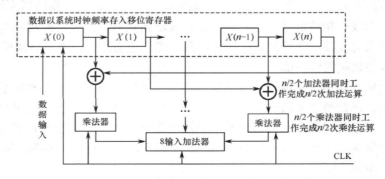

图 4-11　基于并行结构实现 FIR 滤波器的结构

3．分布式结构

分布式算法（Distributed Algorithm, DA）是一种专门针对乘加运算的方法[5,6]。严格来讲，分布式算法并不是专门针对 FIR 滤波器的算法，只是 FIR 滤波器的本质上刚好就是一个标准的乘加运算，因此分布式算法在 FIR 滤波器设计中大有用武之地。

与传统算法相比，分布式算法可极大地减少硬件电路规模，很容易实现流水线处理，提高电路的执行速度，也就是提高系统运算速度，而这一点正是很多系统极力追求的目标。正如我们大家所熟知的那样，在 FPGA 设计中，通常情况下速度与硬件资源是不可兼得的，但分布式算法不仅可以节约硬件资源，又可以提高运算速度。

所谓分布式结构，就是指在完成乘加运算时，将各输入数据每一对应位产生的运算结果预先进行相加形成相应的部分积，然后对各部分积进行累加形成最终结果。而传统结构则在所有乘积结果产生之后再进行相加，从而完成整个乘加运算。需要说明的是，分布式结构的一个限定条件是，每个乘法运算中必须有一个乘数为常数，而这一要求又正好与 FIR 滤波器的结构相吻合。

如何来理解分布式结构呢？还是先从最基本的固定系数乘法运算说起。对于一个乘数是常数的乘法运算来讲，很容易采用存储器来完成乘法运算，而存储器的运算速度要比乘法器运算速度快得多，且可以占用更少的硬件资源。例如，计算 $10 \times A$、$100 \times A$、$1\,000 \times A$（A 为 3 bit 的二进制补码数据），则可以构造表 4-2 所示的两个存储器，其中 A 为存储器的寻地址信号，存储器中的内容则为对应的乘法运算结果（用十进制表示）。

表 4-2　一个乘数是常数的乘法运算的存储器实现

存储器的寻址信号 A	$10 \times A$ 运算结果	$100 \times A$ 运算结果	$1000 \times A$ 运算结果
00	0	0	00
001	10	100	100
010	20	200	200
011	30	300	300
100	−40	−400	−4 000
101	−30	−300	−3 000
110	−20	−200	−2 000
111	−10	−100	−1 000

因此，一个乘数为常数的乘法运算可采用查表运算来实现，而 FPGA 的结构本身就是基于查找表结构（LUT）构建的。因此，FPGA 十分适合采用查找表结构来实现常系数乘法运算。FPGA 实现分布式结构的基本思想就是采用查表的方式来实现乘加运算。关键的问题是如何将乘加运算转换成可以采用查表方法实现的结构形式。先来考查 4 个乘加运算的例子，$10 \times A + 20 \times B + 30 \times C + 40 \times D$，其中 A、B、C、D 均是 4 bit 二进制补码数据。如果分别采用 4 个深度为 16 的存储器来实现 4 个乘法运算，再将运算结果相加即可得出输出结果，但并不会降低多少硬件资源。分布式结构的高明之处在于，只采用一个存储器即可实现整个乘加运算。我们将运算式进行逐位分解，即：

$$
\begin{aligned}
10A + 20B + 30C + 40D = {}& 10[-2^3 A(3) + 2^2 A(2) + 2A(1) + A(0)] + \\
& 20[-2^3 B(3) + 2^2 B(2) + 2B(1) + B(0)] + \\
& 30[-2^3 C(3) + 2^2 C(2) + 2C(1) + C(0)] + \\
& 40[-2^3 D(3) + D^2 B(2) + 2D(1) + D(0)] \\
= {}& -2^3[10A(3) + 20B(3) + 30C(3) + 40D(3)] + \\
& 2^2[10A(2) + 20B(2) + 30C(2) + 40D(2)] + \\
& 2[10A(1) + 20B(1) + 30C(1) + 40D(1)] + \\
& [10A(0) + 20B(0) + 30C(0) + 40D(0)]
\end{aligned}
\tag{4-9}
$$

仔细分析式（4-9），$A(3)$、$B(3)$、$C(3)$、$D(3)$ 组成的 4 bit 寻址地址对应存储器的内容，与 $A(2)$、$B(2)$、$C(2)$、$D(2)$ 组成的 4 bit 寻址地址对应存储器的内容只相差 2 的整数倍幂次方，而在 FPGA 运算中，2 的整数倍幂次方可以通过移位来实现。也就是说，对于上面的例子，可以只构造一个深度为 16 的存储器查找表，通过 4 次查找表运算、3 次移位运算以及 1 次 4 输入加法运算，即可完成整个乘加运算。

因此，对于长度为 N 的乘加运算，只需构造一个深度为 N 的存储器查找表，通过 M（M 为变量的数据长度）次查找表运算、$M-1$ 次移位运算及 1 次 M 输入的加法运算即可完成整个乘加运算。这种运算结构极易使用流水线结构，且运算速度仅受限于加法及查找表运算速度，与乘加运算的数据长度没有关系，从而完美地实现了"鱼与熊掌兼得"的目标。

4．不同结构的性能对比分析

上述四种结构的实现方法各有优缺点，文献[1]对一个相同的实例采用不同的结构进行了 FPGA 实现，并从所占用的逻辑资源、系统最高数据处理速度、主要应用特点等方面对这四种结构列表对比，并归纳出以下几条具有一定参考意义的结论。

（1）在四种结构中，从代码实现的复杂度来看，从低到高依次是并行结构、半串行结构、全串行结构、分布式结构。其中编写并行结构的 Verilog HDL 代码时，基本不需要考虑时序关系，编写分布式结构时不仅需要花费心思对乘加运算进行拆分组合，还需考虑运算过程中严格的时序对应关系。

（2）从资源占用情况来看，全串行结构占用的逻辑资源最少，但需要占用 1 个乘法器资源。并行结构占用的资源最多，尤其需要占用大量的乘法器资源，且所占用的资源随滤波器阶数的增加而增加。即使滤波器阶数增加，串行结构和分布式结构所占用的资源也不会有太大的变化。分布式结构不需要占用乘法器资源，如果分布式结构中的 ROM 核采用片内存储器硬核实现，则分布式结构将占用更少的逻辑资源。

（3）并行结构具有很高的数据处理速度，其系统频率与数据速率相同。串行结构的系统频率是数据速率的 N 倍（N 为乘加运算的次数）。分布式结构的系统频率是数据速率的 M 倍（M 为数据位宽+1），当数据位宽较小且滤波器阶数较长时，采用分布式结构可以获得很好的性能。

（4）乘法器均采用乘法器核，因此具有很高的运算速度。IP 核的种类及数量与目标器件有关，当器件不支持乘法器核时，采用并行结构或串行结构的系统速度通常在很大程度上受限于乘法器的运算速度。

4.5.2　采用 IP 核实现 FIR 滤波器

根据通用的 FPGA 设计规则，对于手动编写代码实现的通用性功能模块，如果目标器件提供了相应的 IP 核，则一般选用 IP 核进行设计。Quartus II 为大部分 FPGA 提供了通用的 FIR 滤波器核。因此，在工程实践中，大多数情况直接采用 FIR 滤波器核来设计 FIR 滤波器。既然如此，本节前面耗费大量篇幅介绍的滤波器实现方法岂不是有些多此一举吗？事实并非如此，掌握了滤波器设计的一般方法，一方面可以很容易学会使用 FIR 滤波器核来选择合适的参数进行设计；另外，当目标器件不提供 IP 核时，就更体现出掌握这些知识和技能的重要性了。

Quartus II 提供了两种功能十分强大的 FIR 核：FIR Compiler 13.1 和 FIR Compiler II v13.1，可适用于 Altera 公司的 Arria-II GX、Arria-II GZ、Arria-V、Arria-V GZ、Cyclone-III、Cyclone-III LS、Cyclone-IV GX、Cyclone-V、Stratix-III、Straix-IV、Straix-IV GX、Straix-IV GT、Straix-V 等系列 FPGA。在接下来的实例中我们讨论 FIR Compiler v13.1 的使用方法。FIR Compiler v13.1 最多可同时支持 256 个通路，抽头系数为 2～2048，输入数据位宽及滤波器系数最多可支持 32 bit，支持滤波器系数动态更新功能。FIR Compiler v13.1 的数据手册详细描述了该 IP 核功能及技术说明[7]。

下面以一个具体的实例来讲解 FIR Compiler v13.1 的使用步骤及方法。

例 4-5　FIR 滤波器的 MATLAB 与 FPGA 实现

首先采用 MATLAB 设计一个 FIR 低通滤波器，采样频率 f_s=8MHz，过渡带 f_c=[1 MHz 2 MHz]，通带衰减小于 1 dB，阻带衰减大于 40 dB，滤波器系数量化位宽为 12。然后利用 Quartus II 提供的 FIR 滤波器核对该滤波器进行 FPGA 实现，其中 FPGA 的系统时钟频率为 32 MHz，输入数据位宽为 12。最后通过仿真测试对比 MATLAB 与 FPGA 实现后的滤波效果。

1. 用 MATLAB 设计满足需求的 FIR 滤波器

由于实例明确要求了滤波器的过渡带、通带衰减、阻带衰减等参数，因此需要采用 firpm 函数来进行设计。采用 firpm 函数设计低通滤波器的方法与例 4-3 十分相似，即先采用 kaiserord 函数获得满足指标要求的最小滤波器阶数，再根据要求采用 firpm 函数直接设计即可。低通滤波器设计的 MATLAB 程序（E4_5_LpfDesign.m）清单如下所示。

```
%E4_5_LpfDesign.m 文件的程序源代码
%设计一个 FIR 低通滤波器，采样频率 fs=8 MHz，过渡带 fc=[1 MHz    2 MHz]
%绘出滤波器系数量化前后的幅频响应曲线，将滤波器系数写入指定的 TXT 文本文件中

function h_pm=E4_6_FilterCoeQuant;
fs=8*10^6;                          %采样频率
qm=12;                              %滤波器系数量化位宽
fc=[1*10^6 2*10^6];                 %过渡带
mag=[1 0];                          %窗函数的理想滤波器幅度
%设置通带容限 a1 及阻带容限 a2
```

```
%通带衰减 ap=-20*log10(1-a1)=0.915dB，阻带衰减为 as=-20*log10(a2)=40dB
a1=0.1;a2=0.01;
dev=[a1 a2];

%采用凯塞窗函数获得满足要求的滤波器最小阶数
[n,wn,beta,ftype]=kaiserord(fc,mag,dev,fs)
%采用 firpm 函数设计最优滤波器
fpm=[0 fc(1)*2/fs fc(2)*2/fs 1];        %firpm 函数的频段向量
magpm=[1 1 0 0];                        %firpm 函数的幅值向量
h_pm=firpm(n,fpm,magpm);               %设计最优滤波器

%量化滤波系数
q_pm=round(h_pm/max(abs(h_pm))*(2^(qm-1)-1));

%将生成的滤波器系数写入 FPGA 所需的 TXT 文件中
fid=fopen('D:\ModemPrograms\Chapter_4\E4_5_FirIpCore\E4_5_lpf.txt','w');
fprintf(fid,'%12.12f\r\n',h_pm);
fclose(fid);

%获得量化前后滤波器的幅频响应数据
m_pm=20*log10(abs(fft(h_pm,1024)));    m_pm=m_pm-max(m_pm);
q_pm=20*log10(abs(fft(q_pm,1024)));    q_pm=q_pm-max(q_pm);

%设置幅频响应的横坐标单位为 MHz
x_f=[0:(fs/length(m_pm)):fs/2]/10^6;
%只显示正频率部分的幅频响应曲线
mf_pm=m_pm(1:length(x_f));
mf_qm=q_pm(1:length(x_f));

%绘制幅频响应曲线
plot(x_f,mf_pm,'--',x_f,mf_qm,'-');
xlabel('频率/MHz');ylabel('幅度/dB');
legend('未量化','12 bit 量化');
grid;
```

E4_5_LpfDesign.m 程序完成的功能主要有：利用 firpm 函数设计满足需求的 FIR 低通滤波器；对设计出的滤波器系数进行量化处理；将滤波器系数写入指定的 TXT 文件中；绘图比较量化前后滤波器的幅频特性，如图 4-12 所示。从图中可以看出，量化前后滤波器的幅频特性几乎没有差别，都满足阻带衰减大于 40 dB 的要求。

2．在 Quartus II 中生成 FIR 滤波器核

第一步：新建名为 FirIPCore 的工程，选择目标器件为 Cyclone-IV 系列的 EP4CE15F17C8，顶层文件为 Verilog HDL 类型。

第二步：新建名为 fir 的 IP 核，启动 MegaWizard Plug-In Manager 工具后，依次选中"DSP →Filters→FIR Compiler v13.1"，并设置好目标器件、输出文件中的语言模型、IP 核存放路径

及名称后，单击"Next"按钮后即进入 fir 核工具界面，单击"Step1:Parameterize"选项，进入如图 4-13 所示参数设置界面。

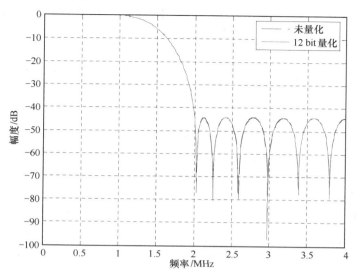

图 4-12　量化前后的低通滤波器幅频响应图

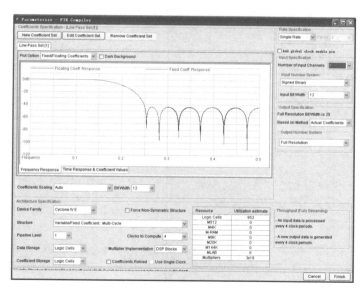

图 4-13　FIR 滤波器核参数设置界面

第三步：设置 FIR 滤波器核参数。需要注意的是，设置滤波器系数的位宽（Bit Width）为 12；目标器件（Device Family）为 Cyclone IV E；流水线级数（Pipline Level）为 1；输入数据及滤波系数的存储资源保持默认值为 Logic Cells。单击滤波器结构列表框（Structure），可以看到该 IP 核提供了 4 种不同的实现结构：Distributed Arithmetic:Fully Serial Filter（全串行分布式算法结构）、Distributed Arithmetic:Multi-Bit Filter（多比特分布式算法结构）、Distributed Arithmetic:Fully Parallel Filter（全并行分布式算法结构）、Variable/Fixed Coefficient:

Multi-Cycle（多时钟周期结构）。不同结构所需的芯片资源不同，运算速度也不同。本实例中选择"Variable/Fixed Coefficient:Multi-Cycle"。根据设计需求，FPGA 时钟频率为 32 MHz，而输入信号频率（采样频率）仅为 8 MHz，则每 4 个时钟周期处理一个数据。因此，设置"Clocks to Compute"的值为 4，同时可以看到图 4-13 所示界面的右下角显示该算法的数据处理时钟与数据速率之间的关系，即每 4 个时钟周期处理输出一个滤波数据。

接下来设置滤波器系数。首先需要设置滤波器系数的量化位宽，需要说明的是，滤波器系数文件中的数据为实数，不需要经过量化处理。在图 4-13 界面中设置"Coefficients Scaling"为 Auto，"Input Bit Width"为 12，则表示设置滤波器量化系数为 12。FIR Compiler v13.1 提供的滤波器系数设计功能十分丰富，单击图 4-13 中的"Edit Coefficient Set"标签，进入系数设置界面，如图 4-14 所示。系数设置有两种方法：一是直接在 IP 核中根据通带、阻带等特性设计滤波器，二是直接装载已经设计好的滤波器系数文件（文本文件）。为便于模块的通用性，以及滤波器系数的继承性，我们采用第二种方法。滤波器系数文件 FirCoe.txt 的系数由 E4_5_LpfDesign.m 程序产生。选中"Imported Coefficient Set"单选按钮，单击"Browse"按钮后选择滤波器系数文件 E4_5_lpf.txt，单击"Apply"按钮应用该文件中的滤波器系数，可以在图 4-14 界面的左上部分查看滤波器系数，右上部分查看滤波器的幅频响应。

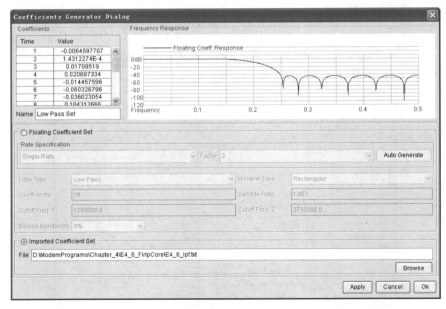

图 4-14　滤波器系数设置界面

至此，我们完成 FIR 滤波器核的设计工作。

第四步：新建 Verilog HDL 类型的资源文件，并实例化生成的 IP 核组件。程序代码如下。

```
//FirIPCore.v 的程序清单
module FirIPCore (reset_n,clk,Xin,Yout);
    Input    reset_n;                    //复位信号，低电平有效
    input    clk;                        //FPGA 系统时钟为 32 MHz
    input    signed [11:0]   Xin;        //数据输入速率为 8 MHz
```

```
            output    signed [24:0]   Yout;                        //滤波后的输出数据

            wire sink_valid,ast_source_ready,ast_source_valid,ast_sink_ready;
            wire [1:0] ast_source_error;
            wire [1:0] ast_sink_error;
            assign ast_source_ready=1'b1;
            assign ast_sink_error=2'd0;

            //由于系统时钟为数据输入频率的 4 倍，因此需要每 4 个时钟周期设置一次 ast_sink_valid 有效信号
            reg [1:0] count;
            reg   ast_sink_valid;
            always @(posedge clk or negedge reset_n)
            if (!reset_n)
                begin
                    count <= 2'd0;
                    ast_sink_valid <= 1'b0;
                end
            else
                begin
                    count <= count + 2'd1;
                    if (count==0)
                        ast_sink_valid <= 1'b1;
                    else
                        ast_sink_valid <= 1'b0;
                end

            assign sink_valid = ast_sink_valid;
            //实例化 FIR 滤波器核
            fir u0(.clk(clk), .reset_n(reset_n), .ast_sink_data(Xin), .ast_sink_valid(sink_valid),
                    .ast_source_ready(ast_source_ready), .ast_sink_error(ast_sink_error),
                    .ast_source_data(Yout), .ast_sink_ready(ast_sink_ready),
                    .ast_source_valid(ast_source_valid), .ast_source_error(ast_source_error));
        endmodule
```

　　至此，我们就完成了 FIR 滤波器实现代码的编写工作了，经过测试后就可以进行 FPGA 实现。在 Quartus II 中完成对 FPGA 工程的编译后，启动 "TimeQuest Timing Analyzer" 工具，并对时钟信号 clk 添加时序约束（周期为 20 ns，频率为 50 MHz），保存时序约束结果后重新对整个 FPGA 工程进行编译。

　　完成综合实现后，在工作过程区中会自动显示整个设计所占用的器件资源情况。本实例选用的目标器件是 Altera 公司 Cyclone-IV 系列的 EP4CE15F17C8。Logic Elements（逻辑单元）使用了 777 个，占 5%；Registers（寄存器）使用了 556 个，占 4%；Memory Bits（存储器）使用了 252 bit，占 1%；Embedded Multiplier 9-bit elements（9 bit 嵌入式硬件乘法器）使用了 6 个，占 5%。从 "TimeQuest Timing Analyzer" 工具中可以看到系统最高工作频率为 101.85 MHz。

　　从这个过程可以看出，FIR 滤波器的设计是如此简单！

4.5.3 MATLAB 仿真测试数据

为了对 FPGA 实现后的 FIR 滤波器性能进行仿真测试，需要产生仿真测试所需的数据。由于实例中 FIR 滤波器的截止频率为 2 MHz，因此可以产生两个频率分别为 1 MHz 和 2.1 MHz 的单载波合成信号。这样，可以通过查看仿真前后信号的频谱及波形来了解滤波器性能。

MATLAB 仿真测试程序 E4_5_TestData.m 的部分源代码如下所示。为节约篇幅，程序中的绘图显示部分代码没有列出，请读者在本书配套资料的"Chpter_4\E4_5_FirIpCore\E4_5_TestData.m"中查看完整的程序。

程序的功能并不复杂，首先设置所需单频信号的频率、采样频率、量化位宽及数据长度等参数；然后产生两个单载波合成后的信号，并调用 E4_5_LpfDesign.m 函数设计的滤波器对合成信号进行滤波；最后绘制滤波前后信号的频谱图及波形，并将量化后的测试数据以二进制的形式写入指定的文本文件（d:\ModemPrograms\Chpter_4\E4_5_FirIpCore\E4_5_TestData.txt），供 FPGA 的 TestBench 测试程序调用。

```
%E4_5_TestData.m
f1=1*10^6;                          %信号 1 的频率
f2=2.1*10^6;                        %信号 2 的频率
Fs=8*10^6;                          %采样频率为 8 MHz
N=12;                               %量化位宽为 12
Len=2000;                           %数据长度为 2000 bit

%产生两个单载波合成后的信号
t=0:1/Fs:(Len-1)/Fs;
c1=2*pi*f1*t;
c2=2*pi*f2*t;
s1=sin(c1);                         %产生正弦波信号
s2=sin(c2);                         %产生正弦波信号
s=s1+s2;                            %对两个单载波信号进行合成

%调用配套资料中的 E4_5_LpfDesign.m 设计的滤波器对信号进行滤波
hn=E4_5_LpfDesign;
Filter_s=filter(hn,1,s);

%求信号的幅频响应
m_s=20*log(abs(fft(s,1024)))/log(10); m_s=m_s-max(m_s);
%滤波后的幅频响应
Fm_s=20*log(abs(fft(Filter_s,1024)))/log(10); Fm_s=Fm_s-max(Fm_s);
%滤波器本身的幅频响应
m_hn=20*log(abs(fft(hn,1024)))/log(10); m_hn=m_hn-max(m_hn);

%设置幅频响应的横坐标单位为 Hz
x_f=[0:(Fs/length(m_s)):Fs/2];
%只显示正频率部分的幅频响应
mf_s=m_s(1:length(x_f));
Fmf_s=Fm_s(1:length(x_f));
Fm_hn=m_hn(1:length(x_f));
```

```
%绘制幅频响应曲线
subplot(211)
plot(x_f,mf_s,'-.',x_f,Fmf_s,'-',x_f,Fm_hn,'--');
xlabel('频率/Hz');ylabel('幅度/dB');title('MATLAB 仿真合成信号滤波前后的频谱');
legend('输入信号频谱','输出信号频谱','滤波器响应');
grid;


%绘制滤波前后的波形
subplot(212)

%绘制波形
%设置显示数据范围，设置横坐标单位为 ms
t=0:1/Fs:80/Fs;t=t*10^6;
t_s=s(1:length(t));
t_filter_s=Filter_s(1:length(t));


plot(t,t_s,'--',t,t_filter_s,'-');
xlabel('时间(ms)');ylabel('幅度');title('FPGA 仿真合成信号滤波前后的波形');
legend('输入信号波形','输出信号波形');
grid;

%对仿真产生的合成信号进行量化处理
s=s/max(abs(s));            %归一化处理
Q_s=round(s*(2^(N-1)-1));%12 bit 量化

%将生成的数据以二进制数据的形式写入 TXT 文件中
fid=fopen('D:\ModemPrograms\Chapter_4\E4_5_FirIpCore\E4_5_TestData.txt','w');
for i=1:length(Q_s)
    B_noise=dec2bin(Q_s(i)+(Q_s(i)<0)*2^N,N);
    for j=1:N
        if B_noise(j)=='1'
            tb=1;
        else
            tb=0;
        end
        fprintf(fid,'%d',tb);
    end
    fprintf(fid,'\r\n');
end
fprintf(fid,';');
fclose(fid);
```

　　程序运行结果如图 4-15 所示，从图中可以看出，滤波前的信号分别在 1 MHz 和 2.1 MHz 处呈现幅值相同的两条谱线，滤波后的信号在 2.1 MHz 处存在约有 50 dB 的衰减，在 1 MHz 处基本没有衰减，即有效滤除了带外的信号。在波形中，滤波前的合成信号已完全看不出正弦波信号的特征，而滤波后的信号呈现规则的 1 MHz 正弦波形。

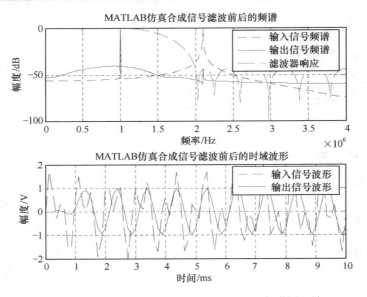

图 4-15   MATLAB 仿真合成信号滤波前后的频谱图及波形

4.5.4   仿真测试 Verilog HDL 的设计

完成 FPGA 工程的设计及实现之后，还需要对所设计的系统进行仿真测试。Quartus II 本身也集成了仿真软件，但通常采用界面更为友好、使用更为方便的 ModelSim 软件进行仿真测试。

仿真过程主要分为行为仿真及时序仿真，无论何种仿真均需要设计激励文件。激励文件有波形文件（Waveform）及 HDL 激励文件（TestBench）两种。前者通过编辑波形形界面形成激励源，后者通过编写代码形成激励源。波形文件直观方便，HDL 激励文件更为灵活。通常，波形文件适于激励源波形简单的情况，对于激励源波形较为复杂的情况，只能通过编写 HDL 激励文件的方法来产生激励源。本书所讨论的所有 FPGA 工程实例，在进行仿真时均使用 HDL 激励文件产生激励源，且大多时候需在激励文件中将外部文本（TXT）文件中的数据读入，作为仿真的输入信号，并将部分结果数据写入外部 TXT 文件中，以方便使用 MATLAB 等软件进一步分析仿真结果。

单击 Quartus II 的主界面中的"processing→start→start TestBench Template Writer"选项生成模块测试文件（FirIPCore.vt），该文件自动存储在"工程目录\simulation\modelsim"下。在工作区中打开该文件，并根据仿真需求编写该文件。下面直接给出了该文件的程序清单。

```
--激励文件 FirIPCore.vt 的程序清单
timescale 1 ns/ 1 ns
module FirIPCore_vlg_tst();
reg [11:0] Xin;
reg clk,clk_data;
reg reset_n;
wire [24:0]    Yout;

//assign statements (if any)
FirIPCore i1 (.Xin(Xin), .Yout(Yout), .clk(clk), .reset_n(reset_n));
```

```verilog
parameter clk_period=20;                        //设置时钟信号周期（频率）：50 MHz
parameter data_clk_period=clk_period*4;         //设置数据时钟周期
parameter clk_half_period=clk_period/2;
parameter data_half_period=data_clk_period/2;
parameter data_num=2000;                        //仿真数据长度
parameter time_sim=data_num*data_clk_period;    //仿真时间
initial
begin
    //设置输入信号初值
    Xin=12'd10;
    //设置时钟信号初值
    clk=1;
    clk_data=1;
    //设置复位信号
    reset_n=0;
    #110 reset_n=1;
    //设置仿真时间
    #time_sim $finish;
end


//产生时钟信号
always
    #clk_half_period clk=~clk;
always
    #data_half_period clk_data=~clk_data;

//从外部 TXT 文件（E4_5_TestData.txt）读入数据作为测试激励
integer Pattern;
reg [11:0] stimulus[1:data_num];
initial
begin
    //文件必须放置在"工程目录\simulation\modelsim"下
    $readmemb("E4_5_TestData.txt",stimulus);
    Pattern=0;
    repeat(data_num)
        begin
            Pattern=Pattern+1;
            Xin=stimulus[Pattern];
            #data_clk_period;
        end
end

//将仿真数据 Yout 写入外部 TXT 文件中（E4_5_FpgaData.txt）
integer file_out;
initial
begin
    //文件放置在"工程目录\simulation\modelsim"下
```

```
        file_out = $fopen("E4_5_FpgaData.txt");
        if(!file_out)
            begin
                $display("could not open file!");
                $finish;
            end
end

wire rst_write;
wire signed [24:0] dout_s;
//将 Yout 转换成有符号数据
assign dout_s = Yout;
//产生写入时钟信号，复位状态时不写入数据
assign rst_write = clk_data & (reset_n);
always @(posedge rst_write )
$fdisplay(file_out,"%d",dout_s);

endmodule
```

4.5.5　FPGA 实现后的仿真测试

编写完激励文件后，就可以开始对滤波器的 FPGA 工程进行仿真测试了。Quartus II 本身集成了波形仿真工具，可以完成各种波形仿真。但 ModelSim 软件的界面更为友好，使用起来也更加方便，因此本书的所有实例均使用 ModelSim 软件进行仿真。

在运行 ModelSim 软件进行仿真前，还需要对 Quartus II 中的 FPGA 工程进行简单的设置。依次单击 Quartus II 主界面中的 "Assignments→Settings" 选项，弹出设置对话框，如图 4-16 所示。

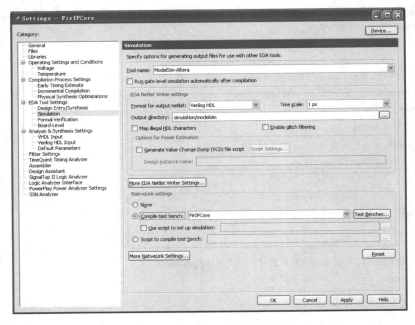

图 4-16　Quartus II 的设置对话框

　　选中并单击"Simulation"选项，打开仿真工具选项设置界面。在"Tool Name"下拉菜单中选中"ModelSim-Altera"工具；在"Format for output netlist"下拉菜单中选中"Verilog HDL"；选中"Compile TestBench"单选按钮，并单击"Test Benches"按钮弹出 Test Benches 设置对话框，如图 4-17 所示。

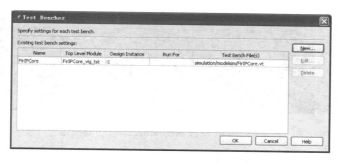

图 4-17　Test Benches 设置对话框

　　单击"New"按钮打开新建激励文件设置对话框，如图 4-18 所示。在"Test Bench name"列表框中输入激励文件名（FireIPCore_vlg_tst()），这里的文件名是 FPGA 工程项层文件名；在"Top level module in test bench"列表框中输入激励文件中的顶层文件名（FirIPCore_vlg_tst）；选中"Use test bench to perform VHDL timing simulation"单选按钮，设置"Design instance name in test bench"的内容为"i1"；在"Test bench and simulation files"区域中，单击"Add"按钮可添加工程仿真目录下的激励文件"FirIPCore.vt"；单击"OK"按钮完成参数设置并返回到激励文件设置对话框界面；继续单击"OK"按钮完成仿真工具参数设置。

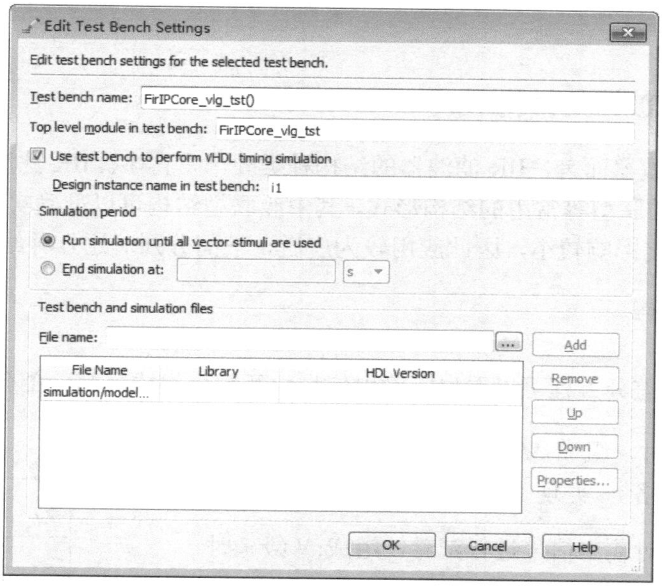

图 4-18　新建激励文件设置对话框

　　返回 Quartus II 主界面，依次单击"Tools→Run Simulation Tool→RTL Simulation"选项，启动 ModelSim 软件进行仿真测试。

运行 ModelSim 软件后，波形窗口显示的数据默认状态为二进制形式。分别右键单击"Xin"和"Yout"信号，在弹出的菜单中依次选中"Radix→Decimal"，将数据显示改为十进制形式；再次右键单击"Xin"和"Yout"信号，在弹出的菜单中依次选中"Format→Analog（Automatic）"，将选中信号的波形显示设置为模拟波形格式。FIR 滤波器的 ModelSim 仿真波形如图 4-19 所示。

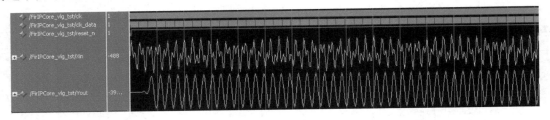

图 4-19   FIR 滤波器的 ModelSim 仿真波形

由图 4-19 可以看出，FIR 滤波器输入信号（Xin）的波形由于是频率为 1 MHz 和 2.1 MHz 正弦波信号的合成信号，从波形上无法明显分辨出 1 MHz 的正弦波信号；由于 FIR 滤波器输出信号（Yout）是经过低通滤波后的信号，从波形上可以明显地显示出 1 MHz 的正弦波信号的波形，即滤波器有效滤除了频率为 2.1 MHz 信号；再仔细查看输出信号（Yout）的波形，可以看到起始处的波形是一小段直流分量，这是什么原因呢？道理其实很简单，这是由于 FIR 滤波器时固有延时造成的。根据 FIR 滤波器的工作原理，长度为 N 的 FIR 滤波器，延时为 $N/2$ 个数据周期。

4.6   IIR 滤波器的 FPGA 实现

4.6.1   IIR 滤波器的结构形式

相对于 FIR 滤波器而言，IIR 滤波器的结构种类要丰富得多。IIR 滤波器有直接 I 型、直接 II 型、级联型及并联型等常用的结构形式，其中级联型结构可以准确实现数字滤波器的零、极点，且受参数量化影响较小，因此应用较为广泛。下面分别对这几种结构进行简要介绍。

1. 直接 I 型结构

从式（4-8）的差分方程可以看出，输出信号由两部分组成。第一部分 $\sum\limits_{i=0}^{M} x(n-i)b(i)$ 表示对输入信号进行延时，组成 M 级延时单元，相当于 FIR 滤波器的横向网络，实现系统的零点。第二部分 $\sum\limits_{l=1}^{N} y(n-l)a(l)$ 表示对输出信号进行延时，组成 N 级延时单元，每级延时抽头后与常系数相乘，并将乘法结果相加。由于这部分是对输出的延时，故为反馈网络，实现系统的极点。直接根据式（4-8）的差分方程即可画出 IIR 滤波器的直接 I 型结构，如图 4-20 所示。

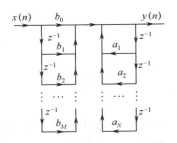

图 4-20   IIR 滤波器的直接 I 型结构

2. 直接 II 型结构

式（4-7）可以改写成：

$$H(z) = \sum_{i=0}^{M} b_i z^{-i} \frac{1}{1 - \sum_{l=1}^{N} a_l z^{-l}} = \frac{1}{1 - \sum_{l=1}^{N} a_l z^{-l}} \sum_{i=0}^{M} b_i z^{-i} \tag{4-10}$$

也就是说，IIR 滤波器的系统函数可以看成两部分网络的级联。对于线性时不变系统，交换级联子系统的次序，系统函数不变。根据式（4-10）可得到直接 I 型结构的变型，如图 4-21 所示。由于两个串行延时支路具有相同的输入，因而可以合并，从而得到如图 4-22 所示的直接 II 型结构。

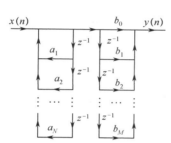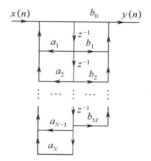

图 4-21　直接 I 型结构的变型　　　　　　图 4-22　IIR 滤波器的直接 II 型结构

对于 N 阶差分方程，直接 II 型结构只需 N 级延时单元（通常 $N \geq M$），比直接 I 型结构的延时单元少一半，因而在软件实现时可以节省存储单元，在硬件实现时可节省寄存器，相比直接 I 型结构具有明显的优势。

3. 级联型结构

直接型的 IIR 滤波器结构可以从式（4-7）直接得到。一个 N 阶系统函数可以用它的零、极点表示。由于系统函数的系数均为实数，因此零、极点只有两种可能，即实数或者复共轭对。对系统函数的分子多项式和分母多项式进行因式分解，可将系统函数写成：

$$H(z) = A \frac{\prod_{k=1}^{M_1}(1 - c_k z^{-1}) \prod_{k=1}^{M_2}(1 - q_k z^{-1})(1 - q_k^* z^{-1})}{\prod_{k=1}^{N_1}(1 - d_k z^{-1}) \prod_{k=1}^{N_2}(1 - p_k z^{-1})(1 - p_k^* z^{-1})} \tag{4-11}$$

式中，$M_1 + M_2 = M$；$N_1 + N_2 = N$；c_k、d_k 分别表示实零点和实极点；q_k、q_k^* 分别表示复共轭对零点；p_k、p_k^* 表示复共轭对极点。为进一步简化级联形式，把每一对复共轭对因子合并起来构成一个实数的二阶因子，则系统函数可写成：

$$H(z) = A \prod_{k=1}^{N_c} \frac{1 + b_{1k} z^{-1} + b_{2k} z^{-2}}{1 + a_{1k} z^{-1} + a_{2k} z^{-2}} \tag{4-12}$$

式中，$N_c = \left[\dfrac{N+1}{2}\right]$ 是接近 $\dfrac{N+1}{2}$ 的最大整数。需要说明的是，已经假设 $N \geq M$。由直接 II 型结

构的讨论可知，如果每个二阶子系统均使用直接Ⅱ结构实现，则一个确定的 IIR 滤波器可以采用具有最少存储单元的级联型结构。一个四阶系统的级联型结构如图 4-23 所示。

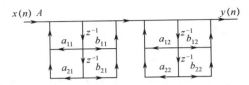

图 4-23 四阶系统的级联型结构

在本书 4.5 节讨论 FIR 滤波器结构时，没有讨论 FIR 滤波器的级联型结构，原因是该结构需要使用较多的乘法运算单元，因此 FIR 滤波器不适合使用级联型结构。IIR 滤波器则不同，级联级结构与直接型结构相比，每一个级联部分中的反馈网络很少，易于控制有限字长效应带来的影响。另外，IIR 滤波器的阶数一般较小，与直接型结构相比，级联型结构反而具有更大的优势，这也是实际应用中多采用级联型结构的原因。

4．并联型结构

作为系统函数的另一种形式，可以将系统函数展开成部分分式形式，即：

$$H(z) = \sum_{k=0}^{N_s} G_k z^{-k} + \sum_{k=1}^{N_1} \frac{A_k}{1 - d_k z^{-1}} + \sum_{k=1}^{N_2} \frac{B_k(1 - e_k z^{-1})}{(1 - p_k z^{-1})(1 - p_k^* z^{-1})} \tag{4-13}$$

式中，$N_1 + 2N_2 = N$，如果 $M \geqslant N$，则 $N_s = M - N$，否则直接删除式（4-13）的第一项。由于系统函数的系数均为实数，因此式（4-13）中 G_k、A_k、B_k、d_k、e_k 均为实数。由于式（4-13）为一阶和二阶子系统的并联组合，因此可将实数极点成对组合，系统函数可写成：

$$H(z) = \sum_{k=0}^{N_s} G_k z^{-k} + \sum_{k=1}^{N_p} \frac{e_{0k} + e_{1k} z^{-1}}{1 - a_{1k} z^{-1} - a_{2k} z^{-2}} \tag{4-14}$$

式中，$N_p = \left[\dfrac{N+1}{2}\right]$ 是 $\dfrac{N+1}{2}$ 的最大整数，图 4-24 画出了四阶 IIR 滤波器的并联型结构。

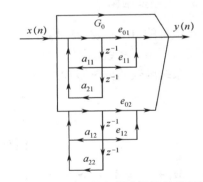

在并联型结构中，可以通过改变 a_{1k}、a_{2k} 的值来单独调整极点位置，但不能像级联型结构那样直接控制系统的零点，正因为如此，并联型结构不如级联型结构的应用广泛。但在运算误差方面，由于并联型结构基本节点的误差互不影响，故比级联型结构更具优势。

图 4-24 四阶 IIR 数字滤波器的并联型结构

4.6.2 级联型结构 IIR 滤波器的系数量化

例 4-6 IIR 滤波器的 MATLAB 与 FPGA 实现

首先采用 MATLAB 设计一个四阶 IIR 低通滤波器，采样频率 $f_s=8$ MHz，截止频率 $f_c=$

2 MHz，阻带衰减为 40 dB，滤波器系数量化位宽为 12。然后编写 Verilog HDL 代码对该滤波器进行 FPGA 实现，其中 FPGA 的系统时钟频率为 8 MHz，数据输入位宽为 12。最后仿真测试 MATLAB 与 FPGA 实现后的滤波效果。

1. 用 MATLAB 设计满足需求的 IIR 滤波器

由于实例不仅明确要求了采样频率、阻带衰减等参数，还指定了滤波器阶数，根据本章 4.4 节的讨论，可以采用 cheby2 函数来设计满足要求的 IIR 滤波器。

设计方法非常简单，只需在 MATLAB 的命令行窗口中输入以下两行语句，即可完成 IIR 滤波器的设计，并画出滤波器的频率响应图，如图 4-25 所示。

```
[b,a]=cheby2(4,40,2*10^6*2/(8*10^6));
freqz(b,a,128,8*10^6);
```

IIR 滤波器系数为：

b =	0.0458	0.0755	0.1024	0.0755	0.0458
a =	1.0000	−1.5233	1.2537	−0.4602	0.0747

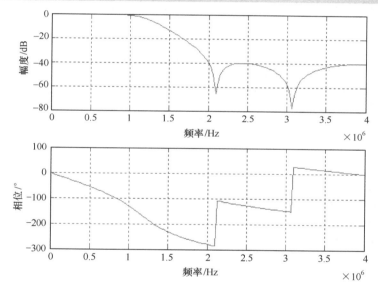

图 4-25　IIR 滤波器的频率响频图

2. 将 IIR 滤波器系数转换成级联型 IIR 滤波器系数

在前文介绍 IIR 滤波器实现结构时讲到，级联型结构因其便于准确实现数字滤波器的零、极点，且受参数量化影响较小，因此应用较为广泛。实现级联型结构的第一步需要将 IIR 滤波器系数转换成级联型 IIR 滤波器系数。可以采用人工计算的方法进行滤波器系数转换，不过采用 MATLAB 来进行滤波器系数转换要轻松得多。下面直接给出直接型 IIR 滤波器系数转换成级联型 IIR 滤波器系数的 MATLAB 程序 E4_6_dir2cas.m。

```
function [b0,B,A]=E4_6_dir2cas(b,a);
%将直接型 IIR 滤波器结构变为级联型 IIR 滤波器
%b0 表示增益系数
%B 表示包含因子系数 bk 的 K 行 3 列矩阵
%A 表示包含因子系数 ak 的 K 行 3 列矩阵
%a 表示直接型 IIR 滤波器分母多项式系数
%b 表示直接型 IIR 滤波器分子多项式系数

%计算增益系数
b0=b(1);b=b/b0;
a0=a(1);a=a/a0; b0=b0/a0;

%将分子多项式系数、分母多项式系数的长度补齐进行计算
M=length(b);N=length(a);
if N>M
    b=[b zeros(1,N-M)];
elseif M>N
    a=[a zeros(1,M-N)]; N=M;
else
    N=M;
end
%级联型 IIR 滤波器系数矩阵初始化
K=floor(N/2);B=zeros(K,3);A=zeros(K,3);
if K*2==N
    b=[b 0];
  a=[a 0];
end

%根据多项式系数利用函数 roots 求出所有的根
%利用 cplxpair 函数按实部从小到大的顺序进行成对排序
broots=cplxpair(roots(b));
aroots=cplxpair(roots(a));
%取出复共轭对的根并变换成多项式系数
for i=1:2:2*K
    Brow=broots(i:1:i+1,:);
    Brow=real(poly(Brow));
    B(fix(i+1)/2,:)=Brow;
    Arow=aroots(i:1:i+1,:);
    Arow=real(poly(Arow));
    A(fix(i+1)/2,:)=Arow;
end
```

对于本实例所设计的 IIR 滤波器来讲，将其直接型结构转换成级联型结构，则只需在命令行窗口输入下面这条语句并运行即可。

```
[b0,B,A]=E4_6_dir2cas(b,a)
```

命令执行后获得级联型结构的 IIR 滤波器系数为：

```
b0 =   0.0458
B  =   1.0000      1.4890       1.0000
       1.0000      0.1580       1.0000
A  =   1.0000     -0.5922       0.1307
       1.0000     -0.9310       0.57162
```

3. 对级联型结构 IIR 滤波器系数进行量化

与 FIR 滤波器相同，在进行 FPGA 实现前必须对 IIR 滤波器系数进行量化处理。将 IIR 滤波器系数（直接型结构 IIR 滤波器系数）进行 12 bit 量化后的系数向量为：

```
Qb=[62        101      138      101      62]
Qa=[1344     -2047    1685     -618     100]
```

根据 IIR 滤波器的系统函数，可直接写出 IIR 滤波器的差分方程，即：

$$
\begin{aligned}
1344y(n) = {} & 62[x(n)+x(n-4)]+101[x(n-1)+x(n-3)]+ \\
& 138[x(n-2)]-[-2047y(n-1)+1685y(n-2)-618y(n-3)+ \\
& 100y(n-4)]
\end{aligned}
\tag{4-15}
$$

需要特别注意的是，式（4-15）的左边乘了一个常系数，即量化后的 Qa[1]。由于式（4-15）的递归特性，为正确求解下一个输出值，需要在计算完上式右边后，除以 1344，以求取正确的输出结果。也就是说，在 FPGA 实现时需要增加一级常数除法运算。

在本书第 3 章介绍除法运算的 FPGA 实现时讨论过，即使常系数的除法运算在 FPGA 实现时也是十分耗费资源的，但当除数是 2 的整数幂次方时，根据二进制数的特点，可直接采用移位的方法来近似实现除法运算。移位运算不仅占用的硬件资源少，而且运算速度快。因此，在实现式（4-15）所表示的 IIR 滤波器时，一个简单可行的方法是在对系数进行量化时，有意将量化后的 IIR 滤波器系统函数分母项系数的第一项设置为 2 的整数幂次方的形式。仍然采用 MATLAB 软件来对 IIR 滤波器系数进行量化，其命令为：

```
m=max(max(abs(a),abs(b)));              %获取 IIR 滤波器系数向量中绝对值最大的数
Qm=floor(log2(m/a(1)));                 %取系数中最大值与 a(1)的整数倍
if Qm<log2(m/a(1))
    Qm=Qm+1;
end
Qm=2^Qm;                                %获取量化基准值
Qb=round(b/Qm*(2^(12-1)-1))             %四舍五入截尾
Qa=round(a/Qm*(2^(12-1)-1))             %四舍五入截尾
```

按下回车键后，在命令行窗口中可直接获取 IIR 滤波器的系数向量。

```
Qb=[47        77       105      77     47]
Qa=[1024     -1559    1283     -471    76]
```

采用上述方法，对本实例中级联型结构 IIR 滤波器系数进行量化。滤波器设计、结构转换、系数量化的相关 MATLAB 程序分别为 E4_6_LpfDesign.m、E4_6_dir2cas.m、E4_6_Qcoe.m，请读者在本书配套资料中的"Chpter_4\E4_6_IIRCas\"查看完整的程序清单。下面直接给出量化后的级联型结构 IIR 滤波器系数。

QB =	94	140	94
	2048	324	2048
QA =	2048	−1213	268
	2048	−1907	1171

在 IIR 滤波器与 FIR 滤波器的 FPGA 实现过程中，一个明显的不同是：FIR 滤波器在运算过程中可以做到全精度运算，只要根据输入数据位宽及滤波器系数设置足够长的寄存器即可，这是因为 FIR 滤波器是一个不存在反馈环节的开环系统；IIR 滤波器在运算过程中无法做到全精度运算，因为 IIR 滤波器是一个存在反馈环节的闭环系统，而且中间过程存在除法运算，因此在进行 FPGA 实现之前，必须通过仿真确定滤波器系数及运算字长，并且不同结构所对应的 IIR 滤波器运算字长需要分别确定。

4.6.3　级联型结构 IIR 滤波器的 FPGA 实现

级联型结构 IIR 滤波器实际相当于将级数较多的滤波器分解成多个阶数小于或等于 3 的 IIR 滤波器，其中的每个滤波器均可以看成独立的结构，只是前一级滤波器的输出作为后一级滤波器的输入而已。由于 IIR 滤波器存在反馈结构，必须要通过仿真确定滤波器输出数据范围，以进一步确定输出数据位宽。初看起来，这似乎是一件比较困难的事。一个可行的方法是通过 MATLAB 来仿真每一级滤波器的输出数据范围，从而确定相应的数据位宽。这里还有一个更为简单的处理方法，因为 MATLAB 设计出的 IIR 滤波器输出数据范围不会大于输入数据范围（读者可以自己通过编写 MATLAB 程序仿真查看），也就是说，整个 IIR 滤波器的输出数据位宽只需设置成与输入数据的位宽相同即可。通常来讲，IIR 滤波器的增益均小于 1，将滤波器增益分配到第一级滤波器实现，则第一级滤波器的输出数据范围一定小于输入数据范围，从而各级滤波器的输出数据位宽均可以直接设置成输入数据位宽。

1．分析级联型结构的实现方法

由上面的分析可知，本实例的四阶 IIR 滤波器可等效为两个二阶 IIR 滤波器级联实现，前面已对滤波器系数进行了量化，根据级联型结构可以直接写出 IIR 滤波器的差分方程，即：

$$2048y_1(n) = 94[x(n) + x(n-2)] + 140x(n-1) - [-1213y_1(n-1) + 268y_1(n-2)]$$

$$2048y_2(n) = 2048[y_1(n) + y_1(n-2)] + 324y_1(n-1) - [-1907y_2(n-1) + 1171y_2(n-2)]$$

根据差分方程可以很容易画出二阶 IIR 滤波器的 FPGA 实现结构，如图 4-26 所示。

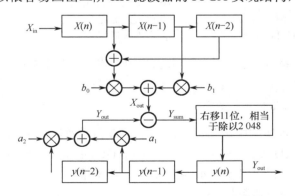

图 4-26　二阶 IIR 滤波器的 FPGA 实现结构

2．编写 Verilog HDL 程序，实现级联型结构的 IIR 滤波器

整个级联型结构的 IIR 滤波器 FPGA 程序由 3 个文件组成：顶层文件（IIRCas.v）、第 1 级 IIR 滤波器实现文件（FirstTap.v）、第 2 级 IIR 滤波器实现文件（SecondTap.v）。顶层文件对两级 IIR 滤波器进行组合，各级 IIR 滤波器的实现文件完成整个子滤波器的实现。为便于厘清级联型结构 IIR 滤波器的实现结构，先给出顶层文件的程序清单。

```
//IIRCas.v 的程序清单
module IIRCas (rst,clk,Xin,Yout);
    input    rst;                          //复位信号，高电平有效
    input    clk;                          //FPGA 系统时钟，频率为 8 MHz
    input    signed [11:0]  Xin;           //数据输入频率为 8 MHz
    output   signed [11:0]  Yout;          //滤波后的输出数据

    //实例化第 1 级滤波器模块
    wire signed [11:0] Y1;
    FirstTap U1 (.rst (rst), .clk (clk), .Xin (Xin), .Yout (Y1));

    //实例化第 2 级滤波器模块
    SecondTap U2 (.rst (rst), .clk (clk), .Xin (Y1), .Yout (Yout));

endmodule
```

图 4-27 是级联型结构 IIR 滤波器顶层文件综合后的 RTL 原理图，可以清楚地看出级联型结构 IIR 滤波器的实现结构。

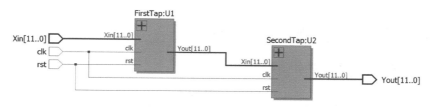

图 4-27　级联型结构 IIR 滤波器顶层文件综合后的 RTL 原理图

两级的 IIR 滤波器实现代码十分相似，仅仅是各级 IIR 滤波器的系数不同而已。限于篇幅，下面只给出第 1 级 IIR 滤波器的实现代码，请读者在本书配套资料中的"\Chapter_4\E4_6_IIRCas\IIRCas"路径下查看完整的 FPGA 工程文件。

```
--第 1 级 IIR 滤波器程序 FirstTap.vhd 程序清单
module FirstTap (rst,clk,Xin,Yout);

    input    rst;                          //复位信号，高电平有效
    input    clk;                          //FPGA 系统时钟
    input    signed [11:0]  Xin;           //数据输入频率
    output   signed [11:0]  Yout;          //滤波后的输出数据
```

```verilog
//零点系数的实现代码
//将输入数据存入寄存器中
reg signed[11:0] Xin1,Xin2;
always @(posedge clk or posedge rst)
if (rst)
    //初始化寄存器值为0
    begin
        Xin1 <= 12'd0;
        Xin2 <= 12'd0;
    end
else
    begin
        Xin1 <= Xin;
        Xin2 <= Xin1;
    end

//采用移位运算及加法运算实现乘法运算
wire signed [23:0] XMult0,XMult1,XMult2;
//*94
assign XMult0 = {{6{Xin[11]}},Xin,6'd0}+{{7{Xin[11]}},Xin,5'd0}-{{11{Xin[11]}},Xin,1'd0};
//*140
  assign XMult1 = {{5{Xin1[11]}},Xin1,7'd0}+{{9{Xin1[11]}},Xin1,3'd0}+{{10{Xin1[11]}},
                Xin1,2'd0};
//*94
  assign XMult2 = {{6{Xin2[11]}},Xin2,6'd0}+{{7{Xin2[11]}},Xin2,5'd0}-{{11{Xin2[11]}},
                Xin2,1'd0};

//对滤波器系数与输入数据乘法结果进行累加
wire signed [23:0] Xout;
assign Xout = XMult0 + XMult1 + XMult2;

//极点系数的实现代码
wire signed[11:0] Yin;
reg signed[11:0] Yin1,Yin2;
always @(posedge clk or posedge rst)
if (rst)
    //初始化寄存器值为0
    begin
        Yin1 <= 12'd0;
        Yin2 <= 12'd0;
    end
else
    begin
        Yin1 <= Yin;
        Yin2 <= Yin1;
    end
```

```
//采用移位运算及加法运算实现乘法运算
wire signed [23:0] YMult1,YMult2;
wire signed [23:0] Ysum,Ydiv;
assign YMult1 = {{2{Yin1[11]}},Yin1,10'd0}+{{5{Yin1[11]}},Yin1,7'd0}+{{6{Yin1[11]}},
                Yin1,6'd0}-{{11{Yin1[11]}},Yin1,1'd0}-{{12{Yin1[11]}},Yin1};
                    //*1213=1024+128+64-2-1
                    //*268=256+8+4
  assign YMult2 = {{4{Yin2[11]}},Yin2,8'd0}+{{9{Yin2[11]}},Yin2,3'd0}+{{10{Yin2[11]}},
                Yin2,2'd0};


//第 1 级 IIR 滤波器实现代码
assign Ysum = Xout+YMult1-YMult2;
assign Ydiv = {{11{Ysum[23]}},Ysum[23:11]};                //2048
//根据仿真结果可知，第 1 级 IIR 滤波器的输出范围可用 9 bit 表示
 assign Yin = (rst ? 12'd0 : Ydiv[11:0]);
//增加一级寄存器，提高运行速度
reg signed [11:0] Yout_reg;
always @(posedge clk)
Yout_reg <= Yin;
assign Yout = Yout_reg;


endmodule
```

　　IIR 滤波器的 Verilog HDL 实现代码并不复杂，需要注意的有两点：一是 FPGA 的时钟频率与数据速率相同；二是 IIR 滤波器系数的乘法运算是通过移位和加法运算来实现的。FPGA 的时钟频率与数据速率相同，意味着无法像例 4-5 那样采用资源复用的方法节约逻辑资源及乘法器资源。通过移位和加法运算来实现乘法运算可以不使用 FPGA 中的乘法器。

　　至此，我们就完成了 IIR 滤波器的 Verilog HDL 实现代码编写工作。编写完成整个系统的 Verilog HDL 代码并经过测试后就可以进行 FPGA 实现了。在 Quartus II 中完成对 FPGA 工程的编译后，启动 "TimeQuest Timing Analyzer" 工具，并对时钟信号 clk 添加时序约束（周期为 20 ns，频率为 50 MHz）。保存时序约束结果后重新对整个 FPGA 工程进行编译。

　　完成综合实现后，在工作过程区中会自动显示整个设计所占用的器件资源情况。本实例选用的目标器件是 Altera 公司 Cyclone-IV 系列的 EP4CE15F17C8。Logic Elements（逻辑单元）使用了 575 个，占 4%；Registers（寄存器）使用了 120 个，占 1%；Memory Bits（存储器）使用了 0 bit，占 0%；Embedded Multiplier 9-bit elements（9 bit 嵌入式硬件乘法器）使用了 0 个，占 0%。从 "TimeQuest Timing Analyzer" 工具中可以看到系统最高工作频率为 62.2 MHz。

4.6.4　FPGA 实现后的测试仿真

　　为了便于比较，对 IIR 滤波器的测试也使用例 4-5 的测试数据，即由 "Chapter_4\E4_5_FirIpCore\E4_5_TestData.m" 程序产生的 TXT 文件（Chpter_4\E4_5_FirIpCore\E4_5_TestData.txt）。测试的方法和步骤与例 4-5 相同，这里不再给出详细的激励文件源代码，请读者可在本书配套资料 "\Chapter_4\E4_6_IIRCas\IIRCas" 中查看完整的工程文件。IIR 滤波器的 ModelSim 仿真波形如图 4-28 所示。

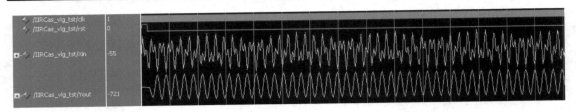

图 4-28　IIR 滤波器的 ModelSim 仿真波形

由图 4-28 可以看出，IIR 滤波器输入信号（Xin）的波形是频率为 1 MHz 和 2.1 MHz 正弦波信号的合成信号，从波形上无法明显分辨出 1 MHz 的正弦波形；IIR 滤波器输出信号（Yout）是经过低通滤波后的信号，从波形上可以明显地看到 1 MHz 的正弦波信号波形，即 IIR 滤波器有效滤除了频率为 2.1 MHz 的正弦波信号。再仔细查看输出信号（Yout）的波形，可以看到起始处的波形是一小段直流分量，这是什么原因呢？道理其实很简单，这是由于 IIR 滤波器的固有延时造成的。再仔细比较图 4-19 与图 4-28，还可以看出，图 4-28 中的延时要小于图 4-19 中的延时，这是由于 IIR 滤波器的阶数小于 FIR 滤波器的阶数造成的。

4.7　IIR 滤波器的板载测试

4.7.1　硬件接口电路

本章介绍了两种滤波器的实现结构，虽然其实现结构不同，但功能是一致的，都完成了信号的滤波功能。接下来我们只介绍 IIR 滤波器的板载测试情况，在理解 IIR 滤波器的板载测试程序之后，读者可以自行修改 FIR 滤波器的程序接口，实现板载测试。

本次板载测试的目的是验证级联型结构的 IIR 滤波器工作情况，即验证顶层文件 IIRCas.v 是否能够完成对输入信号的滤波功能。

CRD500 开发板配置有 2 路独立的 DA 通道、1 路 AD 通道、2 个独立的晶振。为尽量真实地模拟通信中的滤波过程，采用晶振 X2（gclk2）作为驱动时钟，产生频率为 1 MHz 和 2.1 MHz 的正弦波信号的合成信号，经 DA2 通道输出。DA2 通道输出的模拟信号通过 CRD500 开发板上的 P5 跳线端子（引脚 1、2 短接）连接至 AD 通道，送入 FPGA 进行处理。FPGA 对信号进行低通滤波处理后，由 DA1 通道输出。DA1 通道和 AD 通道的驱动时钟由 X1（gclk1）提供，即板载测试中的收发时钟完全独立。程序下载到 CRD500 开发板后，通过示波器同时观察 DA1 通道和 DA2 通道的信号波形，即可判断滤波前后信号的变化情况。IIR 低通滤波器板载测试的 FPGA 接口信号的定义如表 4-3 所示。

表 4-3　IIR 低通滤波器板载测试的 FPGA 接口信号的定义

信 号 名 称	引 脚 定 义	传 输 方 向	功 能 说 明
rst	P14	→FPGA	复位信号，高电平有效
gclk1	M1	→FPGA	50 MHz 的时钟信号，作为接收模块驱动时钟
gclk2	E1	→FPGA	50 MHz 的时钟信号，作为发送模块驱动时钟

信 号 名 称	引 脚 定 义	传 输 方 向	功 能 说 明
KEY1	T10	→FPGA	按键信号，按下按键时为高电平。当按下按键时，AD 通道的输入信号为合成信号，否则为 1 MHz 的正弦波信号
ad_clk	K15	FPGA→	AD 通道的时钟信号，8 MHz
ad_din[7:0]	G15、G16、F15、F16、F14、D15、D16、C14	→FPGA	AD 通道的输入信号，8 bit
da1_clk	T15	FPGA→	DA1 通道的转换时钟信号，8 MHz
da1_out[7:0]	L16、L15、N15、N16、N14、P16、P15、R16	FPGA→	DA1 通道的转换信号，作为模拟的测试信号
da2_clk	D12	FPGA→	DA2 通道的转换时钟信号，50 MHz
da2_out[7:0]	A13、B13、A14、B14、A15、C15、B16、C16	FPGA→	DA2 通道的转换信号，作为滤波后输出的信号

4.7.2 板载测试程序

根据前面的分析，板载测试程序需要设计时钟产生模块（clk_produce.v）来产生所需的各种时钟信号；设计测试数据生成模块（testdata_produce.v）来产生正弦波合成信号。板载测试程序（BoardTst.v）顶层文件综合后的 RTL 原理图如图 4-29 所示。

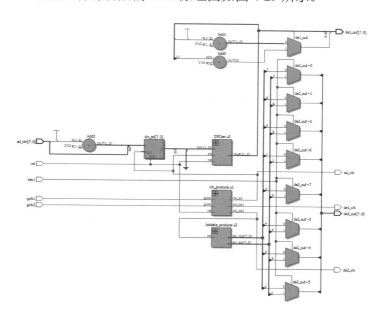

图 4-29　级联型结构 IIR 低通滤波器板载测试程序顶层文件综合后的 RTL 原理图

需要注意的是，CRD500 开发板的 AD 通道和 DA 通道的数据位宽均为 8，IIRCas 输入数据位宽为 12，因此需要将 AD 通道的数据通过低位补零扩展成 12 bit 的数据，同时截取输出数据的高 8 bit 输出到 DA 通道。测试数据生成的合成信号或单频信号，由 KEY1 按键选择输出。IIR 滤波器输出的数据转换成有符号数据后送 DA1 通道。顶层文件 BoardTst.v 的程序代码如下所示。

```verilog
//BoardTst.v 的程序清单
module BoardTst(gclk1,gclk2,rst,key1,ad_din,da1_clk,da1_out,da2_clk,da2_out,ad_clk);
    input   gclk1;              //板载时钟，接收处理信号的驱动时钟，50 MHz
    input   gclk2;              //板载时钟，测试输入信号的驱动时钟，50 MHz
    input   rst;               //复位信号，高电平有效
    input   key1;              //AD 通道的输入信号控制开关

    //2 路 DA 通道
    //测试用的单频信号或合成信号，DA 通道的数据及时钟
    output   da2_clk;                   //50MHz
    output   [7:0] da2_out;             //DA2 通道的输出
    //滤波后的信号，驱动 AD 通道时钟及数据
    output   da1_clk;                   //8 MHz
    output   signed [7:0] da1_out;      //DA1 通道的输出

    //1 路 AD 通道
    output   ad_clk;                    //AD 通道时钟：8 MHz
    input    [7:0] ad_din;              //A/D 采样信号输入

    wire clk_ad,clk_da2;
    wire [7:0] sin_sig;
    wire [7:0] sin_mix;
    reg signed [7:0] din_ad;
    wire signed [11:0] ad_data;
    wire signed [11:0] yout;

    //按下按键时输出单频信号，否则输出合成信号
    assign da2_out = (key1)? sin_sig:sin_mix;

    assign ad_clk = clk_ad;
    assign da2_clk = clk_da2;

    //根据 IIR 滤波器系数增加 13 bit 的有效数据，因此滤波输出最高有效位为 24
    assign da1_out = (yout[11])? (yout[11:4]+8'd128): (yout[11:4]-8'd128);

    //将 AD 通道输入数据转换成二进制补码形式
    always @(posedge rst or posedge clk_ad)
    if (rst)
        din_ad <= 8'd0;
    else
        din_ad <= ad_din - 8'd128;
    assign ad_data = {din_ad,4'd0};

    clk_produce u1 (.rst (rst), .gclk2 (gclk2), .clk_da2 (clk_da2), .gclk1 (gclk1), .clk_ad (clk_ad),
                .clk_da1 (da1_clk));

    tstdata_produce u2 (.clk (clk_da2), .sin_mix (sin_mix), .sin_sig (sin_sig));
```

> IIRCas u3(.rst (rst), .clk (clk_ad), .Xin (ad_data), .Yout (yout));
>
> endmodule

　　时钟产生模块（u1）分别由 CRD500 开发板的两路晶振驱动产生收发两端的系统时钟。DA1 通道的驱动时钟及 AD 通道的时钟（8 MHz）通过直接调用 Quartus II 中的 ALTPLL 核生成；DA2 通道的驱动时钟为 X2 晶振产生的 50 MHz 信号。

　　测试数据生成模块（u2）直接调用 Quartus II 中的 NCO 核生成 1 MHz 和 2.1 MHz 的单频信号，并将两路信号叠加输出。

　　时钟产生模块和测试数据生成模块比较简单，读者可在本书配套资源中查看完整的工程文件。

4.7.3　板载测试验证

　　设计好板载测试程序并完成 FPGA 实现后，可以将程序下载至 CRD500 开发板进行板载测试。板载测试的硬件连接图如图 4-30 所示。

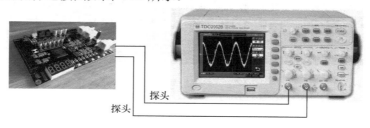

图 4-30　板载测试的硬件连接图

　　板载测试需要采用双通道示波器，将示波器通道 2 接 DA2 通道的输出，观察滤波前的信号；通道 1 接 DA1 通道的输出，观察滤波后的信号。需要注意的是，在测试之前，需要适当调整 CRD500 开发板的电位器，使 AD 通道的输入信号幅度保持满量程状态，且波形不失真。

　　将板载测试程序下载到 CRD500 开发板上后，合理设置示波器参数，可以看到示波器的两个通道的输出波形如图 4-31 所示。从图中可以看出，滤波前后的信号均为 1 MHz 的单频信号。IIR 低通滤波器输出信号波形不够平滑，波形呈一定程度的阶梯状，这是由于采样频率及转换频率较低引起的。

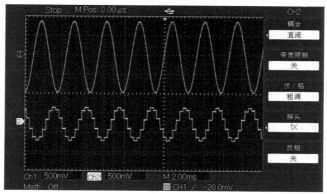

图 4-31　单频信号的测试波形

按下 KEY1 键，输入信号为 1 MHz 正弦波信号和 2.1 MHz 正弦波信号的合成信号，示波器波形如图 4-32 所示。滤波后仍能得到规则的 1 MHz 正弦波信号，只是其幅度相比单频输入时降低了约 1/2。这是由于输入的 8 bit 数据同时包含了 1 MHz 和 2.1 MHz 的单频信号，合成信号的幅度与单频输入信号相同，合成信号中 2.1 MHz 的信号幅度本身已相比单频输入信号降低了 1/2，滤除 2.1 MHz 的信号后，仅剩下降低 1/2 幅度的 1 MHz 正弦波信号，这与示波器波形结果相符。

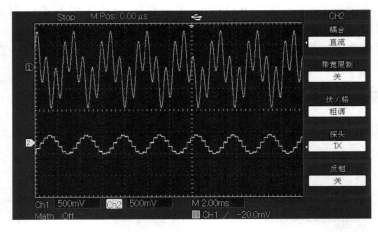

图 4-32　合成信号的测试波形

4.8　小结

经过本章的学习，相信大家可以体会到，数字滤波器的 MATLAB 与 FPGA 实现并不困难，前提是设计者对滤波器的概念、特征参数以及设计需求有十分清楚的了解。无论对于 FIR 滤波器还是 IIR 滤波器来讲，MATLAB 都有一组现成的函数可以使用，足以应付大多数工程上的设计需求。对于 FIR 滤波器来讲，大多数 FPGA 都提供现成的 IP 核，设计者只需设计几个参数就可以轻松实现 FIR 滤波器的工程设计。

相对而言，IIR 滤波器的设计要麻烦一些，因为 FPGA 还没有提供现成 IP 核，但采用本章所讲述的方法编写 IIR 滤波器的 Verilog HDL 实现代码也不是什么难事。虽说简单，并非可以轻视，因为只有在完全掌握设计的各种技巧后才可能设计出 IIR 滤波器。

参考文献

[1] 杜勇. 数字滤波器的 MATLAB 与 FPGA 实现——Altera/Verilog 版（第 2 版）. 北京：电子工业出版社，2019.

[2] 李琳. 扩频通信系统中的自适应抗窄带干扰技术研究. 国防科技大学博士学位论文，2004.

[3] 李素芝，万建伟．时域离散信号处理．长沙：国防科技大学出版社，1998．

[4] Oppenheim.A.V., Schafer, R.W., Buck, J.R．离散时间信号处理（第 2 版）．刘树棠，黄建国译．西安：西安交通大学出版社，2001．

[5] 赵岚，毕卫红，刘丰．基于 FPGA 的分布式算法 FIR 滤波器设计．电子测量技术，2007(07)．

[6] 陈亦欧，李广军．采用分布式算法的高速 FIR 滤波器 ASIC 设计．微电子学，2007,37(1)．

[7] Altera IP 核数据手册．FIR Compiler User Guide. November, 2009．

[8] 邹鲲，袁俊泉，龚享铱．MATLAB 6.x 信号处理．北京：清华大学出版社，2002．

第 5 章

ASK 调制解调技术的 FPGA 实现

众所周知，大多数信道并不能直接传输基带信号，必须用基带信号对载波信号的某些参量进行控制，使这些参量随着基带信号的变化而变化。这就是所谓的调制。从原理上来说，受调载波的波形可以是任意波形，只要已调信号适合媒质传输，且各路信号能相互区分即可。但实际上，在大多数数字通信系统中，都选择正弦波信号作为载波，这是因为正弦波信号形式简单，便于产生及接收。由于正弦波信号有幅度、频率和相位三个参量，因此可以构成调幅、调频和调相三种基本的调制形式，并可以派生出多种形式[1]。数字调制与模拟调制相比，其基本原理并没有什么不同。模拟调制是对载波信号的参量进行连续调制，在接收端则对载波信号的调制参量连续进行估值；而数字调制是用载波信号的某些离散状态来表征所传输的信息，在接收端也只要对载波信号的离散调制参量进行检测，因此调制信号也称为键控信号。数字调制的三种基本形式分别为振幅键控（ASK）、频移键控（FSK）和相移控（PSK）。本章将主要讨论 ASK 调制解调技术。

为了给读者提供更多的设计参考，将在后续各章节中分别采用不同的调制解调方法。在讨论 ASK 解调技术时，将采用非相干解调法实现 ASK 解调，采用超前-滞后型位同步技术实现位同步信号的提取。在后续章节将陆续讨论锁相环实现相干载波提取、基于 Gardner 算法的位同步信号提取等技术，并采用不同的技术实现各种数字调制信号的解调。

5.1 ASK 调制解调原理

5.1.1 ASK 信号的产生

调制信号为二进制数字信号时，这种调制称为二进制数字调制。在 2ASK 调制中，载波的幅度只有两种变化状态，即利用表示数字信息 0 或 1 的基带矩形脉冲去键控一个连续的载波，使载波时断时续地输出。有载波输出时表示发送 1，无载波输出时表示发送 0。

由于 2ASK 信号可以认为是一个单极性的矩形脉冲序列与一个载波的相乘，即：

$$s(t) = m(t)\cos(\omega_c t + \varphi_c) = \left[\sum_{k=-\infty}^{\infty} a_k g(t - kT_s)\right]\cos(\omega_c t + \varphi_c) \tag{5-1}$$

式中，$g(t)$ 是持续时间为 T_s 的矩形脉冲，而 a_k 的取值服从下述关系：

$$a_k = \begin{cases} 0, & \text{概率为} p \\ 1, & \text{概率为} 1-p \end{cases} \tag{5-2}$$

由频率卷积定理可得 $s(t)$ 的频谱为：

$$s(\omega) = \frac{1}{2}[M(\omega + \omega_c) + M(\omega - \omega_c)]$$　　　　　　（5-3）

式中，$M(\omega + \omega_c)$ 与 $M(\omega - \omega_c)$ 是 $m(t)$ 的频谱 $M(\omega)$ 搬移 $\pm\omega_c$ 的结果。

大家知道，ASK 信号通常是以键控的方式产生。传输消息 1 时，发送一幅度为 A 的正弦波信号 $A\cos(\omega_c t + \varphi)$；传输消息 0 时，不发送信号。实际上，这就相当于用一个单极性基带矩形脉冲与正弦波信号相乘，也可看成用开关来控制载波信号。当传输消息 1 时，开关合上，于是有正弦波信号 $A\cos(\omega_c t + \varphi_c)$ 输出；当传输消息 0 时，开关断开，没有信号输出。

根据式（5-3）可知，由于基带矩形脉冲序列的频谱带宽是无限宽的，因此直接采用键控方式产生的 ASK 信号的频谱带宽也是无限宽的。偏离载波中心频率越远，信号功率衰减就越大，且 90% 的信号功率均集中在主瓣带宽内。当传输信道中不存在其他频带噪声时，如果采用专用的同轴电缆为有线信道进行传输，则可直接将键控方式产生的 ASK 信号通过信道发送出去。然而在大多数情况下，均需要对发送信号的带宽进行限制，以避免与其他信号之间产生相互干扰，通常会在信号进入功率放大器前增加一级带通滤波器，以保证信号的绝大部分能量通过，同时滤除带外的频率信号。

在频带资源比较紧张的情况下，为进一步降低信号带宽，提高频带利用率，一种更常用的方法是在调制之前对基带信号进行成形滤波。根据奈奎斯特第一准则，如果信号经传输后整个波形发生了变化，但只要其特征点的采样值保持不变，那么采用再次采样的方法，仍然可以准确无误地恢复出原始信号。满足奈奎斯特第一准则的滤波器有很多种，在数字通信中应用最为广泛的是幅频响应均具有奇对称升余弦形状过渡带的滤波器，通常也称为升余弦滚降滤波器。升余弦滚降滤波器本身是一种有限脉冲响应滤波器，其传递函数的表达式为：

$$X(f) = \begin{cases} T_s, & 0 \leqslant |f| \leqslant \dfrac{1-\alpha}{2T_s} \\ \dfrac{T_s}{2}\left\{1 + \cos\left[\dfrac{\pi T_s}{\alpha}\left(|f| - \dfrac{1-\alpha}{2T_s}\right)\right]\right\}, & \dfrac{1-\alpha}{2T_s} < |f| \leqslant \dfrac{1+\alpha}{2T_s} \\ 0, & |f| > \dfrac{1+\alpha}{2T_s} \end{cases}$$　　　（5-4）

式中，α 为升余弦滚降滤波器的滚降因子，$0 \leqslant \alpha \leqslant 1$。当 $\alpha = 0$ 时，滤波器的带宽为 $R_s / 2$，称为奈奎斯特带宽；当 $\alpha = 0.5$ 时，滤波器的截止频率为 $(1+\alpha)R_s / 2 = 0.75R_s$；当 $\alpha = 1$ 时，滤波器的截止频率为 $(1+\alpha)R_s / 2 = R_s$。

根据上面的讨论可知，ASK 信号的产生模型如图 5-1 所示，其中虚线框部分为可选功能部件。

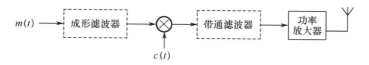

$m(t) \longrightarrow$ 成形滤波器 $\longrightarrow \bigotimes \longrightarrow$ 带通滤波器 $\longrightarrow$ 功率放大器

$c(t)$

图 5-1　ASK 信号的产生模型

5.1.2 ASK 信号的解调

ASK 信号的解调主要有包络检波法和同步检测法两种方法，后者又称为相干解调法。下面分别介绍这两种方法的原理。

1．相干解调法

相干解调法原理如图 5-2 所示，由图可见，输入信号 $s(t)$ 与相干载波 $c(t)$ 相乘，然后由低通滤波器滤出所需的基带信号，最后通过判决输出解调后的基带信号。判断输出需要位定时脉冲（也称为位同步信号），位同步信号的提取原理及实现方法将在后续讨论。

图 5-2　相干解调法原理图

若设输入信号为：

$$s(t) = m(t)\cos(\omega_c t + \varphi_c) \tag{5-5}$$

相干载波为：

$$c(t) = \cos(\omega_1 t + \varphi_1) \tag{5-6}$$

这时，乘法器的输出为：

$$
\begin{aligned}
s(t) \cdot c(t) &= m(t)\cos(\omega_c t + \varphi_c)\cos(\varphi_1 t + \varphi_1) \\
&= \frac{1}{2}m(t)\cos[(\omega_c - \omega_1)t + (\varphi_c - \varphi_1)] + \frac{1}{2}m(t)\cos[(\omega_c + \omega_1)t + (\varphi_c + \varphi_1)]
\end{aligned} \tag{5-7}
$$

由于高频成分 $\cos[(\omega_c + \omega_1)t]$ 被低通滤波器滤除，故输出信号为：

$$m_0(t) = \frac{1}{2}K_c m(t)\cos[(\omega_c - \omega_1)t + (\varphi_c - \varphi_1)] \tag{5-8}$$

式中，K_c 为低通滤波器的增益。若相干条件满足，即 $\omega_1 = \omega_c$、$\varphi_1 = \varphi_c$，则相干解调的输出为：

$$m_0(t) = \frac{1}{2}K_c m(t) \tag{5-9}$$

可见，采用相干解调法时，接收端必须提供一个与 ASK 信号的载波保持同频同相的相干载波，否则会造成解调后的波形失真。相干载波可以通过窄带滤波或锁相环来提取[2-3]，但实现起来还是比较复杂的[4]，会增加接收端设备的复杂性。在接下来分析 ASK 解调性能时，会发现在大信噪比时，相干解调法对噪声性能的改善并不显著。因此，实际设备中多采用更加简单的包络检波法实现 ASK 信号的解调。

2．非相干解调法

相干解调法的难点在于提取与输入信号同频同相的相干载波。包络检波法不需要提取相干载波，是一种非相干解调法。包络检波法原理如图 5-3 所示。

图 5-3　包络检波法原理图

输入信号先经过整流电路，将交流信号转换成直流信号，然后通过低通滤波器即可滤出基带信号的包络，最后经判决输出，完成 ASK 信号的解调功能。

5.1.3　ASK 解调的性能

信道中存在的噪声会影响解调性能。可以证明[5]，如果信道中的噪声是加性高斯白噪声，则采用包络检波法解调时，在大信噪比和最佳门限条件下，ASK 解调的误码率为：

$$P_\mathrm{e} = \frac{1}{2}\mathrm{e}^{-\frac{E_\mathrm{b}}{4N_0}}$$

（5-10）

若采用相干解调法，则 ASK 解调的误码率为：

$$P_\mathrm{e} = \frac{1}{2}\mathrm{erfc}\left(\sqrt{\frac{E_\mathrm{b}}{4N_0}}\right)$$

（5-11）

式中，erfc()为互补误差函数。在大信噪比条件下，式（5-11）可变成：

$$P_\mathrm{e} \approx \frac{1}{\sqrt{\pi E_\mathrm{b}/N_0}}\mathrm{e}^{-\frac{E_\mathrm{b}}{4N_0}}$$

（5-12）

比较式（5-10）和式（5-12）可以看出，在大信噪比条件下，为了得到给定的误码率，相干解调法所要求的信噪比与包络检波法相近。换句话说，在大信噪比条件下，这两种解调方法的抗噪声性能相差并不多。图 5-4 是不同信噪比条件下两种解调方法的误码率性能对比图（请读者在本书配套资料"Chapter_5\E5_AskDemodPe.m"中查阅完整的 MATLAB 程序代码）。

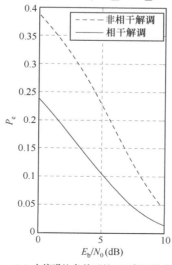

（a）小信噪比条件下的 ASK 解调性能

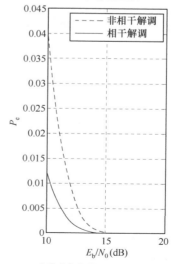

（b）大信噪比条件下的 ASK 解调性能

图 5-4　ASK 相干解调法与非相干解调法的误码率性能对比

5.1.4 多进制振幅调制

多进制振幅调制又称为多电平调制，由于它是一种频带利用率较高的调制方式。所谓频带利用率高是指在单位频带内有更高的信息传输速率。在相同的码元传输速率下，多进制振幅调制信号的带宽与二进制振幅调制相同，而多进制振幅调制信号包含的信息量却比二进制振幅调制信号高。例如，四进制振幅调制信号所含的信息量就是二进制振幅调制信号的 2 倍。多进制振幅调制信号可由式（5-13）得出：

$$S_M(t) = \left[\sum_{k=0}^{M-1} b_k g(t - kT_s) \cos(\omega_c t + \varphi_c) \right] \tag{5-13}$$

式中，

$$b_k = \begin{cases} 0, & \text{概率为} p_0 \\ 1, & \text{概率为} p_1 \\ 2, & \text{概率为} p_2 \\ \cdots \\ M-1, & \text{概率为} p_{M-1} \end{cases} \tag{5-14}$$

显然，多进制振幅调制信号可以看成多个二进制振幅调制信号的叠加，因此，它的功率谱密度为多个信号的功率谱密度之和。尽管叠加后频谱的结构比较复杂，但就信号带宽而言，多进制振幅调制信号的带宽与二进制振幅调制相同。

可以证明[5]，若采用相干解调法解调多进制振幅调制信号，且系统的误码率为：

$$P_e = \left(1 - \frac{1}{M} \right) \mathrm{erfc} \left(\frac{3 \log M^2}{M^2 - 1} E_b / N_0 \right)^{1/2} \tag{5-15}$$

5.2 ASK 信号的 MATLAB 仿真

在编写 MATLAB 仿真程序之前，我们首先需要明确仿真功能及参数要求。MATLAB 提供了模块化仿真工具 Simulink 和 M 文件两种方式，本书所有 MATLAB 仿真程序均使用 M 文件方式。

例 5-1 仿真 ASK 信号

仿真程序的功能及参数要求为：

- 仿真 2ASK 和 4ASK 信号；
- 仿真成形滤波器滤波后（α=0.8）的 ASK 信号；
- 绘出信号的时域波形及频谱；
- 符号速率 R_b=1 Mbps；

- 载波频率 f_c=70 MHz；
- 采样频率 f_s=8R_b；
- 将仿真生成的 ASK 信号进行 8 bit 量化后，以二进制格式存放在文本文件中。

经过前面的分析，我们就可以开始编写 MATLAB 仿真程序了。下面给出的程序中有详细的注释，可方便读者理解程序代码。为节约篇幅，程序中的绘图部分代码，以及仿真数据写入文本文件的部分代码没有给出，请读者在本书配套资料中查看完整的程序清单（"Chapter_5\E5_1_ASKMod\E5_1_AskMod.m"）。

```
%E5_1_AskMod.m 程序清单
function [ASK2,ASK2_filter,ASK4,ASK4_filter]=E5_1_AskMod(Len,IsPlot,IsOutput)
%产生 2ASK、4ASK 信号
%Len：码元长度，默认为 1000 bit
%IsPlot：是否绘图，1 表示绘图，否则不绘图
%IsOutput：是否将 ASK 信号输出到文本文件中，1 表示输出，否则不输出
%设置函数的默认参数值
if nargin < 1
    Len=1000;                           %长度为 1000 bit
    IsPlot=0;                           %不绘图
    IsOutput=0;                         %不将信号写入文本文件
end;
Rb=1*10^6;                              %码元速率
Fs=8*Rb;                                %采样频率
LenData=Len*Fs/Rb;                      %信号长度
Fc=70*10^6;                             %载波频率
Qn=8;                                   %量化位宽
a=0.8;                                  %成形滤波器滚降因子


%产生载波信号
t=0:1/Fs:Len/Rb;
carrier=cos(2*pi*Fc*t);
carrier=carrier(1:LenData);


%产生随机分布的二进制信号
code_2ask=randint(1,Len,2);
%对基带信号以 Fs 的频率进行采样
code_2ask_upsamp=rectpulse(code_2ask,Fs/Rb);
%对基带信号进行成形滤波，同时进行 Fs/Rb 倍采样
code_2ask_filter=rcosflt(code_2ask,1,Fs/Rb);
%产生未进行成形滤波的 2ASK 信号
ASK2=carrier.*code_2ask_upsamp;
%产生成形滤波后的 2ASK 信号
ASK2_filter=carrier.*code_2ask_filter(1:LenData)';


%获取 2ASK 信号的频谱
ASK2_Spec=20*log10(abs(fft(ASK2,1024)));
ASK2_Spec=ASK2_Spec-max(ASK2_Spec);
```

```
ASK2_filter_Spec=20*log10(abs(fft(ASK2_filter,1024)));
ASK2_filter_Spec=ASK2_filter_Spec-max(ASK2_filter_Spec);

%产生随机分布的四进制信号
code_4ask=randint(1,Len,4);
%对基带信号以 Fs 的频率进行采样
code_4ask_upsamp=rectpulse(code_4ask,Fs/Rb);
%对基带信号进行成形滤波,同时进行 Fs/Rb 倍采样
code_4ask_filter=rcosflt(code_4ask,1,Fs/Rb);
%产生未进行成形滤波的 4ASK 信号
ASK4=carrier.*code_4ask_upsamp;
%产生成形滤波后的 4ASK 信号
ASK4_filter=carrier.*code_4ask_filter(1:LenData)';

%获取 4ASK 信号的频谱
ASK4_Spec=20*log10(abs(fft(ASK4,1024)));
ASK4_Spec=ASK4_Spec-max(ASK4_Spec);
ASK4_filter_Spec=20*log10(abs(fft(ASK4_filter,1024)));
ASK4_filter_Spec=ASK4_filter_Spec-max(ASK4_filter_Spec);

%绘图程序代码
%将信号写入文本文件
```

程序运行后，分别生成 2ASK 信号及 4ASK 信号的波形及频谱，如图 5-5 和图 5-6 所示，同时在指定目录下自动生成所需的文本文件：未经成形滤波的 2ASK 信号（ASK2.txt）、经成形滤波后的 2ASK 信号（ASK2_filter.txt）、未经成形滤波的 4ASK 信号（ASK4.txt）和经成形滤波后的 4ASK 信号（ASK4_filter.txt）。

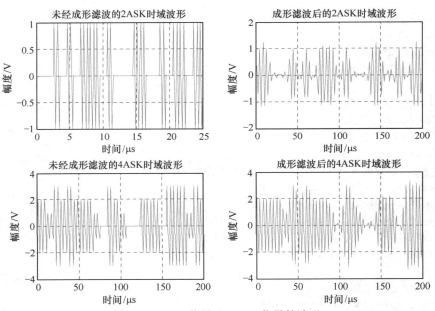

图 5-5　2ASK 信号及 4ASK 信号的波形

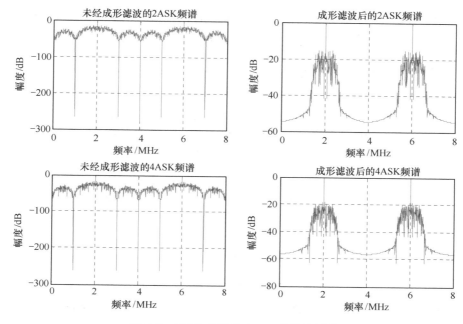

图 5-6　2ASK 信号及 4ASK 信号的频谱

从 ASK 信号的频谱可以看出，经成形滤波后的信号频谱已经滤除了主瓣外的频率信号；2ASK 信号和 4ASK 信号的频谱形状相同，主瓣宽度相同；滤波前后的信号频谱都含有明显的载波频率分量；由于 MATLAB 产生的 ASK 信号是实信号，因此信号频谱均相对于 4 MHz（采样频率的一半）对称；采样后的载波信号被搬移到了 2 MHz 处。载波频率 $f_c=70\,\text{MHz}$，采样频率 $f_s=8R_b=8\,\text{MHz}$，则采样后载波频率 $f_{as}=kf_s\pm f_c$，其中 k 为整数。当 $k=9$ 时，$f_{as}=9f_s-f_c=2\,\text{MHz}$。

5.3　ASK 信号的 FPGA 实现

5.3.1　FPGA 实现模型及参数说明

前面采用 MATLAB 对 ASK 信号进行了仿真，实际上是仿真产生了对 ASK 信号进行采样后的数字信号，仿真产生的信号可以直接输入 FPGA 内，用于 ASK 信号解调的测试数据。

本节讨论的是如何用将原始二进制（或多进制）信号调制生成 ASK 信号，并最终通过 D/A 转换器、功率放大器、天线等发送出去。限于目前数字器件的制造成本及技术水平，考虑到软件无线电平台的可重构性及通用性，中低频电路一般可由可编程数字器件或灵活性较强的集成器件组成，高频部分电路通常采用模拟器件完成，本书主要讨论中低频信号的调制及解调技术。图 5-7 给出了三种 ASK 信号的产生模型。

在图 5-7（a）中，需要调制的二进制或多进制信号流先进行成形滤波，滤波后产生的基带信号直接送入专用的数字上变频器（Digital Up Converter，DUC），然后通过带通滤波器产生所需的 ASK 信号。根据 ASK 信号的产生原理，ASK 信号相当于原始信号直接与载波信号相乘，也就相当于将原始信号搬移至所需的载波频率上。目前，市场上有很多性能优异的

DUC，如模拟器件公司（Analog Devices）生产的 AD9857[6]、AD9957[7]，这些器件不仅具有上变频功能，同时还集成了内插、滤波、D/A 转换等功能。

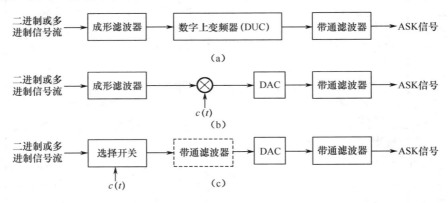

图 5-7   三种 ASK 信号的产生模型

在图 5-7（b）中，需要调制的二进制或多进制信号流先进行成形滤波，滤波后产生的基带信号再由 FPGA 完成载波调制，调制后的 ASK 信号送入 DAC 中完成 D/A 转换，再经带通滤波后生成 ASK 信号。显然，采用这种方法产生 ASK 信号，需要使用 FPGA 内部乘法器。根据数字信号处理理论及 D/A 转换原理，当信号频带确定时，DAC 前端数据的采样频率越高，转换后生成的模拟信号谐波成分就越低[8]，信号质量就越好，对后续带通滤波器的性能要求就越低，更有利于后续模拟信号的实现。由于要进行载波调制，首先需要产生所需的载波信号。根据奈奎斯特定理，产生频率为 f_c 的载波信号，理论上 FPGA 最小的系统时钟频率 $f_s=2f_c$。实际上，为了减小 D/A 转换后的谐波频率成分，降低后续模拟滤波器的设计难度，通常需要 $f_s>4f_c$。比如，如果需要产生 70 MHz 的载波信号，FPGA 的系统时钟频率需要在 280 MHz 以上；如果需要产生 400 MHz 的载波信号，则 FPGA 系统时钟频率至少需要 1.6 GHz。虽然，随着 FPGA 规模及性能的不断发展，FPGA 的系统时钟频率已有了显著提升，但 FPGA 的功耗会随着芯片内资源利用的增加及系统时钟速率的增大而增加。因此，考虑到 FPGA 成本及功耗因素，图 5-7（b）所示的模型多用于产生中低频的 ASK 信号。

图 5-7（c）所示的模型是一种更加简化的结构。需要调制的二进制或多进制信号不进行成形滤波，采用选择开关（键控）方式产生 ASK 信号。在输入 DAC 之前，可以先在 FPGA 内部用一个数字带通滤波器对信号频带进行限制，从而降低对 DAC 之后的模拟滤波器的设计要求。如果对 ASK 信号的带外衰减要求不高，也可以去除 FPGA 内部的带通滤波环节，直接将 ASK 信号经 D/A 转换后生成模拟信号，最后通过一个模拟带通滤波器对 ASK 信号的频带进行滤波处理。

成形滤波器及带通滤波器的 MATLAB 及 FPGA 实现方法在本书第 4 章中已有详细论述，只需要采用 MATLAB 设计好滤波器系数，然后采用 Quartus II 提供的 FIR 滤波器核进行设计即可。本章采用图 5-7（c）所示的模型进行 ASK 信号的设计与实现。

例 5-2 利用 FPGA 实现 ASK 信号

● 利用 FPGA 实现 2ASK 及 4ASK 信号；

- FPGA 输入数据位宽 B_{in}=2，当 2 bit 的数据均有效（有 4 种状态）时可产生 4ASK 信号，当 2 bit 的数据状态始终保持一致（只有 2 种状态）时产生 2ASK 信号；
- 符号速率 R_b=1 Mbps；
- 载波频率 f_c=2 MHz；
- 采样频率 f_s=8R_b；
- FPGA 系统时钟频率 f_s=8 MHz；
- 输出数据位宽 B_{out}=14；
- FPGA 目标器件为 EP4CE15F17C8。

5.3.2 ASK 信号的 Verilog HDL 设计

ASK 信号的 FPGA 实现十分简单，关键在于产生本地载波信号。对于大多数 FPGA 来讲，Quartus II 均提供了 NCO 核[9]，我们可以根据需要，简单地对 NCO 核进行一些必要参数设置后就可以产生载波信号。根据设计需求，输出位宽为 14，NCO 核的输出数据位宽也设置为 14。下面直接给出 ASK 信号的 Verilog HDL 实现代码。

```
//ASKMod.v 的程序清单
module ASKMod (rst,clk,din,dout);
    input    rst;                              //复位信号，高电平有效
    input    clk;                              //FPGA 系统时钟：8 MHz
    input    [1:0] din;                        //基带输入数据
    output   signed [13:0] dout;               //ASK 输出数据

    //实例化 NCO 核
    wire reset_n,out_valid,clken;
    wire signed [31:0] carrier;
    wire signed [13:0]sine;
    assign reset_n = !rst;
    assign clken = 1'b1;
    assign carrier=32'd1073741824;             //2 MHz
    dds u0 (.phi_inc_i (carrier),.clk (clk),.reset_n (reset_n), .clken (clken),
        .fsin_o (sine),.out_valid (out_valid));
    reg [13:0] ask;
    always @(*)
        case(din)
            2'd0:
                ask <= 14'd0;
            2'd1:
                //0.3281=1/4+1/16+1/32
                ask <= {{2{sine[13]}},sine[13:2]}+ {{4{sine[13]}},sine[13:4]}
                    +{{5{sine[13]}},sine[13:5]};
            2'd2:
                //0.6563=1/2+1/8+1/16
                ask <= {{{sine[13]}},sine[13:1]}+ {{3{sine[13]}},sine[13:3]}
                    + {{4{sine[13]}},sine[13:4]};
```

```
                3'd3:
                        ask <= sine;
            endcase

        assign dout = ask;

endmodule
```

程序中使用到了 DDS 核。Quartus II 提供了简单易用的 IP 核，在 IP 核生成界面中依次单击"DSP→Signal Gerneration→NCO v13.1"即可进入 NCO 核生成界面。单击"Step1：Parameterize"按钮进入参数设置界面，NCO 核部分参数如下：

NCO 生成算法方式：small ROM。
相位累加器精度（Phase Accumulator Precision）：32。
角度分辨率（Angular Resolution）：14。
幅度精度（Magnitude Precision）：14。
驱动时钟频率（Clock Rate）：8 MHz。
期望输出频率（Desired Output Frequency）：2 MHz。
频率调制输入（Frequency Modulation Input）：不选中。
调制器分辨率（Modulation Resolution）：32。
调制器流水线级数（Modulator Pipeline Level）：1。
相位调制输入（Phase Modulation Input）：不选。
输出数据通道（Outputs）：单通道（single Output）。
多通道 NCO（Multi-Channel NCO）：1。

在进行 ASK 信号的 Verilog HDL 设计时，实际上是根据输入信号（din）的值来调整输出的正弦波信号（sine）幅度。当实现 4ASK 信号时，输出信号的幅度有 4 种：最大值、零值，以及介于最大值与零值之间的两个中间值。为了便于解调时选择判决门限，需要合理设置两个中间值，使其分别为最大值的 1/3 和 2/3。要在 FPGA 中实现除法运算是比较复杂且耗费逻辑资源的，程序中采用了近似的处理方法，即采用移位相加的方式分别实现了 0.3281 倍的最大值和 0.6563 倍的最大值。当输入信号（din）的值只有两种状态（00 及 11）时，由上面的程序代码可知，输出信号（dout）仅具有最大值及零值两种状态，即可以产生 2ASK 信号。

5.3.3 FPGA 实现 ASK 信号后的仿真测试

至此，我们就完成了 ASK 信号的代码编写工作。编写完成整个 ASK 信号的 Verilog HDL 实现代码并经过测试后就可以进行 FPGA 实现了。在 Quartus II 中完成对 FPGA 工程的编译后，启动"TimeQuest Timing Analyzer"工具，并对时钟信号 clk 添加时序约束（周期为 20 ns，频率为 50 MHz）。保存时序约束结果后重新对整个 FPGA 工程进行编译。

完成综合实现后，在工作过程区中会自动显示整个设计所占用的器件资源情况。本实例选用的目标器件是 Altera 公司 Cyclone-IV 系列的 EP4CE15F17C8。Logic Elements（逻辑单元）使用了 510 个，占 3%；Registers（寄存器）使用了 303 个，占 2%；Memory Bits（存储器）使用了 52 bit，占 1%；Embedded Multiplier 9-bit elements（9 bit 嵌入式硬件乘法器）使用了 0 个，占 0%。从"TimeQuest Timing Analyzer"工具中可以看到系统最高工作频率为 111.88 MHz，显然满足工程实例的 8 MHz 运算速度要求。

在采用 ModelSim 仿真测试之前，还需要编写 TestBench 文件。本实例的 TestBench 文件功能比较简单，首先产生 8 MHz 的系统时钟信号，然后在程序中定义一个 5 位的计数器（count），在系统时钟的驱动下进行计数。取计数器的 count[4:3]作为输入信号（din）即可产生 4ASK 信号，设置"din<={count[3], count[3]};"即可产生 2ASK 信号。

激励文件的构成请参见 4.5 节的内容，本节不再给出完整的激励文件代码，读者可以在本书配套资料"Chapter_5\E5_2_FpgaASKMod\ASKMod\"中查阅完整的工程文件。

编写完激励文件后，即可开始进行程序仿真测试。为了更直观地观察 ModelSim 的仿真波形，需要对波形界面中的一些参数进行简单的设置。

在波形界面中右键单击"dout"信号，在弹出的菜单中依次选中"Radix→Decimal"，将显示数据格式设置为十进制；再次右键单击"dout"信号，在弹出的菜单中选中"Properties"，在弹出的属性显示对话框选中"Format"标签，如图 5-8 所示，在这个对话框中可以设置波形显示形式、缩放因子等参数。

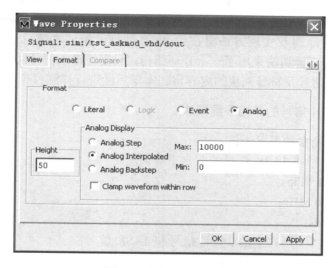

图 5-8　属性显示对话框

设置信号显示高度（Height）为 50，显示格式（Format）为模拟（Analog）形式，采用模拟插值（Analog Interpolated）的形式可以显示信号的平滑曲线（4ASK 信号波形），采用模拟步进（Analog Step）的形式可以显示信号的模拟值曲线（2ASK 信号波形），设置波形最大值（Max）为 10000，最小值（Min）为 0。单击波形界面中的放大（Zoom In）及缩小（Zoom Out）按钮可调整波形显示界面，得到如图 5-9 和图 5-10 所示的仿真波形。

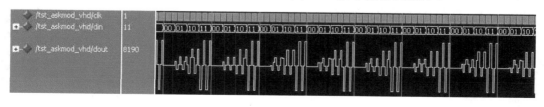

图 5-9　FPGA 实现 4ASK 信号的仿真波形

从图 5-9 中可以看出，波形中的正弦波信号具有 4 种不同的幅值，从图 5-10 中可以看出，波形中的正弦波信号只具有零值和最大值两种情况，波形形状符合 ASK 信号的要求。

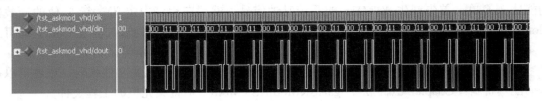

图 5-10　FPGA 实现 2ASK 信号的仿真波形

5.4　非相干解调法的 MATLAB 仿真

根据 5.1.2 节的讨论，ASK 解调主要有相干解调法和非相干解调法两种。相干解调法需要提供与输入信号同频同相的载波信号，通常需要采用锁相环来实现载波信号的提取，较为复杂。相干解调法的原理及实现方法将在第 6 章进行讨论，本节只讨论非相干解调法的 MATLAB 仿真。非相干解调法采用了一个开环结构，只需将输入信号经整流滤波即可输出基带信号。关于位同步信号及符号判决的内容将在本章后续进行详细讨论。

例 5-3　仿真 ASK 信号的非相干解调法

仿真程序的功能及参数要求为：

- 仿真 2ASK 信号和 4ASK 信号的非相干解调法；
- 符号速率 R_b=1 Mbps；
- 载波频率 f_c=70 MHz；
- 采样频率 f_s=8R_b；
- 输入数据为例 5-1 所产生的 2ASK 信号和 4ASK 信号；
- 绘出解调后的基带信号的波形；
- 将解调中的低通滤波器系数写入 TXT 文件中，供 FPGA 实现时调用。

经过前面的分析，我们就可以开始编写 MATLAB 的仿真程序了。程序中有详细的注释，可方便读者理解程序代码。为节约篇幅，程序中的绘图部分代码，以及滤波器系数写入文本文件（"d:\ModemPrograms\Chapter_5\E5_3_ASKDemod\lpf.txt"）的部分代码没有给出，请读者在本书配套资料中查看完整的程序清单（"Chapter_5\E5_3_ASKDemod\E5_3_AskDeMod.m"）。

```
%E5_3_AskDeMod.m 的程序清单
function E5_3_AskDeMod(IsPlot,IsOutput)
%设置函数的默认参数值
if nargin < 1
    IsPlot=0;                        %不绘图
    IsOutput=0;                      %不将信号写入文本文件
end;

Rb=1*10^6;                           %码元速率
Fs=8*Rb;                             %采样频率
```

```
a=0.8;                              %成形滤波器滚降因子

%调用 E5_1_AskMod()函数，产生调制信号
[ASK2,ASK2_filter,ASK4,ASK4_filter]=E5_1_AskMod();

%整流
ASK2=abs(ASK2);
ASK2_filter=abs(ASK2_filter);
ASK4=abs(ASK4);
ASK4_filter=abs(ASK4_filter);

%低通滤波
b=fir1(32,Rb*2/Fs);
d_ASK2=filter(b,1,ASK2);
d_ASK2_filter=filter(b,1,ASK2_filter);
d_ASK4=filter(b,1,ASK4);
d_ASK4_filter=filter(b,1,ASK4_filter);
%滤波器系数写入文本文件
%绘图
```

程序运行后的结果如图 5-11 和图 5-12 所示。从图 5-11 中可以看出，对于 2ASK 信号来讲，解调出的信号呈现比较规则的基带信号波形，取信号峰-峰值的一半作为判决门限，很容易恢复出原始信号。从图 5-11 中可以看出，对于 4ASK 信号来讲，解调出的信号呈现比较规则的基带信号波形，波形中可以明显看出 4 种电平值，合理设置判决门限即可很容易地恢复出原始信号。

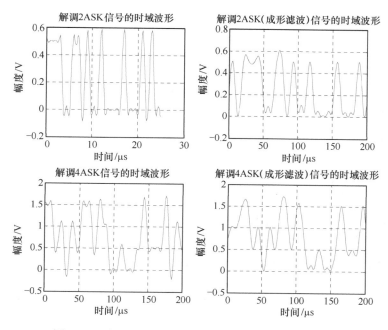

图 5-11　采用非相干解调法解调的 ASK 信号时域波形

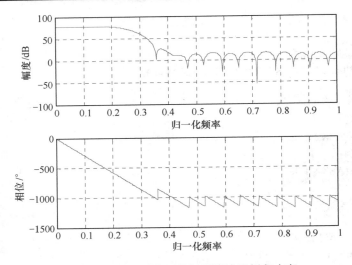

图 5-12　12 bit 量化后的低通滤波器频率响应

5.5　非相干解调法的 FPGA 实现

5.5.1　非相干解调法的 FPGA 实现模型及参数说明

前面采用 MATLAB 对非相干解调法进行了仿真，从仿真过程来看，非相干解调法的原理非常简单，只需进行整流及低通滤波即可。整流的过程其实就是取 ASK 信号绝对值的过程，这在 FPGA 中内部实现并不难。低通滤波可以采用 Quartus II 提供的 FIR 滤波器核实现，滤波器系数采用 E5_3_AskDeMod.m 程序生成的文件 lpf.txt。

例 5-4　FPGA 实现 ASK 信号的非相干解调

- 采用 FPGA 实现 2ASK 及 4ASK 信号的非相干解调；
- FPGA 输入数据位宽 B_{in}=8；
- 输出数据位宽 B_{out}=14；
- 符号速率 R_b=1 Mbps；
- 采样频率 f_s=8R_b；
- 载波频率 f_c=2 MHz；
- FPGA 系统时钟频率 f_s=8 MHz；
- FPGA 目标器件为 EP4CE15F17C8。

5.5.2　非相干解调法的 Verilog HDL 设计

非相干解调法的 Verilog HDL 设计十分简单，下面先给出了 Verilog HDL 的实现代码，然后对代码进行简单的分析。

```
//AskDemod.v 的程序清单
module AskDemod (rst,clk,din,dout);
```

```
input      rst;                                    //复位信号，高电平有效
input      clk;                                    //FPGA 系统时钟：8 MHz
input      signed [7:0]   din;                     //基带输入信号
output     signed [13:0]      dout;                //ASK 输出信号


//对输入的 ASK 信号进行整流处理
reg signed [7:0] abs_din;
always @(posedge clk or posedge rst)
if (rst)
     abs_din <= 8'd0;
else
     if (din[7])
          abs_din <= -din;
     else
          abs_din <= din;
//实例化 FIR 滤波器核
wire ast_sink_valid,ast_source_ready,ast_source_valid,ast_sink_ready,reset_n;
wire [1:0] ast_source_error;
wire [1:0] ast_sink_error;
wire signed [21:0]    Yout;
assign ast_source_ready=1'b1;
assign ast_sink_valid=1'b1;
assign ast_sink_error=2'd0;
assign reset_n = !rst;
lpf u0(.clk(clk),.reset_n(reset_n),.ast_sink_data(abs_din),.ast_sink_valid(ast_sink_valid),
        .ast_source_ready(ast_source_ready),.ast_sink_error(ast_sink_error),
        .ast_source_data(Yout),.ast_sink_ready(ast_sink_ready),.ast_source_valid(ast_source_valid),
        .ast_source_error(ast_source_error));


//根据滤波器系数，可知滤波后输出数据最大位宽为输入数据位宽+14，因此最高数据位为
//Yout(21)，取 Yout(21 downto 8)作为输出数据
assign dout = Yout[21:8];


endmodule
```

程序中使用到了 FIR 核，其主要参数设置为：

系数量化方式（Coefficient Scaling）：自动（Auto）。

系数量化位宽（Bit Width）：12。

滤波器结构（Filter Structure）：Multi-Cycle。

流水线级数（Pipline Level）：1。

运算时钟数（Clock to Compute）：1。

乘法器实现方式（Multiplier inplementation）：DSP Blocks。

滤波器速率设置（Rate Specification）：单速率（Single Rate）。

输入数据通道数（Number of input Channels）：1。

输入数据类型（Input Number System）：有符号二进制数（Signed Binary）。

输入数据位宽（Input Bit Width）：8。

输出数据位宽（Output Number System）：全精度（Ful Resoulation）。

滤波器系数（Coefficients）：D:\ModemPrograms\Chapter_5\E5_3_ASKDemod\lpf.txt。

5.5.3　FPGA 实现非相干解调法后的仿真测试

编写完非相干解调法的 Verilog HDL 实现代码后并经过测试后就可以进行 FPGA 实现了。在 Quartus II 中完成对 FPGA 工程的编译后，启动"TimeQuest Timing Analyzer"工具，并对时钟信号 clk 添加时序约束（周期为 20 ns，频率为 50 MHz）。保存时序约束结果后重新对整个 FPGA 工程进行编译。

完成综合实现后，在工作过程区中会自动显示整个设计所占用的器件资源情况。本实例选用的目标器件是 Altera 公司 Cyclone-IV 系列的 EP4CE15F17C8。Logic Elements（逻辑单元）使用了 1810 个，占 12%；Registers（寄存器）使用了 1198 个，占 8%；Memory Bits（存储器）使用了 106 bit，占 1%；Embedded Multiplier 9-bit elements（9 bit 嵌入式硬件乘法器）使用了 0 个，占 0%。从"TimeQuest Timing Analyzer"工具中可以看到系统最高工作频率为 110.35 MHz，显然满足工程实例的 8 MHz 运算速度要求。

在采用 ModelSim 进行仿真测试之前，还需要编写 TestBench 文件。本实例的 TestBench 文件功能比较简单。首先产生 8 MHz 的系统时钟信号，然后采取读外部 TXT 文件内容的形式生成输入数据，激励文件编写方法请参见 4.5 节的内容，本节不再给出完整的激励文件代码，读者可以在本书配套资料"Chapter_5\E5_4_FpgaASKDemod\AskDemod\"中查看完整的工程文件。

编写完成激励文件后，即可进行程序仿真测试。为了更直观地查看 ModelSim 的仿真波形，需要对波形界面中的一些参数进行简单设置。由于整流后的信号 abs_din 没有在顶层文件中作为输出端口送出，因此直接仿真时，波形界面中没有 abs_din 信号的波形。首先在 ModelSim 主窗口的菜单"View"下选中"Objetcs"，打开对象（Objects）窗口；在 ModelSim 主窗口的左下角选中"sim"，打开仿真窗口并展开"tst_askdemod→uut→u0"，此时选中的 u0 组件内部相关信号会显示在对象窗口中；在对象窗口中右键单击"abs_din"信号，在弹出的菜单中依次选中"add→to wave→selected signals"，即可将 abs_din 信号添加在波形窗口中并显示出来。此时，再次运行仿真程序，波形窗口中将同时绘出 add_in 及其他输入/输出信号的波形。

在波形界面中按照例 5-2 所介绍的方法调整波形窗口中各信号的显示格式，并依次更换激励文件中的输入数据文件名称，可以获得图 5-13（ASK2.txt 文件输入数据）、图 5-14（ASK2_filter.txt 文件输入数据）、图 5-15（ASK4.txt 文件输入数据）、图 5-16（ASK4_ filter.txt 文件输入数据）所示的仿真波形。

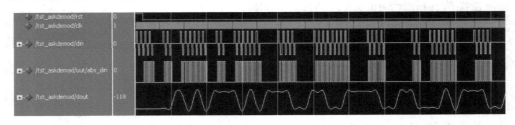

图 5-13　2ASK 解调信号（未经成形滤波）的仿真波形

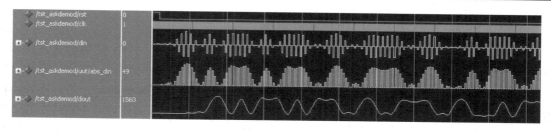

图 5-14　2ASK 解调信号（成形滤波）的仿真波形

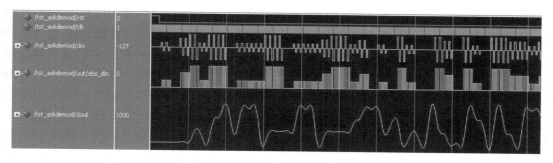

图 5-15　4ASK 解调信号（未经成形滤波）的仿真波形

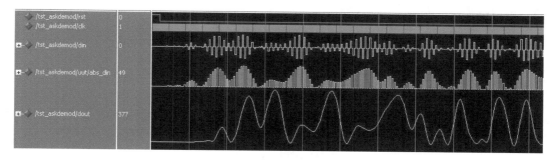

图 5-16　4ASK 解调信号（成形滤波）的仿真波形

对比图 5-11 所示的时域波形与图 5-13 至图 5-16 所示的仿真波形，可以看出，FPGA 实现后的仿真波形与 MATLAB 仿真波形一致，可以对 ASK 信号进行有效的解调。

5.6　符号判决门限的 FPGA 实现

解调系统需要最大可能无差错地在接收端还原出原始信号。根据 ASK 解调原理，包络检波输出基带信号后，还需要对其进行符号定时及判决输出，这其实涉及两个问题：一是判决门限的问题，即需要选择最佳的判决门限；二是符号定时，即需要产生与输入信号频率一致的位同步信号，同时需要选择信噪比最大（眼图张开最大）的时刻对基带信号进行判决，以提高判决的正确性。

本节讨论获取判决门限的问题，5.7 节讨论位同步技术的 FPGA 实现。

5.6.1 确定 ASK 解调信号的判决门限

需要说明的是，并非所有调制体制解调后的基带信号（即解调信号）都需要通过某种运算才能获取判决门限。例如，对于本书后续讨论的 BPSK、2FSK 信号来说，解调信号本身不含有直流分量，又由于是二进制调制方式，因此其判决门限直接取零值即可，不存在判决门限的选择问题。对于 ASK 信号来讲，由 5.5.2 节及 5.5.3 节可知，解调信号具有直流分量，这个直流分量正是我们需要获取的判决门限，对于 4ASK 等多进制 ASK 的解调信号来讲，同样需要根据这个直流分量来确定判决门限。

根据 ASK 调制解调原理，对于 2ASK 解调信号，判决门限直接取解调信号的直流分量即可，直流分量相当于信号的均值。取信号均值，实际上相当于对信号进行低通滤波，通常采用 CIC[8] 滤波器（Cascaded Integrator-Comb Filter，积分梳状滤波器）。根据 CIC 滤波器原理，滤波器长度越长，相当于参与运算的数据越多，则滤波器的通带越窄，过渡带也越窄，越能更好地滤出信号的直流分量。具体到 FPGA 实现结构，参与运算的数据越多，则所需的硬件资源越多，因此需要综合考虑数据速率和硬件资源的情况，选取合理的数据长度，也相当于选择 CIC 滤波器的长度。对于 4ASK 解调信号，根据其调制原理，载波信号的幅度（假设最大值为 1）共有 4 种大小：0、1/3、2/3、1。为了最大限度地对解调信号进行正确判决，判决门限需要设置 3 个，且每个门限值均在相邻两种幅值的中间，即 1/6、1/2、5/6。ASK 解调信号的判决门限示意图如图 5-17 所示。

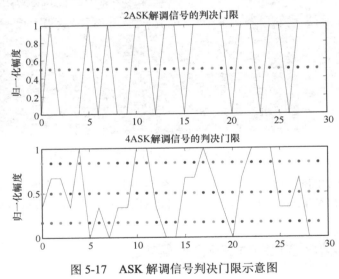

图 5-17   ASK 解调信号判决门限示意图

5.6.2 判决门限模块的 Verilog HDL 实现

例 5-5   判决门限模块的 Verilog HDL 实现

本实例在例 5-4 的基础上，实现判决门限模块的设计。根据前面的分析，在确定解调信号的判决门限时，需要先计算信号的均值，再根据信号的均值计算其判决门限。为便于后续的仿真测试，判决门限模块的程序文件在例 5-4 的 FPGA 工程下编写，编写完成后将其当成一个组件实例化到顶层文件中。下面先给出判决门限模块（Gate.v）的 Verilog HDL 实现代码，再对其进行说明。

```verilog
//Gate.v 的程序清单
module Gate (rst,clk,din,mean);
    input    rst;                          //复位信号，高电平有效
    input    clk;                          //FPGA 系统时钟：8 MHz
    input    signed [13:0] din;            //解调信号
    output   signed [13:0]   mean;         //解调信号的均值

    //移位进程（PShift）：将解调信号依次存入长度为 256 的寄存器中
    //din 与 ShiftReg(255)相差 256 个时钟周期
    //定义具有 256 个元素，14 bit 的位存储器
    reg [13:0] ShiftReg [255:0];
    integer i,j;
    always @(posedge clk or posedge rst)
    if (rst)
        //初始化寄存器的值为 0
        for (i=0; i<=255; i=i+1)
        ShiftReg[i]=14'd0;
    else
        begin
            //与串行结构不同，此处不需要判断计数器状态
            for (j=0; j<=254; j=j+1)
            ShiftReg[j+1] <= ShiftReg[j];
            ShiftReg[0] <= din;
        end

    //均值运算进程（PMean）：运算最近 256 个解调信号的均值
    reg signed [21:0] sum;
    always @(posedge clk or posedge rst)
    if (rst)
        sum <= 22'd0;
    else
        //每个时钟周期更新一次最近 256 个解调信号的累加值
        sum <= sum+{{8{din[13]}},din}-{{8{ShiftReg[255][13]}},ShiftReg[255]};
        //采用右移 8 bit 的方法，近似实现除以 256 的运算，求取均值
        assign mean = sum[21:8];

endmodule
```

由以上程序文件可知，判决门限模块主要由移位进程（PShift）和均值运算进程（PMean）两个进程组成。移位进程完成对解调信号的移位运算，其实是将解调信号顺序移位处理，由于寄存器的长度为 256 bit，因此当前的 din 比最后一位寄存器中存储的值 ShiftReg(255)提前了 256 个时钟周期。PMean 进程完成均值门限的运算，运算原理是计算最近 256 个解调信号的累加值，再采用右移 8 bit（相当于舍去低 8 bit）的方法近似实现除以 256 的运算。

需要说明的是，判决门限模块只是求取了解调信号的均值（直流分量）。对于 2ASK 信号来讲，均值即判决门限；对于 4ASK 来讲，需要对均值做进一步运算，获取多个判决门限。为了节约资源，同时提高系统运算速度，通常采用移位相加的方法来实现常系数乘（除）法。例如，在图 5-17 中，获取归一化幅度的 1/6，相当于为均值的 1/3，可以采用对解调信号分别右移 2 bit（1/4）、4 bit（1/16）、5 bit（1/32），然后通过将移位后的结果相加的方法得到 0.34375（1/4+1/16+1/32=0.34375）倍均值的判决门限。

5.6.3　FPGA 实现判决门限模块后的仿真测试

为便于实例的延续性，同时方便对判决门限模块进行仿真测试，在例 5-4 的基础上，在 AskDemod.v 文件中增加均值输出接口信号 gate，并将判决门限模块以组件的方式进行实例化，其输入信号为解调信号，输出信号直接送至模块端口。

由于 AskDemod.v 文件增加了端口信号，需要在激励文件中增加相应的代码。完整程序代码请参见本书配套资料"Chapter_5\E5_5_FpgaASKDemodGate\AskDemod"的完整实例文件。

图 5-18 和图 5-19 分别是输入数据为 ASK2.txt 及 ASK4.txt 文件的 ModelSim 仿真波形（波形中，din 为 ASK 信号，dout 为解调信号，gate 为均值门限）。

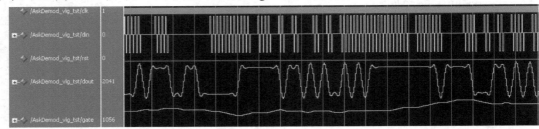

图 5-18　2ASK 解调信号的均值门限仿真

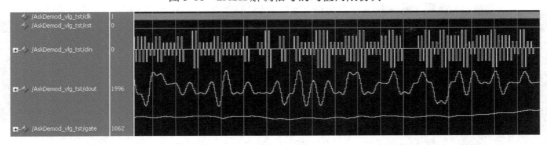

图 5-19　4ASK 解调信号的均值门限仿真

从波形中可以看出，均值门限稳定在 1000 左右，而解调信号的最高幅值在 2000 左右。

5.7　位同步技术的 FPGA 实现

5.7.1　位同步技术的工作原理

位同步也称为定时同步、符号同步、码元同步，是数字通信系统特有的一种同步，不论基带传输还是频带传输都需要位同步。位同步的主要要求是定时误差（也可称为同步误差）要小。根据信号接收理论[1]，定时误差会引起信号采样值的减小和码间串扰的增加。

如果在基带信号中已含有显著的时钟频率（或时钟导频）分量，那么就可以用窄带滤波器或锁相环直接提取这些分量。当然滤波带宽要足够窄，以减小噪声的影响。这种方法称为插入导频法。由于插入专门的时钟导频需要占用额外的信道资源，目前已基本上不采用这种方法实现位同步。当传输信号中不含有显著的时钟频率分量及其谐波时，不能直接提取。从这种信号中提取位同步信号的常用方法有两种：非线性变换滤波法和采用特殊鉴相器的锁相法。这两种方法都是基于同一个基本原理，即位同步信号包含在基带信号初始相位中（当基带信号均值为零时，过零点即为其初始相位；当基带信号的均值不为零时，通过判决门限就可以获取初始相位）。除此之外，还有基于 Gardner 定时误差检测算法的方法，这种方法采用插值滤波的原理来实现位同步及最佳采样点判决。

本章讨论采用锁相环提取位同步信号的方法（锁相环位同步法），第 8 章在介绍 QAM 调制解调技术时讨论基于 Gardner 定时误差检测算法的方法。

由于锁相环位同步法的前提条件是需要获取基带信号的初始相位，也就是要获取相邻不同码元之间的跳变时刻。对于二进制调制信号来讲，如 2ASK 信号，对解调后的基带信号根据判决门限进行简单判决，判决后所得到的信号上升沿或下降沿是信号的初始相位；对于多进制调制信号来讲，如 4ASK 信号，通过简单的判决门限无法获取信号的初始相位。如图 5-19 所示，解调信号基本上是连续变化的，当调制信号由 00 直接跳变到 11 时，解调信号并不是由 00 所对应的门限值直接跳变至由 11 所对应的门限值，而是会经过 01 及 10 所对应的门限值，因此采用判决门限时，判决输出的信号会在 00 与 11 之间增加 01 及 10 的过渡信号，从而无法获得由信号 00 跳变到 11 时的初始相位。对于二进制调制信号来讲，由于 0 与 1 之间不存在其他的码元，因此判决只有一个门限，因此不存在上述问题。

根据前面的分析，锁相环位同步法首先对基带信号进行判决处理，然后根据判决后的结果提取位同步信号，这种方法不考虑最佳判决时刻，只适用于信噪比较大、信号质量较好的情况，但算法较为简单，实现难度小。由于多进制解调信号无法获取信号的初始相位，因此不能采用这种方法。关于多进制解调信号位同步技术的问题将在讨论 Gardner 定时误差检测算法时给出其详细工作原理及 FPGA 实现方法。

锁相环位同步法的基本原理是在接收端利用鉴相器比较接收信号和本地产生的位同步信号的相位，若两者相位不一致（超前或滞后），鉴相器就产生误差信号来调整位同步信号的相位，直到获得准确的位同步信号为止。

数字锁相环的原理框图如图 5-20 所示，它主要由鉴相器、控制器、分频器及时钟变换电路组成。环路中的输入信号 din 是单比特信号，鉴相器中的跳变检测单元用于检测输入信号中的跳变沿，当检测到一个跳变沿后，就产生一个时钟周期的高电平信号，从而提取出位同步信号。用于检测位同步信号的时钟信号与时钟变换电路的输入时钟信号相同，即晶振输出的系统时钟信号，此信号的频率通常远高于数据速率。在本章后续讨论微分型位同步环的 FPGA 实现时可以看到，如果锁相环每次调整的相位为数据速率的 $1/N$，则检测时钟频率为数据采样速率的 $4N$ 倍。对于例 5-4 和例 5-5 来讲，数据采样频率为 8 MHz，码元速率为 1 MHz，如需要锁相环每次调整的相位为 1 个采样时钟周期，即数据采样速率的 1/8，则检测时钟的频率为 4 倍数据采样频率，即 32 MHz。

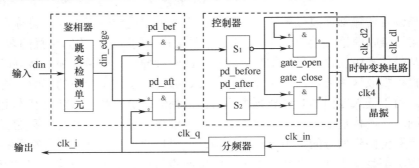

图 5-20　数字锁相环的原理框图

　　pd_bef、pd_aft 为两个与门电路，完成频率相同、相位相反的两路位同步信号（**clk_i、clk_q**）的相位比较功能，产生超前及滞后信号。位同步信号为周期与码元数据相同、上升沿与码元初始相位（即基带数据过零点）对齐的周期信号。

　　为叙述方便，图 5-21 先给出了数字锁相环的 FPGA 实现后的 ModelSim 仿真波形。

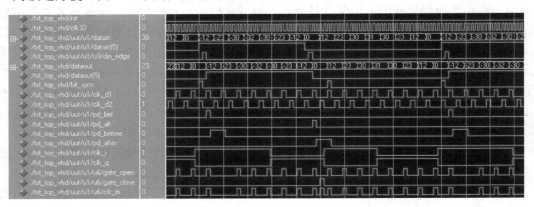

图 5-21　数字锁相环的 FPGA 实现后的 ModelSim 仿真波形

　　晶振输出的是频率为采样频率 4 倍的时钟信号 clk4，clk4 经变换后成为时间相互错开 1 个时钟周期、频率为采样频率 8 倍的两个信号 clk_d1、clk_d2；clk_d1、clk_d2 分别加在与门 gate_close、gate_open 上。由于分频器输出的位同步信号 clk_i 和 clk_q 的相位相差 180°，且周期为一个码元宽度，因此在一个码元的半个周期内，当 pd_aft 关闭（clk_q 为低电平）时，pd_bef 必定打开（clk_i 为高电平），反之亦然。当本地位同步信号滞后时，门 pd_aft 打开，输出一个高电平信号（这个高电平信号为输入信号的跳变沿信号 din_edge），门 pd_bef 关闭。控制器中的 S_1、S_2 为单态稳态触发器，当检测到高电平信号时，产生 4 个（一个码元宽度采样点数的一半）clk4 时钟周期的高电平信号（pd_before、pd_after）；单稳态触发器产生的高电平刚好能使一个 clk_d1 或 clk_d2 信号通过。pd_after 产生一个高电平信号后，相当于打开 gate_close 与门，输出一个高电平信号。gate_close 与 gate_open 相或后，相当于分频器输入时钟信号 clk_in 增加了一个脉冲，从而使分频器翻转的时间超前，本地产生的位同步信号相应超前。

　　本地位同步信号滞后的环路工作状态与超前状态类似。当本地位同步信号超前时，pd_bef 门打开，输出一个检测到的码元跳变沿高电平信号，pd_aft 门关闭；控制器中的 S_1、S_2 为单稳态触发器，当检测到高电平信号时，产生 4 个 clk4 时钟周期的高电平信号（pd_before、pd_after）；单稳态触发器产生的高电平信号刚好能使一个 clk_d1 或 clk_d2 信号通过。pd_before 为单稳态触发器 S_1 的取反信号，pd_before 产生一个高电平信号后，其取反信号相当于关闭门 gate_close，减少一个高电平信号。门 gate_close 与 gate_open 的输出相或后，相当于分频器输入时钟信号 clk_in 减少了一个脉冲，从而使分频器翻转的时间滞后，本地产生的位同步信号相应滞后一个调整周期。

当相邻两个码元没有跳变（连 0 或连 1）时，由于检测不到码元的跳变，也就不会产生 din_edge 脉冲，也就不会产生后续的 pd_bef、pd_aft 信号，因而不会出现"加""扣"脉冲的情况，不会对本地位同步信号的相位进行调整。

由于这种方法是根据位同步信号与接收信号的相位关系（超前或滞后）来调整位同步信号的相位的，因此也称为超前-滞后型位同步法。显然，无论"加"脉冲还是"扣"脉冲，相位校正总是阶跃式的，所以在"扣"脉冲或"加"脉冲后，校正的稳态相位不会为零，而是围绕零点在超前与滞后之间来回摆动。在图 5-21 中可以清楚地看出位同步信号 clk_i 的上升沿与码元初始相位之间的相位关系。

5.7.2　位同步模块的 Verilog HDL 实现

例 5-6　采用 Verilog HDL 实现位同步模块

采用 Verilog HDL 实现微分型位同步环，并对实现后的位同步环进行仿真测试。数据速率为 1 MHz，采样频率为 8 MHz（每个码元采样 8 个点）。位同步信号每次调整的相位为一个采样周期。根据位同步环的工作原理，系统时钟频率选择为 32 MHz。

经过前面的讨论，我们知道，位同步环的工作原理与载波同步锁相环相似，但在进行 Verilog HDL 实现时的差异还是十分明显的。在设计载波同步锁相环时，环路参数的设计十分重要，也需要占用设计者的很大精力。位同步环的设计更多地需要关注环路中的逻辑关系及时序关系，设计者在完全掌握并理解环路各部件的逻辑关系及时序关系后，Verilog HDL 实现代码的编写相对比较简单。由于位同步环一般不需使用乘法等较为复杂的运算，因此环路实现后往往可以达到很高的运算速度。

位同步环的 Verilog HDL 实现代码不长，为了便于读者更好地理解设计思路，以及各功能模块之间的逻辑及时序关系，本实例将各功能模块分别用单个文件来实现。同样，为了讲述方便，还是先对位同步环进行讨论，使读者从总体上对位同步环的设计先有清楚的把握，进而更好地理解各功能模块的 Verilog HDL 实现代码。

微分型位同步环顶层文件综合后的 RTL 原理图如图 5-22 所示，由图 5-22 可以清楚地看出，整个位同步环包括 1 个双相时钟模块（u2：clktrans）、1 个微分鉴相模块（u3：differpd）、2 个单稳态触发器模块（u4、u5：monostable）、1 个控制分频模块（u6：controldivfreq）。对比图 5-22 与图 5-20 可以发现，两者在模块的功能划分上稍有不同，这主要是考虑到 Verilog HDL 实现代码编写的方便。

微分型位同步环顶层文件的 Verilog HDL 实现代码并不复杂，主要用于对各功能模块根据图 5-22 所示的结构进行级联。下面直接给出 BitSync.v 的程序清单。

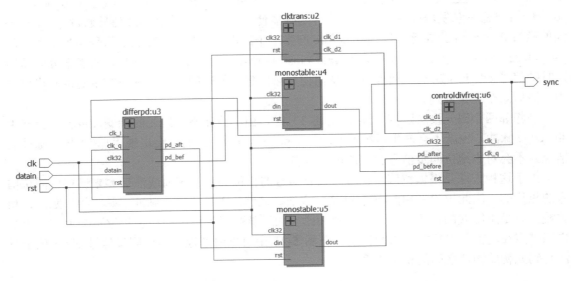

图 5-22 微分型位同步环顶层文件综合后的 RTL 原理图

```
//BitSync.v 的程序清单
module BitSync (rst,clk,datain,sync);
    input    rst;                              //复位信号，高电平有效
    input    clk;                              //FPGA 系统时钟：32 MHz
    input    datain;                           //输入信号
    output   sync;                             //位同步信号输出
//双相时钟模块：产生频率为码元速率的 8 倍（采样频率）、占空比为 1：3 的双相时钟信号
//两路双相时钟相位相差一个 clk32 时钟周期
wire clk_d1,clk_d2;
clktrans u2( .rst (rst), .clk32 (clk), .clk_d1(clk_d1), .clk_d2(clk_d2));

//微分鉴相单元：对输入信号进行微分整流，检测输入信号跳变沿，与分频器输入信号进行鉴相
wire clk_i,clk_q,pd_bef,pd_aft;
differpd u3(.rst (rst), .clk32 (clk), .datain (datain), .clk_i (clk_i), .clk_q (clk_q), .pd_bef (pd_bef),
        .pd_aft (pd_aft));
//单稳态触发器：检测到一个高电平信号后，输出 4 个 clk32 周期的高电平信号
wire pd_before,pd_after;
monostable u4 ( .rst (rst), .clk32 (clk), .din (pd_bef), .dout   (pd_before));
monostable u5 ( .rst (rst), .clk32 (clk), .din (pd_aft), .dout   (pd_after));
//控制分频单元：对两路单稳态输出的信号及双相时钟信号进行处理，分频产生的相位
//相差 180°的信号 clk_i 和 clk_q；
controldivfreq u6 (.rst (rst), .clk32 (clk), .clk_d1 (clk_d1), .clk_d2 (clk_d2),
            .pd_before (pd_before) , .pd_after   (pd_after), .clk_i   (clk_i), .clk_q (clk_q));
assign sync = clk_i;
endmodule
```

5.7.3　双相时钟信号的 Verilog HDL 实现

双相时钟信号由顶层文件中的双相时钟模块（u2：clktrans）产生。根据位同步环的工作原理，双相时钟模块的输出信号频率及相位不需要根据环路的工作状态进行调整，也就是说没有反馈控制环节，因此设计起来比较简单，只需要根据系统时钟信号产生满足相位及占空比要求的两路周期性的脉冲信号（clk_d1 和 clk_d2）即可。

双相时钟信号的频率及相位特性请参见图 5-24，两路信号的占空比均为 1∶3，高电平信号宽度为 1 个系统时钟（clk32）周期，信号周期为 4 个系统时钟周期，且两路输出信号相位相差 2 个系统时钟周期。显然，如果两路信号进行或处理，则可得到占空比为 1∶1、周期为 2 倍系统时钟周期的信号。之所以需要将输出信号设计成占空比为 1∶3 的波形，是因为在信号的两个高电平信号之间，还可以插入一个高电平信号，从而实现"加""扣"脉冲的功能。

实现双相时钟信号的方法很多，本实例采用计数器设计的思路来完成。由于信号的周期均是 4 个 clk32 周期，因此可以设计一个周期为 4 的二进制计数器，再根据计数器的值来分别对输出信号的"高""低"状态进行设置，从而产生所需要的双相时钟信号。下面直接给出 clktrans.v 的程序清单。双相时钟模块顶层文件综合后的 RTL 原理图以及双相时钟模块的 ModelSim 波形仿真图分别如图 5-23 和图 5-24 所示。

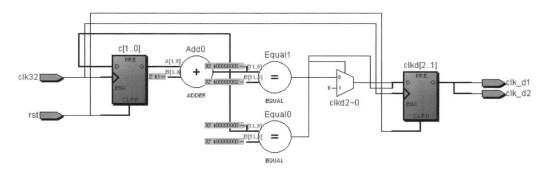

图 5-23　双相时钟模块顶层文件综合后的 RTL 原理图

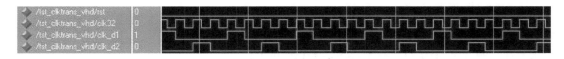

图 5-24　双相时钟模块的 ModelSim 仿真波形

```
//clktrans.v 的程序清单
module clktrans (rst,clk32,clk_d1,clk_d2);
    input    rst;                    //复位信号，高电平有效
    input    clk32;                  //FPGA 系统时钟：32 MHz
    output   clk_d1;                 //双相时钟输出信号 1
    output   clk_d2;                 //双相时钟输出信号 2，与信号 1 相互正交

//产生频率为码元速率的 8 倍、占空比为 1、相位相差一个 clk32 时钟周期的双相时钟信号
//从这段程序可以看出，由于双相时钟信号 clk_d1 和 clk_d2 的周期为码元的采样周期，
```

```
//产生双相时钟信号的时钟频率不能小于双相时钟的 4 倍，因此，位同步路中的系统时钟频率
//为数据采样频率的 4 倍
reg [1:0] c;
reg clkd1,clkd2;
always @(posedge clk32 or posedge rst)
if (rst)
    begin
        c = 0;
        clkd1 <= 0;
        clkd2 <= 0;
    end
else
    begin
        c = c+1'b1;
        if (c==0)
            begin
                clkd1 <= 1'b1;
                clkd2 <= 1'b0;
            end
        elseif (c==2)
            begin
                clkd1 <= 1'b0;
                clkd2 <= 1'b1;
            end
        else
            begin
                clkd1 <= 1'b0;
                clkd2 <= 1'b0;
            end
    end
    assign clk_d1 = clkd1;
    assign clk_d2 = clkd2;
endmodule
```

5.7.4 微分鉴相模块的 Verilog HDL 实现

输入信号的微分整流（跳变沿检测）及其与分频器输出的两路相位相反的信号（clk_i 和 clk_q）之间的鉴相功能，由顶层文件中的微分鉴相模块（u3：DifferPD）完成。位同步环中的鉴相功能相比载波锁相环要简单得多，实际上就是一个与门电路而已。如何来理解这个与门电路所实现的鉴相功能呢？这需要读者仔细体会整个位同步环的工作过程。首先需要明确地知道，分频器输出的两路信号 clk_i 和 clk_q 其实就是位同步信号。位同步环通过调整分频器的输入信号 clk_in 的高电平信号频率（超前计满 8 个高电平信号，或滞后计满 8 个高电平信号）来实现调整位同步信号相位的目的。如果没有检测到跳变沿（比如出现两个连续相同的码元），则作为鉴相功能的与门（图 5-20 中的 pd_bef 及 pd_aft）均没有脉冲信号输出，始终保持输出低电平信号；控制器中的单稳态触发器均保持输出低电平信号；单稳态触发器

S1 取反输出高电平，打开 gate_open 与门；单稳态触发器 S2 输出低电平，关闭 gate_close 与门。此时分频器的输入信号 clk_in 完全等同于一路双相时钟信号 clk_d1，这种状态不会对输出的位同步信号进行相位调整。当检测到跳变沿时，作为鉴相功能的与门将输出一个高电平信号，根据输入信号与位同步信号的相位关系，或者在超前的与门 pd_bef 输出信号，或者在滞后的与门 pd_aft 输出信号，进而在控制器的控制作用下实现在 clk_in 信号上的"加""扣"脉冲操作。

　　微分鉴相模块的 Verilog HDL 实现代码十分简单，下面直接给出了 differpd.v 的程序清单。

```
//differpd.v 的程序清单
module differpd (rst,clk32,datain,clk_i,clk_q,pd_bef,pd_aft);
    input    rst;                //复位信号，高电平有效
    input    clk32;             //FPGA 系统时钟：32 MHz
    input    datain;            //输入信号
    input    clk_i;             //由控制分频模块送来的同相同步信号（占空比为1∶1）
    input    clk_q;             //由控制分频模块送来的正交同步信号（占空比为1∶1）
    output   pd_bef;            //输出的超前信号
    output   pd_aft;            //输出的滞后信号
    //输入信号微分整流，检测到输入信号跳变沿后，产生一个 clk32 时钟周期的高电平信号
    reg din_d,din_edge;
    reg pdbef,pdaft;
    always @(posedge clk32 or posedge rst)
        if (rst)
            begin
                din_d <= 0;
                din_edge <= 0;
                pdbef <= 0;
                pdaft <= 0;
            end
        else
            begin
                din_d <= datain;
                din_edge <= (datain ^ din_d);//xor
                //完成鉴相功能
                pdbef <= (din_edge & clk_i); //and
                pdaft <= (din_edge & clk_q); //and
            end
    assign pd_bef = pdbef;
    assign pd_aft = pdaft;
endmodule
```

微分鉴相模块综合后的 RTL 原理图如图 5-25 所示。

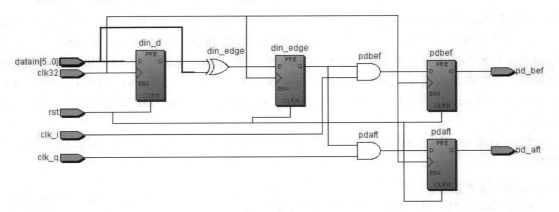

图 5-25　微分鉴相模块综合后的 RTL 原理图

5.7.5　单稳态触发器的 Verilog HDL 实现

单稳态触发器功能由顶层文件中的单稳态触发器模块（u4，u5：monostable）完成。所谓单稳态触发器，就是在检测到高电平信号时，连续输出一定长度的高电平信号。本实例中设置输出 4 个 clk32 时钟周期的高电平信号。由于双相时钟信号 clk_d1、clk_d2 均为占空比为 1∶3 的信号，4 个 clk32 时钟周期的高电平信号可以保证只通过一个 clk_d1（取反后可阻止一个 clk_d2）信号。

下面直接给出了 monostable.v 的程序清单。

```
//monostable.v 的程序清单
module monostable(rst,clk32,din,dout);
    input    rst;                    //复位信号，高电平有效
    input    clk32;                  //FPGA 系统时钟：32 MHz
    input    din;
    output   dout;                   //检测到 din 为高电平后，输出 4 个时钟周期的高电平信号

    //单稳态触发器：检测到一个高电平信号后，输出 4 个 clk32 时钟周期的高电平信号
    reg [1:0] c;
    reg start,dtem;
    always @(posedge clk32 or posedge rst)
    if (rst)
        begin
            c = 0;
            start = 0;
            dtem <= 0;
        end
    else
        begin
            if (din)
                begin
                    start = 1'b1;
                    dtem <= 1'b1;
                end
```

```
            if (start)
                begin
                    dtem <= 1'b1;
                    if (c<3)
                        c = c+2'b01;
                    else
                        start = 1'b0;
                end
            else
                begin
                    c = 0;
                    dtem <= 1'b0;
                end
        end
    assign dout = dtem;
endmodule
```

　　一般来讲，Verilog HDL 程序设计时有两种建模方法，或者说有两种设计思路，即结构化设计和行为级设计。Verilog HDL 是硬件描述语言，所有复杂的数字电路均由基本的数字逻辑器件组成，每种数字逻辑器件均可以在 Verilog HDL 中找到相对应的语句描述，也就是 Verilog HDL 中的硬件原语（Primitive）。因此，可以像画电路图一样，将 Verilog HDL 中的硬件原语连接在一起，形成所需要的功能电路。当然也可以采用最基本的逻辑门电路或加、减法等基本运算单元对所需的功能电路进行描述，这种建模方法称为结构化设计。如果所有的设计均采用结构化设计方法，对于复杂的设计，其工作量可想而知，同时会也大大降低 Verilog HDL 的灵活性和应用范围。Verilog HDL 提供了简捷实用的语法结构，对于一个功能电路，可以采用 Verilog HDL 直接描述电路的功能，不用关心具体的实现细节（这部分功能由综合工具来完成），这种建模方法称为行为级设计。可以说，正是因为大量使用了行为级设计，才极大地简化和方便了 FPGA 的设计过程。

　　从程序代码上可以看出，微分鉴相模块采用的是结构化设计，程序代码与 RTL 原理图可以很好地对应起来。从单稳态触发器的程序清单可以看出，在编写这段代码时，并没有考虑具体的逻辑电路结构，而仅仅是从功能上按照需求采用 Verilog HDL 进行描述的，具体实现结构完全由综合工具完成。图 5-26 为单稳态触发器模块综合后的 RTL 原理图，分析图 5-26 所示的结构，发现对这个并不算复杂的电路进行分析也并不是一件容易的事。反过来讲，如果按照结构化设计的思路，先设计好单稳态触发器的逻辑结构，再采用 Verilog HDL 对这个结构进行描述，将会给设计者带来较大的困难。因此，在进行 Verilog HDL 程序设计时，设计者需要根据具体的功能需求，灵活选用合适的思路去完成所需的设计。

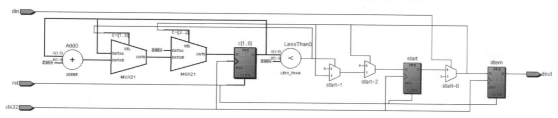

图 5-26　单稳态触发器模块综合后的 RTL 原理图

5.7.6 控制分频模块的 Verilog HDL 实现

控制分频模块（u6：controldivfreq）用于完成图 5-20 中的 S1 取反，gate_open 和 gate_close 或门功能，产生 clk_in，以及对 clk_in 进行 8 分频输出位同步信号 clk_i 及 clk_q。下面先给出该模块的 Verilog HDL 程序清单，以及控制分频模块综合后的 RTL 原理图（见图 5-27），然后对其进行讨论。

```verilog
//controldivfreq.v 的程序清单
module controldivfreq(rst,clk32,clk_d1,clk_d2,pd_before,pd_after,clk_i,clk_q);
    input    rst;                    //复位信号，高电平有效
    input    clk32;                  //FPGA 系统时钟：32 MHz
    input    clk_d1;
    input    clk_d2;
    input    pd_before;
    input    pd_after;
    output   clk_i;
    output   clk_q;

    wire gate_open,gate_close,clk_in;
    assign gate_open   = (~ pd_before) & clk_d1;
    assign gate_close = pd_after & clk_d2;
    //对 gate_open 及 gate_close 相或后，作为分频器的驱动时钟
    assign clk_in = gate_open | gate_close;
    reg clki,clkq;
    reg [2:0] c;
    always @(posedge clk32 or posedge rst)
    if (rst)
        begin
            c = 0;
            clki <= 0;
            clkq <= 0;
        end
    else
        begin
            if (clk_in)
            c = c + 3'b001;
            clki <=  ~c[2];
            clkq <= c[2];
        end
    assign clk_i = clki;
    assign clk_q = clkq;
endmodule
```

程序中的 gate_open、gate_close 及 clk_in 逻辑门的代码十分简单，请读者注意分频器的设计方法。根据位同步环工作原理，分频器对 clk_in 信号进行分频即可，因此可以直接以 clk_in 作为驱动时钟，设计 3 bit 的二进制计数器。程序中采用 clk32 系统时钟为驱动时钟，当检测

到 clk_in 信号出现高电平时，进行一次计数。这样设计的好处是什么呢？为了使整个系统的时钟信号完全统一，也就是说整个系统中的时钟信号为同一个 clk32 信号，显然更有利于系统的同步运行。如果采用 clk_in 作为分频器的驱动时钟，则整个位同步环中就同时存在 clk32 及 clk_in 两个不同的时钟信号，这违反了尽量少使用时钟信号的 FPGA 设计原则。

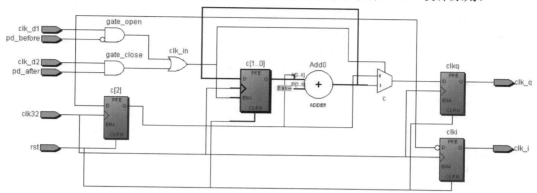

图 5-27　控制分频模块顶层文件综合后的 RTL 原理图

5.7.7　FPGA 实现及仿真测试

编写完成整个系统的 Verilog HDL 实现代码并经过测试后就可以进行 FPGA 实现了。在 Quartus II 中完成对位同步环工程的编译后，启动 "TimeQuest Timing Analyzer" 工具，并对时钟信号 clk 添加时序约束（周期为 20 ns，频率为 50 MHz）。保存时序约束结果后重新对整个 FPGA 工程进行编译。

完成综合实现后，在工作过程区中会自动显示整个设计所占用的器件资源情况。本实例选用的目标器件是 Altera 公司 Cyclone-IV 系列的 EP4CE15F17C8。Logic Elements（逻辑单元）使用了 22 个，占 1%；Registers（寄存器）使用了 20 个，占 1%；Memory Bits（存储器）使用了 0 bit，占 0%；Embedded Multiplier 9-bit elements（9 bit 嵌入式硬件乘法器）使用了 0 个，占 0%。从 "TimeQuest Timing Analyzer" 工具中可以看到系统最高工作频率为 250 MHz，显然满足工程实例中要求的 32 MHz。

运行 ModelSim 软件进行仿真测试之前，还需要生成并编写激励文件。复位信号 rst 与时钟信号 clk 的生成代码十分简单，不再讨论。输入信号 datain 的码元速率为 1 MHz，FPGA 系统时钟的频率为 32 MHz。为简化设计，可以将 datain 也设计成方波信号。需要注意的是，datain 码元速率为 1 MHz，也就是说，datain 可以设计成频率为时钟信号频率的 1/64 的方波信号。相关代码如下：

```
//BitSync.vt 的程序代码
//timescale 1 ns/ 1 ns
module BitSync_vlg_tst();
reg clk;
reg datain;
reg rst;
//wires
wire sync;
```

```
//assign statements (if any)
BitSync i1 (.clk(clk),.datain(datain),.rst(rst),.sync(sync));

parameter clk_period=20;                       //设置时钟信号频率为 50 MHz
parameter data_clk_period=clk_period*64;       //设置数据时钟周期
parameter clk_half_period=clk_period/2;
parameter data_half_period=data_clk_period/2;
parameter data_num=2000;                        //仿真数据长度
parameter time_sim=data_num*clk_period;         //仿真时间


initial
begin
    //设置输入信号初值
    datain=1'd0;
    //设置时钟信号初值
    clk=1;
    //clk_data=1;
    //设置复位信号
    rst=1;
    #110 rst=0;
    //设置仿真时间
    #time_sim $finish;
end
//产生时钟信号
always
#clk_half_period clk=~clk;
//产生数据信号
always
#data_half_period datain=~datain;
endmodule
```

生成激励文件并根据前面章节介绍的方法对仿真环境参数进行设置后，就可以进行 ModelSim 仿真了。在 5.7.1 节介绍数字锁相环的原理时已经对 FPGA 仿真波形进行了分析，这里就不再重复了。需要注意的是，由于在程序编写过程中没有将各模块的内部信号通过顶层模块输出，因此在仿真时需要在 ModelSim 仿真工具中添加所需观察的内部信号。

5.8 ASK 信号解调系统的 FPGA 实现及仿真

5.8.1 解调系统的 Verilog HDL 实现

例 5-7 采用 Verilog HDL 实现 2ASK 信号的解调电路

采用 Verilog HDL 实现 2ASK 信号的解调电路，包括基带信号的解调及位同步信号的提取。输入信号的频率为 1 MHz，采样频率为 8 MHz（每个码元采样 8 个点）。位同步信号每次调整的相位为一个数据采样周期，系统时钟频率选择为 32 MHz。

前面分别讨论了 ASK 解调系统设计的各个环节，对输入信号进行整形及滤波得到基带信号波形、获取判决门限、位同步信号的提取。显然，对于数字解调系统来讲，还需要在接收端获取与发送端相同的信号，最终的输出结果是信号流，以及与信号流同步的位同步信号。

经过前面对解调系统各个环节的 Verilog HDL 设计，完整的解调系统设计就变得十分容易了，只需要将各个模块通过组件实例化的形式连接起来，再增加一些简单的逻辑处理即可。下面先给出顶层文件（AskDemod.v）的程序代码以及综合后的 RTL 原理图，再对其中的逻辑电路进行说明。

```verilog
//AskDemod.v 的程序清单
module AskDemod (rst,clk,clk32,din,dout,gate,dataout,bit_sync);
    input    rst;                           //复位信号，高电平有效
    input    clk;                           //数据采样时钟：8 MHz
    input    clk32;                         //FPGA 系统时钟：32 MHz
    input    signed [7:0]    din;           //输入信号
    output   signed [13:0]   dout;          //ASK 解调后的输出信号（解调信号）
    output   signed [13:0]   gate;          //解调信号的均值
    output   dataout;                       //判决输出的信号流
    output   bit_sync;                      //位同步信号

    //对输入的 ASK 信号进行整流处理
    reg signed [7:0] abs_din;
    always @(posedge clk or posedge rst)
    if (rst)
        abs_din <= 8'd0;
    else
        if (din[7])
            abs_din <= -din;
        else
            abs_din <= din;
    //实例化 FIR 滤波器核
    wire ast_sink_valid,ast_source_ready,ast_source_valid,ast_sink_ready,reset_n;
    wire [1:0] ast_source_error;
    wire [1:0] ast_sink_error;
    wire signed [21:0]   Yout;
    assign ast_source_ready=1'b1;
    assign ast_sink_valid=1'b1;
    assign ast_sink_error=2'd0;
    assign reset_n = !rst;
    lpf u0(.clk(clk), .reset_n(reset_n), .ast_sink_data(abs_din), .ast_sink_valid(ast_sink_valid),
        .ast_source_ready(ast_source_ready), .ast_sink_error(ast_sink_error),.ast_source_data(Yout),
        .ast_sink_ready(ast_sink_ready),.ast_source_valid(ast_source_valid),
        .ast_source_error(ast_source_error));
```

```
//根据滤波器系数，可知输出数据最大位宽为输入数据位宽+14，因此最大的数据位宽为21
assign dout = Yout[21:8];

//实例化均值运算模块
wire signed [13:0] mean;
Gate u1 (.rst(rst), .clk(clk), .din(Yout[21:8]), .mean(mean));
//对解调后的信号进行判决输出
wire demod;
wire signed [13:0] demoddata;
assign demoddata = Yout[21:8];
assign demod = (demoddata>mean)? 1'b1:1'b0;

//实例化位同步模块
wire sync;
BitSync u2(.rst(rst), .clk(clk32), .datain(demod),.sync(sync));
//在位同步信号的驱动下，输出判决后的信号流
reg data_out;
always @(posedge sync or posedge rst)
if (rst)
        data_out <= 1'b0;
else
        data_out <= demod;
assign dataout = data_out;
assign bit_sync =sync;
assign gate = mean;
endmodule
```

顶层文件是在例 5-4 的基础上修改的。2ASK 信号解调系统综合后的 RTL 原理图如图 5-28 所示，图中左边部分的逻辑电路完成输入信号的整流功能（取绝对值运算）；整流后的信号经过一级寄存器后送至低通滤波器完成基带信号的解调；判决门限模块根据解调后的信号计算出判决门限值（均值）；解调后的信号 demoddata 与判决门限值 mean 进行比较，完成判决输出，输出单比特信号流 demod；位同步模块采用锁相环来提取出位同步信号 bit_sync；在位同步信号 bit_sync 上升沿的触发下，最终输出经判决解调后的单比特信号流 dataout。

5.8.2 完整系统的仿真测试

编写完成整个解调系统的 Verilog HDL 实现代码并经过测试后就可以进行 FPGA 实现了。在 Quartus II 中完成对位同步环工程的编译后，启动"TimeQuest Timing Analyzer"工具，并对时钟信号 clk 添加时序约束（周期为 20 ns，频率为 50 MHz）。保存时序约束结果后重新对整个 FPGA 工程进行编译。

完成综合实现后，在工作过程区中会自动显示整个设计所占用的器件资源情况。本实例选用的目标器件是 Altera 公司 Cyclone-IV 系列的 EP4CE15F17C8。Logic Elements（逻辑单元）使用了 1899 个，占 12%；Registers（寄存器）使用了 1258 个，占 8%；Memory Bits（存储器）使用了 3662 bit，占 1%；Embedded Multiplier 9-bit elements（9 bit 嵌入式硬件乘法器）使用了 0 个，占 0%。从"TimeQuest Timing Analyzer"工具中可以看到系统最高工作频率为 129.7 MHz，

显然满足工程实例中要求的 32 MHz。

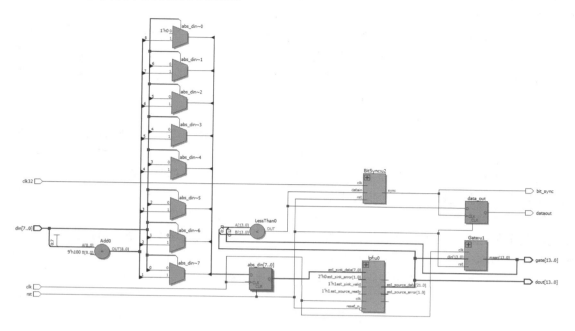

图 5-28　2ASK 解调系统综合后的 RTL 原理图

　　在采用 ModelSim 进行仿真测试之前，还需要编写 TestBench 文件。本实例的 TestBench 文件功能比较简单。首先分别产生频率为 8 MHz 及 32 MHz 的系统时钟信号，然后采取读外部 TXT 文件的形式生成输入信号，测试数据与例 5-5 所采用的数据相同，本节不再给出完整的激励文件代码，读者可以在本书配套资料 "\Chapter_5\ E5_7_AskDemodSync\AskDemod\" 中查阅完整的工程文件。

　　2ASK 信号解调系统的 ModelSim 仿真波形如图 5-29 所示。从图 5-29 可以看出，解调后的信号 dataout 能够完全与输入的 2ASK 信号一一对应，输出的位同步信号 bit_sync 与 dataout 完全同步，且保证了每个码元判决输出一次，整个 2ASK 信号解调系统工作正确。

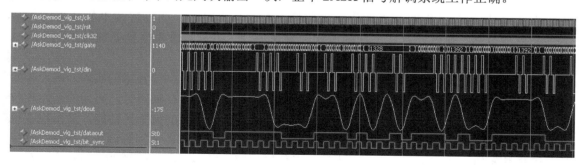

图 5-29　2ASK 信号解调系统的 ModelSim 仿真波形

　　关于本章讨论的 ASK 调制解调系统，还需要再说明以下几点。

　　（1）实例中没有仿真噪声对系统的影响。众所周知，没有噪声的信道只是一种理想状态，但也并不是在大多数信道中噪声的强度都足以严重影响到信号解调质量。读者可以在例 5-1

的基础上对 MATLAB 程序进行简单修改，添加不同强度的噪声，并通过仿真查看解调后的基带信号的波形及质量情况。

（2）关于实例中的采样频率的选择问题。实例中采样频率设置为码元速率的 8 倍，而根据奈奎斯特采样定理，理论上采样频率只需大于码元速率的 2 倍即可，采样频率越低，数据处理越容易。当然，2 倍码元速率的采样频率只是理想状态，实际情况下的采样频率显然要大于这个值。当存在噪声时（实际情况下信道是无法完全消除噪声的），采样频率越高，采样后的信号质量就越好。同时，根据软件无线电思想设计的接收平台，也需要有较高的采样频率。因此，通常需要在前端采样后，根据码元速率再进行降速处理，以降低后续数字处理的难度。在发送端，通常会以较低的速率完成调制，而后再经过插值处理，提高数据的采样频率，以提高数/模转换后的信号质量。这一系列的变换属于多速率信号处理的内容。在作者出版关于数字滤波器及数字通信同步技术的著作后，有读者问为什么采样频率一定是码元速率的整数倍？比如本章的实例中是 8 倍的关系，是否可以不是整数倍（这在实际工程中通常会出现，甚至是无法避免的）？显然，采样频率并非一定要是码元速率的整数倍，由于收发两端的晶振频率本身的不一致性，在接收端也无法做到采样频率是码元速率的整数倍关系（如果在接收端可以知道完全准确的码元速率或载波频率，就不需要考虑通信中的同步问题了）。根据 5.7 节讨论的位同步技术可知，位同步环本身是一个闭环控制系统，同步过程是一个动态过程，当采样频率不是码元速率的整数倍时，位同步环会动态地调整本地位同步信号的相位（实例中是整数倍，当位同步环锁定后，位同步信号相位与码元初始相位始终在超前和滞后 1 个 clk 周期之间来回摆动。当采样频率不是码元速率的整数倍时，即使位同步环锁定后，也会以一定的频率出现连续进行两次超前或滞后的相位调整，然后继续出现在超前及滞后 1 个 clk 周期之间来回摆动的情况），确保对解调后的每个码元判决输出 1 次，实现位同步及码元输出的功能。

（3）采样频率的问题。本实例中为什么取 8 倍的关系？为什么不取 16 倍、4 倍或其他倍的速率？根据本章讨论的位同步工作原理，位同步信号每次调整的相位是 1 个采样周期，因此采样频率越高，调整的相位就越准确，相位抖动就越小，取 8 倍的关系来进行讨论，从波形上看足以反映位同步环的相位调整过程。在第 8 章讨论基于 Gardner 定时误差检测算法的位同步方法时会看到，根据该算法的工作原理，最低只需采样频率为码元速率的 4 倍就可以提取准确的位同步信号。在这种情况下，如果解调出的基带信号频率是 8 倍或更高，则需要对其进行抽取实现降速处理，关于多速率信号处理技术的 FPGA 实现，可以参考文献[13]。

（4）位同步技术问题。本章仅讨论了最基本的超前-滞后型位同步技术的实现。码元初始相位是通过直接对解调后的基带信号进行判决输出得到的，当存在噪声时，码元的初始相位受干扰的影响较大，位同步环的抗干扰性较弱。为提高位同步环的抗干扰性能，又出现了很多改进的位同步环，如同相正交积分型位同步环等[4]。从整个 ASK 调制解调技术来看，其中的位同步技术的实现相对要难一些，也请读者仔细理解位同步环中各信号之间的时序关系，以及位同步环的相位调整过程，深刻掌握其工作原理及实现方法，以达到最终熟练应用到其他工程的目的。

5.9　ASK 调制解调系统的板载测试

5.9.1　硬件接口电路

前面介绍了 ASK 调制解调系统的原理及 FPGA 实现方法,接下来我们完成这个系统的工程实现, 即在 CRD500 开发板上完成整个 ASK 调制解调系统的板载测试。

本次板载测试的目的在于验证 ASK 调制解调系统的工作情况,即验证 ASK 信号的产生功能, 以及 ASK 信号的解调功能。

CRD500 开发板配置有 2 路独立的 DA 通道、1 路 AD 通道、2 个独立的晶振。为尽量真实地模拟数字通信中的调制解调过程,采用晶振 X2(gclk2)作为驱动时钟,产生载波频率为 2 MHz,数据速率为 1 MHz 的 ASK 信号,经 DA2 通道输出。DA2 通道输出的模拟信号通过 CRD500 开发板上的 P5 跳线端子(引脚 1、2 短接)连接至 AD 通道,送入 FPGA 进行处理。 FPGA 完成 ASK 信号的解调、判决、位同步后通过扩展口 ext9 输出。AD 通道的驱动时钟由 X1(gclk1)提供, 即板载测试中的收发两端时钟完全独立。程序下载到 CRD500 开发板后, 通过示波器观察原始信号、ASK 信号及解调信号的波形,即可判断整个调制解调系统的工作情况。ASK 调制解调系统板载测试的 FPGA 接口信号定义如表 5-1 所示。

表 5-1　ASK 调制解调电路板载测试的 FPGA 接口信号定义

信 号 名 称	引 脚 定 义	传 输 方 向	功 能 说 明
rst	P14	→FPGA	复位信号, 高电平有效
gclk1	M1	→FPGA	50 MHz 的时钟信号, 作为接收模块驱动时钟
gclk2	E1	→FPGA	50 MHz 的时钟信号, 作为发送模块驱动时钟
ad_clk	K15	FPGA→	AD 通道时钟信号, 8 MHz
ad_din[7:0]	G15、G16、F15、F16、F14、D15、D16、C14	→FPGA	AD 通道输入信号, 8 bit
da2_clk	D12	FPGA→	DA2 通道时钟信号, 8 MHz
da2_out[7:0]	A13、B13、A14、B14、A15、C15、B16、C16	FPGA→	DA2 通道转换信号, ASK 信号
ext9	B1	FPGA→	ASK 解调信号
ext11	A2	FPGA→	位同步信号
ext13	A3	FPGA→	发送端待调制的信号

5.9.2　板载测试程序

根据前面的分析,板载测试程序需要设计时钟产生模块(clk_produce.v)来产生所需的各种时钟信号;设计 ASK 调制信号产成模块(AskMod.v)来产生载波频率为 2 MHz、数据速率为 1 MHz 的 ASK 信号,同时将 5.8 节设计的 ASK 信号解调系统作为数据接收处理模块。 为便于使收发两端采用不同的时钟信号,更真实地模拟 ASK 调制解调全过程,考虑到 CRD500 开发板的硬件配置情况,将系统时钟频率由 32 MHz 调整为 25 MHz(可通过分频器对板载的

50 MHz 进行分频处理，不需采用 PLL 核），则 8 MHz 的频率相应调整为 6.25 MHz，2 MHz 载波频率调整为 1.5625 MHz，1 MHz 的基带信号频率调整为 0.78125 MHz。

ASK 调制解调系统板载测试程序顶层文件综合后的 RTL 原理图如图 5-30 所示。

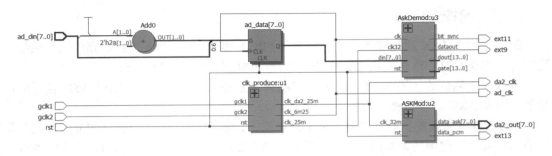

图 5-30　ASK 调制解调系统板载测试程序顶层文件综合后 RTL 原理图

顶层文件 BoardTst.v 的程序代码如下所示。

```verilog
module BoardTst(
    //2 路系统时钟及 1 路复位信号
    input gclk1,
    input gclk2,
    input rst,
    output ext9 ,              //解调信号
    output ext11,              //位同步信号
    output ext13,              //原始待调制的信号

    //DA 通道
    output da2_clk,
    output [7:0] da2_out,      //滤波后输出的信号

    //1 路 AD 通道
    output ad_clk,             //AD 通道时钟：8 MHz
    input [7:0] ad_din);

    wire clk_da1_32 m;
    wire clk_32 m;
    wire clk_8 m;

    reg    [7:0] ad_data;
    wire [7:0] data_ask;
    wire dout,data_pcm,bit_sync;

    assign da2_out = data_ask;
    assign da2_clk = clk_da1_32 m;

    assign ad_clk    = clk_8 m;
    assign ext9 = dout;
```

```
        assign ext11 = bit_sync;
        assign ext13 = data_pcm;

        always @(posedge clk_8m or posedge rst)
        if (rst) ad_data <= 0;
        else    ad_data <= ad_din-128;

        clk_produce u1 (.rst(rst), .gclk1(gclk1), .gclk2(gclk2), .clk_da2_25 m(clk_da1_32 m),
                        .clk_25 m(clk_32 m), .clk_6 m25(clk_8 m));
        ASKMod u2(.rst ( rst),.clk_32 m   ( clk_da1_32 m), .data_pcm ( data_pcm), .data_ask ( data_ask));
        AskDemod u3(.rst( rst),.clk ( clk_8 m),.clk32 ( clk_32 m) ,.din ( ad_data),
                        .bit_sync ( bit_sync),.dataout( dout));
endmodule
```

时钟产生模块（u1）内由板载的两路晶振驱动产生收发两端的时钟。AD 通道时钟及接收
处理时钟均通过简单的分频器产生，本章不再详述。

本章已讨论过 ASK 信号的 FPGA 实现方法。在板载测试中，为了便于测试，将待调制的
信号设置成周期为 8 bit 的循环数据"11101100"，在板载测试时可通过读取示波器的输出波形
来查看 ASK 调制解调系统的工作情况。ASK 调制模块的代码如下所示。

```
module ASKMod (rst,clk_32 m,data_pcm,data_ask);
    input    rst;                            //复位信号，高电平有效
    input    clk_32 m;                       //FPGA 系统时钟
    output   data_pcm;                       //基带信号
    output   signed [7:0]    data_ask;       //ASK 信号

    wire [9:0] data_2 m;
    wire [7:0] ask;
    reg [4:0] cn;
    reg [2:0] num;
    reg pcm;

    //实例化 NCO 核
    wire reset_n,out_valid,clken;
    wire signed [31:0] carrier;
    wire signed [9:0]sine;
    assign reset_n = !rst;
    assign clken = 1'b1;
    assign carrier=32'd1073741824;
    data u0 (.phi_inc_i (carrier),.clk (clk_32 m),.reset_n (reset_n),.clken (clken),.fsin_o (data_2 m),
                    .out_valid (out_valid));

    //产生 1 MHz 的基带信号
    always @(posedge rst or posedge clk_32m)
    if (rst)
        begin
            cn <= 0;
```

```
                        num <= 0;
                        pcm <= 0;
                end
            else
                begin
                    cn <= cn + 1;
                    if (cn==0)
                    num <= num + 1;
                    case (num)
                        0:  pcm<=1;
                        1:  pcm<=1;
                        2:  pcm<=1;
                        3:  pcm<=0;
                        4:  pcm<=1;
                        5:  pcm<=1;
                        6:  pcm<=0;
                        7:  pcm<=0;
                        default:  pcm<=0;
                end
        //产成 ASK 信号
        assign ask = (pcm) ? data_2m[9:2]:0;
        //将二进制补码数据转换为正整数后送入 DA 通道
        assign data_ask = (ask[7])? (ask-128):(ask+128);
        assign data_pcm = pcm;
endmodule
```

5.9.3　板载测试验证

设计好板载测试程序并完成 FPGA 实现后，可以将程序下载至 CRD500 开发板进行板载测试。ASK 调制解调系统板载测试硬件连接图如图 5-31 所示。

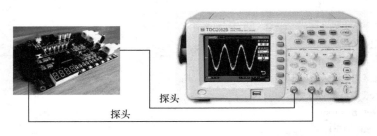

图 5-31　ASK 调制解调系统板载测试硬件连接图

板载测试需要采用双通道示波器，将示波器通道 1 接 DA1 通道的输出来观察 ASK 信号；示波器的通道 2 通过示波器探针连接到 CRD500 开发板的扩展口 ext9 来观察解调信号。

将板载测试程序下载到 CRD500 开发板之后，合理设置示波器的参数，就可以看到示波器两个通道的输出波形，如图 5-32 所示。

从图 5-32 可以看出，ASK 信号与本章前面仿真的 ModelSim 波形一致，解调信号为 8 bit 的"11101100"，循环出现。用示波器的通道 1 测试 ASK 信号的基带信号，可得到如图 5-33

所示的波形。

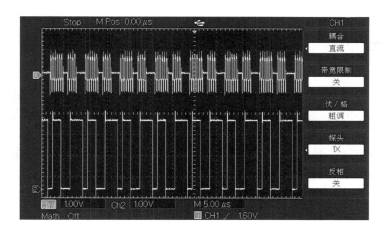

图 5-32　ASK 调制解调系统的调制信号与解调信号的波形

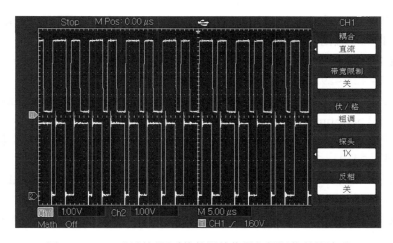

图 5-33　ASK 调制解调系统的原始信号与解调信号的波形

从图 5-33 可以看出，解调前后的数据相同，均为"11101100"，循环出现。两路信号的相差是由于解调处理所需的延时引起的。从板载测试来看，ASK 调制解调系统的工作正常。

5.10　小结

无论数字通信还是模拟通信，ASK 都被认为是最简单的一种调制技术，事实也的确如此。因此这种调制体制也成为学习和掌握通信原理的基础。在讨论 ASK 信号解调时采用了非相干解调法，进一步降低了 FPGA 的实现难度。我们在介绍通信原理方面图书中可以很容易找到介绍 ASK 调制解调系统方面的内容，但如何将这个看似简单的系统真正应用到工程中，用 FPGA 加以实现，弄清楚输入信号到输出信号之间信号的各种变化过程，并不是一件容易的事。本章介绍了一个完整的数字通信调制解调系统，当读者根据本章所介绍的步骤及方法完成整个系统的仿真测试之后，会对 ASK 调制解调技术更深入的理解。

参考文献

[1] 郭梯云，刘增基，詹道庸，等．数据传输（第 2 版）．北京：人民邮电出版社，1998．

[2] 张厥盛，郑继禹，万心平．锁相技术．西安：西安电子科技大学出版社，1998．

[3] Floyd M.Gardner．锁相环技术（第 3 版）．姚剑清译．北京：人民邮电出版社，2007．

[4] 杜勇．数字通信同步技术的 MATLAB 与 FPGA 实现——Xilinx/VHDL 版．北京：电子工业出版社，2017．

[5] 樊昌信，等．通信原理．北京：国防工业出版社，1980．

[6] AD9857 Datasheet．www.analog.com，2000．

[7] AD9957 Datasheet．www.analog.com，2007．

[8] 宗孔德．多采样率信号处理．北京：清华大学出版社，1996．

[9] Altera IP 核用户手册．NCO MegaCore Funciton User Guide．November，2013．

[10] Altera IP 核数据手册．FIR Compiler User Guide. November, 2009．

[11] Flogd M. Gardner. Interpolation in digital modems-part Ⅰ: fundamentals. IEEE Trans Commun, 1986, 34:423-429.

[12] Flogd M. Gardner, Robert A. Harris. Interpolation in digital modems-part Ⅱ: implementation and performance. IEEE Trans Commun, 1986, 41:998-1008.

[13] 杜勇．数字滤波器的 MATLAB 与 FPGA 实现——Altera/Verilog 版（第 2 版）．北京：电子工业出版社，2019．

[14] 叶怀胜，谭南林，苏树强，等．基于 FPGA 的提取位同步时钟 DPLL 设计．现代电子技术，2009(23):43-46．

[15] 毕成军，陈利学，孙茂一．基于 FPGA 的位同步信号提取．现代电子技术，2006(20):121-123．

[16] 江黎，钟洪声．一种全数字遥测接收位同步电路设计．第十一届全国遥感遥测遥控学术研讨会论文集：428-429,480．

第6章

FSK 调制解调技术的 FPGA 实现

经过前文对 ASK 调制解调技术的讨论，读者对数字调制解调技术的整个设计流程有了一个初步认识，甚至觉得工程设计并不是多么困难的事。建立信心是很重要的，但也要有一定的思想准备，并非所有数字调制解调技术都如第 5 章所讲的 ASK 那么简单。

本章讨论的 FSK 调制解调技术相比 ASK 来讲，要困难得多，无论从原理还是工程实现方面来讲，要完全掌握其设计流程和方法，都需要花一番工夫才行。不过也不用过于担心，经过本章的学习，当一步步成功完成本章所讨论的实例设计时，相信大家对数字调制解调技术的工程设计会有一个更深的理解。

6.1 FSK 调制解调原理

6.1.1 2FSK 信号的时域表示

频率调制（Frequency Modulation，FM）是利用载波的频率传输信息的一种调制方式，其中最简单的是二进制频移键控（Binary Frequency-Shift Keying，2FSK）。FSK 是继振幅键控（ASK）之后出现的一种调制方式。由于 FSK 的抗衰落能力较强，因而在一些衰落信道中得到了广泛的应用。根据码元转换时刻的载波相位特征，频率调制分为非连续相位 FSK 与连续相位 FSK，从时域上讲，两者的区别仅在于码元转换时刻的载波相位是否连续。例如，非连续相位 2FSK 信号波形如图 6-1 所示，连续相位 2FSK 信号波形如图 6-2 所示。

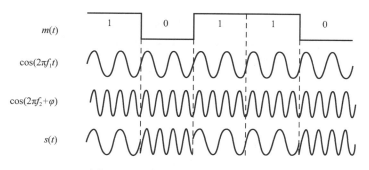

图 6-1 非连续相位 2FSK 信号波形

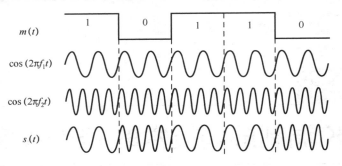

图 6-2　连续相位 2FSK 信号波形

在频率调制中，$A\cos(2\pi f_1 t+\varphi_1)$和$A\cos(2\pi f_2 t+\varphi_2)$分别用来传输数字信息 1 和 0。这样，2FSK 信号可看成载波频率为f_1和f_2的两个振幅键控信号的合成，即：

$$s(t)=m_1(t)A\cos(2\pi f_1 t+\varphi_1)+m_2(t)A\cos(2\pi f_2 t+\varphi_2) \tag{6-1}$$

式中，

$$m_1(t) = \sum_{n=-\infty}^{\infty} b_n g(t-nT_b)$$
$$m_2(t) = \sum_{n=-\infty}^{\infty} \bar{b}_n g(t-nT_b) \tag{6-2}$$

式中，A 是载波的振幅；T_b 为数字码元的周期；$\{b_n\}$ 为所传输的数字序列；$\bar{b}_n$ 为 b_n 的反码。

在理想情况下，振荡的频率随基带信号线性变化，因此调频信号可写为：

$$s(t) = A\cos[2\pi f_c t + 2\pi\Delta f_d \int_\infty^t m(t')\mathrm{d}t' + \theta_c] \tag{6-3}$$

式中，f_c 是未调载波的频率；θ_c 是载波的初始相位；Δf_d 是频差因子。当 $m(t)$ 为归一化基带信号时，Δf_d 称为峰值频差。令

$$h = 2\Delta f_d T_b = (f_2 - f_1)T_b \tag{6-4}$$

式中，h 称为调制指数或频移指数。

6.1.2　相关系数与频谱特性

根据 2FSK 信号的时域表示，2FSK 信号实际上是在不同的时间段内用两个不同的单频信号分别表示数字信息 0 或 1 的。这两个频率之间的间隔有什么要求呢？或者说需要依据什么准则来确定离散的频率值？这正是我们接下来需要讨论的相关系数问题。

设 2FSK 信号在一个码元期间内的波形为：

$$s(t)=\begin{cases} s_1(t) = A\cos\omega_1 t, & 0 \leqslant t \leqslant T_b \\ s_2(t) = A\cos\omega_2 t, & 0 \leqslant t \leqslant T_b \end{cases} \tag{6-5}$$

这两个信号的相关系数定义为：

$$\rho = \frac{1}{E_b}\int_0^{T_b} s_1(t)s_2(t)\mathrm{d}t \tag{6-6}$$

式中，$E_b=\int_0^{T_b} s_1^2(t)\mathrm{d}t=\int_0^{T_b} s_2^2(t)\mathrm{d}t$ 为一个码元的信号能量。将式（6-5）代入式（6-6），可得：

$$\rho=\frac{\sin(\omega_2-\omega_1)T_b}{(\omega_2-\omega_1)T_b}+\frac{\sin(\omega_2+\omega_1)T_b}{(\omega_2+\omega_1)T_b}=\frac{\sin(\omega_2-\omega_1)T_b}{(\omega_2-\omega_1)T_b}+\frac{\sin 2\omega_c T_b}{2\omega_c T_b}\tag{6-7}$$

通常选择 $2\omega_c T_b \gg 1$ 或 $2\omega_c T_b=k\pi$，这时相关系数可以简化为：

$$\rho=\frac{\sin(\omega_2-\omega_1)T_b}{(\omega_2-\omega_1)T_b}\tag{6-8}$$

相关系数随 $(\omega_2-\omega_1)T_b$ 变化的情形如图 6-3 所示。
从图 6-3 中可以看出，当 $(\omega_2-\omega_1)T_b=k\pi$（$k\geqslant 1$）时，
两个信号的相关系数为零，也就是说它们具有正交特
性。接收系统利用这一特性很容易对这两个信号加以
区分。

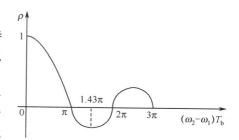

图 6-3　2FSK 信号的相关系数

当 $(\omega_2-\omega_1)T_b=1.43\pi$ 时，$h=0.715$，这两个信号
的相关系数最小，即 $\rho=-2\pi/3$，两个信号之间具有
超正交特性。对这样的信号进行相干解调时，在误码
率一定的条件下，所需的信号能量比 $\rho=0$ 的正交信
号还小。由此可见，$h=0.715$ 的 2FSK 是一种性能比
较好的调制方式。有读者可能要问，为什么相关系数越小，相干解调时的解调性能越好呢？
读者可以先自己根据相关系数的定义理解一下，后续讨论 2FSK 信号的相干解调原理时将进
一步说明。

在有些系统中，还可以选择 $2\omega_c T_b \gg 1$，这时两个信号之间也具有近似的正交特性（$\rho\approx 0$）。
由于两个信号的频率间隔很大，很容易用分路滤波器把两个信号分开，从而可以简化解调电
路。但当数据速率较大时，调制信号所占用的频谱宽度将随之增加。

2FSK 信号的频谱分析比较烦琐，这里以 2FSK 为例进行说明，在数字序列中 0、1 出现
概率相同的情况下，可以得到非连续相位 2FSK 信号的功率谱为[1]：

$$W_s(x)=\frac{1}{8}\delta\left(x+\frac{h}{2}\right)+\frac{1}{8}\delta\left(x-\frac{h}{2}\right)+\frac{T_b}{8}\left\{\left[\frac{\sin\pi\left(x+\dfrac{h}{2}\right)}{\pi\left(x+\dfrac{h}{2}\right)}\right]^2+\left[\frac{\sin\pi\left(x-\dfrac{h}{2}\right)}{\pi\left(x-\dfrac{h}{2}\right)}\right]^2\right\}\tag{6-9}$$

式中，$x=(f-f_c)T_b$。

从式（6-9）中可以看出，2FSK 信号含有两个离散谱分量，其频率分别代表数字信息 1
和 0。由于信号的总功率为 $A^2/2$［在式（6-9）中假定幅度 $A=1$］，因此，每条离散谱线占信号
总功率的 1/4，比信号总功率小 6 dB。由于非连续相位 2FSK 信号可以看成两个振幅键控信号
的合成，当 h 较大时，这两个振幅键控信号的频率 f_1 和 f_2 相差较大，在 $f=f_c$ 处它们的频谱分
量都很小，所以合成信号的功率谱密度曲线呈现双峰。当 h 较小时，两个振幅键控信号的功
率谱分布相互靠拢，并在 $f=f_c$ 处叠加，出现较大的数值，因而功率谱密度曲线呈现单峰。本
章 6.2 节还会对 2FSK 信号的频谱进行仿真测试。

连续相位 2FSK 信号的功率谱密度计算起来更为复杂，W. H. Bennet[2]等得到单边功率谱

密度的表达式为：

$$W_s(f) = \frac{2A^2 \sin^2[(\omega - \omega_1)T_b/2]\sin^2[(\omega - \omega_2)T_b/2]}{T_b[1 - 2\cos(\omega - \alpha)T_b\cos\beta T_b + \cos^2(\beta T_b)]}\left[\frac{1}{\omega - \omega_1} - \frac{1}{\omega - \omega_2}\right]^2 +$$
$$\frac{2A^2 \sin^2[(\omega + \omega_1)T_b/2]\sin^2[(\omega + \omega_2)T_b/2]}{T_b[1 - 2\cos(\omega + \alpha)T_b\cos\beta T_b + \cos^2(\beta T_b)]}\left[\frac{1}{\omega + \omega_1} - \frac{1}{\omega + \omega_2}\right]^2 \tag{6-10}$$

式中，

$$\alpha = \frac{1}{2}(\omega_2 + \omega_1) = \omega_c = 2\pi f_c \tag{6-11}$$

$$\beta = \frac{1}{2}(\omega_2 - \omega_1) = \pi(f_2 - f_1) \tag{6-12}$$

直接分析式（6-10）比较困难，但从式中可以看出，连续相位 2FSK 信号没有明显的离散分量。实际上，只有当调制指数 h 为整数时，连续相位 2FSK 信号中才会出现分别代表 1 和 0 的离散频率信号。或者说，当调制指数 h 为整数时，2FSK 信号均具有连续相位特征。

连续相位 2FSK 信号的功率谱形状直接由调制指数 h 确定。当 h=0.5 时，功率谱曲线为单峰；当 h=0.715 时，功率谱曲线呈现双峰；当 h=1 时，功率谱曲线的双峰变成了两条线状谱，且每条线状谱所占的功率都是信号功率的 1/4，与非连续相位 2FSK 信号的功率谱曲线相同；当 h>1 时，双峰的距离逐渐增加。

6.1.3 非相干解调法的原理

由于在 2FSK 信号中提取相干载波相对比较困难，因此实际工程应用中多采用非相干解调法。文献[1]给出了一种最佳非相干解调器结构，在相同误码率的条件下，所需的信噪比只比相干解调法高 1~2 dB。非相干解调法的种类很多，如 FFT 频谱分析法[3,4]、基于自适应滤波的解调法[5]、差分检波算法[6]、AFC 环解调法[7,8]、过零检测法[9]、包络检波法[9]等。作者于2013 年出版的《数字通信同步技术的 MATLAB 与 FPGA 实现》[10]一书对 AFC 环解调 2FSK信号的 FPGA 实现过程进行了详细论述，因此本章只介绍包络检波法和 AFC 环解调法的工作原理，后续只讨论包络检波法的 MATLAB 仿真及 FPGA 实现方法。

1. 相乘微分型 AFC 环解调法

AFC 环是一个负反馈系统，从电路结构上看，AFC 环主要有 3 种结构形式[8]：相乘微分型、延迟叉积型和离散傅里叶变换型。本节只讨论应用比较广泛的相乘微分型 AFC 环。

相乘微分型 AFC 环的结构如图 6-4 所示。如果接收信号与本振信号存在频差，则在一定时间间隔内必然存在相差，将鉴相器输出的相差信号微分后，得到反映频差的误差信号，此信号经环路滤波器平滑处理后，控制 VCO/NCO 的振荡频率向输入信号频率靠近，最终使得频差近似为零。

设输入信号为：

$$s(t) = A\sin[\omega_i t + \theta_i(t)] \tag{6-13}$$

VCO/NCO 输入信号为：

$$u_0(t) = 2\cos(\omega_v t + \theta_0) \tag{6-14}$$

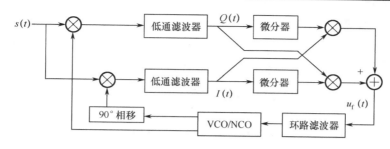

图 6-4　相乘微分型 AFC 环结构

由图 6-4 可知：

$$Q(t) = A\sin[\Delta\omega t + \theta_i(t) - \theta_0]$$
$$I(t) = A\cos[\Delta\omega t + \theta_i(t) - \theta_0]$$

（6-15）

式中，$\Delta\omega = \omega_i - \omega_v$。显然有：

$$u_f(t) = A^2[\Delta\omega + \mathrm{d}\theta_i(t) / \mathrm{d}t]$$

（6-16）

当输入信号为单频信号时，$\mathrm{d}\theta_i(t) / \mathrm{d}t = 0$，故有：

$$u_f(t) = A^2\Delta\omega$$

（6-17）

因此，$u_f(t)$ 反映了输入信号和 VCO/NCO 输出信号的频差。对于 2FSK 信号来讲，$u_f(t)$ 为调制信号，对其进行滤波判决，即可完成 2FSK 信号的解调。

2．包络检波法

2FSK 信号的包络检波器方框图如图 6-5 所示，可视为由两路 2ASK 解调电路组成。在图 6-5 中，两个带通滤波器（带宽相同，皆为相应的 2ASK 信号带宽；中心频率不同，分别为 f_1、f_2）起分路作用，用以分开两路 2ASK 信号。上支路对应 $y_1(t)=m_1(t)A\cos(2\pi f_1t+\varphi_1)$，下支路对应 $y_2(t)=m_2(t)A\cos(2\pi f_2t+\varphi_2)$，经包络检波后分别取出它们的包络 $m_1(t)$ 及 $m_2(t)$。将两路滤波后的包络信号相减，再经过采样判决器进行判决，根据调制规则（假设 f_1 代表 1，f_2 代表 0），当采样值大于或等于 0 时，判决为 1，否则判决为 0。

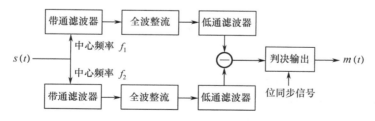

图 6-5　2FSK 信号包络检波器方框图

比较图 6-5 与图 5-3 所示的包络检波法原理图可知，两者的原理十分相似，2FSK 信号的包络检波只是用带通滤波器将信号分成上下两条支路后，在判决输出前增加一个减法器即可。

6.1.4 相干解调法原理

1. 2FSK 最佳信号相干解调器

假设解调器输入的是信号与噪声的混合波形，即：

$$y(t) = s(t) + n(t) \tag{6-18}$$

通常情况下，噪声可以看成平稳的高斯白噪声，其单边功率谱密度为 N_0。根据最佳接收理论，最佳解调器应按如下准则进行解调判决。若

$$\int_0^{T_b} y(t)s_1(t)dt - \int_0^{T_b} y(t)s_2(t)dt > \gamma \tag{6-19}$$

则判定发送信号为 $s_1(t)$，解调器输出数字 1；否则，判定发送信号为 $s_2(t)$，解调器输出数字 0。式（6-19）中的 γ 称为判决门限，其值为：

$$\gamma = \frac{N_0}{2}\ln\frac{1-p}{p} \tag{6-20}$$

式中，p 为 $s_1(t)$ 出现的概率，$1-p$ 为 $s_2(t)$ 出现的概率。当 $p = 1/2$ 时，$\gamma = 0$。讲到这里，我们回到 6.1.2 节提出的相关系数与解调性能关系的问题。对比相关系数的定义及式（6-19）可知，2FSK 的两个频率信号的相关系数越小，$\int_0^{T_b} y(t)s_1(t)dt - \int_0^{T_b} y(t)s_2(t)dt$ 的取值就越大，正确判决的概率就越大，解调性能就越好。

2FSK 信号最佳解调器结构如图 6-6 所示。

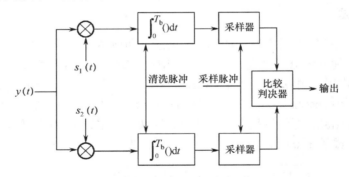

图 6-6　2FSK 信号最佳相干解调器结构

由图 6-6 可知，在解调器中要产生两个已知信号 $s_1(t)$ 和 $s_2(t)$，分别将其与输入信号 $y(t)$ 在相乘器中相乘，在 $0 \le t < T_b$ 时间内进行积分。在 $t = T_b$ 时刻，对两个积分器的积分结果进行采样，并在比较判决器中进行比较判决。因为解调器是对接收码元逐个进行处理的，故在每个码元的终止时刻，在采样之后要将积分器清零，以便接着处理下一个码元。在这种解调器中，必须掌握 $s_1(t)$ 和 $s_2(t)$ 的全部参数，也就是说必须产生与发送端同频同相的相干载波，故这种解调方法称为相干解调法。同时，还需要获取精确的位同步信号，以提供积分器中的清洗脉冲及采样器中的采样脉冲。相干载波 $s_1(t)$ 和 $s_2(t)$ 通常需要采用载波锁相环提取，位同步信号则需要专门的位同步环提取。当然，提取位同步信号也不是必需的，比如本书第 9 章讨论的直扩系统，由于伪码与数据之间的时序关系，完成伪码同步的同时，可以直接根据伪码获取

取位同步信号。

2. 易于实现的 2FSK 信号相干解调器

需要说明的是，根据图 6-6 所示的结构，载波锁相环与位同步环的正确锁定显然是 2FSK 信号相干解调器正常工作的前提。整个相干解调器的性能受载波锁相环及位同步环性能的影响很大。尤其在高速率情况下，积分、采样和清洗电路难以实现[12]，因此图 6-6 所示的相干解调器很少使用。通常采用如图 6-7 所示的 2FSK 信号相干解调器[9]。

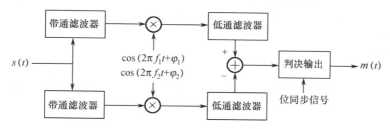

图 6-7　易于实现的 2FSK 信号相干解调器结构

对比图 6-7 和图 6-5 可知，相干解调器仅是将图 6-5 所示的包络检波器中的整流变为相干载波的乘法运算；对比图 6-7 和图 5-2 所示的 ASK 信号相干解调法原理图可知，两者的原理十分相似，2FSK 信号相干解调器只是在用带通滤波器将信号分成上下两条支路后，在判决输出前增加一个减法器即可。

6.1.5　解调方法的应用条件分析

前面分别介绍了两种非相干解调法及一种相干解调法的原理。这几种解调方法有什么适用条件吗？对 FSK 的调制特征有什么要求？下面分别对这几种解调方法在调制指数、相位是否连续等方面的要求做进一步分析和讨论。

对于相乘微分型 AFC 环来讲，根据其解调 FSK 信号的原理，环路根据估计出的信号频率来区分调制信号，解调输出的基带信号是 VCO 的控制信号。因此，相乘微分型 AFC 环对 FSK 信号的相位特征没有要求，也就是说相乘微分型 AFC 环同时适用于非连续相位 FSK 信号解调及连续相位 FSK 信号解调。同时需要注意的是，由于相乘微分型 AFC 环是根据信号的瞬时频率来解调信号的，当 FSK 的调制指数较小时，调制信号所代表的频率之间的间隔越小，则区分调制信号越困难，解调性能就越差。

包络检波法首先需要通过带通滤波器对 FSK 信号进行滤波分解。显然，当调制指数较小时，两路 FSK 信号的频谱重叠严重，带通滤波器的通带比较窄，一方面会损失较多的信号能量，另一方面会引入另一路 FSK 信号的频谱干扰，因此性能下降严重。通常需要在调制指数 $h > 2$ 时才能获得较好的性能。当然，随着调制指数的进一步增加，两路 FSK 信号之间的相互干扰越小，包络检波法的性能也就越接近第 5 章所讨论的 ASK 信号的解调性能。由于包络检波法对 FSK 信号的相位特征没有要求，因此这种解调方法可以同时适应非连续相位 FSK 信号解调及连续相位 FSK 信号解调。

最佳相干解调器结构无疑具有最佳解调性能。只要 FSK 信号的相关系数具有正交特性，这种解调器结构就具有最佳解调性能，因此，这种结构与调制指数的关系不大（为保证 FSK

信号能够正确解调，FSK 信号通常都具有正交特性，最小调制指数 h=0.5）。由于相干解调器需要提取相干频率信号（频率分别为 f_1、f_2），因此 FSK 信号中首先需要有相应的离散频率信号，或者通过某种非线性变换获取与之相对应的离散频率信号，否则将无法实现相干频率信号的提取，也就无法实现相干解调。对于非连续相位 FSK 信号来讲，信号本身含有所需的离散频率信号，可以通过锁相环等技术提取；对于连续相位 FSK 信号来讲，为保证码元转换时FSK 信号相位的连续性，同一频率信号在不同码元转换时刻的相位是随机的，也就无法提取出相干频率信号。当然，对于一些特殊的连续相位 FSK 信号来讲，如最小频移键控（MSK），可以采用非线性变换方法获取相干频率信号，从而可以采用这种最佳相干解调器结构。

经过对前面三种解调方法的分析，图 6-7 所示的解调器结构的适用条件就很明朗了。首先，由于需要用带通滤波器区分两种频率的 FSK 信号，因此与包络检波法一样，只适用于调制指数比较大的情况；其次，由于需要提取相干频率信号，因此只适用于非连续相位 FSK 信号。对于 MSK 信号来讲，本章后续还将专门对其信号特征及解调方法进行详细的讨论。

6.2 2FSK 信号的 MATLAB 仿真

6.2.1 不同调制指数的 2FSK 信号仿真

例 6-1 仿真 2FSK 信号

仿真程序的功能及参数要求如下。

- 仿真非连续相位 2FSK 信号及连续相位 2FSK 信号；
- 仿真调制指数分别为 0.5、0.715、1、3.5 的 2FSK 信号；
- 符号速率 R_b=1 Mbps；
- 载波频率 f_c=6 MHz；
- 采样频率 f_s=32R_b；
- 绘制在 4 种调制指数情况下非连续相位 2FSK 信号及连续相位 2FSK 信号的功率谱。

2FSK 信号的 MATLAB 仿真，可以按照 6.1.1 节所讨论的时域表达式实现，这种方式实现非连续相位 2FSK 信号比较容易，但无法产生连续相位 2FSK 信号。MATLAB 提供了专门的FSK 信号调制函数 fskmod()，只需设置几个参数就可以产生所需调制指数及相位特征的 FSK信号，使用起来十分方便，本实例采用 fskmod()函数来产生 2FSK 信号。

为了方便读者理解程序代码，程序中有详细的注释。为了节约篇幅，程序中只给出了调制指数为 0.5 时的完整非连续相位 2FSK 信号及连续相位 2FSK 信号仿真代码，绘图部分代码以及其他调制指数 FSK 的部分代码没有给出，请读者在随书配套资料中查看完整的程序清单（"Chapter_6\E6_1_FskMod.m"）。

```
%E6_1_FskMod.m 程序清单
ps=1*10^6;              %码元速率为 1 MHz
N=1000;                 %数据码元个数
Fs=32*10^6;             %采样频率为 32 MHz
fc=6*10^6;              %载波频率为 6 MHz
```

```
Len=N*Fs/ps;

%仿真调制指数为 0.5 的 2FSK 信号
m=0.5;                              %调制指数
freqsep=m*ps;                       %2FSK 信号中两个频率之间的间隔
nsamp=Fs/ps;                        %每个码元的采样点数
x = randint(N,1,2);                 %产生随机数据作为数据码元

%产生连续相位 2FSK 信号的正交基带信号
ContData = fskmod(x,2,freqsep,nsamp,Fs,'cont');
%产生非连续相位 2FSK 信号的正交基带信号
DisContData = fskmod(x,2,freqsep,nsamp,Fs,'discont');

%将 2FSK 信号正交上变频至 6 MHz
t=0:1/Fs:(Len-1)/Fs;
f0=cos(2*pi*fc.*t)+sin(2*pi*fc.*t)*sqrt(-1);
Contfsk=real(ContData.*f0');
DisContfsk=real(DisContData.*f0');
%计算 2FSK 信号的幅频特性
m_ContFsk=20*log10(abs(fft(Contfsk,2048)));
m_DisFsk=20*log10(abs(fft(DisContfsk,2048)));;
m05_ContFsk=m_ContFsk-max(m_ContFsk);
m05_DisFsk=m_DisFsk-max(m_DisFsk);

%仿真调制指数为 0.715 时的 2FSK 信号
%仿真调制指数为 1 时的 2FSK 信号
%仿真调制指数为 3.5 时的 2FSK 信号
%绘图
```

从图 6-8 所示的 MATLAB 仿真 2FSK 信号频谱图中可以看出：

● 随着调制指数的增加，非连续相位 2FSK 信号及连续相位 2FSK 信号的频谱宽度都随
  之增加；
● 对于 2FSK 信号来说，无论调制指数为多少，频谱中都有明显的 2 条离散频率信号；
● 当调制指数为 1 时（调制指数为整数）时，连续相位 2FSK 信号与非连续相位 2FSK
  信号的频谱形状相同，也呈现 2 条离散频率信号；
● 当调制指数不为整数时，连续相位 2FSK 信号的频谱主瓣宽度明显小于非连续相位
  2FSK 信号频谱主瓣宽度，且旁瓣衰落得更快。

6.2.2　2FSK 信号非相干解调的仿真

例 6-2　通过 MATLAB 仿真 2FSK 信号的非相干解调

仿真程序的功能及参数要求如下。

● 仿真非连续相位 2FSK 信号及连续相位 2FSK 信号的解调；
● 仿真调制指数分别为 0.5、3.5 的 2FSK 信号的解调；

- 符号速率 R_b=1 Mbps；
- 载波频率 f_c=6 MHz；
- 采样频率 f_s=32R_b；
- 在两种调制指数情况下，绘制非连续相位 2FSK 信号及连续相位 2FSK 信号解调后信号的频谱及波形。

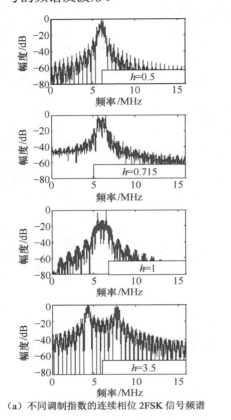 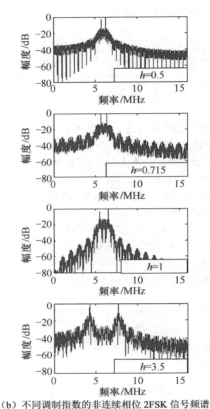

（a）不同调制指数的连续相位 2FSK 信号频谱　　　　（b）不同调制指数的非连续相位 2FSK 信号频谱

图 6-8　MATLAB 仿真 2FSK 信号频谱图

本实例采用包络检波法实现 2FSK 信号的解调。按照例 6-1 的方式，首先根据设置参数（调制指数指数、相位是否连续）产生 2FSK 信号，再根据图 6-5 所示的结构及信号处理流程，依次对 2FSK 信号进行带通滤波、全波整流、低通滤波及减法处理，最终绘制解调后信号的频谱及波形。

为了节约篇幅，程序中只给出解调阶段的仿真代码，2FSK 信号仿真代码及绘图部分代码没有给出，请读者在本书配套资料中查看完整的程序清单（"Chapter_6\E6_2_NoncoherentFskDemod.m"）。

```
%E6_2_NoncoherentFskDemod.m 程序清单
function E6_2_NoncoherentFskDemod (m,IsCont)
%设置函数的默认参数值
if nargin < 1
    m=3.5;                          %调制指数为 3.5
    IsCont=1;                       %连续相位 2FSK 信号
```

```
end;
%仿真调制指数为 m 时的 2FSK 信号，并将产生的 2FSK 信号存放在矩阵变量 fsk 中
%对 2FSK 信号进行带通滤波
Wnf1=[(fc-m*ps)*2/Fs fc*2/Fs];
Wnf2=[fc*2/Fs (fc+m*ps)*2/Fs];
b1=fir1(60,Wnf1);
b2=fir1(60,Wnf2);
bs1_fsk=filter(b1,1,fsk);
bs2_fsk=filter(b2,1,fsk);
%计算 2FSK 信号经过带通滤波后的幅频特性
m_fsk=20*log10(abs(fft(bs1_fsk,2048)));
mbs1_fsk=m_fsk-max(m_fsk);
m_fsk=20*log10(abs(fft(bs2_fsk,2048)));
mbs2_fsk=m_fsk-max(m_fsk);


%对带通滤波后的 2FSK 信号进行全波整流
abs1_fsk=abs(bs1_fsk);
abs2_fsk=abs(bs2_fsk);
%计算整流后 2FSK 信号的幅频特性
m_fsk=20*log10(abs(fft(abs1_fsk,2048)));
mabs1_fsk=m_fsk-max(m_fsk);
m_fsk=20*log10(abs(fft(abs2_fsk,2048)));
mabs2_fsk=m_fsk-max(m_fsk);


%对整流后的 2FSK 信号进行低通滤波
Lb=fir1(60,ps*2/Fs);
Lpf1_fsk=filter(Lb,1,abs1_fsk);
Lpf2_fsk=filter(Lb,1,abs2_fsk);
%计算低通滤波后 2FSK 的幅频特性
m_fsk=20*log10(abs(fft(Lpf1_fsk,2048)));
mLpf1_fsk=m_fsk-max(m_fsk);
m_fsk=20*log10(abs(fft(Lpf2_fsk,2048)));
mLpf2_fsk=m_fsk-max(m_fsk);


%对低通滤波后的两路信号相减，形成基带信号
Demod_fsk=Lpf1_fsk-Lpf2_fsk;
%计算解调后的基带信号的幅频特性
m_fsk=20*log10(abs(fft(Demod_fsk,2048)));
mDemod_fsk=m_fsk-max(m_fsk);


%绘图
```

图 6-9 到图 6-12 分别为对不同调制指数及相位特征的 2FSK 信号进行包络检波法解调后信号的频谱及波形。在仿真过程中，带通滤波器的 3 dB 带宽范围均为调制指数与符号速率的乘积（m×ps），符号速率为 ps。

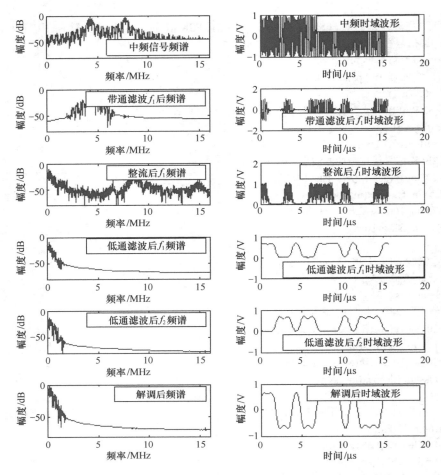

图 6-9　连续相位 2FSK 信号经过非相干解调后的信号频谱及波形（调制指数为 3.5）

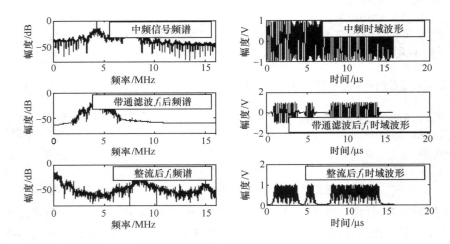

图 6-10　非连续相位 2FSK 信号经过非相干解调后的信号频谱及波形（调制指数为 3.5）

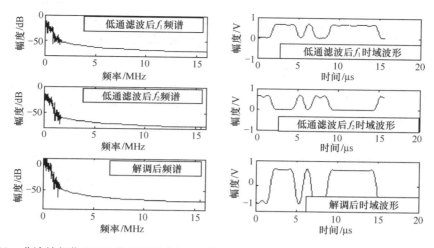

图 6-10　非连续相位 2FSK 信号经过非相干解调后的信号频谱及波形（调制指数为 3.5）（续）

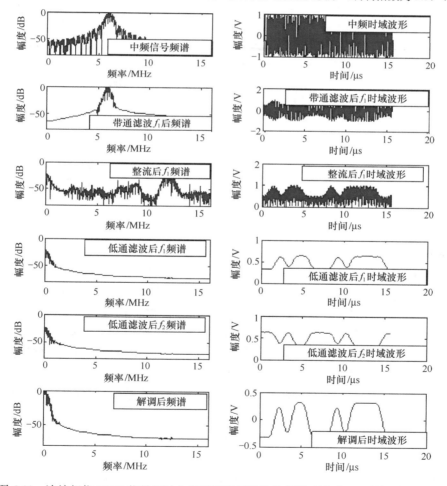

图 6-11　连续相位 2FSK 信号经过非相干解调后的信号频谱及波形（调制指数为 0.5）

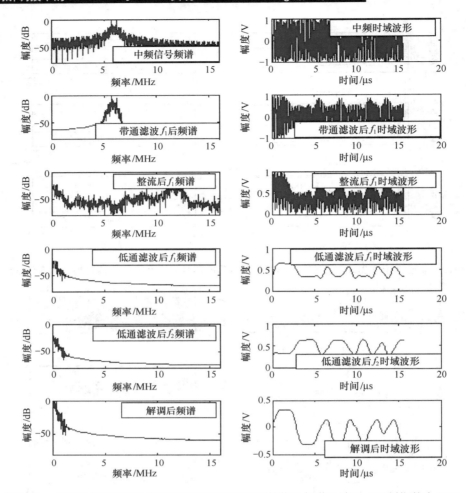

图 6-12　非连续相位 2FSK 信号经过非相干解调后的信号频谱及波形（调制指数为 0.5）

从图 6-9 到图 6-12 可以看出：

（1）当调制指数较大时（仿真程序中的调制指数为 3.5），在中心频率为 f_1 的带通滤波器输出信号中明显滤除了中心频率为 f_2 的信号，在对应的波形上，中心频率为 f_2 的信号几乎为零，也就是说滤波后的信号十分接近于载波频率为 f_1 的 2FSK 信号。

（2）当调制指数较小时（仿真程序中的调制指数为 0.5），在中心频率为 f_1 的带通滤波器输出信号中，没有完全滤除中心频率为 f_2 的信号，在对应的波形中，中心频率为 f_2 的信号不为零，也就是说滤波后的信号不再是载波频率为 f_1 的 2FSK 信号。

（3）当调制指数较大时，经低通滤波、减法处理后的基带信号波形比较规则，解调性能较好。

（4）当调制指数较小时，经低通滤波、减法处理后的基带信号波形存在明显失真，解调性能较差。

（5）当调制指数较大时，连续相位 2FSK 信号的解调性能与非连续相位 2FSK 信号相近。

（6）当调制指数较小时，连续相位 2FSK 信号的解调性能略好于非连续相位 2FSK 信号。

6.2.3　2FSK 信号相干解调的仿真

例 6-3　通过 MATLAB 仿真非连续相位 2FSK 信号的相干解调

仿真程序的功能及参数要求如下。

- 仿真非连续相位 2FSK 信号的解调；
- 仿真调制指数分别为 0.5、3.5 的非连续相位 2FSK 信号的解调；
- 符号速率 R_b=1 Mbps；
- 载波频率 f_c=6 MHz；
- 采样频率 f_s=32R_b；
- 在 2 种调制指数情况下，绘制非连续相位 2FSK 信号解调后的频谱及波形。

本实例采用图 6-7 所示的相干解调法实现非连续相位 2FSK 信号的解调。由于解调要获得相干频率信号 f_1 和 f_2，因此采用式（6-1）产生非连续相位 2FSK 信号。为提取相干频率信号，在进行乘法运算之前，对频率信号进行了带通滤波处理，以补偿带通滤波器对信号处理所产生的延时。需要说明的是，实际工程实现时，相干频率信号需要经过锁相环等电路进行提取。在产生非连续相位 2FSK 信号后，根据图 6-7 所示的结构及信号处理流程，依次对非连续相位 2FSK 信号进行带波滤波、与相干频率信号的乘法运算、低通滤波及减法处理，最终绘制解调后信号的频谱及波形。

为了节约篇幅，程序中绘图部分代码没有给出，请读者在本书配套资料中查看完整的程序清单（"Chapter_6\E6_3_CoherentFskDemod.m"）。

```
% E6_3_CoherentFskDemod.m 程序清单
function E6_3_CoherentFskDemod(m)
%设置函数的默认参数值
if nargin < 1
    m=3.5;                          %调制指数为 3.5
end;


ps=1*10^6;                          %码元速率为 1 MHz
N=1000;                             %数据码元个数
Fs=32*10^6;                         %采样频率为 32 MHz
fc=6*10^6;                          %载波频率为 6 MHz
Len=N*Fs/ps;
t=0:1/Fs:(Len-1)/Fs;


%非连续相位 2FSK 信号中两种频率
f1=cos(2*pi*(fc-m*ps/2).*t)';
f2=cos(2*pi*(fc+m*ps/2).*t)';


%根据式（6-1）产生非连续相位 2FSK 信号
x = randint(N,1,2);                 %产生随机数据作为数据码元
dx=rectpulse(x,Fs/ps);             %对随机数据进行 Fs/ps 倍采样
fsk=dx.*f1+(~dx).*f2;
%计算非连续相位 2FSK 信号的幅频特性
```

```
m_fsk=20*log10(abs(fft(fsk,2048)));
m0_fsk=m_fsk-max(m_fsk);


%对非连续相位 2FSK 信号进行带通滤波
Wnf1=[(fc-m*ps)*2/Fs fc*2/Fs];
Wnf2=[fc*2/Fs (fc+m*ps)*2/Fs];
b1=fir1(60,Wnf1);
b2=fir1(60,Wnf2);
bs1_fsk=filter(b1,1,fsk);
bs2_fsk=filter(b2,1,fsk);
%计算非连续相位 2FSK 信号经过带通滤波后的幅频特性
m_fsk=20*log10(abs(fft(bs1_fsk,2048)));
mbs1_fsk=m_fsk-max(m_fsk);
m_fsk=20*log10(abs(fft(bs2_fsk,2048)));
mbs2_fsk=m_fsk-max(m_fsk);
%为仿真相干频率信号，需要对 f1、f2 也进行带波滤波的延时处理
f1=filter(b1,1,f1);
f2=filter(b2,1,f2);


%乘以相干频率信号
cf1_fsk=bs1_fsk.*f1;
cf2_fsk=bs2_fsk.*f2;
%计算乘以相干频率信号后的幅频特性
m_fsk=20*log10(abs(fft(cf1_fsk,2048)));
mcf1_fsk=m_fsk-max(m_fsk);
m_fsk=20*log10(abs(fft(cf2_fsk,2048)));
mcf2_fsk=m_fsk-max(m_fsk);


%对乘法运算后的信号进行低通滤波
Lb=fir1(60,ps*2/Fs);
Lpf1_fsk=filter(Lb,1,cf1_fsk);
Lpf2_fsk=filter(Lb,1,cf2_fsk);
%计算低通滤波后信号的幅频特性
m_fsk=20*log10(abs(fft(Lpf1_fsk,2048)));
mLpf1_fsk=m_fsk-max(m_fsk);
m_fsk=20*log10(abs(fft(Lpf2_fsk,2048)));
mLpf2_fsk=m_fsk-max(m_fsk);


%对经过低通滤波后的两路信号进行相减运算，形成基带信号
Demod_fsk=Lpf1_fsk-Lpf2_fsk;
%计算解调后基带信号的幅频特性
m_fsk=20*log10(abs(fft(Demod_fsk,2048)));
mDemod_fsk=m_fsk-max(m_fsk);


%绘图
```

非连续相位 2FSK 信号经过相干解调后信号的频谱及波形如图 6-13 和图 6-14 所示。从图

6-13 和图 6-14 中可以看出：

（1）当调制指数较大时（仿真程序中的 m=3.5），相干解调法具有较好的解调性能。

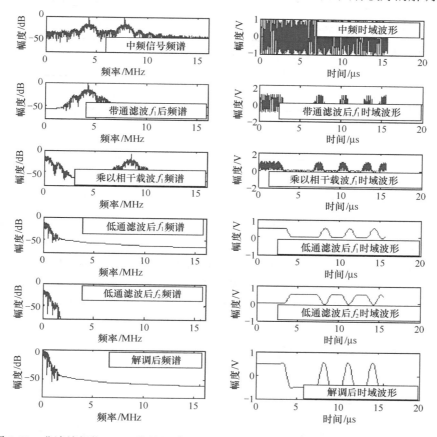

图 6-13 非连续相位 2FSK 信号经过相干解调后信号的频谱及波形（调制指数为 3.5）

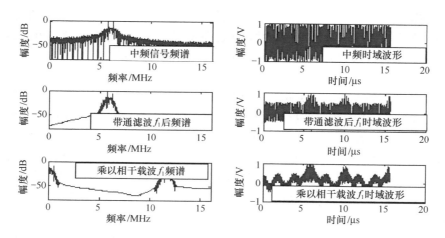

图 6-14 非连续相位 2FSK 信号经过相干解调后信号的频谱及波形（调制指数为 0.5）

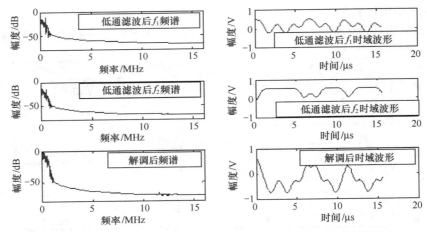

图 6-14 非连续相位 2FSK 信号经过相干解调后信号的频谱及波形（调制指数为 0.5）（续）

（2）当调制指数较小时（仿真程序中的调制指数为 0.5），相干解调法的性能急剧下降，几乎不能得到正确的解调结果。

需要说明的是，上述仿真过程均没有考虑噪声的影响，而在实际工程设计中，信道中的噪声是无法避免的。读者可以对前面两个实例中的 MATLAB 代码进行简单修改，在产生 2FSK 信号时增加不同强度的噪声，仿真有噪声情况下不同解调方法的解调性能。

6.3　FSK 信号的 FPGA 实现

6.3.1　FSK 信号的产生方法

对于模拟电路来讲，FSK 信号的产生方法通常有频率选择法和载波调频法两种。前者产生的是非连续相位 FSK 信号，后者产生的是连续相位 FSK（Continuous Phase Frequency Shift Keying，CPFSK）信号。对信号的瞬时相位值进行微分处理，即可获得信号的瞬时频率。调制信号的频谱宽度与其相位特征密切相关，相位跳变越厉害，信号的频谱宽度就越大。因此，在相同码元速率及调制指数的情况下，连续相位 FSK 信号的频谱宽度要比非连续相位 FSK 信号小得多。这一点可以从例 6-1 所仿真的 2FSK 信号频谱得到印证。

数字调频是利用载波的频率来传输数字信息的，即利用所传输的数字信息控制载波的频率。例如，2FSK 信号中的数字信息 1 对应某个载波频率，数字信息 0 对应另一个载波频率，而且频率之间的改变是瞬间完成的。从原理上讲，数字调频既可用模拟调频法来实现，也可用键控法来实现。模拟调频法利用一个矩形脉冲序列对一个载波进行调频，是频移键控早期采用的实现方法。键控法则利用受矩形脉冲序列控制的开关电路对两个不同的独立频率进行选通，其特点是转换速度快、波形好、稳定度高且易于实现，故应用广泛。

MATLAB 中有现成的 FSK 调制函数 fskmod()可以使用，但在 FPGA 中没有这样方便的函数可以使用。根据前面的讨论可知，键控法只可以产生非连续相位 FSK 信号，如何在 FPGA 中产生连续相位 FSK 信号呢？

图 6-15 所示为两种利用键控法产生 2FSK 信号的方法[1]，读者可能会发现，图 6-15（a）

所示的方法正是例 6-3 中 MATLAB 产生 2FSK 信号的方法。在 FPGA 实现时，图 6-15（b）所示的方法需要更小的逻辑资源，更具性能优势。图 6-15 中的两个频率信号可以分别采用 Quartus II 提供的 NCO 核[14]来实现。

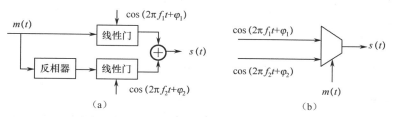

图 6-15　利用键控法产生 2FSK 信号的方法

显然，根据图 6-15 所示的方法无法产生连续相位 FSK 信号。前面讲到，载波调频法可以产生连续相位 FSK 信号，但这种方法多用于模拟电路中，实现起来还是比较麻烦的。有更好的解决方案吗？其实方法非常简单，采用 Quartus II 提供的 NCO 核即可。根据 NCO 核的工作原理[13,14]，NCO 核本身就具备产生连续相位频率信号的能力，即使在突然改变 NCO 核输出信号频率的情况下，NCO 核输出信号仍然具有连续相位特征，这正是连续相位 FSK 信号所需要的。

6.3.2　2FSK 信号的 Verilog HDL 实现

例 6-4　利用 FPGA 实现连续相位 2FSK 信号

● 采用 FPGA 实现连续相位 2FSK 信号；

● 符号速率 R_b=1 Mbps；

● 调制指数 h=3.5

● 载波频率 f_c=6 MHz；

● 采样频率（FPGA 系统时钟频率）f_s=32R_b；

● 输出数据位宽 B_{out}=15；

● FPGA 采用 Altera 公司 Cyclone-IV 系列的 EP4CE15F17C8。

采用 Quartus II 中的 NCO 核实现连续相位 2FSK 信号的 Verilog HDL 设计十分简单。对于大多数 FPGA 来讲，Quartus II 均提供了 NCO 核，只需要对 NCO 核进行一些必要的参数设置即可。

为了产生连续相位 2FSK 信号，必须使 NCO 核输出信号的频率可配置，因此需要将 NCO 核的频率调制输入选项"Frequency Modulation Input"选中；根据设计需求，输出信号位宽为 15，NCO 核的输出信号位宽也设置为 15。

下面给出了连续相位 2FSK 信号的 Verilog HDL 实现代码。

```
//FskMod.v 的程序清单
module FskMod (rst,clk,din,dout);
    input rst;                          //复位信号，高电平有效
    input clk;                          //采样频率：32 MHz
    input din;                          //调制原始信号，符号速率 Rb=1 MHz
    //输出的连续相位 2FSK 信号：fc=6 MHz, h=3.5, f1=4.25 MHz, f2=7.75 MHz
    output signed [14:0]    dout;
```

```
//实例化 NCO 核所需的接口
wire reset_n,out_valid,clken;
wire [24:0] carrier;
wire signed [24:0] frequency_df;
assign reset_n = !rst;
assign clken = 1'b1;
assign carrier=25'd6291456;                        //6 MHz

//实例化 NCO 核
dds u0 (.phi_inc_i (carrier), .clk (clk), .reset_n (reset_n), .clken (clken),.freq_mod_i (frequency_df),
    .fsin_o (dout), .out_valid (out_valid));

//Rb=1MHz, h=3.5, df1=-1.75MHz df2=1.75 MHz
//根据输入信号的高、低电平，设置不同的频率偏移量
assign frequency_df = (din)?25'd1835008:-25'd1835008;

endmodule
```

程序中使用到了 NCO 核。程序中 NCO 核的主要参数设置为：

NCO 生成算法方式：small ROM。
相位累加器精度（Phase Accumulator Precision）：25。
角度分辨率（Angular Resolution）：15。
幅度精度（Magnitude Precision）：15。
驱动时钟频率（Clock Rate）：32 MHz。
期望输出频率（Desired Output Frequency）：6 MHz。
频率调制输入（Frequency Modulation Input）：选中。
调制器分辨率（Modulation Resolution）：25。
调制器流水线级数（Modulator Pipeline Level）：1。
相位调制输入（Phase Modulation Input）：不选。
输出数据通道（Outputs）：单通道（Single Output）。
多通道 NCO（Multi-Channel NCO）：1。
频率跳变波特率（Frequency Hopping Number of Bauds）：1。

程序的设计思路非常简单，根据输入信号 din 的高、低电平状态，分别设置 NCO 核的频率调制输入端信号 freq_mod_i 的值。程序中设置频率字字长（B_{data}）为 25，由于系统时钟频率（f_s）为 32 MHz，可知频率分辨率（$d_f = f_s / 2^{B_{data}}$）为 0.9537 Hz。根据 NCO 核的工作原理，输出频率字参数（f_{req}）、输出信号频率（F）、频率字字长（B_{data}）、系统时钟频率（f_s）之间的关系[14]为：

$$f_{req} = F \times 2^{B_{data}} / f_s \qquad (6\text{-}21)$$

根据式（6-21）很容易计算出，当调制频率为 1.75 MHz 时，频率字 frequency_df=1835008；当调制频率为-1.75 MHz 时，频率字 frequency_df = -1835008。

6.3.3 FPGA 实现后的仿真测试

编写完成整个系统的 Verilog HDL 实现代码后，经测试后就可以进行 FPGA 实现了。在

Quartus II 中完成对 FPGA 工程的编译后，启动"TimeQuest Timing Analyzer"工具，并对时钟信号 clk 添加时序约束（周期为 20 ns，频率为 50 MHz）。保存时序约束结果后重新对整个 FPGA 工程进行编译。

完成综合实现后，在工作过程区中会自动显示整个设计所占用的器件资源情况。本实例选用的目标器件是 Altera 公司 Cyclone-IV 系列的 EP4CE15F17C8。Logic Elements（逻辑单元）使用了 469 个，占 3%；Registers（寄存器）使用了 334 个，占 2%；Memory Bits（存储器）使用了 114688 bit，占 22%；Embedded Multiplier 9-bit elements（9 bit 嵌入式硬件乘法器）使用了 0 个，占 0%。从"TimeQuest Timing Analyzer"工具中可以看到系统最高工作频率为 103.16 MHz，显然满足工程实例中要求的 32 MHz。

在采用 ModelSim 进行仿真测试之前，还需要编写 TestBench 文件，本实例的 TestBench 文件功能比较简单。由于系统时钟频率为 32 MHz，调制频率为 1 MHz，即每个码元内有 32 个系统时钟周期。TestBench 文件中的编写思路是直接取系统时钟的 64 分频信号作为测试输入信号，这样测试输入信号即 1 MHz 的方波信号。请读者在本书配套资料中查看完整的 FPGA 工程文件（"Chapter_6\E6_4_FpgaFskMod"）。

编写完成激励文件后，即可开始进行程序仿真测试。为了更直观地观察 ModelSim 的仿真波形，需要对波形界面中的一些参数进行简单的设置。图 6-16 所示为 FPGA 实现连续相位 2FSK 信号的 ModelSim 仿真波形。

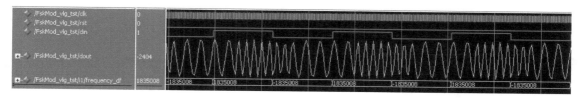

图 6-16　FPGA 实现连续相位 2FSK 信号的 ModelSim 仿真波形

从图 6-16 可以看出，输出信号 dout 在跳变时刻仍然保持了相位的连续性，也就是说，产生了连续相位 2FSK 信号。与图 6-5 所示的方法相比，程序中采用的方法只使用了一个 NCO 核。不过需要注意的是，本实例程序中只能产生连续相位 2FSK 信号，不能产生非连续相位 2FSK 信号。

6.4　2FSK 信号解调的 FPGA 实现

6.4.1　解调模型及参数设计

例 6-5　采用 FPGA 实现连续相位 2FSK 信号的非相干解调

- 采用 FPGA 实现连续相位 2FSK 信号的非相干解调；
- 符号速率 R_b=1 Mbps；
- 调制指数 h=3.5；
- 载波频率 f_c=6 MHz；

- 采样频率（FPGA 系统时钟频率）f_s=32R_b；
- 输出数据位宽 B_{out}=14；
- FPGA 采用 Altera 公司 Cyclone-IV 系列的 EP4CE15F17C8。

参考文献[10]详细讨论了采用相乘微分型 AFC 环解调 FSK 信号的原理、步骤及 FPGA 仿真测试过程。本节只讨论采用图 6-5 所示的方法进行 FPGA 实现。前面讲过，利用包络检波法解调 2FSK 信号时，实际上是将 2FSK 看成两个 ASK 信号简单叠加形成的信号，其解调原理与第 5 章讨论的 ASK 信号解调原理十分相似，只是增加了带通滤波器及减法器而已。

根据图 6-5 所示的方法，在进行 FPGA 设计之前，首先需要设计带通滤波器和低通滤波器的系数，然后采用 Quartus 提供的 FIR 核进行实现即可。综合考虑滤波器性能及所需硬件资源，设置两种滤波器的阶数均为 31，滤波器系数量化位宽均为 12。采用 MATLAB 提供的 fir1() 函数设计出的滤波器幅频响应如图 6-17 所示。

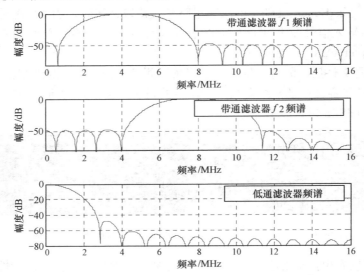

图 6-17　采用 MATLAB 提供的 fir1()函数设计出的滤波器幅频响应

采用 MATLAB 提供的函数 fir1()设计滤波器的方法十分简单，请读者在本书配套资料中查看完整的程序清单（"Chapter_6\E6_5_FpgaFskDemod\E6_5_FilterDesign.m"）。程序中不仅设计了所需的滤波器系数、绘制了滤波器幅频响应，同时还将滤波器系数写入外部 TXT 文件中，作为 FPGA 设计时的 FIR 核滤波器系数文件（bpf1.txt、bpf2.txt、lpf.txt）。

6.4.2　2FSK 信号解调系统的 Verilog HDL 实现

有了第 5 章设计 ASK 信号解调系统的经验，再根据图 6-5 所示的方法，我们就可以轻松地设计 2FSK 信号的解调系统了。在设计过程中需要特别关注的是 FPGA 的有限字长效应，即如何在确保数据不溢出的情况下，在节约硬件资源的同时尽量获取更多的有效数据位，以提高运算速度及精度。

首先考虑滤波器运算中需要增加的运算字长。根据 3.2.4 节的讨论，在 E6_5_FilterDesign.m 程序设计滤波器时，求得滤波器系数绝对值之和。带通滤波器 lpf1 系数为 12587<2^{14}、带通滤波器系数 lpf2 为 11271<2^{14}、低通滤波器系数为 26663<2^{15}，因此，数据在滤波处理后需要分

别增加 14 bit 及 15 bit。

　　根据前面的原理分析，以及滤波器处理前后数据位宽的分析，下面的 Verilog HDL 实现代码就比较容易理解了。读者可以先阅读下面的程序清单，并试着分析各模块输入/输出数据（信号）的截位方法，然后与本节后续的分析相互印证，以此进一步理解 FPGA 设计过程中的有效数据分析及处理方法。

```verilog
//FskDemod.v 的程序清单
module FskDemod (rst,clk,din,dout);
    input    rst;                          //复位信号，高电平有效
    input    clk;                          //采样频率：32 MHz
    input    signed [14:0]   din;          //输入的 2FSK 信号
    output   signed [14:0]   dout;         //解调后的信号

    //声明滤波器输入信号
    wire ast_sink_valid,ast_source_ready,reset_n;
    wire [1:0] ast_sink_error;

    //设置滤波器输入信号
    assign ast_source_ready=1'b1;
    assign ast_sink_valid=1'b1;
    assign ast_sink_error=2'd0;
    assign reset_n = !rst;

    //声明带通滤波器 bpf1 的输出信号
    wire sink_ready_bpf1,source_valid_bpf1;
    wire [1:0] source_error_bpf1;
    wire signed [28:0]   data_bpf1;
    //实例化带通滤波器 bpf1
    bpf1 u1(.clk(clk), .reset_n(reset_n), .ast_sink_data(din), .ast_sink_valid(ast_sink_valid),
        .ast_source_ready(ast_source_ready), .ast_sink_error(ast_sink_error),
        .ast_source_data(data_bpf1), .ast_sink_ready(sink_ready_bpf1),
        .ast_source_valid(source_valid_bpf1),.ast_source_error(source_error_bpf1));

    //声明带通滤波器 bpf2 的输出信号
    wire sink_ready_bpf2,source_valid_bpf2;
    wire [1:0] source_error_bpf2;
    wire signed [28:0]   data_bpf2;
    //实例化带通滤波器 bpf2
    bpf2 u2(.clk(clk), .reset_n(reset_n), .ast_sink_data(din), .ast_sink_valid(ast_sink_valid),
        .ast_source_ready(ast_source_ready), .ast_sink_error(ast_sink_error),
        .ast_source_data(data_bpf2), .ast_sink_ready(sink_ready_bpf2),
        .ast_source_valid(source_valid_bpf2), .ast_source_error(source_error_bpf2));

    //对经过带通滤波后的信号求绝对值（全波整流）
    reg signed [14:0] abs_bpf1,abs_bpf2;
    always @(posedge clk or posedge rst)
    if (rst)
        begin
```

```verilog
                    abs_bpf1 <= 15'd0;
                    abs_bpf2 <= 15'd0;
                end
        else
                begin
                    if (data_bpf1[28])
                        abs_bpf1 <= -data_bpf1[28:14];
                    else
                        abs_bpf1 <= data_bpf1[28:14];
                    if (data_bpf2[28])
                        abs_bpf2 <= -data_bpf2[28:14];
                    else
                        abs_bpf2 <= data_bpf2[28:14];
                end

    //对整流后的信号进行低通滤波

    //声明低通滤波器 lpf1 的输出信号
    wire sink_ready_lpf1,source_valid_lpf1;
    wire [1:0] source_error_lpf1;
    wire signed [29:0]    data_lpf1;
    //实例化低通滤波器 lpf1
    lpf u3(.clk(clk), .reset_n(reset_n), .ast_sink_data(abs_bpf1), .ast_sink_valid(ast_sink_valid),
        .ast_source_ready(ast_source_ready), .ast_sink_error(ast_sink_error),
        .ast_source_data(data_lpf1), .ast_sink_ready(sink_ready_lpf1),
        .ast_source_valid(source_valid_lpf1), .ast_source_error(source_error_lpf1));

    //声明低通滤波器 lpf2 的输出信号
    wire sink_ready_lpf2,source_valid_lpf2;
    wire [1:0] source_error_lpf2;
    wire signed [29:0]    data_lpf2;
    //实例化低通滤波器 lpf2
    lpf u4(.clk(clk), .reset_n(reset_n), .ast_sink_data(abs_bpf2), .ast_sink_valid(ast_sink_valid),
        .ast_source_ready(ast_source_ready), .ast_sink_error(ast_sink_error),
        .ast_source_data(data_lpf2), .ast_sink_ready(sink_ready_lpf2),
        .ast_source_valid(source_valid_lpf2), .ast_source_error(source_error_lpf2));

    //两路低通滤波器的输出信号相减，完成 2FSK 信号的解调
    reg signed [29:0] sub;
        always @(posedge clk)
        sub <= data_lpf1 - data_lpf2;
    assign dout = sub[29:15];
endmodule
```

FPGA 实现 2FSK 信号解调系统综合后的 RTL 原理图如图 6-18 所示，从图中可以清晰地看出 2FSK 信号的非相干解调原理。现在分析各模块输入/输出信号的有效数据位处理情况。对于带通滤波器而言，IP 核的输入数据位宽设置为 15，滤波器系数为 12 bit，IP 核生成的输出数据位宽为 29。

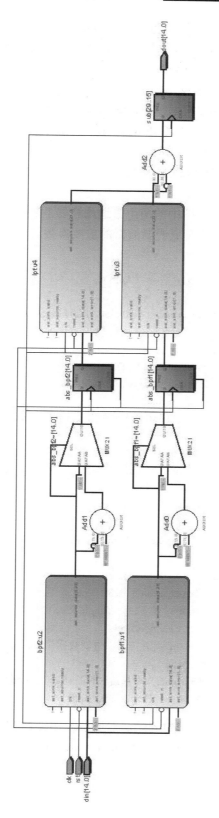

图 6-18　FPGA 实现 2FSK 信号解调系统综合后的 RTL 原理图

根据前面对滤波器系数的分析，滤波处理只会增加 14 bit 的有效数据，因此有效数据位宽 29。由于后续求绝对值不会增加有效数据位宽，低通滤波器输入数据位宽设置为 15，因此，取有效数据的高 15 bit 作为低通滤波器输入数据（data_bpf1 (28 dwonto 14)）。同理，低通滤波器的 IP 核输出数据位宽为 30，但根据前面滤波器系数的分析，滤波处理会增加 15 bit 的有效数据，因此有效数据位宽为 30。根据需求，输出数据为 15 bit，因此，取有效数据的高 15 bit 作为减法运算后解调输出（data_lpf(29 downto 15)）。通常，两个二进制数做减法运算时，需要增加 1 bit 来防止数据溢出。考虑到前面两次滤波器数据位宽的增加已存在一定余量（12587<16384=2^{14}、26663<32768=2^{15}），因此对两路低通滤波后的数据进行减法运算时，并没有增加有效数据位宽。

程序中使用到了 FIR 核，程序中的两个带通滤波器 FIR 核除了滤波器系数不同，其他参数完全相同。下面是带通滤波器及低通滤波器的主要参数。

带通滤波器的主要参数如下：

系数量化方式（Coefficient Scaling）：自动（Auto）。

系数量化位宽（Bit Width）：12。

滤波器结构（Filter Structure）：Distributed Arithmetic:Fully Parallel Filter。

流水线级数（Pipline Level）：1。

运算时钟数（Clock to Compute）：1。

乘法器实现方式（Multiplier inplementation）：DSP Blocks。

滤波器速率设置（Rate Specification）：单速率（Single Rate）。

输入数据通道数（Number of input Channels）：1。

输入数据类型（Input Number System）：有符号二进制数据（Signed Binary）。

输入数据位宽（Input Bit Width）：15。

输出数据位宽（Output Number System）：全精度（Ful Resoulation）。

滤波器系数（Coefficients）："D:\ModemPrograms\Chapter_6\E6_5_FpgaFskDemod \bpf1.txt"。

低通滤波器的主要参数如下：

系数量化方式（Coefficient Scaling）：自动（Auto）。

系数量化位宽（Bit Width）：12。

滤波器结构（Filter Structure）：Distributed Arithmetic:Fully Parallel Filter。

流水线级数（Pipline Level）：1。

运算时钟数（Clock to Compute）：1。

乘法器实现方式（Multiplier inplementation）：DSP Blocks。

滤波器速率设置（Rate Specification）：单速率（Single Rate）。

输入数据通道数（Number of input Channels）：1。

输入数据类型（Input Number System）：有符号二进制数据（Signed Binary）。

输入数据位宽（Input Bit Width）：15。

输出数据位宽（Output Number System）：全精度（Ful Resoulation）。

滤波器系数（Coefficients）："D:\ModemPrograms\Chapter_6\E6_5_FpgaFskDemod \lpf.txt"。

需要注意的是，为节约 FPGA 中的乘法器资源，在设置 FIR 滤波器参数时，选择了分布式算法结构（Distributed Arithmetic:Fully Parallel Filter）的 FIR 滤波器。

6.4.3　FPGA 实现后的仿真测试

编写完成整个系统的 Verilog HDL 实现代码并经过测试后就可以进行 FPGA 实现了。在 Quartus II 中完成对 FPGA 工程的编译后，启动"TimeQuest Timing Analyzer"工具，并对时钟信号 clk 添加时序约束（周期为 20 ns，频率为 50 MHz）。保存时序约束结果后重新对整个 FPGA 工程进行编译。

完成综合实现后，在工作过程区中会自动显示整个设计所占用的器件资源情况。本实例选用的目标器件是 Altera 公司 Cyclone-IV 系列的 EP4CE15F17C8。Logic Elements（逻辑单元）使用了 10483 个，占 68%；Registers（寄存器）使用了 10281 个，占 67%；Memory Bits（存储器）使用了 480 bit，占 1%；Embedded Multiplier 9-bit elements（9 bit 嵌入式硬件乘法器）使用了 0 个，占 0%。从"TimeQuest Timing Analyzer"工具中可以看到系统最高工作频率为 107.97 MHz，显然满足工程实例中要求的 32 MHz。

在采用 ModelSim 进行仿真测试之前，还需要编写 TestBench 文件。如何产生测试所需的激励数据？本书惯用的方法是使用文件 IO 的方式，即先用 MATALB 仿真测试数据并写入外部 TXT 文件中，然后在 TestBench 文件中通过读取相应文件的数据来生成输入数据。

在这个实例中，我们改变一下，将例 6-4 所产生的数据直接作为本实例的输入数据，这样就可以完成整个 2FSK 信号调制解调过程仿真测试。本书配套资料"\Chapter_6\E6_5_FpgaFskDemod\fsk"路径下仅为 2FSK 信号解调功能的电路，"\Chapter_6\E6_5_FpgaFskDemod\fskmodem"路径下为 2FSK 信号调制解调功能电路。

图 6-19 所示为 FPGA 实现 2FSK 信号调制解调系统综合后的 RTL 原理图，图 6-20 所示为 FPGA 实现 2FSK 信号调制解调的 ModelSim 仿真波形。读者可以对比图 6-20 与图 6-14，以进一步加深对 2FSK 信号非相干解调原理及信号波形的理解。

到目前为止，本章已比较完整地讨论了 2FSK 信号的调制解调问题。在讨论完 2FSK 信号调制解调技术后，大家可能会觉得原来 2FSK 信号的调制解调也这么简单！古希腊的著名哲学家芝诺（Zeno）说过，人的知识就好比一个圆圈，圆圈里是已知的，圆圈外是未知的。你知道得越多，圆圈也就越大，你不知道的也就越多。所以，永远不要觉得满足！

随着大容量与远距离数字通信的发展，信道中同时存在着带限与非线性的特性，而通信容量的迅速增加，也使得频谱非常拥挤。因此，在数字调制技术的研究中，如何充分利用频谱是主要考虑的问题。显然，对于 FSK 调制来讲，如前所述，调制指数为 0.5 的连续相位 FSK（如 MSK）信号具有最佳的频谱利用率。而前面讨论的非相干解调法显然无法适用于 MSK 信号的解调。

在作者先后出版《数字滤波器的 MATLAB 与 FPGA 实现》和《数字通信同步技术的 MATLAB 与 FPGA 实现》两本著作后，不少读者通过邮件了解 MSK 调制解调的实现问题。确实，MSK 调制在数字通信中的应用已十分广泛，掌握其原理及设计实现方法是一名优秀电子通信工程师必备的技能。接下来，我们开始讨论本章的重点和难点——MSK 调制解调原理及 FPGA 实现方法。

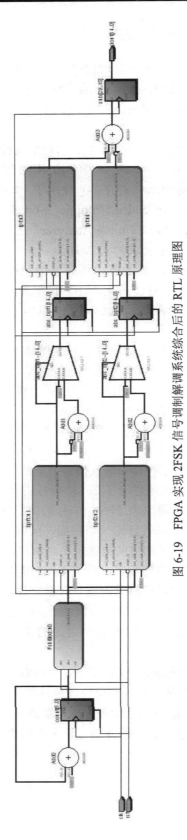

图 6-19　FPGA 实现 2FSK 信号调制解调系统综合后的 RTL 原理图

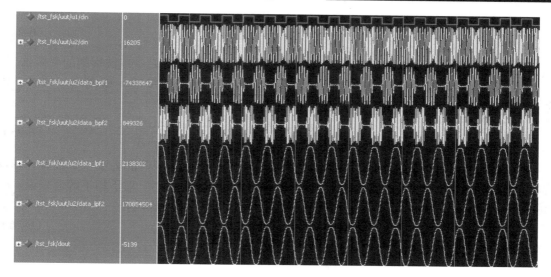

图 6-20　FPGA 实现 2FSK 信号调制解调的 ModelSim 仿真波形

6.5　MSK 信号的产生原理

6.5.1　MSK 信号的时域特征

最小频移键控（Minimum Shift Keying，MSK）信号的表达式可写为[1]：

$$S_{\mathrm{MSK}}(t) = \cos\left(\omega_{\mathrm{c}}t + \frac{\pi a_k}{2T_{\mathrm{b}}}t + \varphi_k\right) \tag{6-22}$$

式中，$kT_{\mathrm{b}} \le t \le (k+1)T_{\mathrm{b}}$；$\omega_{\mathrm{c}}$ 是载波角频率；T_{b} 是码元宽度；a_k 是第 k 个码元中的数据（取值为 ± 1）；φ_k 是第 k 个码元中的相位常数，它在 $kT_{\mathrm{b}} \le t \le (k+1)T_{\mathrm{b}}$ 中保持不变。

由式（6-22）可知，当 $a_k = 1$ 时，信号的频率 $f_2 = \frac{1}{2\pi}\left(\omega_{\mathrm{c}} + \frac{\pi}{2T_{\mathrm{b}}}\right)$；当 $a_k = -1$ 时，信号的频率 $f_1 = \frac{1}{2\pi}\left(\omega_{\mathrm{c}} - \frac{\pi}{2T_{\mathrm{b}}}\right)$。由此可得频率间隔 $\Delta f = f_2 - f_1 = \frac{1}{2T_{\mathrm{b}}}$，调制指数 $h = \Delta f T_{\mathrm{b}} = 0.5$。

MSK 信号和 2FSK 信号的差别在于选择两个频率 f_1 与 f_2，使这两个频率的信号在一个码元期间的相位积累严格地相差 180°。本章 6.1.2 节已经求得，一般频移键控的两个信号波形具有以下相关系数：

$$\rho = \frac{\sin(\omega_2 - \omega_1)T_{\mathrm{b}}}{(\omega_2 - \omega_1)T_{\mathrm{b}}} + \frac{\sin(\omega_2 + \omega_1)T_{\mathrm{b}}}{(\omega_2 + \omega_1)T_{\mathrm{b}}} = \frac{\sin(\omega_2 - \omega_1)T_{\mathrm{b}}}{(\omega_2 - \omega_1)T_{\mathrm{b}}} + \frac{\sin 2\omega_{\mathrm{c}}T_{\mathrm{b}}}{2\omega_{\mathrm{c}}T_{\mathrm{b}}} \tag{6-23}$$

MSK 是一种正交调制，其信号波形的相关系数等于零，因此，对 MSK 信号来说，式（6-23）等号后面的两项都必须等于零。第一项等于零的条件是 $(\omega_2 - \omega_1)T_{\mathrm{b}} = 2\pi(f_2 - f_1)T_{\mathrm{b}} = k\pi(k = 1,2,3\cdots)$，令 k 等于其最小值 1，则 $f_2 - f_1 = \frac{1}{2T_{\mathrm{b}}}$，这正是 MSK 信号所要求的频率间隔。第二项等于零的条件是 $2\omega_{\mathrm{c}}T_{\mathrm{b}} = 4\pi f_{\mathrm{c}}T_{\mathrm{b}} = n\pi(n = 1,2,3\cdots)$，即：

$$T_b = \frac{n}{4}\frac{1}{f_c} \tag{6-24}$$

式（6-24）说明 MSK 信号在一个码元周期内，必须包含四分之一载波周期的整数倍。

相位常数 φ_k 的选择应保证信号的相位在码元转换时刻是连续的。根据这一要求，由式（6-22）可以求出以下的相位递归条件（也称为相位约束条件）：

$$\varphi_k = \varphi_{k-1} + (a_{k-1} - a_k)\frac{\pi k}{2} = \begin{cases} \varphi_{k-1}, & a_k = a_k - 1 \\ \varphi_{k-1} \pm k\pi, & a_k \neq a_k - 1 \end{cases} \tag{6-25}$$

式（6-25）说明，MSK 信号在第 k 个码元的相位常数不仅与当前的 a_k 有关，而且与前面的 a_{k-1} 及其相位常数 φ_{k-1} 有关。或者说，前后码元之间存在着相关性。对于相干解调来说，φ_k 的起始参考值可以假定为零而不失一般性。因此从式（6-25）可以得到：

$$\varphi_k = 0 \text{或} \pi \text{（模} 2\pi \text{）} \tag{6-26}$$

6.5.2　MSK 信号的频谱特性

MSK 信号的功率谱密度表达式为[1]：

$$W(f) = \frac{16A^2 T_b}{\pi^2} \left\{ \frac{\cos[2\pi(f - f_c)T_b]}{1 - [4(f - f_c)T_b]^2} \right\}^2 \tag{6-27}$$

式中，A 为信号的振幅。为便于比较，下面直接给出 4PSK 信号的功率谱密度公式[1]。

$$W(f) = 2A^2 T_b \left\{ \frac{\sin[2\pi(f - f_c)T_b]}{2\pi(f - f_c)T_b} \right\}^2 \tag{6-28}$$

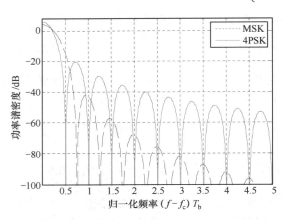

图 6-21　MSK 信号与 4PSK 信号的功率谱密度曲线

图 6-21 是 MSK 信号和 4PSK 信号的功率谱密度曲线。从图中可见，与 4PSK 信号相比，MSK 信号的功率谱密度具有较宽的主瓣，MSK 信号的第一个零点出现在 $(f-f_c)T_b = 0.5$ 处，4PSK 信号的第一个零点出现在 $(f-f_c)T_b = 0.75$ 处。但是，在主瓣以外，MSK 信号的功率谱密度曲线却比 4PSK 衰减得快。这一点，不难从它们的功率谱密度表示式中看出来，因为当 $(f-f_c)T_b \gg 1$ 以后，4PSK 信号的功率谱随 $(f-f_c)$ 的平方而下降，而 MSK 信号的功率谱却随 $(f-f_c)$ 的四次方而下降。以−3 dB 电平计算时，MSK 信号带宽大于 4PSK，以−50 dB 电平计算和以包含 99% 的信号功率计算时，MSK 信号的带宽明显小于 4PSK 信号。

我们知道，一个已调信号的频谱特性与其相位路径有着密切的关系（对信号瞬时相位的微分，可获得信号的瞬时频率）。要控制已调波的频谱特性，必须控制它的相位路径。若与调信号中有急剧变化的部分，即存在跳跃与弯曲的部分，其频谱就会产生旁瓣，当该信号经过带阻滤波器后，其包络就会发生起伏。若再通过非线性特性元件，则未滤除的旁瓣会再次涌现出来。恒包络调制技术的核心就是已调信号的相位是连续变化的，这就保证了该信号频谱没有旁瓣或旁瓣分量很小，通过带阻滤波器后，由于滤除的旁瓣功率很小，则滤波器输出信号的包络起伏是很小的，这样再经非线性元件，输出信号只产生很小的频谱扩展，即这种信号非常适合在非线性信道上传输。

根据前面的讨论，连续相位 FSK 就是一种恒包络调制，而 MSK 是调制指数为 0.5 的连续相位 FSK，但由于其相位路径在符号转换时刻将产生一个拐点，即在转换时刻的斜率是不连续的，这仍然影响已调信号频谱的衰减速度。

为了进一步改善 MSK 信号的频谱特性，有效的办法是对基带信号进行平滑处理，使调制后信号的相位在码元转换时刻不仅连续而且变化平滑，从而达到改善频谱特性的目的。高斯滤波最小频移键控（Gaussian Filtered Minimum Shift Keying，GMSK）正是采用高斯低通滤波器对基带信号进行处理的。与 MSK 相比，GMSK 仅增加了对基带信号的高斯滤波处理，且 MSK 信号与 GMSK 信号的解调方式相同，因此本章只讨论 MSK 调制解调方式。

6.5.3　MSK 信号的产生方法

根据式（6-22）所示的 MSK 信号，由于 $\cos[\omega_c t + \theta(t)] = \cos\theta(t)\cos\omega_c t - \sin\theta(t)\sin\omega_c t$，所以 MSK 信号也可以看成由两个彼此正交的载波 $\cos\omega_c t$ 与 $\sin\omega_c t$ 分别被函数 $\cos\theta(t)$ 和 $\sin\theta(t)$ 进行振幅调制而合成。已知 $\theta(t) = \dfrac{\pi a_k}{2T_b}t + \varphi_k$，$a_k = \pm 1$，$\varphi_k = 0$ 或 π（模 2π），因而

$$\cos\theta(t) = \cos\left(\frac{\pi t}{2T_b}\right)\cos\varphi_k, \qquad \sin\theta(t) = a_k \sin\left(\frac{\pi t}{2T_b}\right)\cos\varphi_k \tag{6-29}$$

令 $\cos\varphi_k = I_k$、$a_k \cos\varphi_k = Q_k$，可得到：

$$S_{MSK}(t) = I_k \cos\left(\frac{\pi t}{2T_b}\right)\cos\omega_c t - Q_k \sin\left(\frac{\pi t}{2T_b}\right)\sin\omega_c t \tag{6-30}$$

通过前面的分析可知，只要找到 I_k、Q_k 与原始信号的 a_k 转换方法，就不难根据式（6-30）构建产生 MSK 信号的方法。显然，I_k、Q_k 的取值只能是 1 或者−1。详细讨论 I_k、Q_k 与 a_k 的关系是一件比较麻烦的事，有兴趣的读者可以请参考文献[1]来了解具体分析过程，下面直接给出了 MSK 信号产生的步骤[1]。

（1）对输入信号进行差分编码。

（2）把差分编码器的输出信号用串/并转换器分成两路，并且相互交错一个码元宽度 T_b。

（3）用加权函数 $\cos\left(\dfrac{\pi t}{2T_b}\right)$ 和 $\sin\left(\dfrac{\pi t}{2T_b}\right)$ 分别对两路信号进行加权。

（4）用两路加权后的信号分别对正交载波 $\cos\omega_c t$ 和 $\sin\omega_c t$ 进行调制。

（5）将两路输出信号进行叠加。

图 6-22 为原码信号与正交两路调制信号的转换关系图，图 6-23 为 MSK 调制器原理图。由以前讨论可知，产生 MSK 信号时，首先对输入信号进行差分编码，然后分路以得到两条支路的信号。实际上，满足以下 5 个条件的已调信号都属于 MSK 信号，而不论其输入信号是否经过了差分编码。

（1）已调信号的振幅是恒定的。

（2）信号的频率偏移（频差）严格等于 $\pm T_b / 4$，相应的调制指数为 0.5。

（3）以载波相位为基准的信号相位在一个码元期间内准确地线性变化 $\pm\pi / 2$。

（4）在一个码元期间内，信号应包括四分之一载波周期的整数倍；

（5）在码元转换时刻，信号的相位是连续的，即信号的波形没有突跳。

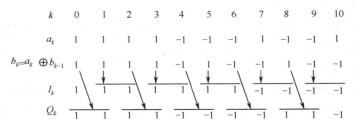

图 6-22　MSK 调制时原码信号与正交两路信号的转换关系图

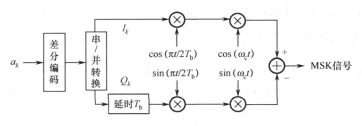

图 6-23　MSK 调制器原理图

　　也就是说，待传输的信号可以不经过差分编码，而直接分路，得到两路信号 I_k、Q_k，然后按上述类似的步骤对它们进行加权、调制、叠加而得到 MSK 信号。倘若在接收端中需要解决载波恢复的相位不确定性问题，那么采用差分编码还是必需的。按照图 6-23 所示的调制器产生 MSK 信号的方法虽然并不复杂，但所需的硬件资源却不少：差分编码、串/并转换、延时 4 个载波信号周期，以及加法运算单元。

　　根据前面的讨论可知，MSK 信号的特征主要表现在相位的连续性，以及载波频率与码元周期的固定关系。回想例 6-4 产生连续相位 2FSK 的方法，不难想到采用 DDS 核直接产生 MSK 信号的方法。图 6-24 是文献[13]采用的 MSK 信号数字化调制电路实现框图。

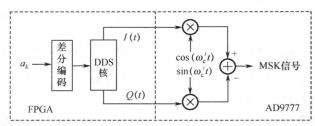

图 6-24　MSK 信号数字化调制电路实现框图

　　图中左侧虚线框由 DDS 核完成 MSK 信号数字化调制，具体实现由 FPGA 完成，右侧为正交调制器 AD9977[15]完成正交上变频功能。要求整个 AD9977 输出中频频率为 70 MHz，如果完全采用 FPGA 来产生 70 MHz 的 MSK 信号，则 DDS 核必须工作在 200 MHz 以上才能保证 AD9977 输出信号的质量。因此，为了减少 FPGA 功耗，图 6-24 将 MSK 信号的数字化调制分成两个阶段来完成：首先在 FPGA 中控制 DDS 核完成中心频率为 6 MHz 的 MSK 信号的调制，输出速率为 32 MHz 的两路正交信号 $I(t)$、$Q(t)$（注意与 I_k、Q_k 之间的区别），然后这两路信号与 AD9977 里的数字本振 64 MHz 进行混频，即完成数字正交调制过程，将中心频率变至 70 MHz。

回想一下本章所讨论的调制信号产生实例，实例中的调制载波频率都比较低，并且都产生了单路调制信号（没有产生与之正交的调制信号），而在工程实例中，显然需要产生更高频率的调制信号。兼顾设计的灵活性及实现成本，图 6-24 是一种应用较为广泛的结构。对于 FPGA 来讲，产生两路相互正交的调制信号十分简单，因为 DDS 核本身就可以产生相互正交的正弦波信号和余弦波信号。

6.6　MSK 信号的 FPGA 实现

6.6.1　实例参数及模型设计

例 6-6　FPGA 实现 MSK 信号

- 采用 FPGA 实现 MSK 信号；
- 符号速率 R_b=1 Mbps；
- 载波频率 f_c=6 MHz；
- 采样频率（FPGA 系统时钟频率）f_s=32R_b；
- 输出数据位宽 B_{out}=15；
- FPGA 采用 Altera 公司 Cyclone-IV 系列的 EP4CE15F17C8。

该实例与例 6-4 的设计过程十分相似，只是需要在进行 DDS 调制之前对原始信号进行差分编码，并设置 DDS 核可以同时输出正弦波信号和余弦波信号。

我们用两个文件分别实现差分编码及 DDS 调制功能，除了需要设置 DDS 核的参数使其同时输出正弦波信号和余弦波信号，DDS 核的其他参数与例 6-4 中 NCO 核的参数完全相同。与例 6-4 相比，只需对 DDS 核的两个频率字进行修改即可，将 MskMod.v 程序中的下面几条语句

```
//Rb=1 MHz，h=3.5，df1=-1.75 MHz，df2=1.75 MHz
//根据输入信号的高、低电平，设置不同的频差
assign frequency_df = (din)?25'd1835008:-25'd1835008;
```

修改为：

```
//Rb=1 MHz，h=0.5，df1=-0.25 MHz，df2=0.25 MHz
//根据输入信号的高、低电平，设置不同的偏差
assign frequency_df = (din)?25'd262144:-25'd262144;
```

为了便于理解 MSK 信号 FPGA 实现的设计思路，下面给出了顶层文件（MskMod.v）综合后的 RTL 原理图，如图 6-25 所示。

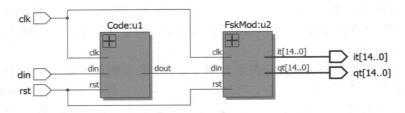

图 6-25　MSK 信号 FPGA 实现的顶层文件综合后的 RTL 原理图

6.6.2　MSK 信号的 Verilog HDL 实现及仿真

如前所述，MSK 信号的 Verilog HDL 实现并不复杂，其中 DDS 核的设计与例 6-4 中的 NCO 核十分相似，本节不再给出其 Verilog HDL 代码。下面只给出了差分编码模块（Code.v）的 Verilog HDL 实现代码。

```verilog
//Code.v 的程序清单
module Code (rst,clk,din,dout);
    input    rst;                          //复位信号，高电平有效
    input    clk;                          //系统时钟信号，与采样频率相同：32 MHz
    input    din;                          //差分编码前的信号：1 MHz
    output   dout;                         //差分编码后的信号：1 MHz

    reg data;
    reg [4:0] count;
    always @(posedge clk or posedge rst)
    if (rst)
        begin
            data <= 1'b0;
            count <= 5'd0;
        end
    else
        begin
            count <= count + 5'd1;
            if (count==5'd31)
            if (din)
            data <= ~data;
        end
    assign dout = data;
endmodule
```

根据差分编码的原理，当原始信号为 1（高电平）时，差分编码输出的信号跳变一次（由 1 变为 0，或由 0 变为 1）；当原始信号为 0（低电平）时，差分编码输出的信号与前一个信号保持不变。程序中设置了一个周期为 32 的计数器变量 count（系统时钟频率为原始信号速率的 32 倍），当计数器每次计到 31 时，判决一次当前的原始信号，并根据其值设置差分编码的输出信号是否需要取反（跳变）。

MSK 信号的仿真测试过程与例 6-4 相似。在 TestBench 文件中，输入信号设置为保持高

电平状态，则在程序中进行差分编码后，转变成符号速率为 1 MHz 的方波信号。请读者在本书配套资料中查看完整的 FPGA 工程文件（"Chapter_6\E6_6_FpgaMskMod\MskMod"）。

图 6-26 所示为 MSK 信号 FPGA 实现后的 ModelSim 仿真波形。

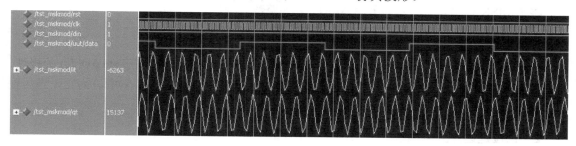

图 6-26　MSK 信号 FPGA 实现后的 ModelSim 仿真波形

6.7　MSK 信号的解调原理

MSK 信号是一种特殊形式的连续相位 FSK 信号，因此从原理上来讲可以采用连续相位 FSK 信号的解调方法。但由于 MSK 信号的调制指数较小（0.5），因此采用 6.1 节所介绍的解调方法很难在工程上实现（最佳相干解调法），或者难以达到较好的解调性能。根据 MSK 信号的产生原理及信号特性，出现了很多优秀的解调方法[16,17,18]，这些解调方法也可以分为相干解调法和非相干解调法两类。接下来先介绍比较常用的延迟差分解调法和平方环相干解调法，接着重点讨论平方环相干解调法的 MATLAB 仿真及 FPGA 实现方法与步骤。

6.7.1　延迟差分解调法

1．一位延迟差分解调法

MSK 信号的差分解调常用一位延迟差分解调法和二位延迟差分解调法。图 6-27 为一位延迟差分解调法原理图。

图 6-27　一位延迟差分解调法原理图

设中频滤波器的输出信号为：

$$S_{IF}(t) = R(t)\cos[\omega_c t + \varphi(t)] + n(t) \tag{6-31}$$

式中，$R(t)$ 为信号的时变包络；$n(t)$ 是噪声。

由图 6-27 可知，中频信号和经过延时 T_b 并移相 $\pi/2$ 的中频信号相乘后，可得到：

$$S_{mult}(t) = R(t)\cos[\omega_c t + \varphi(t)]R(t - T_b)\sin[\omega_c(t - T_b) + \varphi(t - T_b)] \tag{6-32}$$

经过低通滤波器后，此信号变成：

$$y(t) = \frac{1}{2} R(t) R(t - T_b) \sin[\omega_c T_b + \Delta\varphi(T_b)] \tag{6-33}$$

式中，$\Delta\varphi(T_b) = \varphi(t) - \varphi(t - T_b)$。

根据 MSK 信号特征，设 $\omega_c T_b = k(2\pi)$（k 为整数），则有：

$$y(t) = \frac{1}{2} R(t) R(t - T_b) \sin \Delta\varphi(T_b) \tag{6-34}$$

因为 $R(t)$ 和 $R(t - T_b)$ 是信号的包络，总是正值，所以 $y(t)$ 的极性等同于 $\sin \Delta\varphi(T_b)$ 的极性，即 $\Delta\varphi(T_b)$ 的极性。考虑到 $\Delta\varphi(T_b) = \varphi(t) - \varphi(t - T_b)$，当传输数据 $a_k = 1$ 时 $\Delta\varphi(T_b)$ 为正，当传输数据 $a_k = 0$ 时 $\Delta\varphi(T_b)$ 为负，由此可设定判决门限为 0。

2. 二位延迟差分解调法

图 6-28 为二位延迟差分解调法原理图。由图可得，经过相乘器与低通滤波器的信号为：

$$y(t) = \frac{1}{2} R(t) R(t - 2T_b) \cos[2\omega_c T_b + \Delta\varphi(2T_b)] \tag{6-35}$$

式中，

$$\Delta\varphi(2T_b) = \varphi(t) - \varphi(t - 2T_b) \tag{6-36}$$

同样，当 $2\omega_c T_b = k(2\pi)$ 时，有：

$$\begin{aligned} y(t) = \frac{1}{2} R(t) R(t - 2T_b) \{ &\cos[\varphi(t) - \varphi(t - T_b)] \cos[\varphi(t - T_b) - \varphi(t - 2T_b)] - \\ &\sin[\varphi(t) - \varphi(t - T_b)] \sin[\varphi(t - T_b) - \varphi(t - 2T_b)] \} \end{aligned} \tag{6-37}$$

式（6-37）中 {} 内的第一项是偶函数，只要在一个比特期间的相位变化不超过 $\pm\pi/2$，就不会出现负值，从统计平均的观点看，这一项反映的是直流分量，为消除它对判决的影响，判决器（采样判决）要把其判决门限设置为相应的电平。

式（6-37）中 {} 内的第二项是判决的依据。为了判决简单，在发送端对调制器的输入信号 $\{a_k\}$ 进行差分编码，变换成相对码 $\{b_k\}$。这里 b_k 对应于式（6-37）的 $\sin[\varphi(t) - \varphi(t - T_b)]$；$b_{k-1}$ 对应于式（6-37）的 $\sin[\varphi(t - T_b) - \varphi(t - 2T_b)]$。因为 b_k 与 b_{k-1} 相乘等效于两者的模 2 加，因而解调后的 $\hat{a}_k = b_k \oplus b_{k-1}$。根据差分编码的规则 $b_k = a_k \oplus b_{k-1}$，显然，判决得到的信号等于传输的信号，即 $\hat{a}_k = a_k$。

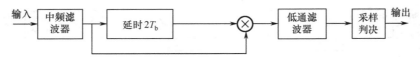

图 6-28　二位延迟差分解调法

由以上分析可知，延迟差分解调法的原理及实现结构都比较简单，但要获取理想的解调性能，还需要在解调之前获取准确的位同步信号，以便准确地实现延迟 1 bit 或 2 bit 时间的处理。

6.7.2　平方环相干解调法

文献[12]对几种相干解调法的原理进行了详细的讨论，本章仅介绍其中的一种，即采取平方环提取相干载波的解调方法（平方环相干解调法），又称为时钟受载波控制的同步系统，其原理框图如图 6-29 所示。

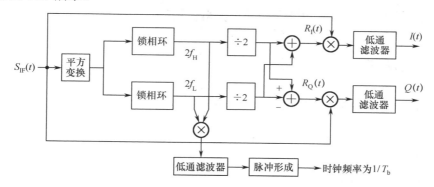

图 6-29　平方环相干解调法的原理框图

　　由于 MSK 信号的调制指数为 0.5，经过平方变换后，调制指数变为 1。本章前面讨论 2FSK 信号时讲过，调制指数为 1 的连续相位 2FSK 信号，其功率谱中存在着离散分量，即二倍传号频率 $2f_H$ 和二倍空号频率 $2f_L$。因此，可以用两个锁相环分别提取出这两个离散频率。根据 MSK 信号特征，容易得到载波频率 f_c 和时钟频率 f_R 与两个离散频率信号之间的关系为：

$$f_c = \frac{f_H + f_L}{2}, \qquad f_R = 2f_H - 2f_L \tag{6-38}$$

　　为了得到 f_R 和 f_c，在图 6-29 中将两个锁相环锁定的两个信号（其频率分别为 $2f_H$ 和 $2f_L$）相乘，经过低通滤波后就可得到时钟频率 f_R，它经脉冲形成后得到所需的时钟脉冲，再由此可产生各种定时信号。在图 6-29 中，将除以 2 后得到的两个信号（其频率分别为 f_H 和 f_L）相乘，经过低通滤波可获得 $f_R / 2$，其速率与正交的两路信号的速率相同，可用于正交的两路信号进行判决定时。$2f_H$ 和 $2f_L$ 除以 2 后得到的信号为：

$$S_1(t) = \cos(2\pi f_H t) = \cos\left(2\pi f_c t + \frac{\pi t}{2T_b}\right)$$
$$S_2(t) = \cos(2\pi f_L t) = \cos\left(2\pi f_c t - \frac{\pi t}{2T_b}\right) \tag{6-39}$$

　　将上式相加、相减后可得到：

$$S_1(t) + S_2(t) = 2\cos\frac{\pi t}{2T_b}\cos(2\pi f_c t)$$
$$S_1(t) - S_2(t) = -2\sin\frac{\pi t}{2T_b}\sin(2\pi f_c t) \tag{6-40}$$

　　为了便于对比，将 MSK 信号的时域表达式重写为：

$$S_{MSK}(t) = I_k \cos\left(\frac{\pi t}{2T_b}\right)\cos\omega_c t - Q_k \sin\left(\frac{\pi t}{2T_b}\right)\sin\omega_c t \tag{6-41}$$

　　不难看出，式（6-40）是 I 支路及 Q 支路的相干载波信号。将由式（6-40）得到的相干载波信号分别与接收到的中频信号相乘，并滤除相干载波的 2 倍频信号，经过正确的采样判决后，即可获取两路相互正交的调制信号 I_k、Q_k。

6.8 MSK 信号解调的 MATLAB 仿真

6.8.1 仿真模型及参数说明

例 6-7 MATLAB 仿真 MSK 信号的产生及相干解调

- 采用图 6-23 所示的结构产生 MSK 信号；
- 符号速率 R_b=1 Mbps；
- 载波频率 f_c=3 MHz；
- 采样频率 f_s=16R_b；
- 绘制 MSK 信号的频谱及波形；
- 采用平方环相干解调法仿真解调过程；
- 绘制时钟信号及低通滤波后的同相、正交信号的波形。

根据图 6-29 所示的结构，实现 MSK 信号相干解调的难点在于锁相环的仿真，即如何获取相干载波信号。锁相环的设计本身比较复杂，在后续讨论锁相环的 FPGA 实现时再进行详细的讨论，本实例主要仿真平方环相干解调法的正确性。为了简化讨论，不对程序中的锁相环进行仿真，在解调时，直接用产生调制信号的载波进行相干解调。

6.8.2 MSK 信号的平方环相干解调的 MATLAB 仿真

根据前面的分析来编写 MSK 信号的产生及解调的 MATLAB 程序。程序中 MSK 信号的产生方法与 6.5.3 节所讨论的内容相同，读者可以对照起来阅读，以加深理解。MSK 信号的平方环相干解调的过程及原理并不复杂（程序中没有仿真采用锁相提取相干载波的过程），只需按照 6.7.2 节讨论的原理进行处理即可。程序中使用低通滤波器来滤除高频分量。由于 I、Q 支路信号的码元速率均为 MSK 原始基带信号速率的一半，因此低通滤波器的带宽与 I、Q 支路信号相同。为节约篇幅，下面没有给出绘图显示部分代码，请读者在本书配套资料中查看完整的 MATLAB 文件（"Chapter_6\E6_7_MskModem.m"）。

```
%E6_7_MskModem.m 程序清单
ps=1*10^6;                      %码元速率为 1 MHz
Fs=16*10^6;                     %采样频率为 16 MHz
fc=3*10^6;                      %载波信号频率为 3 MHz

N=100;                          %码元个数
Len=N*Fs/ps;                    %仿真信号的长度
x = randint(N,1,2)';            %产生的随机信号作为输入信号
dx=ones(1,N);
for i=1:N
    if x(i)==0
        x(i)=-1;
    end
end
```

```
%求原码的相对码 dx
for i=2:N
    if x(i)==1
        dx(i)=-dx(i-1);
    else
        dx(i)=dx(i-1);
    end
end

%将相对码按奇偶序号分成两路信号，形成 I 支路信号和 Q 支路信号
di=ones(1,N);
dq=ones(1,N);
%取 dx 的偶数位，并列两位为 di
for i=2:2:N
    di(i:i+1)=dx(i);
end
%取 dx 的奇数位，并列两位为 dq
for i=1:2:N-1
    dq(i:i+1)=dx(i);
end

%对原始信号进行 Fs/ps 倍重采样
udi=ones(1,N*Fs/ps);
udq=ones(1,N*Fs/ps);
for i=1:N
    udi(Fs/ps*(i-1)+1:Fs/ps*i)=di(i);
    udq(Fs/ps*(i-1)+1:Fs/ps*i)=dq(i);
end

%产生 MSK 信号所需的载波信号
t=0:1/Fs:(Len-1)/Fs;
cf0c=cos(2*pi*fc.*t);
sf0c=sin(2*pi*fc.*t);
cfps=cos(pi*ps/2.*t);
sfps=sin(pi*ps/2.*t);

%采用正交调制法产生 MSK 信号
msk=udi.*cfps.*cf0c-udq.*sfps.*sf0c;

%MSK 信号的解调
%采用平方环相干解调法解调 MSK 信号时，只需获取两个离散频率 fL 和 fH
fL=cos(2*pi*fc.*t-2*pi*ps/4.*t);
fH=cos(2*pi*fc.*t+2*pi*ps/4.*t);

demod_i=msk.*(fH+fL);
demod_q=msk.*(fH-fL);
%经过低通滤波后，获取 I、Q 支路信号
```

```
b=fir1(30,0.5*ps*2/Fs);            %设计低通滤波器
f_i=filter(b,1,demod_i);
f_q=filter(b,1,demod_q);

%求 Tb/2 的时钟信号波形
fb=fL.*fH;
rb=filter(b,1,fb);

%绘图
```

程序运行后的结果如图 6-30 和图 6-31 所示。图 6-30 为 MSK 信号解调前后的 I、Q 支路信号，以及 1/2 倍码元速率的时钟信号的波形，图 6-31 为 MSK 信号解调后的频谱及波形。从图中可以看出，对于 I 支路信号而言，1/2 倍码元速率的时钟信号与解调后的 I 支路信号完全同步，最佳判决时刻为波峰处；对于 Q 支路而言，1/2 倍码元速率的时钟信号与解调后的 Q 支路信号完全正交，最佳判决时刻为波谷处。

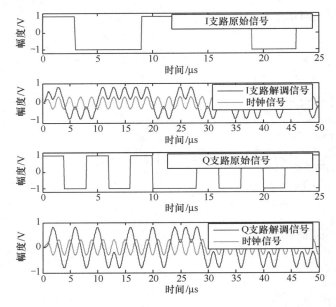

图 6-30　MSK 信号解调前后 I、Q 支路信号以及 1/2 倍码元速率的时钟信号的波形

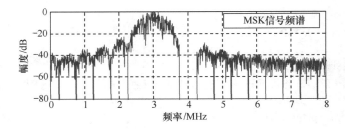

图 6-31　MSK 信号解调后的频谱及波形

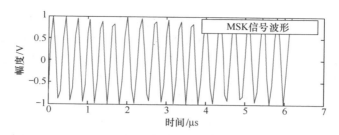

图 6-31　MSK 信号解调后的频谱及波形（续）

6.9　平方环的 FPGA 实现

根据前面的讨论，实现 MSK 信号相干解调的关键在于获取相干载波，相干载波的获取通常采用锁相环、平方环来实现。因此，在讨论实现 MSK 信号相干解调的 FPGA 实现之前，有必要先对锁相环、平方环的原理及 FPGA 实现方法进行讨论。

锁相环技术的原理及 FPGA 实现方法本身比较复杂，也是很多电子通信工程师感觉难以掌握的内容之一。在《数字通信同步技术的 MATLAB 与 FPGA 实现》一书中，作者对锁相环、载波同步技术、平方环等进行了详细的讨论，本节的内容均参考了该书，本节只进行简要的介绍，重点介绍平方环的 FPGA 实现步骤及方法。

6.9.1　锁相环的工作原理

锁相环为什么能够进行相位跟踪，实现输出信号与输入信号的同步呢？因为锁相环是一个相位的负反馈控制系统。这个负反馈控制系统由鉴相器（Phase Detector，PD）、环路滤波器（Loop Filter，LF）和电压控制振荡器（Voltage-Controlled Oscillator，VCO）组成，如图 6-32 所示。

在实际应用中有各种形式的环路，但它们都是由图 6-32 所示的锁相环演变而来的。下面介绍锁相环的组成部分在环路中的作用及其数学模型，从而导出整个锁相环的数学模型。

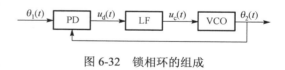

图 6-32　锁相环的组成

毫无疑问，本书所讨论的 FPGA 实现数字调制解调技术，均采用数字化的实现方式。一般来讲，模拟锁相环是分析的基础，而每个环路中的组成部分均有对应的数字化模型及实现结构。文献[19]对模拟锁相环进行了详细的分析，本节仅简要介绍数字锁相环的组成及工作原理。

图 6-33　数字鉴相器的结构

1. 数字鉴相器

大多数数字鉴相器均由数字乘法器及低通滤波器组成，其结构如图 6-33 所示。

数字乘法器的实现十分简单，在 FPGA

设计中通常采用开发工具提供的 IP 核来实现。常用的数字低通滤波器可采用 FIR（Finite Impulse Response，有限脉冲响应）滤波器及 IIR（Infinite Impulse Response，无限脉冲响应）滤波器两种形式。其中，FIR 滤波器具有严格的线性相位特性，IIR 滤波器不具备严格的线性相位特性。对于信号解调来讲，滤波器在信号带宽内必须具备严格的线性相位特性，否则无法进行正确解调。如果仅需提取单一频率的载波信号，则滤波器在信号带宽内无须具备严格的线性相位特性。读者可参考文献[20]了解滤波器线性相位特性的相关论述。

在图 6-33 所示的结构中，本地振荡器输出的数字信号（本振数字信号）可以表示为：

$$u_o(t_k) = U_o \cos[\omega_0 t_k + \theta_2(t_k)] \tag{6-42}$$

输入信号经 A/D 采样后，第 k 个采样时刻采样量化后的数字信号为：

$$u_i(t_k) = U_i \cos[\omega_0 t_k + \theta_1(t_k)] \tag{6-43}$$

显然，采样后的信号其实可以看成一系列按顺序编号的数字序列，令 $u_i(t_k) = u_i(k)$，$u_o(t_k) = u_o(k)$，则 $u_i(k)$ 与 $u_o(k)$ 相乘后，经低通滤波可得到数字误差信号，即：

$$u_d(k) = U_d \sin\theta_e(k) \tag{6-44}$$

式中，

$$\theta_e(k) = \theta_1(k) - \theta_2(k) \tag{6-45}$$

2. 数字环路滤波器

在锁相环中，环路滤波器起着十分重要的作用，在本章后续讨论中读者也会发现，数字环路滤波器参数的设计也是锁相环设计的重点和难点。

图 6-34 所示为数字环路滤波器的结构。对于模拟二阶环路来讲，可以采用环路固有振荡频率 ω_n 及阻尼系数 ξ 来表示环路的性能参数。对于数字环路滤波器设计来讲，关键问题在于设计 C_1、C_2 两个参数的值。

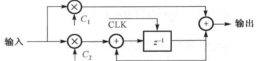

图 6-34 数字环路滤波器的结构

由图 6-34 可知，其数字化系统函数为：

$$F(z) = \frac{2\tau_2 + T}{2\tau_1} + \frac{T}{\tau_1}\frac{z^{-1}}{1 - z^{-1}} = C_1 + \frac{C_2 z^{-1}}{1 - z^{-1}} \tag{6-46}$$

3. 数字控制振荡器

数字控制振荡器（Numerical Controlled Oscillator，NCO）是软件无线电、直接数字频率合成器（Direct Digital Synthesizer，DDS）等的重要组成部分，同时也是决定其性能的主要因素之一，用于产生频率及相位可控的正弦波信号或余弦波信号。随着芯片集成度的提高，NCO 在信号处理、数字通信领域、调制解调、变频调速、制导控制、电力电子等方面得到越来越广泛的应用。NCO 是 VCO 的数字化实现结构，其基本工作原理是在时钟信号的驱动下读取三角函数表，在 FPGA 实现中通常采用 Quartus II 工具提供的 NCO 核来实现。

设 NCO 的自由振荡频率为 f_0，初始相位 $\theta_2(0) = 0$，相位累加字字长为 N，采样频率为 f_s，则 NCO 频率控制字的初值 M_0 和初始相位 $\Delta\phi$ 分别为：

$$M_0 = 2^N f_0/f_s, \qquad \Delta\phi = 2\pi M_0/2^N \tag{6-47}$$

数字环路滤波器输出的控制电压要加到 NCO 的控制端，以调整其输出频率，即当数字滤波器输出的数字控制电压为 $u_c(k)$ 时，频率控制字变化量 $\Delta M = u_c(k)$，NCO 的输出频率和输出相位为：

$$f_{out} = \frac{f_s}{2^N}(M_0 + \Delta M), \qquad \theta(k) = \Delta\phi + \Delta\theta(k) \tag{6-48}$$

式中，$\Delta\theta(k) = \dfrac{2\pi}{2^N}\Delta M$，定义 $K_0 = \dfrac{2\pi f_s}{2^N}$ 为 NCO 的频率控制增益，定义 $K_0' = \dfrac{2\pi f_s}{2^N}T_{dds}$ 为 NCO 的相位控制增益，其中 T_{dds} 为相位累加字更新周期。NCO 相当于相位累加器，即：

$$\theta_2(k+1) = \theta_2(k) + \Delta\theta(k) = \theta_2(k) + K_0'u_c(k) \tag{6-49}$$

利用 z 变换的性质，在初始状态 $\theta_2(0) = 0$ 时，有 $\theta_2(k+1) = z\theta_2(k)$，则 NCO 的输出相位与控制电压的关系为：

$$\theta_2(k) = N(z)u_c(k) = \frac{K_0'z^{-1}}{1 - z^{-1}}u_c(k) \tag{6-50}$$

式（6-50）即 NCO 的数学模型。

4．数字锁相环的动态方程

根据数字锁相环的结构，由环路各组成部分的数字化模型可得到数字锁相环的动态方程和相位模型。数字锁相环的相位模型如图 6-35 所示。

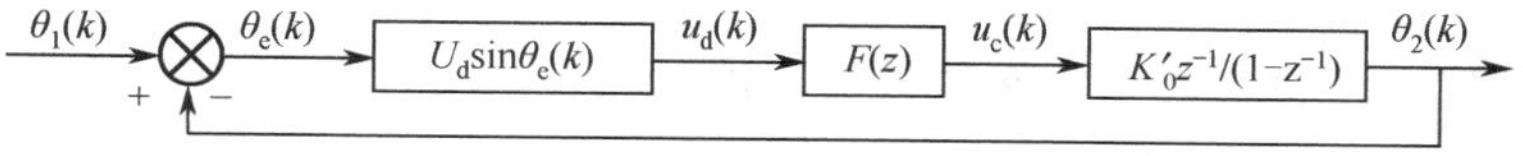

图 6-35　数字锁相环的相位模型

数字锁相环的动态方程为：

$$\theta_2(k) = KF(z)N(z)\theta_e(k) \tag{6-51}$$

式中，$K = U_dK_0'$，为数字锁相环总增益，单位为 rad。数字锁相环的系统函数为：

$$H(z) = \frac{KF(z)N(z)}{1 + KF(z)N(z)} \tag{6-52}$$

对应的数字理想二阶锁相环的系统函数：

$$H(z) = \frac{KC_1z^{-1} + (KC_2 - KC_1)z^{-2}}{1 + (KC_1 - 2)z^{-1} + (KC_2 - KC_1 + 1)z^{-2}} \tag{6-53}$$

式（6-53）是根据数字锁相环的相位模型推导出的系统函数。另外，可以采用双线性变换方法将模拟锁相环的系统函数变换成数字锁相环的系统函数，还可以推导出环路滤波器系数 C_1、C_2 的计算公式[10]，即：

$$\begin{aligned}
C_1 &= \frac{4(\omega_nT)^2 + 8\xi\omega_nT}{4 + 4\xi\omega_nT + (\omega_nT)^2}\frac{1}{K} \approx \frac{2\xi\omega_nT}{K} \\
C_2 &= \frac{4(\omega_nT)^2}{4 + 4\xi\omega_nT + (\omega_nT)^2}\frac{1}{K} \approx \frac{(\omega_nT)^2}{K}
\end{aligned} \tag{6-54}$$

式（6-54）是工程上计算环路滤波器系数的常用公式。需要注意的是，式中 ω_n 的单位为 rad/s。为保证数字锁相环能够稳定工作，必须确保整个环路是因果稳定的系统。对于模拟电路系统来讲，系统稳定的充要条件是系统闭环传递函数的所有极点都位于 S 平面的左半平面。根据时域离散系统理论，数字系统稳定的充要条件是闭环函数的所有极点均处在单位圆内。根据式（6-54）可以容易得到环路滤波器系数的取值范围为：

$$2KC_1 - 4 < KC_2 < KC_1, \qquad KC_2 > 0 \tag{6-55}$$

6.9.2 平方环的工作原理

平方环的工作原理如图 6-36 所示。在实际工程应用中，加性高斯白噪声是无法避免的。为了有效滤除噪声，提高进入锁相环的信噪比，通常会在平方变换后增加一级带通滤波器。

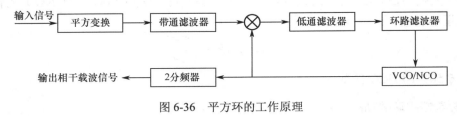

图 6-36 平方环的工作原理

从平方环的原理图可以看出，其工作原理与普通锁相环并没有太多区别，最大的不同点在于进入锁相环之前增加的平方变换及带通滤波器，以及对锁相环本地振荡器输出信号进行的分频处理。

如果从系统的角度来考察平方环的性能，即输入端为接收信号，输出端为锁相环输出分频后的信号，则鉴相器的输入相位和输出相位分别为 $2\theta_1(t)$、$2\theta_2(t)$，误差相位为 $2\theta_e(t)$，容易得出鉴相器的鉴相特性为：

$$u_d(t) = \frac{1}{2} K_m U_i U_o \sin[2\theta_1(t) - 2\theta_2(t)] = U_d \sin 2\theta_e(t) \tag{6-56}$$

也就是说，平方环的相位模型与普通锁相环的相位模型在形式上仍然是一致的，只是平方环的鉴相特性线性范围比普通锁相环小一半，且鉴相器工作在 0 点和 π 点时的特性是一样的，因此，输出相干载波存在 180° 的相位不确定性。通常采用差分编码的方法来解决这一问题，而 MSK 信号本身就具有差分编码环节。

根据前面介绍的平方环工作原理，锁相环其实是直接提取 2 倍频的载波信号分量，为了得到与接收信号同频同相的载波信号，还需要在锁相环后增加分频器。对于 FPGA 实现来讲，对方波信号进行分频十分简单，而要对正弦波信号进行分频处理并得到确定相位的相干载波信号，还需要进行一系列运算处理，需要耗费大量的资源。

为解决 2 分频电路实现难度大的问题，文献[21]提出了一种有效的解决办法，可以避免 FPGA 实现过程中的 2 分频处理。其基本思想是利用 NCO 可以同时产生两路相互正交的正弦波信号特性，将两路正弦波信号相乘，产生 2 倍频的载波信号，再将倍频分量与平方变换后的接收信号进行鉴相处理，环路滤波器输出的电压直接控制 NCO 的频率，NCO 的输出信号就是所需要的相干载波信号。这种改进的平方环省去了 2 分频电路。改进的平方环工作原理如图 6-37 所示。

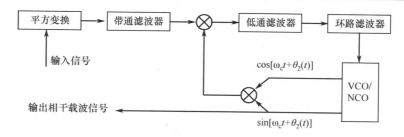

图 6-37　改进的平方环工作原理

根据三角函数乘法运算规则：

$$\sin[\omega_c t + \theta_2(t)] \times \cos[\omega_c t + \theta_2(t)] = \frac{1}{2}\sin[2\omega_c t + 2\theta_2(t)] \qquad (6\text{-}57)$$

进入改进的平方环的本振信号仍然是 2 倍频的载波信号。也就是说，改进后的平方环与原平方环的鉴相特性相同，通过调整环路的增益，可以使改进的平方环与原平方环、Costas 环完全等效。只是在 FPGA 实现时，相对于原平方环来讲，改进的平方环虽然增加了一级乘法运算环节，但减少了运算更为复杂、消耗资源更多的 2 分频电路。

6.9.3　平方环性能参数设计

锁相环的设计关键在于环路参数的设计方法，文献[10]给出了锁相环的一般设计步骤，以及关于环路参数设计的一些设计原则。下面先给出了一个具体的平方环设计实例，然后根据文献[10]所示的步骤，对实例中的环路参数逐一进行设计。

例 6-8　FPGA 实现平方环

- 采用 FPGA 实现 MSK 信号相干解调中的平方环；
- 符号速率 R_b=1 Mbps；
- 采样频率以及 FPGA 系统时钟频率 f_s=16R_b；
- 载波频率 f_c=3 MHz；
- 输入数据位宽 B_{data}=8；
- FPGA 采用 Altera 公司 Cyclone-IV 系列的 EP4CE15F17C8。

本节只对平方环的参数进行设计，整个 MSK 信号解调的 FPGA 设计在 6.10 节讨论。

第一步：明确基本的设计参数及需求。在设计一个平方环时，首先需要明确的几个基本参数有：输入数据位宽 B_{data}（7）、采样频率 f_s（16 MHz）、环路快捕带的带宽 $\Delta\omega_L$（100 kHz）、中频输入信号的信噪比$(S/N)_i$（大于 6 dB）和中频信号带宽 B_i（根据文献[1]，取 MSK 信号 99% 能量的频率宽度，其带宽为 1.17×R_b=1.17 MHz）。

第二步：设计环路的自然角频率 ω_n。对于一个平方环来讲，环路中最重要的参数有自然角频率 ω_n、阻尼系数 ξ、环路总增益 K。在工程设计中 ξ 通常取 0.707，K 通常取接近于 1 的值，因此工程师需要根据实际需求设计自然角频率 ω_n。由参考文献[10]可知：

$$\Delta\omega_L / (2\xi) < \omega_n < \frac{8\xi(S/N)_i B_i}{(S/N)_L} \qquad (6\text{-}58)$$

并且要求 $\omega_n / f_s \ll 1$，通常要求 $\omega_n / f_s < 0.1$，其中，f_s 为采样频率，单位为 Hz，$(S/N)_L$ 为环

路信噪比，大于 6 dB 时平方环才能锁定[19]。

按照式（6-58）计算时，需要注意各参数的单位以及相互之间的转换关系[10]。环路快捕带的带宽 $\Delta\omega_L$ 与自然角频率 ω_n 的单位和含义是相似的，均表示环路的角频率，因此两者之间可直接换算，如 $\Delta\omega_L$ 取值 100 kHz，则对应的 ω_n 为 70.72 kHz，转换成 rad/s 为单位时，需要乘以 2π，则对应的角频率为 0.444×10^6 rad/s。自然角频率 ω_n 的单位（rad/s）与中频信号带宽 B_i 的单位（Hz）是不一样的，如 B_i 取值 1.17 MHz，根据式（6-58），对应的 ω_n 为 6.6175×10^6 rad/s，转换成 Hz 单位时，需要除以 2π，相当于 1053 kHz。

因此，根据式（6-58）可求得 70.72 kHz$<\omega_n<$1 053 kHz。又根据 $\omega_n/f_s<0.1$，可得到 $\omega_n<1600000$ rad/s = 254.65 kHz。综上可知，70.72 kHz$<\omega_n<$254.65 kHz。实际上，ω_n 的值越小，则平方环锁定时的信噪比条件更低，即平方环更容易在恶劣的条件下锁定，且锁定后的稳态相差越小，捕获时间也越长；ω_n 的值越大，则环路快捕带的带宽就越宽，捕获就越迅速。为了兼顾稳态相差及环路快捕带的带宽，本实例选择 ω_n=150 kHz=$2\pi\times150\times10^3$ rad/s。

第三步：用 MATLAB 仿真低通滤波器系数。数字鉴相器一般采用乘法器串联低通滤波器的结构来实现。数字鉴相器中的低通滤波器在环路中起着重要的作用，低通滤波器设计的关键是其过渡带频率。文献[10]给出了低通滤波器过渡带的详细设计方法。对于 MSK 平方环来讲，需要考虑对 MSK 信号平方变换后生成的两个离散频率信号之间的相互影响。由于平方变换后，两个离散频率信号之间的间隔等于符号速率 R_b，因此低通滤波器的阻带截止频率必须小于 R_b。考虑到环路的 ω_n=150 kHz 时，$\Delta\omega_L$ 为 212.1 kHz，因此低通滤波器的通带必须大于 212.1 kHz。

根据低通滤波器的指标，采用 MATLAB 设计出满足需求的 FIR 低通滤波器的系数后将系数写入 msklpf.txt 文件中。

为了在获得最优滤波性能的前提下，尽量减小滤波器长度，节约硬件资源，本实例采用文献[22]提供的最优 FIR 低通滤波器设计方法，其 MATLAB 的 FIR 低通滤波器设计程序清单如下。

```
%E6_8_locklpf.m 程序清单
fs=16*10^6;                                    %采样频率
fc=[0.1*10^6 1*10^6];                          %过渡带
mag=[1 0];                                     %窗函数的理想滤波器幅度
dev=[0.1 0.02];                                %纹波
[n,wn,beta,ftype]=kaQuartusrord(fc,mag,dev,fs)  %获取凯塞窗参数
fpm=[0 fc(1)*2/fs fc(2)*2/fs 1];               %firpm 函数的频段向量
magpm=[1 1 0 0];                               %firpm 函数的幅值向量
%设计最优 FIR 低通滤波器
h_pm=firpm(n,fpm,magpm);
%绘图，将 FIR 低通滤波器系数写入 locklpf.txt 文件中
```

平方环中低通滤波器的幅频响应如图 6-38 所示，滤波器长度为 38，系数绝对值之和为 768，则滤波输出需增加 13 bit。

第四步：计算环路滤波器输出有效数据位宽。根据前面的分析可知，环路滤波器系数 C_1、C_2 的值与环路总增益 K 有直接的关系，K 的取值与 NCO 的频率字有效数据位宽 N 直接相关，NCO 的频率字为环路滤波器输出数据，在设计环路滤波器时，通常保持输入数据位宽 B_{loop}

与输出数据位宽相同。在平方环中，数字鉴相器中的乘法器、低通滤波器的运算过程通常保留所有有效数据位。由于环路滤波器不改变有效数据位宽，因此低通滤波器在确定了输入数据位宽、系数位宽后，可采用 3.2.4 节所述的方法，根据量化后的低通滤波器系数情况确定环路滤波器输入、输出数据位宽。

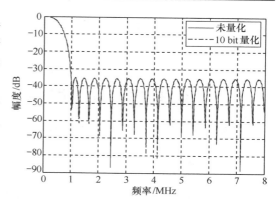

图 6-38 平方环中低通滤波器的幅频响应

由于输入数据位宽 $B_{data}=8$，平方变换后有效数据位宽 $B_{square}=15$（根据 3.2.4 节的讨论，两个 8 bit 的数据相乘，当不出现溢出的情况下，有效数据位宽仅为 15）。为了简化设计，本实例中不设计带通滤波器，平方变换后的数据直接送入数字鉴相器中的乘法运算单元。设置 NCO 的输出数据位宽 $B_{ddsout}=8$，则相互正交的两路信号相乘后，其有效数据位宽为 15（相互正交的两路信号的取值不可能同时为最大的负值）。为了便于设计，将平方环中的三个乘法运算单元（平方变换、NCO 输出的相互正交两路信号的相乘运算，数字鉴相器中的乘法运算）均设计成 8 bit×8 bit 的乘法器，则需对输入数字鉴相器的两路信号分别进行截位处理。由于 NCO 输出的两路信号相乘后，不可能得到有效数据范围内的负最大值，因此，数字鉴相器中乘法输出有效数据位宽 $B_{pd}=15$。根据前面对低通滤波器的讨论可知，滤波输出的数据将增加 13 bit 的有效数据，则环路滤波器输入数据位宽 $B_{loop}=28$。

第五步：计算环路总增益约等于 1 时，DDS/NCO 频率字字长。根据数字鉴相器的延时（1 个乘法器的运算延时为 1 个系统时钟周期）、低通滤波器的运算延时（在 FPGA 设计时为节约硬件乘法器资源，常采用分布式结构），确定 NCO 的频率字更新周期 T_{dds} 为 8 个系统时钟周期。计算当环路总增益 K 约等于 1 时的 NCO 频率字字长 B_{dds}。取 NCO 的系统时钟频率为 f_s，输出数据位宽为 B_{ddsout}，频率字可编程、相位偏移字不可编程，并据此完成 NCO 的设计。

环总增益公式为[10]：

$$K = \frac{2\pi f_s}{2^N} T_{dds} (2^{B_{loop}-2}) \qquad (6-59)$$

根据式（6-59）容易计算出，当频率字宽度 $N=32$ 时，环路总增益 $K=0.7854$。

第六步：设计环路滤波器系数。根据式（6-54）可以得出环路滤波器系数 $C_1=0.106$、$C_2=0.0042$。为了便于在 FPGA 中采用移位处理，取近似值 $C_1=2^{-3}$、$C_2=2^{-8}$。根据式（6-55）可得出系统函数的极点为 $0.951\pm0.0257i$，显然在单位圆内，因此系统是稳定的。读者可以在本书配套资料 "Chapter_6\Eb_8_Fpga Square\E6_8_LoopDesign.m" 中查看完整的环路滤波器的参数设计 MATLAB 程序清单。

到此，平方环的参数设计工作基本完成，接下来即可根据所设计的载波同步环性能参数，以及各功能模块的其他参数编写 Verilog HDL 程序，并进行 FPGA 的实现。

6.9.4　平方环的 Verilog HDL 设计

由于没有设计带通滤波器，因此除了环路滤波器模块需要手动编写 Verilog HDL 实现代码，其他模块都可以通过直接调用 IP 核来实现。各模块之间相互级联的关键在于有效数据位的截取。下面直接给出了平方环顶层文件及环路滤波器模块的程序清单，以及平方环顶层文件综合后的 RTL 原理图。

1. 平方环顶层文件及其综合后的 RTL 原理图

平方环顶层文件综合后的 RTL 原理图如图 6-39 所示。

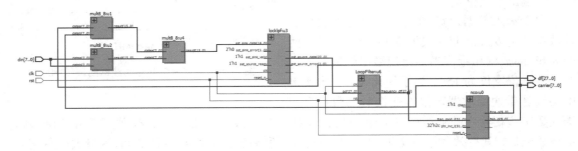

图 6-39　平方环顶层文件综合后的 RTL 原理图

```
//SquareLoop.v 的程序清单
module SquareLoop (rst,clk,din,carrier,df);
    input    rst;                                   //复位信号，高电平有效
    input    clk;                                   //FPGA 系统时钟：16 MHz
    input    signed [7:0]      din;                 //输入数据：16 MHz
    output   signed [7:0]      carrier;             //同步后的载波输出信号（正交支路）
    output   signed [27:0]    df;                   //环路滤波器输出信号

    //实例化 NCO 核所需的接口信号
    wire reset_n,out_valid,clken;
    wire [31:0] startf;
    wire signed [9:0] sin,cosine;
    wire signed [31:0] frequency_df;
    wire signed [27:0] Loopout;
    assign reset_n = !rst;
    assign clken = 1'b1;
    //assign startf=32'd805306368;                  //3 MHz
    assign startf=32'd872415232;                    //3.25 MHz

    assign frequency_df={{4{Loopout[27]}},Loopout}; //根据 NCO 核接口，扩展为 32 bit

    //实例化 NCO 核
    /Quartus II 提供的 NCO 核输出数据位宽最小为 10，根据环路设计需求，
    //只取高 8 bit 参与后续运算
    nco u0 (.phi_inc_i (startf), .clk (clk), .reset_n (reset_n), .clken (clken),
        .freq_mod_i (frequency_df), .fsin_o (sin), .fcos_o (cosine), .out_valid (out_valid));
    assign carrier = sin[9:2];
```

```
//实例化 NCO 同相和正交支路乘法器核
wire signed [15:0] oc_out;
ult8_8 u1 (.dataa (sin[9:2]), .datab (cosine[9:2]), .result (oc_out));

//实例化平方运算乘法器核
wire signed [15:0] square_out;
mult8_8 u2 (.dataa (din), .datab (din), .result (square_out));

//实例化鉴相器乘法器核
wire signed [15:0] mult_out;
ult8_8 u4 (.dataa (oc_out[14:7]), .datab (square_out[14:7]), .result (mult_out));

//实例化低通滤波器核
wire signed [27:0] pd;
wire ast_sink_valid,ast_source_ready;
wire [1:0] ast_sink_error;
assign ast_sink_valid=1'b1;
assign ast_source_ready=1'b1;
assign ast_sink_error=2'd0;
wire sink_ready,source_valid;
wire [1:0] source_error;
locklpf u3(.clk (clk), .reset_n (reset_n), .ast_sink_data (mult_out[14:0]),
            .ast_sink_valid (ast_sink_valid), .ast_source_ready (ast_source_ready),
            .ast_sink_error (ast_sink_error), .ast_source_data (pd), .ast_sink_ready (sink_ready),
            .ast_source_valid (source_valid), .ast_source_error (source_error));
//实例化环路滤波器模块
LoopFilter u6(.rst (rst), .clk (clk), .pd(pd), .frequency_df(Loopout));
//将环路滤波器输出信号送至输出端口查看
assign df = Loopout;
endmodule
```

　　设计好 FIR 低通滤波器系数、时钟频率，以及输入、输出数据位宽等参数后，可直接在 Quartus II 的 IP 核生成界面中依次单击 "DSP→Filters→FIR Compiler v12.1" 来产生 FIR 滤波器核，其部分参数设置如下。

　　fir_lpf 部分参数如下：

```
滤波器系数的位宽（Bit Width）：10。
输入数据的位宽（Bit Width）：15。
输出数据位宽（Output Specification）：28。
滤波器系数文件（Imported Coefficient Set）：D:\ModemPrograms\Chapter_6\E6_8_FpgaSquare\ locklpf.txt。
流水线级数（Pipline Level）：1。
滤波器结构（Structure）：Distributed Arithmetic: Fully Parallel Filter。
数据存储部件（Data Storage）：Logic Cells。
系数存储部件（Coefficient Storage）：Logic Cells。
乘法器结构（Multiplier Implementation）：DSP Blocks。
输入数据类型（Input Number System）：Signed Binary。
```

NCO 核部分参数如下：

> NCO 生成算法方式：small ROM。
> 相位累加器精度（Phase Accumulator Precision）：32。
> 角度分辨率（Angular Resolution）：10。
> 幅度精度（Magnitude Precision）：10。
> 驱动时钟频率（Clock Rate）：16 MHz。
> 期望输出频率（Desired Output Frequency）：3 MHz。
> 频率调制输入（Frequency Modulation Input）：选中。
> 调制器分辨率（Modulation Resolution）：32。
> 调制器流水线级数（Modulator Pipeline Level）：1。
> 相位调制输入（Phase Modulation Input）：不选。
> 输出数据通道（Outputs）：双通道（Double Output）。
> 多通道 NCO（Multi-Channel NCO）：1。
> 频率跳变波特率（Frequency Hopping Number of Bauds）：1。

mult8_8 核部分参数如下：

> 输入数据位宽：8。
> 输出数据位宽：16。
> 输入数据类型：有符号数。
> 流水线级数：无。

2. 环路滤波器模块程序

```verilog
//LoopFilter.v 的程序清单
module LoopFilter (rst,clk,pd,frequency_df);
    input    rst;                              //复位信号，高电平有效
    input    clk;                              //FPGA 系统时钟：16 MHz
    input    signed [27:0]   pd;               //输入信号频率：16 MHz
    output   signed [27:0]   frequency_df;     //环路滤波器输出信号

    reg [2:0] count;
    reg signed [27:0] sum,loopout;
    always @(posedge clk or posedge rst)
    if (rst)
        begin
            count <=0;
            sum <= 0;
            loopout <= 0;
        end
    else
        begin
            //频率字更新周期为 8 个 clk 周期
            count <= count + 1;
            //环路滤波器中的累加器寄存器
            if (count==3'd1)
                //c2=2^(-8)
```

```
                        sum<=sum+{{8{pd[27]}},pd[27:8]};
              if (count==3'd2)
                    //c1=2^(-3)
                    loopout<=sum+{{3{pd[27]}},pd[27:3]};
          end
      assign frequency_df = loopout;
endmodule;
```

6.9.5　FPGA 实现后的仿真测试

编写完成整个系统的 Verilog HDL 实现代码并通过测试后就可以进行 FPGA 实现了。在 Quartus II 中完成对 FPGA 工程的编译后，启动"TimeQuest Timing Analyzer"工具，并对时钟信号 clk 添加时序约束（周期为 20 ns，频率为 50 MHz）。保存时序约束结果后重新对整个 FPGA 工程进行编译。

完成综合实现后，在工作过程区中会自动显示整个设计所占用的器件资源情况。本实例选用的目标器件是 Altera 公司 Cyclone-IV 系列的 EP4CE15F17C8。Logic Elements（逻辑单元）使用了 3573 个，占 23%；Registers（寄存器）使用了 3348 个，占 22%；Memory Bits（存储器）使用了 2424bit，占 1%；Embedded Multiplier 9-bit elements（9 bit 嵌入式硬件乘法器）使用了 3 个，占 3%。从"TimeQuest Timing Analyzer"工具中可以看到系统最高工作频率为 98.54 MHz，显然满足工程实例中要求的 16 MHz。

在采用 ModelSim 进行仿真测试之前，还需要编写 TestBench 文件。本实例的 TestBench 文件功能比较简单，首先产生频率为 16 MHz 的系统时钟信号，然后采取读外部 TXT 文件内容的形式生成输入信号，激励文件编写方法请参见前面章节的内容，本节不再给出完整的激励文件代码，读者可以在本书配套资料"Chapter_6\E6_8_FpgaSquare\ FpgaSquare\"中查看完整的工程文件。测试数据生成由 MATLAB 仿真程序（E6_8_MskProduce.m）完成，由于 MSK 信号的仿真方法与实例 6-7 相同，本章不再给出程序代码。

编写完成激励文件后，即可开始进行程序仿真测试。为了更直观地观察 ModelSim 的仿真波形，需要对波形界面中的一些参数进行简单的设置。图 6-40 和图 6-41 分别为输入 MSK 信号和单频信号时平方环的收敛波形。

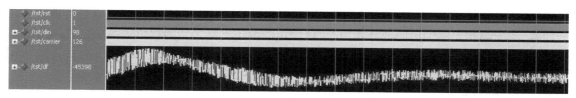

图 6-40　输入 MSK 信号时平方环的收敛波形

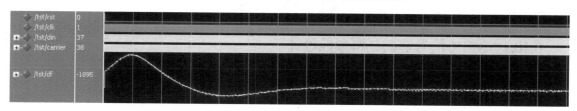

图 6-41　输入单频信号时平方环的收敛波形

227

图 6-42 和图 6-43 分别为输入信号未出现相位模糊和出现相位模糊时平方环收敛后的相干载波的波形。

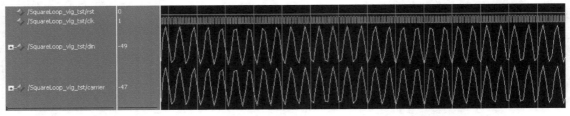

图 6-42　输入信号未出现相位模糊时平方环收敛后的相干载波的波形

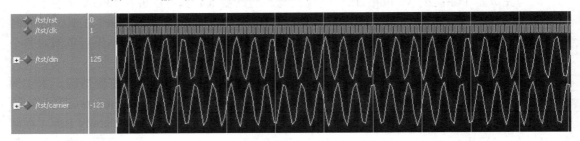

图 6-43　输入信号出现相位模糊时平方环收敛后的相干载波的波形

从图 6-40 和图 6-41 中可以看出，输入 MSK 信号时平方环收敛后的频率字波动较大，但两个波形均能很快收敛。对于平方环来讲，MSK 信号相当于在单频信号中叠加了噪声，也就是说，输入信号的信噪比相对于单频信号而言要小得多，因此平方环的收敛波形的波动比较大。为了便于观察平方环锁定后相干载波的波形，将输入信号均设为单频信号进行测试。从图 6-42 中可以看出，平方环收敛后相干载波与输入信号完全同频同相。从图 6-43 中可以看出，平方环收敛后相干载波与输入信号频率相同，但相差为 180°，无论怎样调整输入信号的初始相位，平方环收敛后的相干载波的波形只能是图 6-42 和图 6-43 所示的两种情况。

需要注意的是，相干载波输出支路取的是 NCO 的正弦波信号支路，也就是说，同相或反相支路一定是 NCO 的正弦波信号支路，正交支路一定是 NCO 的余弦波信号支路。同相和反相问题是由于平方环解调原理所造成的相位模糊问题。这种相位反转问题（相位模糊问题）现象在本书后续讨论 PSK 信号解调时的 Costas 环中同样存在，但差分编码可以很好地解决这一问题。关于同相支路输出的选择是由 NCO 输出的两条支路之间的相位关系决定的，文献[10]对这一问题进行了详细的理论分析，本章不再论述。

6.10　MSK 信号解调的 FPGA 实现

6.10.1　MSK 信号解调环路参数设计

例 6-9　FPGA 实现 MSK 信号的相干解调

● 采用 FPGA 实现 MSK 信号的相干解调；

- 符号速率 R_b=1 Mbps；
- 采样频率以及 FPGA 系统时钟频率 f_s=16R_b；
- 载波频率 f_c=3 MHz；
- 输入数据位宽 B_{data}=8；
- FPGA 采用 Altera 公司 Cyclone-IV 系列的 EP4CE15F17C8。

根据 6.7.2 节对平方环相干解调法的阐述，在获取二倍传号频率的相干载波后，实现 MSK 信号的相干解调并不复杂。对两个相干载波分别进行加、减运算，即可获取相互正交的两路的相干载波信号 $R_I(t)$ 和 $R_Q(t)$，获取到相干载波后再与输入的 MSK 信号相乘并进行滤波，即可获取相互正交的两路基带信号。需要注意的是，相互正交的两路基带信号的速率等于 MSK 信号调制速率的一半。对两路基带信号进行判决输出，再进行并/串转换及差分判决，即可还原 MSK 信号。根据 MSK 信号的特征，将二倍传号频率的相干载波相乘并进行低通滤波，即可获取相互正交的两路信号的位同步信号。也就是说，MSK 信号的位同步信号不需要采用更复杂的同步环，只需在获取二倍传号频率相干载波后，通过简单的乘法运算及低通滤波即可。因此，MSK 信号相干解调的关键是采用锁相环获取传号频率的相干载波，而这一问题已在 6.9 节解决了，MSK 信号相干解调的设计也就比较容易实现了。

在进行 MSK 信号解调环路的 Verilog HDL 设计之前，还要对环路中的一些关键参数进行详细的讨论。首先是用于基带信号解调的乘法器参数，依然可以选择 8 bit×8 bit 的乘法器（当然也可以选择更高位数的乘法器，但是在提高运算精度的同时会消耗更多的硬件资源）；提取位同步信号的乘法器也可选用 8 bit×8 bit 的乘法器，因为其输入数据本身就是 8 bit 的。需要注意的是，图 6-29 所示的结果可用于提取 MSK 信号的位同步信号，根据 6.8.2 节的讨论可知，提取同相、正交两条支路的位同步信号更有利于解调。其次是用于提取基带信号和位同步信号的低通滤波器的设计。设计低通滤波器的关键是确定其过渡带带宽，根据文献[10]可知，低通滤波器的通带频率为同相支路或正交支路的信号频率（500 kHz），截止频率 f_c 依据下列公式计算。

$$f_c = \min[f_{cddc}, B_f / 2 + \Delta f_{ad}] \tag{4-60}$$

$$f_{cddc} = \min[-2f_0 + (m+1)f_s, 2f_0 - mf_s] - B_f / 2 \tag{4-61}$$

$$\Delta f_{ad} = \min[2f_L - kf_s, (k+1)f_s - 2f_H] \tag{4-62}$$

式中，f_L 为中频信号的下边带频率（本实例为 3−1.17/2=2.415 MHz）；f_H 为中频信号的上边带频率（本实例为 3+1.17/2=3.585 MHz）；f_s 为采样频率（本实例为 16 MHz）；f_0 为中频采样后的载波频率（本实例为 3 MHz）；B_f 为中频信号处理带宽（本实例为 1.17 MHz）；m、k 为整数。容易求出 f_{cddc}=5.415 MHz，Δf_{ad}=4.83 MHz，f_c=5.415 MHz。

从理论上来讲，截止频率越靠近通带频率越好，但过渡带越窄，低通滤波器的阶数就越多，所需的硬件资源也越多。过渡带带宽的选择有两个原则：一是必须确保滤除相邻的 A/D 镜像频率成分 Δf_{ad}；二是需要滤除数字下变频引入的倍频分量 f_{cddc}[23]。

本实例采用平方环中低通滤波器的设计方法，设置阻带衰减为 50 dB，通过 MATLAB 设计低通滤波器的量化系数并写入 msklpf.txt 文件中，同时绘制出低通滤波器的幅频响应曲线，如图 6-44 所示。

读者从图 6-44 可以看出，量化后的低通滤波器性能有明显的下降，但其阻带衰减仍然大于 50 dB，满足设计要求。从 MATLAB 的仿真结果来看，低通滤波器的长度为 11，绝对值之和为 1689，滤波后有效数据扩展 11 bit。由于低通滤波器的长度较小，在 FPGA 实现时可采用乘加结构，考虑到系数的对称性，每个低通滤波器需使用 6 个乘法器核。

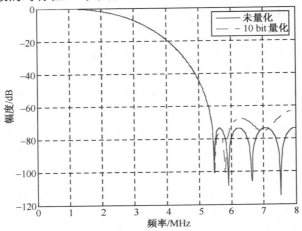

图 6-44　低通滤波器的幅频响应曲线

6.10.2　顶层模块的 Verilog HDL 设计

在编写 Verilog HDL 实现代码之前，先讨论一下设计的思路。根据图 6-29 所示的原理框图（将位同步信号提取的输入信号修改为分频后的相干载波），我们可以对平方变换和锁相环采用相同的模块设计。也就是说，在 MSK 信号的解调环路中，需要对例 6-8 中的平方环进行简单的修改，以更适用于 MSK 信号的解调环路。具体来讲，需要修改两处：一是将平方变换与后面的电路独立出来，这样平方变换后的信号可以直接应用于上、下两个锁相环中；二是增加 NCO 模块对外接口信号 starf（NCO 的初始频率字），这样两个锁相环之间只需要分别设置 starf 接口信号。

为了便于理解，下面给出了 MSK 信号解调环路 FPGA 实现顶层文件综合后的 RTL 原理图，并对其组成模块进行简单说明。在阅读具体的 Verilog HDL 实现代码时，相信读者可以很容易理解整个环路的设计思路和方法。

MSK 信号解调环路 FPGA 实现顶层文件综合后的 RTL 原理图如图 6-45 所示。粗略一看，该 RTL 原理图比较复杂。我们将图 6-45 与图 6-29 比较起来看，再加上前面我们对 MSK 信号相干解调环原理的讨论，要理解这个环路的工作过程其实并不是一件难事。MSK 信号经过一个平方器（u1：mult8_8）进行平方变换；平方变换后的信号分别送至 FL 锁相环和 FH 锁相环（u2：SquareLoop、u3：SquareLoop）提取相干频率信号，这两个锁相环的参数通过设置的中心频率接口参数（Starf）进行区分；这两个锁相环提取出的信号分别进行加、减运算（FH+FL、FH−FL）后送至触发器（用于提高系统运算速度），然后分别与输入的 MSK 信号相乘（u4：mult8_8、u5：mult8_8）后进行低通滤波处理（u6：msklpf、u7：msklpf），从而完成相互正交的两条支路信号的解调。两个锁相环（FH 锁相环和 FL 锁相环）提取出的信号直接相乘（u8：mult8_8）后进行滤波（u9：msklpf），完成相互正交的两条支路位同步信号的提取。脉冲成形及解调模块（u10：Shape）用于对低通滤波器模块（u9：msklpf）的输出信号进行整形，在位同步信号的波峰时刻输出同相支路信号，在位同步信号的波谷处输出正交支路信号。最后将脉冲成形及解调模块（u10：Shape）输出的两条支路信号及其基带信号送入并/串转换及差分解码模块（u11：DemodOut），在并/串转换及差分解码模块中完成定时判决输出及差分解码功能。

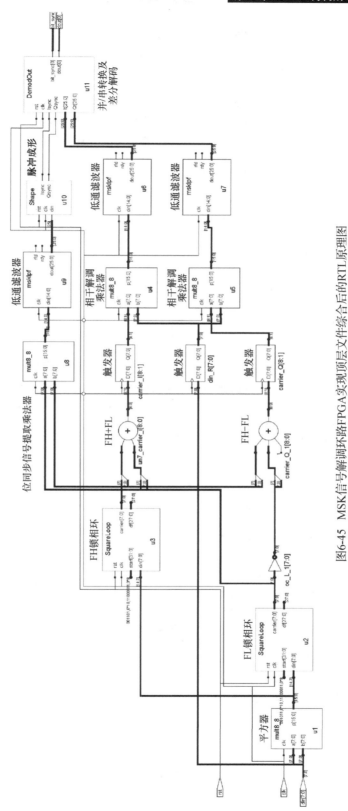

图6-45　MSK信号解调环路的FPGA实现顶层文件综合后的RTL原理图

下面直接给出 3MSK 信号解调环路的顶层文件（MskDemod.v）的程序清单。

```verilog
//MskDemod.v 的程序清单
module MskDemod (rst,clk,din,dout,bit_sync);
    input    rst;                                //复位信号，高电平有效
    input    clk;                                //FPGA 系统时钟：16 MHz
    input    signed [7:0]  din;                  //输入信号频率：16 MHz
    output   dout;                               //解调判决输出的信号
    output   bit_sync;                           //位同步信号
    //首先用 clk 信号对输入信号进行边沿触发
    reg signed [7:0] datain;
    always @(posedge clk)
    datain <= din;


    //实例化平方变换乘法器核
    wire signed [15:0] square_out;
    mult8_8 u1 (.clock (clk), .dataa (datain), .datab (datain), .result (square_out));
    //实例化下边支路平方环模块
    wire signed [7:0] oc_L;
    wire signed [27:0] df_L;
    wire signed [31:0] startf_L;
    assign startf_L=32'd738197504;               //2.75 MHz
    SquareLoop u2 (.rst (rst), .clk (clk), .din (square_out[14:7]), .startf (startf_L),
                .carrier (oc_L), .df (df_L));
    //实例化上边支路平方环模块
    wire signed [7:0] oc_H;
    wire signed [27:0] df_H;
    wire signed [31:0] startf_H;
    assign startf_H=32'd872415232;               //3.25 MHz
    SquareLoop u3 (.rst (rst), .clk (clk), .din (square_out[14:7]), .startf (startf_H),
                .carrier (oc_H), .df (df_H));
    //获取同相、正交两条支路的相干载波
    //为提高运算速度，将输入数据及进入解调乘法器的相干载波增加一级触发器
    reg signed [8:0] carrier_I,carrier_Q;
    reg signed [7:0] din_R;
    always @(posedge clk or posedge rst)
    if (rst)
        begin
            din_R <= 8'd0;
            carrier_I <= 9'd0;
            carrier_Q <= 9'd0;
        end
    else
        begin
            din_R <= datain;
            carrier_I <= {oc_H[7],oc_H}+{oc_L[7],oc_L};
            carrier_Q <= {oc_H[7],oc_H}-{oc_L[7],oc_L};
```

```
        end
//相干解调
wire signed [15:0] mult_I,mult_Q;
mult8_8 u4 (.clock (clk), .dataa (din_R), .datab (carrier_I[8:1]), .result (mult_I));
mult8_8 u5 (.clock (clk), .dataa (din_R), .datab (carrier_Q[8:1]), .result (mult_Q));
//滤波输出同相、正交两路信号
//同相支路滤波
wire signed [25:0] It;
wire reset_n,ast_sink_valid,ast_source_ready;
wire [1:0] ast_sink_error;
assign reset_n = !rst;
assign ast_sink_valid=1'b1;
assign ast_source_ready=1'b1;
assign ast_sink_error=2'd0;
wire sink_readyi,source_validi;
wire [1:0] source_errori;
msklpf u6(.clk (clk), .reset_n (reset_n), .ast_sink_data (mult_I[14:0]),
    .ast_sink_valid (ast_sink_valid), .ast_source_ready (ast_source_ready),
    .ast_sink_error (ast_sink_error), .ast_source_data (It), .ast_sink_ready (sink_readyi),
    .ast_source_valid (source_validi), .ast_source_error (source_errori));
//正交支路滤波
wire signed [25:0] Qt;
wire sink_readyq,source_validq;
wire [1:0] source_errorq;
msklpf u7(.clk (clk), .reset_n (reset_n), .ast_sink_data (mult_Q[14:0]),
    .ast_sink_valid (ast_sink_valid), .ast_source_ready (ast_source_ready),
    .ast_sink_error (ast_sink_error), .ast_source_data (Qt),
    .ast_sink_ready (sink_readyq), .ast_source_valid (source_validq),
    .ast_source_error (source_errorq));
//获取同相、正交两条支路的位同步信号
//同相、正交支路载波相乘
wire signed [15:0] bit_sync_mult;
mult8_8 u8 (.clock (clk), .dataa (oc_L), .datab (oc_H), .result (bit_sync_mult));
//滤波输出定时单频信号
wire signed [25:0] bit_sync_lpf;
wire sink_readys,source_valids;
wire [1:0] source_errors;
msklpf u9(.clk (clk), .reset_n (reset_n),
        //由于 oc_L/oc_H 可能同时出现 10000000，因此取相乘结果的高 14 bit
    .ast_sink_data (bit_sync_mult[15:1]), .ast_sink_valid (ast_sink_valid),
    .ast_source_ready (ast_source_ready), .ast_sink_error (ast_sink_error),
    .ast_source_data (bit_sync_lpf), .ast_sink_ready (sink_readys),
    .ast_source_valid (source_valids), .ast_source_error (source_errors));
//实例化脉冲成形及解调模块
wire Isync,Qsync;
Shape u10 (.rst (rst), .clk (clk), .din (bit_sync_lpf[25]), .Isync (Isync), .Qsync (Qsync));
//并/串转换及差分解码，定时判决输出 MSK 信号的解调信号
```

```
        DemodOut u11 (.rst (rst), .clk (clk), .Isync (Isync), .Qsync (Qsync), .It (It), .Qt (Qt),
                .bit_sync (bit_sync), .dout (dout));
    endmodule
```

为了提高系统的运算速度，与 6.9 节相比，程序中的相干解调乘法器模块增加了一级流水线操作，其他参数不变。低通滤波器的主要参数如下（由于低通滤波器的长度较小，采用乘加结构实现）。

--msklpf 部分参数：

滤波器系数的位宽（Bit Width）：10。

输入数据的位宽（Bit Width）：15。

输出数据位宽（Output Specification）：28。

滤波器系数文件（Imported Coefficient Set）：D:\ModemPrograms\Chapter_6\E6_9_FpgaMskDemod\msklpf.txt。

流水线级数（Pipline Level）：1。

滤波器结构（Structure）：Variable/Fixed Coeefficient: Multi-Cycle。

数据存储部件（Data Storage）：Logic Cells。

系数存储部件（Coefficient Storage）：Logic Cells。

乘法器结构（Multiplier Implementation）：DSP Blocks。

输入数据类型（Input Number System）：Signed Binary。

6.10.3 脉冲成形及解调模块的 Verilog HDL 设计

顶层文件中的锁相环与平方环的设计思路相同，脉冲成形及解调模块的 Verilog HDL 设计也比较简单。下面直接给出了脉冲成形及解调模块（Shape.v）、并/串转换及差分解码模块（DemodOut.v）的程序清单，程序中添加了比较详细的注释，请读者仔细阅读并理解设计思路及实现方法。

```
//Shape.v 的程序清单
module Shape (rst,clk,din,Isync,Qsync);
    Input    rst;                    //复位信号，高电平有效
    Input    clk;                    //FPGA 系统时钟
    Input    din;                    //输入的滤波后的同相、正交两路位同步信号
    output   Isync;                  //成形后输出的同相支路位同步信号
    output   Qsync;                  //成形后输出的正交支路位同步信号

    reg [5:0] count;
    reg din_d;
    reg sync_i,sync_q;
    always @(posedge clk or posedge rst)
    if (rst)
        begin
            count <= 6'd0;
            din_d <= 1'b0;
            sync_i <= 1'b0;
            sync_q <= 1'b0;
        end
```

```
            else
                begin
                    din_d <= din;
                    //检测到下降沿计数清零
                    if ((!din) && din_d)
                        count <= 6'd0;
                    else
                        count <= count + 6'd1;
                        //根据计数器的值，输出正交支路的位同步信号，正交支路位同步信号的周期为
                        //32 个时钟周期。波峰处离上升沿为 8 个时钟周期，波谷处离上升沿为 24 个
                        //时钟周期。考虑到计时器的延时，分别在计数器为 6 和 22 时做判决输出
                    if (count==6'd6)
                        begin
                            sync_i <= 1'b1;
                            sync_q <= 1'b0;
                        end
                    elseif (count==6'd22)
                        begin
                            sync_i <= 1'b0;
                            sync_q <= 1'b1;
                        end
                    else
                        begin
                            sync_i <= 1'b0;
                            sync_q <= 1'b0;
                        end
                end
        assign Isync = sync_i;
        assign Qsync = sync_q;
endmodule


//DemodOut.v 的程序清单
module DemodOut (rst,clk,din,Isync,Qsync,It,Qt,bit_sync,dout);
    input    rst;                       //复位信号，高电平有效
    input    clk;                       //FPGA 系统时钟
    input    din;                       //输入的滤波后的同相、正交两条支路的位同步信号
    input    Isync;                     //同相支路位同步信号
    input    Qsync;                     //正交支路位同步信号
    input    signed [25:0] It;          //输入的滤波后的同相支路基带信号
    input    signed [25:0] Qt;          //输入的滤波后的正交支路基带信号
    output   bit_sync;                  //输出的 MSK 信号解调后的位同步信号
    output   dout;                      //输出 MSK 信号的解调信号

//定义中间信号变量，用于输出判决时刻的 I、Q 支路信号，用于查看仿真结果
reg signed [25:0] IQt;
//定义中间信号变量，用于存放并/串转换形成的解调信号，并进行差分解码，形成最后的解调信号
reg di,dq;
```

```
        reg sync,douttem;

        //根据位同步信号，判决输出 I、Q 两条支路的信号
        always @(posedge clk or posedge rst)
        if (rst)
            begin
                sync <= 1'b0;
                douttem <= 1'b0;
                di <=    1'b0;
                dq <=    1'b0;
                IQt <= 26'd0;
            end
        else
            begin
                if (Isync)
                    begin
                        IQt <= It;
                        di <= It[25];
                        //差分解码输出
                        douttem <= di ^ dq;//xor
                    end
                elseif (Qsync)
                    begin
                        IQt <= Qt;
                        dq <= Qt[25];
                        //差分解码输出
                        douttem <= di ^ dq;//xor
                    end
                //输出 MSK 信号解调后的位同步信号
                sync <= Isync | Qsync;//or
            end
        assign bit_sync = sync;
        assign dout = douttem;
endmodule
```

6.10.4 MSK 信号解调环路 FPGA 实现后的仿真测试

编写完成整个系统的 Verilog HDL 实现代码并经过测试后就可以进行 FPGA 实现了。在 Quartus II 中完成对 FPGA 工程的编译后，启动"TimeQuest Timing Analyzer"工具，并对时钟信号 clk 添加时序约束（周期为 20 ns，频率为 50 MHz）。保存时序约束结果后重新对整个 FPGA 工程进行编译。

完成综合实现后，在工作过程区中会自动显示整个设计所占用的器件资源情况。本实例选用的目标器件是 Altera 公司 Cyclone-IV 系列的 EP4CE15F17C8。Logic Elements（逻辑单元）使用了 9820 个，占 64%；Registers（寄存器）使用了 8569 个，占 56%；Memory Bits（存储器）使用了 5208 bit，占 1%；Embedded Multiplier 9-bit elements（9 bit 嵌入式硬件乘法器）使

用了 8 个，占 7%。从"TimeQuest Timing Analyzer"工具中可以看到系统最高工作频率为 114.31 MHz，显然满足工程实例中要求的 16 MHz。

在采用 ModelSim 进行仿真测试之前，还需要编写 TestBench 文件。本实例的 TestBench 文件功能与例 6-8 相同，本节不再给出完整的激励文件代码，读者可以在本书配套资料 "Chapter_6\E6_9_FpgaMskDemod\FpgaMskDemod\" 中查看完整的工程文件。测试数据生成由 MATLAB 仿真程序（E6_8_MskProduce.m）完成，由于 MSK 信号的仿真方法与 6.8.2 节中例 6-7 相同，本章不再给出程序代码。需要说明的是，为了便于在 ModelSim 仿真波形中对比查看解调前后的数据，E6_8_MskProduce.m 文件将原始信号写入 msk_bit.txt 中，考虑到 FPGA 实现 MSK 信号解调环路时会存在处理延时，因此写入原始信号时进行了延时处理。

编写完成激励文件后，即可开始进行程序的仿真测试了。为了更直观地观察 ModelSim 的仿真波形，需要对波形界面中的一些参数进行简单设置。图 6-46 所示为 FPGA 实现 MSK 信号解调环路后的仿真波形。

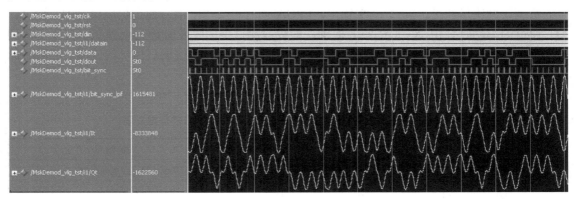

图 6-46　FPGA 实现 MSK 信号解调环路后的仿真波形

在图 6-46 中，data 为 TestBench 文件中从 msk_bit.txt 读取的 MSK 信号；dout 为 FPGA 实现 MSK 信号解调后的信号，bit_sync 为位同步信号。对比 data 与 dout 可知，除相位略有差异外两个信号是完全相同的。两个信号之间的相差是由于读取信号与 FPGA 处理延时不同造成的，即设计的 MSK 信号解调环路能够正常工作。图中，bit_sync_lpf 为低通滤波器提取出的位同步信号，It 和 Qt 分别为解调出的同相支路和正交支路的信号，对比这三个信号的波形可以看出，bit_sync_lpf 的波峰处为 It 信号的最佳判决时刻，bit_sync_lpf 波谷处为 Qt 信号的最佳判决时刻。

6.11　2FSK 调制解调的板载测试

6.11.1　硬件接口电路

前面介绍了 2FSK、MSK 调制解调系统的原理及 FPGA 实现方法，接下来我们完成 2FSK 调制解调系统的工程实现，即在 CRD500 开发板上完成 2FSK 调制解调系统的板载测试。读者在理解 2FSK 调制解调系统的板载测试，可自行完善程序来进行 MSK 调制解调系统的板载测试。

本次板载测试的目的有两个：验证 FPGA 产生 2FSK 信号的工作情况，以及验证 2FSK 信号解调环路的工作情况。

CRD500 开发板配置有 2 路独立的 DA 通道、1 路 AD 通道、2 个独立的晶振。为尽量真实地模拟 2FSK 调制解调过程，采用晶振 X2（gclk2）作为驱动时钟来产生 2FSK 信号，用晶振 X1（gclk1）作为驱动时钟，产生 A/D 采样及接收处理时钟信号，实现收发两端时钟源的完全独立。考虑到 CRD500 开发板载硬件的实际配置情况，将系统时钟频率由 32 MHz 调整为 25 MHz（可通过分频器对 50 MHz 进行分频处理，不需采用 PLL 核），则 2FSK 调制解调系统参数调整为：2FSK 信号驱动时钟频率为 25 MHz，基带信号频率为 0.7813 MHz，载波频差为 1.3672 MHz，2FSK 信号解调处理时钟及采样频率均为 25 MHz。

2FSK 信号经 DA2 通道输出，DA2 通道输出的模拟信号通过 CRD500 开发板上的 P5 跳线端子（引脚 1、2 短接）连接至 AD 通道，然后送入 FPGA 进行处理。FPGA 完成 2FSK 信号的解调、判决后通过扩展口 ext9 输出，FPGA 同时将 2FSK 信号通过扩展口 ext11 输出。AD 通道的驱动时钟由 X1（gclk1）提供，即板载测试中的收发时钟完全独立。程序下载到 CRD500 开发板之后，通过示波器观察原始信号、2FSK 信号及解调后信号的波形，即可判断整个 2FSK 调制解调系统的工作情况。

2FSK 调制解调系统板载测试的 FPGA 接口信号定义如表 6-1 所示。

表 6-1 2FSK 调制解调系统板载测试的 FPGA 接口信号定义表

信 号 名 称	引 脚 定 义	传 输 方 向	功 能 说 明
rst	P14	→FPGA	复位信号，高电平有效
gclk1	M1	→FPGA	50 MHz 的时钟信号，作为接收模块驱动时钟
gclk2	E1	→FPGA	50 MHz 的时钟信号，作为发送模块驱动时钟
ad_clk	K15	FPGA→	A/D 采样信号，8 MHz
ad_din[7:0]	G15、G16、F15、F16、F14、D15、D16、C14	→FPGA	AD 通道输入信号，8 bit
da2_clk	D12	FPGA→	DA2 通道转换信号，8 MHz
da2_out[7:0]	A13、B13、A14、B14、A15、C15、B16、C16	FPGA→	DA2 通道转换信号，2FSK 信号
ext9	B1	FPGA→	2FSK 解调信号
ext11	A2	FPGA→	发送端待调制的信号

根据前面的分析可知，板载测试程序需要设计时钟产生模块（clk_produce.v）来产生所需的各种时钟信号；设计 2FSK 信号生成模块（FskMod.v）来产生 2FSK 信号，同时将 2FSK 信号解调环路作为数据接收处理模块。

6.11.2 板载测试程序

2FSK 调制解调系统板载测试程序（BoardTst.v）顶层文件综合后的 RTL 原理图如图 6-47

所示。

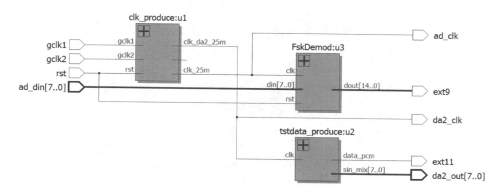

图 6-47　2FSK 调制解调系统板载测试程序顶层文件综合后的 RTL 原理图

时钟产生模块（u1）采用分频器分别对两路 50 MHz 的信号进行分频，获得 25 MHz 信号，分别作为 2FSK 信号调制模块及 2FSK 信号解调模块的处理时钟。测试数据生成模块（u2）调用 2FSK 信号调制模块，生成 2FSK 信号，同时将 2FSK 信号转换成无符号数据，送入 DA2 通道转换成模拟信号。本章已讨论过 2FSK 信号的 FPGA 设计方法，在板载测试电路中，为便于测试，将待调制的原始信号设置成方波信号，在进行板载测试时可通过读取示波器波形来了解系统的工作情况。

2FSK 信号解调模块（u3）与 6.4 节设计的 2FSK 信号解调环路相似，在顶层文件中增加了将输入信号转换成有符号数据的代码（A/D 转换后的信号为无符号数据）。

6.11.3　板载测试验证

设计好板载测试程序并完成 FPGA 实现后，可以将板载测试程序下载至 CRD500 开发板进行板载测试。板载测试的硬件连接如图 6-48 所示。

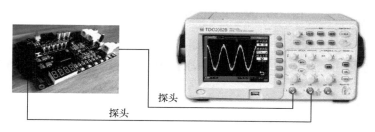

图 6-48　板载测试的硬件连接

板载测试需要采用双通道示波器，将示波器通道 1 连接 DA2 通道，以便观察 2FSK 信号；将示波器的通道 2 通过示波器探针连接 CRD500 开发板的扩展口 ext9，以便观察接收到的解调后的信号。2FSK 信号及其解调后的信号波形如图 6-49 所示。

从图 6-49 中可以看出，2FSK 信号与本章前面仿真的 ModelSim 波形一致，解调后得到了频率为 390.625 kHz 的方波信号。

将示波器通道 1 连接至扩展口 ext11，测试 2FSK 信号的原始基带信号。原始基带信号与解调后信号的波形如图 6-50 所示。

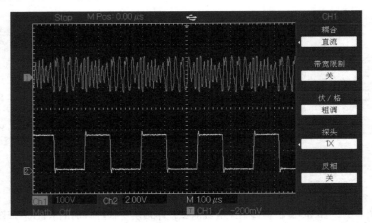

图 6-49　2FSK 信号及其解调后的信号波形

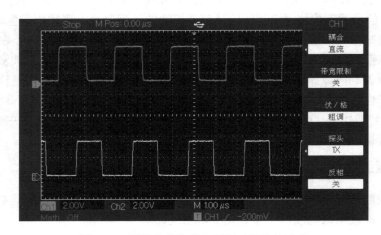

图 6-50　原始基带信号与解调后的信号波形

从图 6-50 可以看出，原始基带信号和解调后的信号相同，均为 390.625 kHz 的方波信号，两路信号的相位差是由于解调处理的延时造成的。从板载测试来看，2FSK 调制解调系统的工作正常。

6.12　小结

本章的前半部分讨论了 2FSK 的调制解调技术，无论理论知识还是工程实现，其难度都不大；后半部分详细讨论了 MSK 信号的调制解调技术，其实现原理及工程实现都已有一定规模了。相信大家按照本章讨论的步骤，一步步地完成整个 MSK 调制解调系统的 FPGA 工程实现，并在 ModelSim 仿真中看到一条条光滑的收敛曲线时，一定会产生一种成就感，设计的信心也会随之增加。

在编写本章的内容时，作者有一种强烈的感觉：深刻理解所要实现系统的原理后，用

Verilog HDL 将系统设计出来就变成了一种"体力活"。但前提是要对 FPGA 设计工具及 Verilog HDL 非常熟悉，眼中看见一个原理图，脑子里能本能地出现这个原理图的 Verilog HDL 设计方法。在初次接触到 MSK 调制解调技术时，作者翻阅了很多参考书，但书中在讲述 MSK 信号的解调时，所给出的原理实在过于简略，而且都有一个前提条件，即已获取了准确的位同步信号。而对于工程实现来讲，位同步信号的获取过程是至关重要的。如果没有位同步信号的获取方式，就无法形成完整的 MSK 调制解调系统。作者后来在阅读王士林老先生于 1987 年编写的《现代数字调制技术》时，才找到一个完整的解决方案。在《数字通信同步技术的 MATLAB 与 FPGA 实现》一书的前言中专门提到，阅读一些数字通信的经典理论著作时常常感叹前辈们治学的严谨。理论是不过时的，深刻理解理论知识是进行工程实现的前提。

参考文献

[1] 郭梯云，刘增基，詹道庸，等．数据传输（第 2 版）．北京：人民邮电出版社，1998．

[2] W R Bennet，S O Rice．Spectral Density and Autocorrelation Functions Associated with Biany Frequency Shift Keying．BSTJ 1963:41．

[3] 徐锐．用 FFT 对 8FSK 信号进行解调方法的比较．通信技术，2003(2):36-37．

[4] 吴志敏，黄红兵，肖大光．基于 DFT 的 FSK 数字化解调算法研究．通信技术，2008,41(4):36-37．

[5] 刘东华，王霞，王元钦．基于自适应滤波的 PCM/FSK 软件解调方法．飞行器测控学报，2004,23(3):72-75．

[6] 王楠，古瑞江，于宏毅．一种新型的 FSK 解调系统设计．通信技术，2008,41(9):29-31．

[7] Francis D. Natali．AFC Tracking Algorithms．IEEE Transaction on Communications．1984,COM-32(8)．

[8] 季仲梅，杨洪生，王大鸣，等．通信中的同步技术及应用．北京：清华大学出版社，2008．

[9] 张会生，陈树新．现代通信系统原理．北京：高等教育出版社，2004．

[10] 杜勇．数字通信同步技术的 MATLAB 与 FPGA 实现——Xilinx/VHDL 版．北京：电子工业出版社，2017．

[11] A. C. 古特庚．起伏干扰下无线电信号的接收．北京：科学出版社，1964．

[12] 王士林，陆存乐，龚初光．现代数字调制技术．北京：人民邮电出版社，1987．

[13] 唐良伟．MSK 数字调制解调及其实现技术研究．电子科技大学硕士学位论文，2007．

[14] Altera IP 核用户手册．NCO MegaCore Funciton User Guide．November, 2013．

[15] AD9977 Data Sheet，Analog Devices，2006．

[16] 张幼明，贾建祥．MSK 信号的差分数字解调方法．舰船电子工程，2008,28(11):77-79．

[17] 孙仁琦，陈文萍，徐东明．一种新的 MSK 调制解调器的设计与实现．南京邮电大学学报，1991,21(1):1-7．

[18] 胡敏．MSK 数字化调制解调技术研究．中南大学硕士学位论文，2007．

[19] 张厥盛，郑继禹，万心平．锁相技术．西安：西安电子科技大学出版社，1998．

[20] 李素芝，万建伟．时域离散信号处理．长沙：国防科技大学出版社，1998．

[21] 吕鑫宇，姚远程，谭清怡，等．基于直接提取载波技术的平方环设计．现代电子技术，2010,(1):189-192．

[22] 杜勇．数字滤波器的 MATLAB 与 FPGA 实现——Altera/Verilog 版（第 2 版）．北京：电子工业出版社，2019．

[23] 王世练．宽带中频数字接收机的实现及其关键技术的研究．国防科技大学博士学位论文，2004．

[24] 张欣．扩频通信数字基带信号处理算法及其 VLSI 实现．北京：科学出版社，2004．

第 7 章

PSK 调制解调技术的 FPGA 实现

　　数字相位调制又称为相移键控（Phase Shift Keying，PSK），是一种十分重要的调制技术。PSK 是一种用载波相位来表示信号的调制技术，也可以说，PSK 是根据数字基带信号的电平使载波相位在不同的数值之间切换的一种调制方法。理论和实践都已经证明，在恒参信道中，与振幅键控、频移键控相比，相移键控不仅具有较高的抗噪声性能，而且还能有效地利用频带，即使在有衰落和多径现象的信道中也有较好的性能[1]，因此 PSK 是一类性能优良的调制方式，在中、高速数据传输中得到了广泛的应用。本章主要讨论二相相移键控（Binary Phase Shift Keying，PSK）、四相相移键控（Quadrature Phase Shift Keying，QPSK）和 π/4 QPSK 的调制解调原理及其 FPGA 实现方法。

7.1　DPSK 调制解调原理

7.1.1　DPSK 信号的调制原理

　　相移键控通常可以分为绝对相移键控和相对相移键控两种方式。绝对相移键控利用载波的不同相位直接来表示数字信息；相对相移键控则利用载波的相对相位来表示数字信息，即利用前后码元载波相位的相对变化来表示数字信息。

　　绝对相移键控的原理很早就有人提出来了，但因技术上实现的难度，使它在实际中未能得到普遍应用。直到提出相对相移键控后，才使相位键控在实际中得到了广泛的应用。

　　DPSK（Differential Phase Shift Keying）是为了克服 PSK 的相位模糊问题而产生的一种调制手段。由于 PSK 是用载波的绝对相位来调制信号的，在信号传输及解调过程中，容易出现相位翻转现象，因此在解调端无法准确判断原始信号。例如，在 BPSK 中，载波的 0° 相位代表数字信息 0，180° 相位代表数字信息 1，在解调端发生相位翻转时将导致错误。DPSK 是根据前后信号之间的相位差来判断信号的，即使在解调端发生相位翻转，由于信号之间的相对相位差不会发生改变，因此可以有效解决相位翻转问题。与 PSK 相比，DPSK 只需在发送端将绝对码转换成相对码，在解调端再将相对码转换成绝对码即可，其差分编/解码原理与第 6 章讨论的 MSK 基带信号的编/解码原理相同。

　　设输入到调制器的二进制信号流为 $\{b_n\}$，$n \in (-\infty, \infty)$，BPSK 信号可以表示为：

$$s(t) = \begin{cases} A\cos(\omega_c t + \varphi), & b_n = 0 \\ -A\cos(\omega_c t + \varphi), & b_n = 1 \end{cases} \qquad nT_b \leq t \leq (n+1)T_b \qquad (7\text{-}1)$$

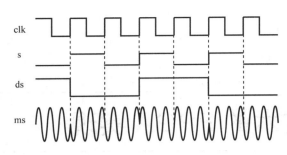

图 7-1   DPSK 的调制过程波形

由式（7-1）可以看出，可以将输入信号看成幅度为±1 的方波信号，调制过程即原始信号与载波信号直接相乘的结果。图 7-1 为 DPSK 的调制过程波形，图中的波形假定每个码元周期为载波周期的整数倍，其中，clk 为原始信号时钟，s 为绝对码，ds 为相对码，ms 为已调信号。

PSK 信号的产生方法有调相法和相位选择法两种。采用调相法产生 PSK 信号，就是将基带信号直接与载波信号 $\cos\omega_c t$ 相乘；采用相位选择法产生 PSK 信号时，需预先把所需相位的载波准备好，然后根据基带信号的规律来选择相应的载波。

在 DPSK 中，由于基带信号的带宽无限大，但 90%的能量均集中在主瓣带宽内，因此，为了提高发送端的功率利用率、降低噪声的影响，通常需要在调制之前对基带信号进行成形滤波，以滤除主瓣外的信号及噪声。根据奈奎斯特第一准则，如果信号经传输后整个波形发生了变化，但只要其特征点的采样值保持不变，那么用再次插值滤波的方法，仍然可以准确无误地恢复出原始信号。满足奈奎斯特第一准则的滤波器有很多种，在数字通信中应用最为广泛的是幅频响应均具有奇对称升余弦形状过渡带的一类滤波器，通常也称为升余弦滚降滤波器。升余弦滚降滤波器本身是一种有限脉冲响应滤波器，其传递函数为：

$$X(f)=\begin{cases} T_s, & 0\leqslant|f|\leqslant\dfrac{1-\alpha}{2T_s} \\[2mm] \dfrac{T_s}{2}\left\{1+\cos\left[\dfrac{\pi T_s}{\alpha}\left(|f|-\dfrac{1-\alpha}{2T_s}\right)\right]\right\}, & \dfrac{1-\alpha}{2T_s}<|f|\leqslant\dfrac{1+\alpha}{2T_s} \\[2mm] 0, & |f|>\dfrac{1+\alpha}{2T_s}\end{cases} \quad (7-2)$$

式中，α 为滚降因子，$0\leqslant\alpha\leqslant1$；$T_s$ 为码元周期，且 $T_s=1/R_s$。当 $\alpha=0$ 时，滤波器的带宽为 $R_s/2$，称为奈奎斯特带宽；当 $\alpha=1$ 时，滤波器的截止频率为 $(1+\alpha)R_s/2=R_s$。

在数字通信中，发送端通过功率放大器放大信号，在发送之前，为了提高效率，同时抑制发送信号边带信号频谱，避免边带信号对其他信号造成干扰，通常会再增加带通滤波器。显然，在 PSK 中，在调制前对基带信号进行成形滤波（为了提高接收端的性能，接收端通常也需要采用匹配滤波器进行滤波处理），除了可以防止码间干扰，还可以达到滤除边带信号频谱的目的。

对基带信号进行成形滤波后，PSK 只能采用调相法。采用调相法产生 DPSK 信号的原理如图 7-2 所示。

图 7-2   采用调相法产生 DPSK 信号的原理

7.1.2　采用 Costas 环解调 DPSK 信号

　　PSK 信号的解调方法有多种，如平方环法、判决反馈环法、Costas 环法等[2]。对于 DPSK 信号来讲，还可以根据相邻码元之间的相位跳变情况采用差分解调法[3]。虽然差分解调法不需要获取相干载波，是一种简单的非相干解调法，但其抗噪声性能要明显劣于相干解调法。随着 FPGA 等大规模集成电路性价比的逐渐提高，相干解调法因其优良的性能，应用越来越广泛。其中，Costas 环因其性能优良、耗费硬件资源少的特点应用尤其广泛。

　　科斯塔斯（Costas）环又称为同相正交环。J. P. Costas 在 1956 年首先提出采用 Costas 环来恢复载波信号[4]，随后 Riter 证明跟踪低信噪比的抑制载波信号的最佳装置是 Costas 环及平方环[5]。Costas 环也是工程上应用最为广泛的一种抑制载波跟踪环路。

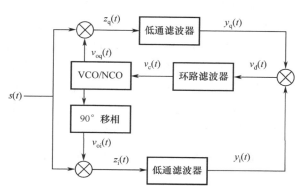

图 7-3　Costas 环的组成

　　Costas 环的组成如图 7-3 所示，它是由输入信号分别乘以同相和正交两条支路载波信号而得名的。输入信号分为上、下支路，分别乘以同相和正交载波信号，并通过低通滤波后再相乘，完成鉴相功能，最后经环路滤波器输出控制本地振荡器的误差电压。

　　设输入 BPSK 信号为：

$$s(t) = m(t)\sin[\omega_c t + \theta_1(t)] = \left[\sum_n a_n g(t - nT_s)\right]\sin[\omega_c t + \theta_1(t)] \tag{7-3}$$

式中，$m(t)$ 为数据调制信号；$\omega_c t$ 为载波信号角频率。本地 VCO/NCO 的同相和正交支路乘法器输出分别为：

$$V_{oi}(t) = \sin[\omega_c t + \theta_2(t)], \qquad V_{oq}(t) = \cos[\omega_c t + \theta_2(t)] \tag{7-4}$$

式中，$\omega_c t$ 为载波信号角频率，$\theta_1(t)$ 和 $\theta_2(t)$ 为参考相位的瞬时相位，则同相和正交支路乘法器的输出分别为：

$$z_i(t) = K_{p1}\left[\sum_n a_n g(t - nT_s)\right]\sin[\omega_c t + \theta_1(t)]\sin[\omega_c t + \theta_2(t)]$$
$$z_q(t) = K_{p2}\left[\sum_n a_n g(t - nT_s)\right]\sin[\omega_c t + \theta_1(t)]\cos[\omega_c t + \theta_2(t)] \tag{7-5}$$

令 $\theta_e(t) = \theta_1(t) - \theta_2(t)$，$K_{p1}$、$K_{p2}$ 为乘法器的系数，经过低通滤波后可得到：

$$y_i(t) = \frac{1}{2}K_{p1}K_{l1}\left[\sum_n a_n g(t - nT_s)\right]\cos[\theta_e(t)]$$
$$y_q(t) = \frac{1}{2}K_{p2}K_{l2}\left[\sum_n a_n g(t - nT_s)\right]\sin[\theta_e(t)] \tag{7-6}$$

式中，K_{p1}、K_{p2} 为低通滤波器系数。低通滤波器输出的同相支路和正交支路信号经过相乘和环路滤波处理后变成：

$$V_c(t) = \frac{1}{8} K_p K_{p1} K_{p2} K_{l1} K_{l2} \sin[2\theta_e(t)] = K_d \sin[2\theta_e(t)] \tag{7-7}$$

式中，K_p 为鉴相增益；K_d 为环路增益。式（7-7）表明，VCO/NCO 的输入信号受 $\theta_e(t)=\theta_1(t)-\theta_2(t)$ 控制，环路滤波器的输出为跟踪 $\theta_e(t)$ 提供了所需的误差控制电压。

对比平方环的原理可知，Costas 环与平方环的鉴相特性在形式上完全相同，只是鉴相器的增益系数不同。而环路的增益可以通过调整输入数据位宽、低通滤波器量化位宽等方式进行调整，因此，在进行 FPGA 实现时，Costas 环与平方环完全等效。与平方环一样，Costas 环提取出的相干载波信号也存在 180° 的相位不确定性。

根据相干解调的原理，提取出相干载波后，将其与输入的已调信号直接相乘，并滤波输出，即可得到基带信号波形。如果采用平方环提取出相干载波，则提取载波后还需要进行乘法及滤波运算，对于图 7-3 所示的 Costas 环来讲，环路中的同相支路就是基带信号波形，也就是说，Costas 在提取相干载波的同时，也完成了基带信号的解调。提取出解调后的基带信号后，还需要进行位定时判决输出，位同步信号的提取可以采用第 6 章所讨论的数字锁相环来完成。本节不讨论位同步信号的提取问题，在本书第 8 章讨论完 QAM 调制解调技术时，再专门对基于 Gardner 定时误差检测算法的位同步技术进行详细讨论。

7.1.3　DPSK 调制解调的 MATLAB 仿真

例 7-1　MATLAB 仿真 DPSK 信号的产生及相干解调

- 采用图 7-2 所示的结构仿真产生 DPSK 信号；
- 符号速率 $R_b=1$ Mbps；
- 成形滤波器的滚降因子 $\alpha=0.8$；
- 载波频率 $f_c=2$ MHz；
- 采样频率 $f_s=8R_b$；
- 绘制 DPSK 信号的频谱及波形；
- 采用相干解调法仿真其解调过程；
- 绘制解调前后的基带信号波形。

根据前面的分析，按照图 7-2 所示的原理，我们可以开始编写 DPSK 信号产生及解调的 MATLAB 程序了。程序中首先产生随机信号，然后对其进行差分编码（绝对码转换成相对码），并对差分编码进行插值。设计好成形滤波器后，对插值后的相对码进行成形滤波，滤波输出的信号与载波信号相乘，即，产生所需的 DPSK 信号。DPSK 信号的相干解调原理并不复杂，只需将相干载波信号与 DPSK 信号相乘，并通过低通滤波器输出即可。接收端的低通滤波器特性对解调性能有直接影响，低通滤波器的通带为基带信号的带宽（为符号速率），文献[14] 给出低通滤波器过渡带的设计原则：一是必须确保滤除相邻的 A/D 镜像频率成分；二是需要滤除数字下变频引入的倍频分量。其中相邻 A/D 镜像频率的最小间隔 Δf_{ad} 为：

$$\Delta f_{ad} = \min[2f_L - kf_s, (k+1)f_s - 2f_H] \tag{7-8}$$

式中，f_L 为中频信号的下边带频率，$f_L=f_c-(1+\alpha)R_b/2=1.1$ MHz；f_H 为中频信号的上边带频率，$f_H=f_c+(1+\alpha)R_b/2=2.9$ MHz；f_s 为采样频率（本实例为 8 MHz）；k 为整数。容易求出 $\Delta f_{ad}=2.2$ MHz。

数字下变频引入倍频分量的最低频率为：

$$f_{cddc} = \min[-2f_0 + (m+1)f_s, 2f_0 - mf_s] - B_f / 2 \qquad (7\text{-}9)$$

式中，f_0 为中频采样后的载波频率（本实例为 2 MHz）；B_f 为中频信号处理带宽（本实例为 1.8 MHz）；m 为整数。容易求出 $f_{cddc}=3.1$ MHz。

再根据前面所述的过渡带选择原则，可知低通滤波器的截止频率为：

$$f_c = \min[f_{cddc}, B_f / 2 + \Delta f_{ad}] \qquad (7\text{-}10)$$

容易求出 $f_c=3.1$ MHz。需要注意的是，式（7-8）、式（7-9）和式（7-10）是设计低通滤波器的重要依据。其中，式（7-10）所求出的频率是低通滤波器的最高截止频率。在此前提下，若硬件资源允许，截止频率应尽可能小，通带衰减应尽可能小，阻带衰减应尽可能大。

低通滤波器可以采用 FIR 滤波器和 IIR 滤波器。由于滤波输出的信号直接作为解调出的信号，也就是说，滤波器通带内需要具有严格的线性相位特性，因此需要采用 FIR 滤波器来实现低通滤波器。文献[15]对数字滤波器的 MATLAB 设计及 FPGA 实现均进行了详细的讨论，为节约资源，获取良好的滤波性能，我们采用 MATLAB 提供的最优滤波器函数 firpm() 来设计低通滤波器。

相干载波的提取是 DPSK 信号解调的关键过程，本实例将采用 Costas 环来提取相干载波，其 FPGA 实现过程正是接下来需要讨论的问题。为节约篇幅，下面的程序清单没有给出绘图显示部分代码，请读者在本书配套资料中查看完整的 MATLAB 文件（"\Chapter_7\E7_1_DpskModem\E7_1_DPSKModem.m"）。

```
%E7_1_DPSKModem.m 程序清单
ps=1*10^6;                          %码元速率为 1 MHz
a=0.8;                              %成形滤波器的滚降因子为 0.8
B=(1+a)*ps;                         %中频信号处理带宽
Fs=8*10^6;                          %采样频率
fc=2*10^6;                          %载波频率
N=4000;                             %仿真信号的长度

t=0:1/Fs:(N*Fs/ps-1)/Fs;            %产生长度为 N、频率为 fs 的时间序列
s=randint(N,1,2);                   %产生随机信号作为原始信号

%将绝对码变为相对码
ds=ones(1,N);
for i=2:N
    if s(i)==1
        ds(i)=-ds(i-1);
    else
        ds(i)=ds(i-1);
    end
end
%对相对码数据以 Fs 频率进行采样
Ads=upsample(ds,Fs/ps);

%设计升余弦滚降滤波器
n_T=[-2 2];
rate=Fs/ps;
```

```
T=1;
Shape_b = rcosfir(a,n_T,rate,T);%figure(4);freqz(Shape_b)
%对采样信号进行升余弦滤波;
rcos_Ads=filter(Shape_b,1,Ads);

%产生载波信号
f0=sin(2*pi*fc*t);
%产生 DPSK 信号
dpsk=rcos_Ads.*f0;

%与相干载波信号相乘，实现相干解调
demod_mult=dpsk.*f0;
%设计接收端的低通滤波器
fc=[ps 3.1*10^6];                            %过渡带
mag=[1 0];                                   %窗函数的理想滤波器幅度
dev=[0.01 0.01];                             %纹波
[n,wn,beta,ftype]=kaiserord(fc,mag,dev,Fs)   %获取凯塞窗函数参数
fpm=[0 fc(1)*2/Fs fc(2)*2/Fs 1];             %firpm 函数的频段向量
magpm=[1 1 0 0];                             %firpm 函数的幅值向量
rec_lpf=firpm(n,fpm,magpm);                  %采用 firpm 函数设计最优滤波器系数

%对乘法运算后的信号进行低通滤波，输出解调后的信号
demod_lpf=filter(rec_lpf,1,demod_mult);
figure(1)
%绘制成形滤波后信号频谱、DPSK 信号频谱、DPSK 信号波形
figure(2)
%绘制 DPSK 解调前后的信号波形
%将成形滤波器系数写入 tra_lpf.txt 文件中
%将接收滤波器系数写入 rec_lpf.txt 文件中
%将 DPSK 信号量化为 8 bit 后写入 Dpsk.txt 文件中
```

  程序运行后的结果如图 7-4 和图 7-5 所示。图 7-4 为 DPSK 信号调制过程中的频谱及波形。可以看出，成形滤波后信号的频谱已将旁瓣大部分能量滤除；调制后的 DPSK 信号频谱也集中在主瓣宽度以内；DPSK 信号波形在符号跳变时刻，相位跳变趋势比较平缓。从图 7-5 中可以看出，解调后的信号经过定时判决后，可以还原成原始信号的相对码，再对其进行差分解码处理，即可完成最后的 DPSK 信号解调。

  根据前面分析的滤波器参数，程序中设计的最优低通滤波器长度为 10，对系数进行 10 bit 的量化后，系数绝对值之和为 1506，即滤波器运算会带来 11 bit 的扩展。

  根据前面的讨论，DPSK 信号的产生原理十分简单，其 FPGA 实现过程与图 7-2 相同，其中差分编码、成形滤波器，以及乘法运算的 FPGA 实现过程在本书前面章节的其他实例中均已讨论过，本章不再给出 DPSK 信号 FPGA 实现的实例，请读者根据所学的知识，自己动手编写产生 DPSK 信号的 Verilog HDL 程序，并完成程序的综合、实现及仿真过程。

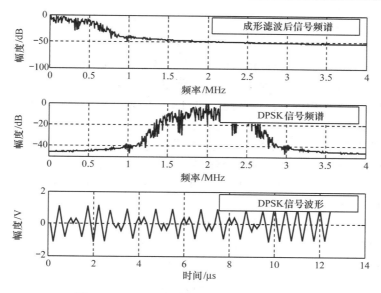

图 7-4　DPSK 调制过程中信号的频谱及波形

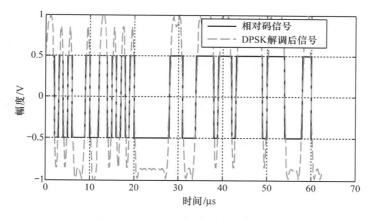

图 7-5　DPSK 解调前后信号的波形

7.2　DPSK 信号解调的 FPGA 实现

7.2.1　Costas 环的参数设计

例 7-2　FPGA 实现 Costas 环来解调 DPSK 信号

- 采用 FPGA 实现 DPSK 信号的相干解调；
- 符号速率 R_b=1 Mbps；
- 成形滤波器的滚降因子 α=0.8；
- 采样频率以及 FPGA 系统时钟频率 f_s=8R_b；

- 载波频率 f_c=2 MHz；
- 输入数据位宽 B_{data}=8；
- FPGA 采用 Altera 公司 Cyclone-IV 系列的 EP4CE15F17C8。

Costas 环解调 DPSK 信号的关键点在于环路的参数设计。下面先给出 DPSK 信号解调系统设计实例，然后对实例中的环路参数逐一进行设计。需要说明的是，本实例只介绍 Costas 环解调 DPSK 信号，不讨论位同步信号的提取。

6.9 节介绍的平方环设计步骤其实是从快捕带 $\Delta\omega_L$ 和中频输入信噪比 $(S/N)_i$ 这两个参数出发的，然后依次推出其他参数，最终确定环路滤波器系数 C_1、C_2 和 NCO 的频率字字长（相当于环路滤波器输出数据位宽 B_{loop}）。除此之外，还有一种常用的参数设计方法，即根据环路的噪声带宽 B_L 依次设计其他参数。

首先确定环路噪声带宽 B_L，并计算环路自然角频率 ω_n。

根据锁相环理论，环路正常锁定需要 $B_L<0.1R_b$（R_b 为符号速率）。本实例中 R_b=1 Mbps，取 B_L=0.05R_b=50 kHz。根据 ω_n 与 B_L 的计算公式[6]

$$B_L = \frac{\omega_n}{8\xi}(1+4\xi) \tag{7-11}$$

很容易得出，ω_n=73876.7 rad/s=11.76 kHz（阻尼系数 ξ=0.707）。

其次计算环路滤波器输出有效数据位宽及环路滤波器系数。

根据设计需求，输入数据为 8 bit 的量化数据，设置 NCO 同样输出 8 bit 的二进制补码数据，则乘法运算输出 15 bit 的有效数据，接收端低通滤波器会带来 11 bit 的扩展，则输出数据位宽为 26。

根据图 7-3 所示的 Costas 环的组成，同相、正交两条支路的信号经过低通滤波器后，还

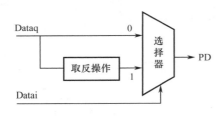

图 7-6 符号判决法的原理

需要进行相乘运算后才能进入环路滤波器。两个 26 bit 的数据的乘法运算需要产生 51 bit 的有效数据，同时需要 4 个 18 bit×18 bit 的乘法器核，这样不仅需要耗费大量的乘法器及逻辑资源，而且系统的运算速度也会受到一定影响。文献[7]提出了一种简单有效的实现结构（为了便于叙述，称为符号判决法，其原理如图 7-6 所示），在工程上可以近似代替 Costas 环中经过低通滤波处理后的乘法运算。

根据 Costas 环的原理，经过低通滤波后两条支路分别是同相支路和正交支路，而同相支路的信号其实就是经过相干解调后的信号。对 DPSK 信号来讲，解调后的信号可以近似为幅值是±1 的方波信号。图 7-6 中采用同相支路的符号位作为判决信号，根据同相支路的符号位，输出正交信号（当符号位为 0 时）或输出正交信号的负值（当符号位为 1 时）。

再根据锁相环的增益计算公式就可以得到 Costas 环的增益，即：

$$K = \frac{2\pi f_s}{2^N}T_{dds}(2^{B_{loop}-2}) \tag{7-12}$$

由于环路滤波器不改变输入数据位宽，因此环路滤波器输出有效数据位宽 B_{loop}=26。综合考虑乘法器、低通滤波器、环路滤波器的运算延时，取 NCO 的频率字更新周期为 8 个时钟周期，即 T_{dds}=8/f_s，则根据式（6-54）可以很容易计算出，当 NCO 频率字字长 N=30 时，K=0.7854。再根据式（6-54），可计算得到 C_1=0.0166、C_2=0.000108，用 2 的负整次幂来近似，可以得出

环路滤波器系数为:

$$C_1 = 2^{-6}, \qquad C_2 = 2^{-13}$$

至此, Costas 环的参数设计工作就基本完成了, 接下来即可根据所设计参数以及各功能模块来编写 Verilog HDL 程序并进行 FPGA 实现了。

7.2.2　Costas 环的 Verilog HDL 设计

经过前面对 Costas 环参数的分析, 以及环路各部件结构、参数的设计, 顶层文件的设计就变得十分容易了。其中, 鉴相器运算在顶层模块中实现 (只是一个符号判决取反操作), 环路滤波器模块与平方环中的模块十分相似, 只是环路滤器参数需要分别设置成 $C_1 = 2^{-6}$、$C_2 = 2^{-13}$, 这里不再给出其实现代码, 其他模块直接采用 Quartus II 提供的 IP 核实现。

下面给出顶层文件 CostasLoop.v 的完整程序清单。

```
//CostasLoop.v 的程序清单
module CostasLoop (rst,clk,din,di,dq,df);
    input    rst;                         //复位信号, 高电平有效
    input    clk;                         //FPGA 系统时钟: 8 MHz
    input    signed [7:0]    din;         //输入信号: 8 MHz
    output   signed [25:0]   di;          //同相支路信号
    output   signed [25:0]   dq;          //正交支路信号
    output   signed [25:0]   df;          //环路滤波器的输出信号

    //实例化 NCO 核所需的接口信号
    wire reset_n,out_valid,clken;
    wire [29:0] carrier;
    wire signed [9:0] sin,cos;
    wire signed [29:0] frequency_df;
    wire signed [25:0] Loopout;
    assign reset_n = !rst;
    assign clken = 1'b1;
    //assign carrier=30'd268435456;                    //2 MHz
    assign carrier=30'd268460000;                      //2.0002 MHz
    assign frequency_df={{4{Loopout[25]}},Loopout};    //根据 NCO 核接口, 扩展为 30 bit

    //实例化 NCO 核
    //Quartus II 提供的 NCO 核输出数据位宽最小为 10, 根据环路设计的需求取高 8 bit 参与后续运算
    nco u0 (.phi_inc_i (carrier), .clk (clk), .reset_n (reset_n), .clken (clken), .freq_mod_i (frequency_df),
            .fsin_o (sin), .fcos_o (cos), .out_valid (out_valid));
    //实例化 NCO 核的同相支路乘法器核
    wire signed [15:0] zi;
    mult8_8 u1 (.clock (clk), .dataa (sin[9:2]), .datab (din), .result (zi));
    //实例化 NCO 核的正交支路乘法器核
    wire signed [15:0] zq;
    mult8_8 u2 (.clock (clk), .dataa (cos[9:2]), .datab (din), .result (zq));

    //实例化鉴相器同相支路低通滤波器核
```

```
            wire ast_sink_valid,ast_source_ready;
            wire [1:0] ast_source_error;
            wire [1:0] ast_sink_error;
            assign ast_sink_valid=1'b1;
            assign ast_source_ready=1'b1;
            assign ast_sink_error=2'd0;
            wire sink_readyi,source_validi;
            wire [1:0] source_errori;
            wire signed [25:0] yi;
            fir_lpf u3(.clk (clk), .reset_n (reset_n), .ast_sink_data (zi[14:0]), .ast_sink_valid (ast_sink_valid),
                    .ast_source_ready (ast_source_ready), .ast_sink_error (ast_sink_error),
                    .ast_source_data (yi), .ast_sink_ready (sink_readyi), .ast_source_valid (source_validi),
                    .ast_source_error (source_errori));


            //实例化鉴相器正交支路低通滤波器核
            wire sink_readyq,source_validq;
            wire [1:0] source_errorq;
            wire signed [25:0] yq;
            fir_lpf u4(.clk (clk), .reset_n (reset_n), .ast_sink_data (zq[14:0]), .ast_sink_valid (ast_sink_valid),
                    .ast_source_ready (ast_source_ready), .ast_sink_error (ast_sink_error),
                    .ast_source_data (yq), .ast_sink_ready (sink_readyq), .ast_source_valid (source_validq),
                    .ast_source_error (source_erroriq));
            //根据同相支路的符号位，取正交支路信号（或取反）作为鉴相器的输出
            reg signed [25:0] pd;
            always @(posedge clk or posedge rst)
            if (rst)
                pd <= 0;
            else
                if (yi[25]==1'b1)
                    pd <= -yq;
                else
                    pd <= yq;


            //实例化环路滤波器模块
            LoopFilter u5(.rst (rst), .clk (clk), .pd    (pd), .frequency_df(Loopout));
            //将环路滤波器输出的信号送至输出端口查看
            assign df = Loopout;
            assign di = yi;
            assign dq = yq;
        endmodule
```

从整个 Costas 环来看，其 Verilog HDL 的实现仅仅是几个固定模块之间的连接而已，在分析 Costas 环的参数及各模块之间数据位宽后，Costas 环的实现已不是什么难事了。Costas 环中的乘法器核、DDS（NCO）核和 FIR 滤波器核，其使用方法与前面章节所讨论实例相比，仅仅是参数设置的不同，本章不再给出其详细的参数文件，请读者在本书配套资料中查看完整的 FPGA 工程文件（"\Chapter_7\E7_2_FpgaCostas"）。图 7-7 为 Costas 环顶层文件综合后的 RTL 原理图。

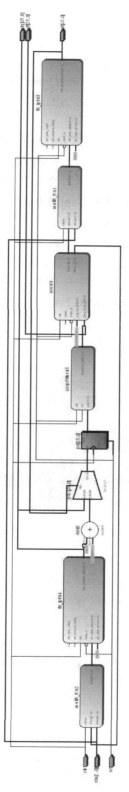

图 7-7　Costas 环顶层文件综合后的 RTL 原理图

7.2.3　FPGA 实现后的仿真测试

编写完 Costas 环的 Verilog HDL 实现代码并经过测试后就可以进行 FPGA 实现了。在 Quartus II 中完成对工程的编译后，启动"TimeQuest Timing Analyzer"工具，并对时钟信号 clk 添加时序约束（周期为 20 ns，频率为 50 MHz）。保存时序约束结果后重新对整个 FPGA 工程进行编译。

完成综合实现后，在工作过程区中会自动显示整个设计所占用的器件资源情况。本实例 选用的目标器件是 Altera 公司 Cyclone-IV 系列的 EP4CE15F17C8。Logic Elements（逻辑单元）使用了 2486 个，占 16%；Registers（寄存器）使用了 1807 个，占 12%；Memory Bits（存储器）使用了 2544 bit，占 1%；Embedded Multiplier 9-bit elements（9 bit 嵌入式硬件乘法器）使用了 2 个，占 2%。从"TimeQuest Timing Analyzer"工具中可以看到系统最高工作频率为 115.62 MHz，显然满足工程实例中要求的 8 MHz。

在采用 ModelSim 进行仿真测试之前，还需要编写 TestBench 文件。本实例的 TestBench 文件功能并不复杂，主要采用读取外部文件的方式完成数据的读取与存储，本节不再给出完整的激励文件代码。测试数据的生成由 MATLAB 仿真程序（E7_1_DPSKModem.m）完成。编写完成激励文件后，即可开始进行程序仿真测试。为了更直观地观察 ModelSim 的仿真波形，需要对波形界面中的一些参数进行简单的设置。图 7-8 所示为 Costas 环的 FPGA 实现后的 ModelSim 仿真波形。

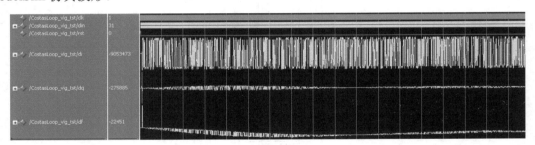

图 7-8　Costas 环的 FPGA 实现后的 ModelSim 仿真波形

为了使读者更清楚地看出 Costas 环的收敛效果，在 Verilog HDL 程序中设置了一定的频差（200 Hz）。从图中可以看出，随着 Costas 环的运行，环路滤波器输出的频差能很快收敛到很小的波动范围，同时同相支路的信号很容易经过判决获取正确的解调信号，正交支路信号几乎收敛到零值附近，整个 Costas 环的工作正常。

7.3　DQPSK 调制解调原理

7.3.1　QPSK 调制原理

与多进制 ASK 一样，相位调制也有多进制调制方式，其中应用最为广泛的是四相调制。四相调制也可分为四相绝对相位调制（也称为四相绝对相移键控，记为 4PSK）和四相相对相位调制（又称为四相相对相移键控，记为 4DPSK）两种。4DPSK 也是为解决接收端对信号进行解调时的相位翻转问题而提出的调制方式。

4DPSK 是由 4PSK 经过差分编码后调制的四相调制方式，因此我们需要先了解一下 4PSK 信号的调制原理。四相绝对相位调制利用载波的 4 种不同相位来表征 4 种数字信息，因此，应该先对输入的二进制数字序列进行分组，将每两个数字编为一组，然后根据其组合情况用 4 种不同的载波相位去表征它们。由于每一种载波相位代表 2 bit 信息，故码元（四进制码元）常被称为双比特码元，并把组成双比特码元的前一个信息比特用 A 代表，后一个信息比特用 B 代表。双比特码元中两个信息比特 AB 是按格雷码排列的，因此，在接收端进行检测时，如果出现相邻相位判决错误，只会造成一个信息比特的差错，有利于提高传输的可靠性。

4PSK 信号的载波相位 φ_k 与双比特码元的对应关系通常有两种：一种为 AB=00 对应 0° 相位，AB=10 对应 90° 相位，AB=11 对应 180° 相位，AB=01 对应 270° 相位；另一种为 AB=00 对应 225° 相位，AB=10 对应 315° 相位，AB=11 对应 45° 相位，AB=01 对应 135° 相位。

显然，四相绝对相位调制可以看成两个正交的二相绝对相位调制的合成，且其中每一个二相绝对相位调制都具有相同的基带调制波形。因此，4PSK 也被称为正交相移键控（Quadrature Phase Shift Keying，QPSK）。当所有相位都以等概率出现时，四相绝对相位调制信号的功率谱是由两个正交二相绝对相位调制信号功率谱合成的。

QPSK 信号的产生方法与 BPSK 信号一样，可以分为调相法和相位选择法。调相法产生 4PSK 信号的电路组成如图 7-9（a）所示，图中，串/并转换器将输入的二进制数字序列依次分为两个并行的序列。设两个序列中的二进制数字分别为 A 和 B，每一对 AB 称为一个双比特码元。双极性的 A 和 B 数字脉冲通过两个平衡调制器，对 0° 相位载波（$\cos\omega_c t$）及正交载波（$\sin\omega_c t$）进行二相绝对相位调制，得到图 7-9（b）中的虚线相位表示的信号；将两路输出叠加，即得到图 7-9（b）中实线相位表示的信号。为了消除码间串扰，以及抑制主瓣外频率信号功率的目的，通常会在平衡调制器之前增加一级成形滤波器。需要特别说明的是，以图 7-9（b）所示的 QPSK 信号相位关系为例，平衡调制器是对 0° 相位载波及正交载波进行调制，由于两路信号叠加后信号的相位发生了 $\pi/4$ 的偏移，因此采用相干解调时，相干载波实际上已转换成 45° 相位载波及其正交载波信号。

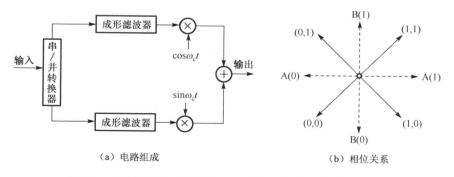

（a）电路组成　　　　　　　　　　（b）相位关系

图 7-9　采用调相法产生的 QPSK 信号的电路组成及相位关系

采用相位选择法产生 QPSK 信号的电路原理十分简单，四相载波发生器分别输出调相所需的 4 种不同相位（如 45°、135°、225°、315°）的载波。按照串/并转换器输出的不同双比特码元，逻辑选相电路输出相应相位的载波。这种调制方式无法在数据调制前增加成形滤波器，只能依靠对已调信号进行带通滤波，实现降低主瓣带外功率的目的。

7.3.2 双比特码元的差分编/解码原理

为了得到 2DPSK 信号，可以先将绝对码变换成相对码，然后用相对码对载波进行绝对相位调制。同样，也可以采用这种方法产生 4DPSK 信号，即先对输入的双比特码元进行码型变换（差分编码），再用码型变换器输出的双比特码元进行绝对相位调制。

单比特码元的差分编/解码原理及过程在 MSK 调制解调中已进行了讨论，其变换过程还是比较简单的。下面对双比特码元的差分编/解码原理[8]进行讨论。

四相相对相位调制是利用前后码元之间的相对相位变化来表示数字信息的。若以前一码元相位作为参考，并令 $\Delta\varphi_k$ 为本码元与前一码元的初始相差，则信息编码与载波相位变化关系与绝对相位调制相似。不过，此时绝对相位调制的相位为绝对相位 φ_k，相对相位调制的相位为相对相位 $\Delta\varphi_k$。当相对相位的变化等概率出现时，相对相位调制信号的功率谱密度与绝对相位调制信号的功率谱密度相同。

为了进一步分析相对相位调制信号的载波相位与双比特码元的关系，将输入码元与载波相位之间的关系以列表形式给出，如表 7-1 所示。

表 7-1　输入码元与载波相位之间的关系（四相相对相位调制）

本时刻到达的 a_k、b_k 及所要求的相对相位变化			前一码元的状态			本时刻应出现的码元状态		
a_k	b_k	$\Delta\varphi_k$	c_{k-1}	d_{k-1}	φ_{k-1}	c_k	d_k	φ_k
0	0	0°	0	0	0°	0	0	0°
			1	0	90°	1	0	90°
			1	1	180°	1	1	180°
			0	1	270°	0	1	270°
1	0	90°	0	0	0°	1	0	90°
			1	0	90°	1	1	180°
			1	1	180°	0	1	270°
			0	1	270°	0	0	0°
1	1	180°	0	0	0°	1	1	180°
			1	0	90°	0	1	270°
			1	1	180°	0	0	0°
			0	1	270°	1	0	90°
0	1	270°	0	0	0°	0	1	270°
			1	0	90°	0	0	0°
			1	1	180°	1	0	90°
			0	1	270°	1	1	180°

表 7-1 也给出了绝对码和相对码的逻辑关系。显然，在接收端还需要将解调出的相对码变成绝对码，即原始调制信号。接收端的差分解码器与发送端的差分编码器的功能相反，假

设差分解码器当前的码元为 c_k、d_k，前一码元为 c_{k-1}、d_{k-1}，输出的绝对码为 a_k、b_k，则根据差分编码器的规则，很容易获取差分编/解码器之间的转换关系。例如，当前后两个码元完全相同时（$c_k=c_{k-1}$，$d_k=d_{k-1}$），则输出的绝对码 $a_k=0$、$b_k=0$；当前一码元 $c_{k-1}=0$、$d_{k-1}=1$，当前码元 $c_k=1$、$d_k=1$ 时，则输出的绝对码 $a_k=0$、$b_k=1$。下面再进一步考察差分解码器的输入输出关系，这里根据前一码元的状态分为两种情况进行讨论。

第一种情况：前一码元 $c_{k-1} \oplus d_{k-1}=0$ 时，差分解码器的输出 $a_k=c_k \oplus c_{k-1}$、$b_k=d_k \oplus d_{k-1}$。第二种情况：前一码元 $c_{k-1} \oplus d_{k-1}=1$ 时，差分解码器的输出 $b_k=c_k \oplus c_{k-1}$、$a_k=d_k \oplus d_{k-1}$。因此，很容易根据前面的分析得出差分解码器的组成结构，如图 7-10 所示。

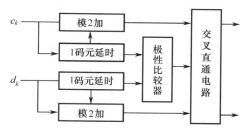

图 7-10 差分解码器的组成结构

输入的当前码元 c_k、d_k 分别与其前一码元 c_{k-1}、d_{k-1} 进行模 2 加，完成 $c_k \oplus c_{k-1}$ 及 $d_k \oplus d_{k-1}$ 的运算，然后比较前一码元信号 c_{k-1}、d_{k-1} 的极性，并用极性比较器输出的信号来控制交叉直通电路。当 $c_{k-1} \oplus d_{k-1}=0$ 时，交叉直通电路处于直通状态，即把 $c_k \oplus c_{k-1}$ 作为 a_k 的输出，而把 $d_k \oplus d_{k-1}$ 作为 b_k 的输出；反之，当 $c_{k-1} \oplus d_{k-1}=1$ 时，交叉直通电路处于交叉状态，即把 $c_k \oplus c_{k-1}$ 作为 b_k 的输出，而把 $d_k \oplus d_{k-1}$ 作为 a_k 的输出。

7.3.3 DQPSK 信号的解调原理

1. 相干解调法的原理

与 PSK 信号一样，QPSK 信号只能采用相干解调法来解调，而 DQPSK 信号则可以采用最常用的差分解调法（属于非相干解调法）。本节讨论 DQPSK 信号的相干解调法，在后续讨论π/4 QPSK 信号的解调时再详细讨论差分解调法。

根据前面的讨论可知，与 QPSK 信号的解调相比，在进行 DQPSK 信号解调时，只需要对 QPSK 信号解调后的信号进行一次差分解码即可。由于 QPSK 信号可以看成两路正交 PSK 信号的合成，因此不难得出 DQPSK 信号相干解调法的原理框图，如图 7-11 所示。

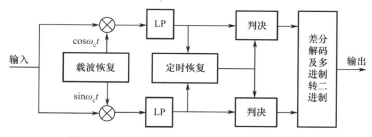

图 7-11 DQPSK 信号相干解调法的原理框图

相干解调法的关键在于获取相干载波和准确的位同步信号。在图 7-11 中，同相、正交两条支路解调后的信号是二进制数据，因此位同步信号仍然可以采用前文讨论的锁相环来获取。获取相干载波的方法比较多，常用的有四次方环、四相 Costas 环和极性 Costas 环等，下面分别进行简要的介绍。

2. 采用四次方环获取相干载波

接收端接收到的 QPSK 信号没有载波信号，但经过非线性变换后能产生载波的倍频分量，从而利用锁相环将其提取出来，经过分频就可得到相干载波。

设图 7-11 中的输入为 QPSK 信号，即：

$$s(t) = I(t)\cos(\omega_c t + \varphi_0) - Q(t)\sin(\omega_c t + \varphi_0) \tag{7-13}$$

QPSK 信号的四次方为：

$$[s(t)]^4 = [I^2(t)\cos^2(\omega_c t + \varphi_0) - I(t)Q(t)\sin(2\omega_c t + 2\varphi_0) + Q^2(t)\sin^2(\omega_c t + \varphi_0)]^2$$

$$= \left\{ \frac{I^2(t) + Q^2(t)}{2} + \frac{1}{2}[I^2(t) - Q^2(t)]\cos(2\omega_c t + 2\varphi_0) - I(t)Q(t)\sin(2\omega_c t + 2\varphi_0) \right\}^2 \tag{7-14}$$

由于 $I(t)$、$Q(t)$ 的取值为 ± 1，因此式（7-14）可以简化为：

$$[s(t)]^4 = \left\{ 1 - I(t)Q(t)\sin(2\omega_c t + 2\varphi_0) \right\}^2$$

$$= 1 - 2I(t)Q(t)\sin(2\omega_c t + 2\varphi_0) + I^2(t)Q^2(t)\sin^2(2\omega_c t + 2\varphi_0) \tag{7-15}$$

$$= \frac{3}{2} - I(t)Q(t)\sin(2\omega_c t + 2\varphi_0) - \frac{1}{2}\cos(4\omega_c t + 4\varphi_0)$$

式（7-15）中已包含了载波的 4 倍频分量，用一个窄带滤波器将其滤出，再经过 4 分频即可得到所需的相干载波。当然，也可以根据第 6 章介绍的平方环工作原理，利用锁相环的跟踪功能来获取相干载波。

3. 采用四相 Costas 环获取相干载波

在讨论 DPSK 信号解调时已详细介绍过 Costas 环，对于四相调制来讲，仍然可以采用 Costas 环来解调，只是其鉴相器的结构稍有不同而已。四相 Costas 环的组成如图 7-12 所示。

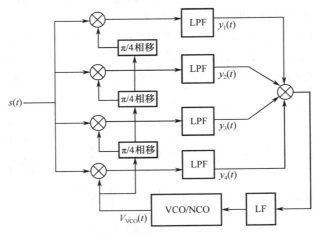

图 7-12　四相 Costas 环的组成

设 VCO/NCO 的输出信号为：

$$V_{\text{VCO}}(t) = -\sin[\omega_c t + \varphi_0 + \theta_e(t)] \tag{7-16}$$

经过乘法器及低通滤波器的 4 路信号分别为：

$$y_1(t) = -\frac{I(t)}{2}\cos[\theta_e(t)-\pi/4] + \frac{Q(t)}{2}\sin[\theta_e(t)-\pi/4]$$

$$y_2(t) = -\frac{I(t)}{2}\cos[\theta_e(t)] + \frac{Q(t)}{2}\sin[\theta_e(t)]$$

$$y_3(t) = \frac{I(t)}{2}\sin[\theta_e(t)-\pi/4] + \frac{Q(t)}{2}\cos[\theta_e(t)-\pi/4]$$

（7-17）

$$y_4(t) = -\frac{I(t)}{2}\sin[\theta_e(t)] + \frac{Q(t)}{2}\cos[\theta_e(t)]$$

4 路信号相乘即可得到等效鉴相器的输出，即：

$$V_c(t) = y_1(t)y_2(t)y_3(t)y_4(t) = \frac{I^2(t)Q^2(t)}{32}\sin[4\theta_e(t)] = \frac{1}{32}\sin[4\theta_e(t)]$$ （7-18）

式中，$\theta_e(t)$为相位误差。显然所获取的相干载波的相位具有四重相位模糊度，在锁定状态下，$\theta_e(t)$可能处于 0、$\pi/2$、π、$3\pi/2$ 附近。在收发两端，由于进行了差分编/解码处理，可以有效克服相位模糊对解调判决的影响。

4．采用极性 Costas 环获取相干载波

判决反馈环[12]的工作原理是先对接收信号进行相干预解调，用解调出来的信号来抵消接收信号的调制信息，由此得到误差电压，从而实现相干载波的获取。对 QPSK 信号来讲，可以将判决反馈环简化为一个修正的 Costas 环，也称为极性 Costas 环，其组成如图 7-13 所示。

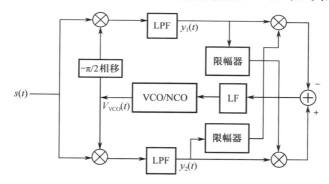

图 7-13　极性 Costas 环的组成

对于输入信号 $s(t)$ 及 VCO/NCO 的输出信号 $V_{VCO}(t)$，环路中经过乘法器及低通滤波器输出的两路信号分别为：

$$y_1(t) = \frac{I(t)}{2}\cos[\theta_e(t)] - \frac{Q(t)}{2}\sin[\theta_e(t)]$$

$$y_2(t) = \frac{I(t)}{2}\sin[\theta_e(t)] + \frac{Q(t)}{2}\cos[\theta_e(t)]$$

（7-19）

等效鉴相器的输出为：

$$V_c(t) = y_2(t)\times \text{sign}[y_1(t)] - y_1(t)\times \text{sign}[y_2(t)]$$ （7-20）

等效鉴相特性为：

$$D[\theta_e(t)] = \begin{cases} K_d \sin[\theta_e(t)], & -\pi/4 \leqslant \theta_e(t) \leqslant \pi/4 \\ -K_d \cos[\theta_e(t)], & \pi/4 \leqslant \theta_e(t) \leqslant 3\pi/4 \\ -K_d \sin[\theta_e(t)], & 3\pi/4 \leqslant \theta_e(t) \leqslant 5\pi/4 \\ K_d \cos[\theta_e(t)], & 5\pi/4 \leqslant \theta_e(t) \leqslant 7\pi/4 \end{cases} \qquad (7\text{-}21)$$

式中，$\theta_e(t)$ 为相位误差，鉴相特性曲线以 $\pi/2$ 为周期，锁定状态仍然可能处于 0、$\pi/2$、π、$3\pi/2$ 附近，即获取的相干载波的相位存在四重不确定性（四重相位模糊度）。

文献[13]详细给出了极性 Costas 环性能，在整个环路中，跟踪误差为：

$$\Delta\theta = (1/4)\text{orcsin}(12\sqrt{2\pi}\sigma^3)|f_0 - f|/K_0 A^4 \qquad (7\text{-}22)$$

式中，f_0 为 VCO/NCO 的自由振荡频率；f 为输入信号频率；K_0 为 VCO/NCO 的灵敏度；σ 为窄带高斯白噪声均方根值；A 为输入信号均值。从式（7-22）也可以看到，如果希望设计的载波环有好的跟踪性能，那么 $K_0 A^4$ 要大，特别是在低信噪比环境下设计的 VCO/NCO 的灵敏度要高。

比较几种相干载波获取环路，可以看出极性 Costas 环的结构最简单，且不需要乘法运算（图 7-13 中的乘法运算，其实是根据一个输入信号的符号，对另一个输入信号的取反操作），更有利于 FPGA 的实现。因此，本章后续将采用极性 Costas 环来实现 DQPSK 信号的解调。

7.3.4 DQPSK 调制解调的 MATLAB 仿真

例 7-3 MATLAB 仿真 DQPSK 信号的产生及相干解调

● 仿真双比特码元绝对码和相对码的转换过程；
● 采用调相法产生 DQPSK 信号；
● 符号速率 R_b=1 Mbps；
● 成形滤波器的滚降因子 α=0.8；
● 载波频率 f_c=2 MHz；
● 采样频率 f_s=8R_b；
● 绘制 DQPSK 信号的频谱及波形；
● 仿真采用相干解调法解调 DQPSK 信号；
● 绘制解调前后的基带信号波形。

根据前面的分析，按照图 7-9（a）所示的结构开始编写 DQPSK 信号产生及解调的 MATLAB 程序。在 MATLAB 程序中首先产生随机信号，注意这里需要产生四进制随机信号，然后对其进行差分编码（绝对码变换成相对码），并进行插值。设计好成形滤波器后，对插值后的相对码进行成形滤波，同相、正交支路滤波输出的信号与载波信号相乘并相加，即可产生所需的 DQPSK 信号。DQPSK 信号相干解调的原理并不复杂，只需将相干载波信号与 DQPSK 信号相乘，并通过低通滤波器输出即可。相干载波的获取是 DQPSK 信号解调的关键，本实例采用极性 Costas 环来获取相干载波，其 FPGA 的实现过程正是接下来需要讨论的问题。解调出同相、正交支路信号后，还需要进行定时判决及差分解码，程序中并没给出这部分仿真过程。定时判决可以采用第 5 章介绍的位同步技术，也可以采用本书后续将要讨论的基于 Gardner 定时误差检测算法的位同步技术。差分解码过程将在 7.4 节中介绍。为了节约篇幅，下面的程序清单并没有给出绘图显示部分的代码，请读者在本书配套资料中查看完整的 MATLAB 文件（"\Chapter_7\ E7_3_DqpskModem\E7_3_DQPSKModem.m"）。

```
%E7_3_DQPSKModem.m 程序清单
ps=1*10^6;                          %码元速率为 1 MHz
a=0.8;                              %成形滤波器的滚降因子
B=(1+a)*ps;                         %中频信号处理带宽
Fs=8*10^6;                          %采样频率为 8 MHz
fc=2*10^6;                          %载波频率为 2 MHz
N=1000;                             %仿真数据的长度

t=0:1/Fs:(N*Fs/ps-1)/Fs;           %产生长度为 N、频率为 fs 的时间序列
s=randint(N,1,4);                   %产生的四进制随机信号作为原始信号
%将绝对码变换为相对码
ds=zeros(1,N);
for i=2:N
    if s(i)==0
        ds(i)=ds(i-1);
    elseif s(i)==1
        if ds(i-1)==0
            ds(i)=1;
        elseif ds(i-1)==2
            ds(i)=0;
        elseif ds(i-1)==3
            ds(i)=2;
        elseif ds(i-1)==1
            ds(i)=3;
        end
    elseif s(i)==2
        if ds(i-1)==0
            ds(i)=2;
        elseif ds(i-1)==2
            ds(i)=3;
        elseif ds(i-1)==3
            ds(i)=1;
        elseif ds(i-1)==1
            ds(i)=0;
        end
    elseif s(i)==3
        if ds(i-1)==0
            ds(i)=3;
        elseif ds(i-1)==2
            ds(i)=1;
        elseif ds(i-1)==3
            ds(i)=0;
        elseif ds(i-1)==1
            ds(i)=2;
        endif
    endif
```

```
%将四进制信号分成同相、正交两路的双极性信号
%I 支路（正交支路）在低位，Q 支路（同相支路）在高位
ds_i=zeros(1,N);
ds_q=zeros(1,N);
for i=1:N
    if ds(i)==0
        ds_i(i)=1;ds_q(i)=1;
    elseif ds(i)==1
        ds_i(i)=-1;ds_q(i)=1;
    elseif ds(i)==2
        ds_i(i)=1;ds_q(i)=-1;
    elseif ds(i)==3
        ds_i(i)=-1;ds_q(i)=-1;
    endif

%对相对码数据以 Fs 为频率进行采样
Ads_i=upsample(ds_i,Fs/ps);
Ads_q=upsample(ds_q,Fs/ps);

%设计平方根升余弦滚降滤波器
n_T=[-2 2];
rate=Fs/ps;
T=1;
Shape_b = rcosfir(a,n_T,rate,T);
%对采样后的信号进行升余弦滤波
rcos_Ads_i=filter(Shape_b,1,Ads_i);
rcos_Ads_q=filter(Shape_b,1,Ads_q);

%产生同相、正交两路信号
f0_i=sin(2*pi*fc*t);
f0_q=cos(2*pi*fc*t);

%产生 DQPSK 信号
dqpsk=rcos_Ads_i.*f0_i+rcos_Ads_q.*f0_q;

%与相干载波信号相乘，实现相干解调
demod_mult_i=dqpsk.*f0_i;
demod_mult_q=dqpsk.*f0_q;

%设计接收端低通滤波器
fc=[ps 3.1*10^6];                          %过渡带
mag=[1 0];                                 %窗函数的理想滤波器幅度
dev=[0.01 0.01];                           %纹波
[n,wn,beta,ftype]=kaiserord(fc,mag,dev,Fs) %获取凯塞窗参数
fpm=[0 fc(1)*2/Fs fc(2)*2/Fs 1];           %firpm 函数的频段向量
magpm=[1 1 0 0];                           %firpm 函数的幅值向量
rec_lpf=firpm(n,fpm,magpm);
```

%对乘法运算后的同相支路信号和正交支路信号进行滤波
demod_lpf_i=filter(rec_lpf,1,demod_mult_i);
demod_lpf_q=filter(rec_lpf,1,demod_mult_q);
%
%绘制 DQPSK 信号的频谱和波形
%绘制解调前后的基带信号的波形
%对产生的 DQPSK 信号进行 8 bit 的量化后写入 Dqpsk.txt 文件中
%对 DQPSK 信号进行 2 bit 的量化后写入 Dqpsk_bit.txt 文件中
%将成形滤波器系数写入 tra_lpf.txt 文件中
%将接收滤波器系数写入 rec_lpf.txt 文件中

　　DQPSK 信号的频谱图及波形如图 7-14 所示，DQPSK 信号解调后的信号波形如图 7-15 所示。

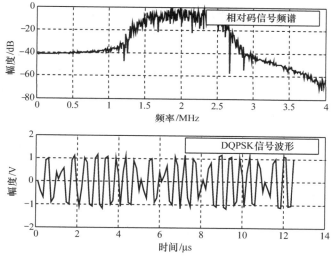

图 7-14　DQPSK 信号的频谱图及波形

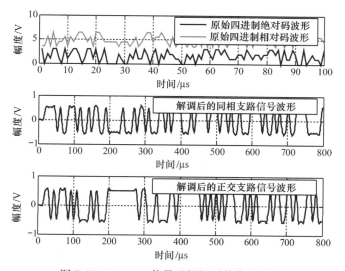

图 7-15　DQPSK 信号及解调后的信号波形

7.4 DQPSK 信号的 FPGA 实现

7.4.1 差分编/解码的 Verilog HDL 设计

例 7-4 FPGA 实现双比特码元的差分编/解码

- 实现双比特码元差分编码的 Verilog HDL 设计；
- 实现双比特码元差分解码的 Verilog HDL 设计；
- 仿真差分编/解码的转换波形。

差分编码与差分解码是一对互逆的变换过程。也就是说，原始码元的绝对码为 ab，经过差分编码后变为相对码 cd，cd 再经过差分解码后又变为 ab。为了便于叙述，同时也便于读者理解差分编/解码的实现过程，本节设计了一个 FPGA 程序来实现差分编/解码过程。

7.3.2 节分析了双比特码元差分编/解码的原理，通过对差分解码过程的分析，可得到一个结构简洁的差分解码器，但很难得到一个结构简洁的差分编码器。如何用 Verilog HDL 来实现差分编码呢？表 7-1 其实已经列出了差分编码的真值表，可以根据这个真值表来编写 Verilog HDL 程序，虽然语句比较冗长，但易于理解。

下面直接给出了差分编/解码的 Verilog HDL 程序清单，请读者根据 7.3.2 节的内容来理解差分编/解码的 Verilog HDL 实现过程。

```verilog
//绝对码转相对码程序（ab2cd.v）清单
module ab2cd (rst,clk,ab,cd);
    input    rst;                           //复位信号，高电平有效
    input    clk;                           //FPGA 系统时钟
    input    [1:0]    ab;                   //绝对码
    output   [1:0]    cd;                   //变换后的相对码

    reg [1:0] ef;
    always @(posedge clk or posedge rst)
    if (rst)
        begin
            ef <= 2'd0;
        end
    else
        begin
            if ((ab==2'b10) && (ef==2'b00))
                ef <= 2'b10;
            elseif ((ab==2'b10) && (ef==2'b10))
                ef <= 2'b11;
            elseif ((ab==2'b10) && (ef==2'b11))
                ef <= 2'b01;
            elseif ((ab==2'b10) && (ef==2'b01))
```

```
                ef <= 2'b00;
            elseif ((ab==2'b11) && (ef==2'b00))
                ef <= 2'b11;
            elseif ((ab==2'b11) && (ef==2'b10))
                ef <= 2'b01;
            elseif ((ab==2'b11) && (ef==2'b11))
                ef <= 2'b00;
            elseif ((ab==2'b11) && (ef==2'b01))
                ef <= 2'b10;
            elseif ((ab==2'b01) && (ef==2'b00))
                ef <= 2'b01;
            elseif ((ab==2'b01) && (ef==2'b10))
                ef <= 2'b00;
            elseif ((ab==2'b01) && (ef==2'b11))
                ef <= 2'b10;
            elseif ((ab==2'b01) && (ef==2'b01))
                ef <= 2'b11;
            elseif ((ab==2'b11) && (ef==2'b00))
                ef <= 2'b11;
            elseif ((ab==2'b11) && (ef==2'b10))
                ef <= 2'b01;
            elseif ((ab==2'b11) && (ef==2'b11))
                ef <= 2'b00;
            elseif ((ab==2'b11) && (ef==2'b01))
                ef <= 2'b10;
            elseif ((ab==2'b00) && (ef==2'b00))
                ef <= 2'b00;
            elseif ((ab==2'b00) && (ef==2'b10))
                ef <= 2'b10;
            elseif ((ab==2'b00) && (ef==2'b11))
                ef <= 2'b11;
            elseif ((ab==2'b00) && (ef==2'b01))
                ef <= 2'b01;
        end
    assign cd = ef;
endmodule

//相对码转绝对码程序（cd2ab.v）清单
module cd2ab (rst,clk,cd,ab);
    input    rst;                        //复位信号，高电平有效
    input    clk;                        //FPGA 系统时钟
    input    [1:0]   cd;                 //相对码
    output   [1:0]   ab;                 //变换后的绝对码

    reg [1:0] ef,a_b;
    always @(posedge clk or posedge rst)
    if (rst)
```

```
            begin
                ef <= 2'd0;
            end
        else
            begin
                ef <= cd;
                if (ef[0]!=ef[1])
                    begin
                        a_b[0] <= cd[1] ^ ef[1];//xor
                        a_b[1] <= cd[0] ^ ef[0];//xor
                    end
                else
                    begin
                        a_b[1] <= cd[1] ^ ef[1];//xor
                        a_b[0] <= cd[0] ^ ef[0];//xor
                    end
            end
        assign ab = a_b;
endmodule
```

图 7-16 所示为绝对码转相对码程序综合后的 RTL 原理图，虽然 Verilog HDL 实现代码比较冗长，但综合后的电路结构却比较简单。

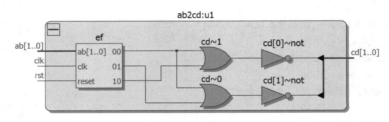

图 7-16　绝对码转相对码程序综合后的 RTL 原理图

图 7-17 所示为相对码转绝对码程序综合后的 RTL 原理图，程序比较简单，综合后的 RTL 原理图与设计思路一致。为了提高系统运行速度，在差分解码器的输出端增加了一级触发器。

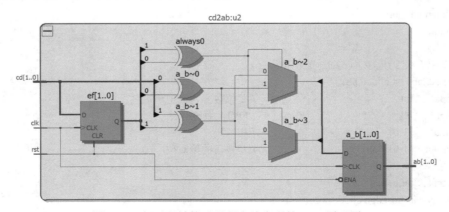

图 7-17　相对码转绝对码程序综合后的 RTL 原理图

为便于测试编/解码的过程,本实例新建一个顶层文件 CodeModem.v,将 ab2cd.v 和 cd2ab.v 作为组件连接起来,再对顶层文件 CodeModem.v 进行仿真测试。输入信号采用 E7_3_DQPSKModem.m 程序产生的随机四进制信号。请读者在本书配套资料中查看完整的 FPGA 文件("\Chapter_7\E7_4_QpskCodeTrans")。

图 7-18 所示为差分编/解码 FPGA 实现后的仿真波形,从图中可以看出,输入的随机四进制信号 ab_in 经过差分编码器后转换成了相对码 cd,cd 再经过差分解码器后输出的信号 ab_out 与输入信号 ab_in 相同(ab_in 与 ab_out 之间的相位差是由于编/解码过程中的处理延时造成的)。

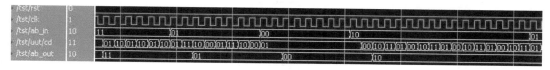

图 7-18　差分编/解码 FPGA 实现后的仿真波形

7.4.2　DQPSK 信号的 Verilog HDL 设计

例 7-5　通过 FPGA 产生 DQPSK 信号

- 采用 FPGA 产生 DQPSK 信号;
- 输入数据(信号)为单比特二进制数据;
- 设计串/并转换及差分编码电路;
- FPGA 实现成形滤波器及 DQPSK 信号;
- 成形滤波器的滚降因子 $\alpha=0.8$;
- 符号速率 $R_b=1$ Mbps(此处指四进制数据,每个符号代表 2 bit 的二进制数据);
- 采样频率以及 FPGA 系统时钟频率 $f_s=8R_b$;
- 载波频率 $f_c=2$ MHz;
- 输出数据位宽 $B_{data}=16$。

由于要对基带信号进行成形滤波,因此只能采用图 6-9(a)所示的调相法产生 DQPSK 信号,同时还需要增加一级差分编码电路。例 7-3 完成了成形滤波器的设计,成形滤波器系数存放在"Chapter_7\E7_3_DqpskModem\tra_Lpf.txt"文件中,在 Quartus II 中直接调用 FIR 滤波器核即可。根据有效数据位宽的计算原理,成形滤波器的输出数据比输入数据增加 13 bit。对于同相支路信号和正交支路信号而言,虽然只需用 1 bit 的数据即可表示 0 与 1 两种状态,但在滤波前需要转换成双极性二进制补码数据,即 0 对应为 01,1 对应为 11,这样成形滤波器的输入为 2 bit 的数据,其输出为 15 bit 的数据。为了提高运算精度,本实例将产生本地载波的 NCO 输出位宽也设置为 15。这样,为保证输出数据位宽为 16,可取乘加之后的 14～29 bit 的数据作为输出信号。

经过上面的分析,DQPSK 信号的 Verilog HDL 程序设计就比较简单了。程序设计的主要工作是码型变换(需要完成串/并转换、差分编码、双极性码变换等功能)模块,其他模块可以直接采用 Quartus II 提供的 IP 核来实现。下面给出了顶层文件 DqpskMod.v 的程序清单,以及顶层文件 DqpskMod.v 综合后的 RTL 原理图(见图 7-19)。

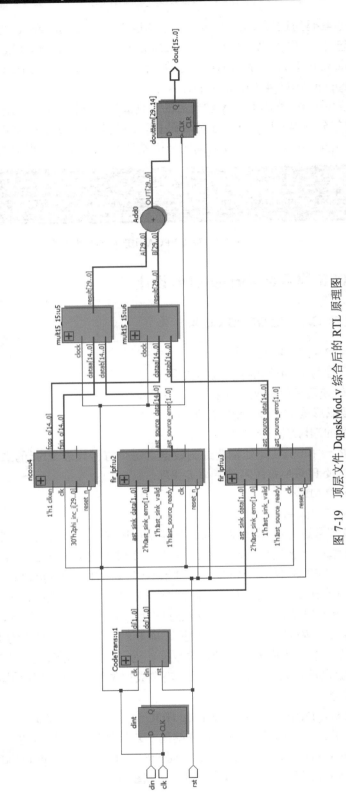

图 7-19 顶层文件 DqpskMod.v 综合后的 RTL 原理图

```verilog
//DqpskMod.v 的程序清单
module DqpskMod (rst,clk,din,dout);
    input    rst;                          //复位信号，高电平有效
    input    clk;                          //FPGA 系统时钟：8 MHz
    input    din;                          //输入信号：2 MHz
    output   signed [15:0]   dout;         //已调信号：8 MHz

    //将输入数据存入寄存器
    reg dint;
    always @(posedge clk)
    dint <= din;

    //实例化码型变换模块
    wire [1:0] di,dq;
    CodeTrans u1 (.rst (rst), .clk (clk), .din (dint), .di (di), .dq (dq));

    //实例化成形滤波器模块
    wire ast_sink_valid,ast_source_ready;
    wire [1:0] ast_source_error;
    wire [1:0] ast_sink_error;
    assign ast_sink_valid=1'b1;
    assign ast_source_ready=1'b1;
    assign ast_sink_error=2'd0;

    //实例化同相支路低通滤波器核
    wire sink_readyi,source_validi;
    wire [1:0] source_errori;
    wire signed [14:0] di_lpf;
    fir_lpf u2(.clk (clk), .reset_n (reset_n), .ast_sink_data (di), .ast_sink_valid (ast_sink_valid),
            .ast_source_ready (ast_source_ready), .ast_sink_error (ast_sink_error),
            .ast_source_data (di_lpf), .ast_sink_ready (sink_readyi),
            .ast_source_valid (source_validi), .ast_source_error (source_errori));

    //实例化正交支路低通滤波器核
    wire sink_readyq,source_validq;
    wire [1:0] source_errorq;
    wire signed [14:0] dq_lpf;
    fir_lpf u3(.clk (clk), .reset_n (reset_n), .ast_sink_data (dq), .ast_sink_valid (ast_sink_valid),
            .ast_source_ready (ast_source_ready), .ast_sink_error (ast_sink_error),
            .ast_source_data (dq_lpf), .ast_sink_ready (sink_readyq),
            .ast_source_valid (source_validq), .ast_source_error (source_erroriq));

    //实例化 NCO 核所需的接口信号
```

```
        wire reset_n,out_valid,clken;
        wire [29:0] carrier;
        wire signed [14:0] sin,cos;
        assign reset_n = !rst;
        assign clken = 1'b1;
        assign carrier=30'd268435456;//2MHz

        //实例化 NCO 核
        nco u4 (.phi_inc_i (carrier), .clk (clk), .reset_n (reset_n), .clken (clken), .fsin_o (sin),
                .fcos_o (cos), .out_valid (out_valid));

        //实例化同相支路乘法器核
        wire signed [29:0] mult_i;
        mult15_15 u5 (.clock (clk), .dataa (sin), .datab (di_lpf), .result (mult_i));

        //实例化正交支路乘法器核
        wire signed [29:0] mult_q;
        mult15_15 u6 (.clock (clk), .dataa (cos), .datab (dq_lpf), .result (mult_q));

        //合成同相支路信号和正交支路信号，输出 DQPSK 信号
        reg signed [29:0] douttem;
        always @(posedge clk or posedge rst)
        if (rst)
            douttem <= 30'd0;
        else
            douttem <= mult_i + mult_q;
        assign dout = douttem[29:14];
    endmodule
```

由顶层文件 DqpskMod.v 的代码可知，除了码型变换模块（CodeTrans）及少量的加法运算，其他模块均可采用 IP 核来实现，这样不仅可以减小工作量、提高效率，还可以保证设计的性能。码型变换模块主要完成输入单比特数据的串/并转换、差分编码（调用例 7-4 的 ab2cd程序）、极性变换等功能，由于这些功能都可以采用简单的逻辑电路实现，因此码型变换模块的 Verilog HDL 程序也比较简单。

```
//CodeTrans.v 的程序清单
module CodeTrans (rst,clk,din,di,dq);
    input    rst;                      //复位信号，高电平有效
    input    clk;                      //FPGA 系统时钟：8 MHz
    input    din;                      //输入的二进制原始信号：2 Mbps
    output   signed [1:0] di;          //串/并转换、差分编码、插值处理后的同相支路信号
    output   signed [1:0] dq;          //串/并转换、差分编码、插值处理后的正交支路信号

    //串/并转换，2 Mbps 的单比特数据转换为速率为 1 Mbps 的双比特码元
```

```
reg [1:0] ab;
reg [2:0] count;
reg dint;
always @(posedge clk or posedge rst)
if (rst)
    begin
        ab <= 2'd0;
        count <= 3'd0;
        dint <= 1'b0;
    end
else
    begin
        count <= count + 3'd1;
        if (count == 3'd0)
            dint <= din;
        elseif (count == 3'd4)
            ab <= {din,dint};
    end

//绝对码 ab 变换成相对码 cd，码元时钟由分频得到的 1 MHz 信号提供
wire [1:0] cd;
ab2cd u0 (.rst (rst), .clk (count[2]), .ab (ab),.cd (cd));

//对相对码进行插值（可插零值，也可直接插方波信号）及极性变换
reg [1:0] dit,dqt;
always @(posedge clk or posedge rst)
if (rst)
    begin
        dit <= 2'd0;
        dqt <= 2'd0;
    end
else
    begin
        if(!cd[0])
            dit <= 2'b01;
        else
            dit <= 2'b11;
        if (!cd[1])
            dqt <= 2'b01;
        else
            dqt <= 2'b11;
    end
assign di = dit;
```

```
        assign dq = dqt;
    endmodule
```

7.5 DQPSK 信号解调的 FPGA 实现

7.5.1 极性 Costas 环的 Verilog HDL 设计

例 7-6 极性 Costas 环解调 DQPSK 信号的 FPGA 实现

- 采用 FPGA 实现 DQPSK 信号的解调；
- 符号速率 R_b=1 Mbps；
- 成形滤波器的滚降因子 α=0.8；
- 采样频率以及 FPGA 系统时钟频率 f_s=8R_b；
- 载波频率 f_c=2 MHz；
- 输入数据位宽 B_{data}=8；
- FPGA 采用 Altera 公司 Cyclone-IV 系列的 EP4CE15F17C8。

极性 Costas 环与普通 Costas 环之间仅仅是鉴相器部分不同，其他模块（如 VCO/NCO、乘法器、低通滤波器、环路滤波器）完全相同。由于本实例的符号速率、采样频率等参数与例 7-2 相同，除了鉴相器，其他模块可以直接采用例 7-2 中的对应模块。需要注意的是，极性 Costas 环中的鉴相器模块接口与例 7-2 的接口需要设计得一致。也就是说，本实例中鉴相器的输入数据位宽是 26，输出数据位宽也是 26。

根据 7.3.3 节对极性 Costas 环的讨论可知，鉴相器只是进行符号判决、取反及加法运算。符号判决及取反操作不会增加数据位宽，加法运算会增加 1 bit 的数据，截取高位输出即可。

下面给出了鉴相器模块 PhaseDetect.v 及极性 Costas 环的顶层文件 PolarCostas.v 的程序清单。

```
//PhaseDetect.v 的程序清单
module PhaseDetect (rst,clk,yi,yq,pd);
    input    rst;                        //复位信号，高电平有效
    input    clk;                        //FPGA 系统时钟：8 MHz
    input    signed [25:0]  yi;          //输入同相支路信号：8 MHz
    input    signed [25:0]  yq;          //输入正交支路信号：8 MHz
    output   signed [25:0]  pd;          //鉴相器输出信号

    reg   signed [25:0] sygnyi,sygnyq;
    reg   signed [26:0] pdt;
    always @(*)
        begin
            if (!yi[25])
                sygnyq <= yq;
            else
```

```verilog
                    sygnyq <= -yq;
            if (!yq[25])
                    sygnyi <= yi;
            else
                    sygnyi <= -yi;
        end
    always @(posedge clk)
    pdt <= {sygnyq[25],sygnyq} - {sygnyi[25],sygnyi};
    assign pd = pdt[26:1];
endmodule
```

```verilog
//PolarCostas.v 的程序清单
module PolarCostas (rst,clk,din,di,dq,df);
    input    rst;                               //复位信号，高电平有效
    input    clk;                               //FPGA 系统时钟：8 MHz
    input    signed [7:0]    din;               //输入信号：8 MHz
    output   signed [25:0]   di;                //同步后的输出信号（同相支路信号）
    output   signed [25:0]   dq;                //同步后的输出信号（正交支路信号）
    output   signed [25:0]   df;                //环路滤波器的输出信号

    //将输入数据存入寄存器
    reg signed [7:0] dint;
    always @(posedge clk)
        dint <= din;

    //实例化 NCO 核所需的接口信号
    wire reset_n,out_valid,clken;
    wire [29:0] carrier;
    wire signed [9:0] sin,cos;
    wire signed [29:0] frequency_df;
    wire signed [25:0] Loopout;
    assign reset_n = !rst;
    assign clken = 1'b1;
    assign carrier=30'd268435456;               //2 MHz，df=0 Hz
    //assign carrier=30'd268448878;             //2.0001 MHz，df=100 Hz
    //assign carrier=30'd268502564;             //2.0005 MHz，df=500 Hz

    assign frequency_df={{4{Loopout[25]}},Loopout};   //根据 NCO 核接口，扩展为 30 bit

    //实例化 NCO 核
    //Quartus II 提供的 NCO 核的输出数据位宽最小为 10，根据电路设计需求，只取高 8 bit
    //参与后续运算
    nco u0 (.phi_inc_i (carrier), .clk (clk), .reset_n (reset_n), .clken (clken),
            .freq_mod_i (frequency_df), .fsin_o (sin), .fcos_o (cos), .out_valid (out_valid));
    //实例化同相支路乘法器核
    wire signed [15:0] zi;
```

```
    ult8_8 u1 (clock (clk), .dataa (sin[9:2]), .datab (din), .result (zi));

    //实例化正交支路乘法器核
    wire signed [15:0] zq;
    mult8_8 u2 (.clock (clk), .dataa (cos[9:2]), .datab (din), .result (zq));

    //实例化鉴相器同相支路低通滤波器核
    wire ast_sink_valid,ast_source_ready;
    wire [1:0] ast_sink_error;
    assign ast_sink_valid=1'b1;
    assign ast_source_ready=1'b1;
    assign ast_sink_error=2'd0;
    wire sink_readyi,source_validi;
    wire [1:0] source_errori;
    wire signed [25:0] yi;
    fir_lpf u3(.clk (clk), .reset_n (reset_n), .ast_sink_data (zi[14:0]),
              .ast_sink_valid (ast_sink_valid), .ast_source_ready (ast_source_ready),
              .ast_sink_error (ast_sink_error), .ast_source_data (yi),
              .ast_sink_ready (sink_readyi), .ast_source_valid (source_validi),
              .ast_source_error (source_errori));

    //实例化鉴相器正交支路低通滤波器核
    wire sink_readyq,source_validq;
    wire [1:0] source_errorq;
    wire signed [25:0] yq;
    fir_lpf u4(.clk (clk), .reset_n (reset_n), .ast_sink_data (zq[14:0]),
              .ast_sink_valid (ast_sink_valid), .ast_source_ready (ast_source_ready),
              .ast_sink_error (ast_sink_error), .ast_source_data (yq),
              .ast_sink_ready (sink_readyq), .ast_source_valid (source_validq),
              .ast_source_error (source_errorq));

    //实例化鉴相器模块
    wire signed [25:0] pd;
    PhaseDetect u6 (.rst (rst), .clk (clk), .yi (yi), .yq (yq),.pd (pd));

    //实例化环路滤波器模块
    LoopFilter u5(.rst (rst), .clk (clk), .pd (pd), .frequency_df(Loopout));

    //将环路滤波器的输出送至 FPGA 的输出端口
    assign df = Loopout;
    assign di = yi;
    assign dq = yq;
endmodule
```

极性 Costas 环顶层文件综合后的 RTL 原理图如图 7-20 所示。

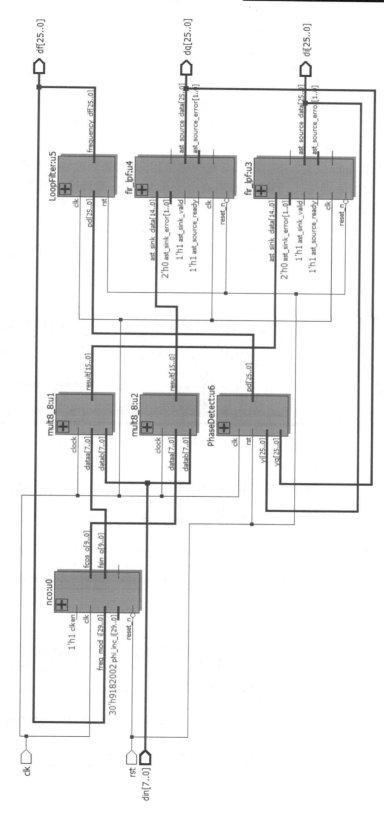

图 7-20　极性 Costas 环顶层文件综合后的 RTL 原理图

7.5.2　FPGA 实现后的仿真测试

编写完整个工程的 Verilog HDL 代码后，双击 Quartus II 的"Implement Design"条目即可完成极性 Costas 环的 FPGA 实现。由极性 Costas 环的 Verilog HDL 实现代码可知，与解调 DPSK 信号的 Costas 环相比，极性 Costas 环只是改变了鉴相器模块的代码，而且极性 Costas 环中的鉴相器模块只进行符号判决、取反及加法运算，增加的硬件资源并不多，读者可以自行查看整个 FPGA 工程所需的硬件资源。

本实例的 TestBench 文件功能与例 7-2 几乎完全相同，只需修改输入数据文件的目录即可，本节不再给出完整的激励文件。测试数据生成由 MATLAB 仿真程序（E7_3_DQPSKModem.m）完成。编写完成激励文件后，即可开始进行程序的仿真测试。为了更加直观地观察 ModelSim 的仿真波形，需要对波形界面中的一些参数进行简单设置。图 7-21、图 7-22 和图 7-23 分别为频差为 0 Hz、100 Hz、500 Hz 时的极性 Costas 环收敛波形（频差是通过设置顶层模块中 NCO 核的初始频率字 carrier 完成的），图 7-24 为极性 Costas 环收敛后同相支路信号和正交支路信号的波形。

图 7-21　频差为 0 Hz（无频差）时的极性 Costas 环收敛波形

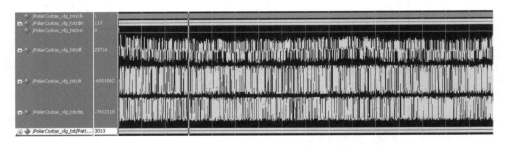

图 7-22　频差为 100 Hz 时的极性 Costas 环收敛波形

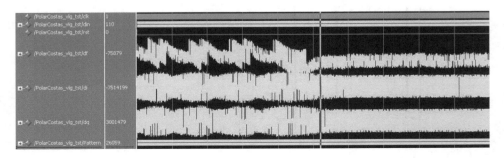

图 7-23　频差为 500 Hz 时的极性 Costas 环收敛波形

从图 7-21、图 7-22 和图 7-23 中可以看出，随着频差的增加，极性 Costas 环的收敛时间也随之增加。在极性 Costas 环未收敛时，同相支路信号和正交支路信号的包络呈现出了明显的起伏状态，极性 Costas 环收敛后信号包络基本恒定。当无频差时，极性 Costas 环很快就收敛了；当频差为 100 Hz 时，约 3000 个数据后极性 Costas 环完成收敛；当频差为 500 Hz 时，约 26000 个数据后极性 Costas 环完成收敛。从图 7-24 中可以看出，极性 Costas 环收敛后，同相支路信号和正交支路信号呈现出了规则的形状（如果用示波器观察，则可以发现眼图清晰），极性 Costas 环的解调性能较好。

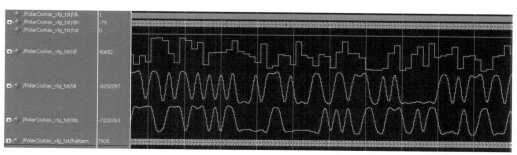

图 7-24　极性 Costas 环收敛后同相支路信号和正交支路信号的波形

7.5.3　跟踪策略和解调性能

从 7.5.2 节的仿真波形看，极性 Costas 环收敛后的频差抖动较大。根据锁相环理论[2, 6]，可以通过调整环路滤波器的系数 C_1、C_2 来改变极性 Costas 环收敛后频差抖动的幅度，改善锁定的输入信噪比门限和解调门限，从而提高解调性能。因此，为了获取更好的解调性能，通常的做法是在极性 Costas 环的捕获阶段设置较大的 C_1、C_2，在极性 Costas 环收敛锁定后设置较小的 C_1、C_2，以获取更好的解调性能。

在实践中，通常是通过位同步信号、帧同步信号或开机时间等参数来判决极性 Costas 环是否锁定的，具体的判决依据本章不做讨论。为了验证调整环路滤波器参数对极性 Costas 环锁定后频差抖动的影响，我们在环路滤波器模块的程序中添加了一些代码，设置在初始状态时 $C_1=2^{-5}$、$C_2=2^{-12}$，运行 30000 个数据之后，设置 $C_1=2^{-10}$、$C_2=2^{-17}$，分别仿真频差设置为 0 Hz 和 500 Hz 时的极性 Costas 环收敛后的波形。

修改后的环路滤波器部分 Verilog HDL 实现代码如下。

```
//LoopFilter.v 的程序清单
module LoopFilter (rst,clk,pd,frequency_df);
    input    rst;                          //复位信号，高电平有效
    input    clk;                          //FPGA 系统时钟：8 MHz
    input    signed [25:0]   pd;           //输入信号：8 MHz
    output   signed [25:0]   frequency_df; //环路滤波器输出信号

    reg [2:0] count;
    reg signed [25:0] sum,loopout;
```

```
//仿真环路滤波器系数对解调性能的影响
integer t;
always @(posedge clk or posedge rst)
if (rst)
    begin
        count <= 3'd0;
        sum <= 26'd0;
        loopout <= 26'd0;
        t <= 0;
    end
else
    begin
        t <= t+1;
        if (t<30000)
            begin
                //频率字更新周期为 8 个 clk 周期
                count <= count + 3'd1;
                //环路滤波器中的累加器
                if (count==3'd0)
                    //c2=2^(-12)
                    sum<=sum+{{12{pd[25]}},pd[25:12]};
                if (count==3'd1)
                    //c1=2^(-5)
                    loopout<=sum+{{5{pd[25]}},pd[25:5]};
            end
        else
            begin
                //频率字更新周期为 8 个 clk 周期
                count <= count + 3'd1;
                //环路滤波器中的累加器
                if (count==3'd0)
                    //c2=2^(-17)
                    sum<=sum+{{17{pd[25]}},pd[25:17]};
                if (count==3'd1)
                    //c1=2^(-10)
                    loopout<=sum+{{10{pd[25]}},pd[25:10]};
            end
    end
assign frequency_df = loopout;
endmodule
```

从图 7-25 和图 7-26 中可以看出，在程序运行 30000 个数据之后，极性 Costas 环收敛后的频差抖动明显减小，相应的相差随之减小，可以有效提高解调性能。

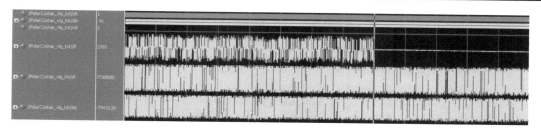

图 7-25　无频差时调整环路滤波器系数后的极性 Costas 环收敛图

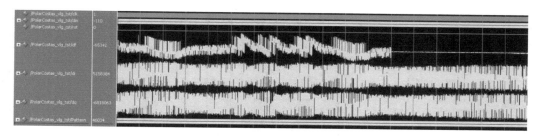

图 7-26　频差为 500 Hz 时调整环路滤波器系数后的极性 Costas 环收敛图

7.5.4　DQPSK 信号解调系统的设计

例 7-7　FPGA 实现 DQPSK 信号解调系统

● 采用 FPGA 实现完整的 DQPSK 信号解调系统；

● 符号速率 R_b=1 Mbps；

● 成形滤波器的滚降因子 α=0.8；

● 采样频率以及 FPGA 系统时钟频率 f_s=8R_b；

● 载波频率 f_c=2 MHz；

● 输入数据位宽 B_{data}=8；

● FPGA 采用 Altera 公司 Cyclone-IV 系列的 EP4CE15F17C8。

　　例 7-6 中的极性 Costas 环仅仅获取了相干载波，以及产生了正交支路信号和同相支路信号。为了在接收端恢复出发送端送出的原始信号，还需要进行位定时判决，以及差分解码功能模块的设计。我们继续对前面的实例进行完善，位同步信号提取采用例 5-6 所设计的位同步模块（BitSync.v），差分解码模块采用例 7-4 设计的相对码转绝对码程序 cd2ab.v。

　　有了前面的设计基础，DQPSK 信号解调系统的设计就变得十分容易了，只需要将各个模块通过组件的形式连接起来，再增加一些简单的逻辑处理即可。为了简化设计的工作量，本实例直接在例 7-6 的工程（PolarCostas.v）下对程序进行修改。新建一个极性 Costas 环的顶层文件（polar.v），其内容与例 7-6 中的 PolarCostas.v 内容相同（将文件名中的 PolarCostas 更换为 Polar 即可），在工程中添加差分解码及位同步的相关资源文件，并修改顶层文件 PloarCostas.v 的内容。下面先给出修改后的顶层文件（PolarCostas.v）的程序代码和综合后的 RTL 原理图（见图 7-27），再对其中的逻辑电路进行说明。

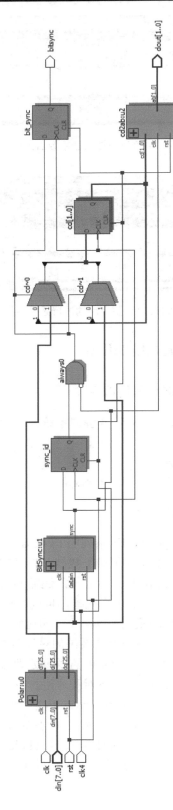

图 7-27 修改后的顶层文件 PolarCostas.v 综合后的 RTL 原理图

```verilog
//修改后的 PolarCostas.v 的程序清单
module PolarCostas (rst,clk,clk4,din,dout,bitsync);
    input    rst;                       //复位信号，高电平有效
    input    clk;                       //FPGA 系统时钟：8 MHz
    input    clk4;                      //FPGA 系统时钟：32 MHz
    input    signed [7:0]    din;       //输入信号：8 MHz
    output   [1:0] dout;                //解调后的信号
    output   bitsync;


    //实例化解调环路模块
    wire signed [25:0] di,dq,df;
    Polar u0 (.rst (rst), .clk (clk), .din (din), .di (di), .dq (dq), .df (df));


    //实例化位同步模块
    wire sync_i;
    BitSync u1 (.rst (rst), .clk (clk4), .datain (di[25]), .sync (sync_i));


    //实例化差分解码模块
    reg [1:0] cd;
    cd2ab u2 (.rst (rst), .clk (sync_i), .cd (cd), .ab (dout));


    //在位同步信号 sync_i 的驱动下，输出解调后的相对码 cd
    reg sync_id,bit_sync;
    always @(posedge clk4 or posedge rst)
    if (rst)
        begin
            sync_id <= 1'b0;
            cd <= 2'd0;
            bit_sync <= 1'b0;
        end
    else
        begin
            sync_id <= sync_i;
            if ((sync_id) &&(!sync_i))
                begin
                    cd <= {dq[25],di[25]};
                    bit_sync <= 1'b1;
                end
            else
                bit_sync <= 1'b0;
        end
    assign bitsync = bit_sync;
endmodule
```

除了组件实例化代码，顶层文件还增加了逻辑电路处理：采用一个进程对 BitSync 模块提取的位同步信号 sync_i 及判决输出信号 di[25]进行同步处理。根据位同步的原理，sync_i 的上升沿与 di[25]同步，但锁定后的 sync_i 初始相位与 di[25]的初始相位相差一个 clk4 时钟周期，且在超前及滞后状态之间来回抖动。为了使最终输出的位同步信号与解调信号稳定地同步，在程序中取 sync_i 的下降沿时刻（一个码元周期内包含一个 sync_i 时钟周期，也就是包含一个 sync_i 的上升沿和下降沿）的信号值并输出，同时同步输出检测 sync_i 下降沿产生的同步信号（bit_sync）。由于极性 Costas 环锁定后，同相支路和正交支路的位同步信号的相位一致，因此程序中只提取出了同相支路的位同步信号，且在相同的时刻对同相支路和正交支路的信号进行判决输出。判决输出的相对码 cd 和位同步信号 bit_sync 同时送入差分解码模块进行解码，最终还原成发送端发送的原始信号。

7.5.5 DQPSK 信号解调系统的仿真测试

编写完成整个系统的 Verilog HDL 实现代码并经过测试后就可以进行 FPGA 实现了。在 Quartus II 中完成对工程的编译后，启动"TimeQuest Timing Analyzer"工具，并对时钟信号 clk 添加时序约束（周期为 20 ns，频率为 50 MHz）。保存时序约束结果后重新对整个 FPGA 工程进行编译。

完成综合实现后，在工作过程区中会自动显示整个设计所占用的器件资源情况。本实例选用的目标器件是 Altera 公司 Cyclone-IV 系列的 EP4CE15F17C8。Logic Elements（逻辑单元）使用了 2446 个，占 16%；Registers（寄存器）使用了 2225 个，占 14%；Memory Bits（存储器）使用了 2544 bit，占 1%；Embedded Multiplier 9-bit elements（9 bit 嵌入式硬件乘法器）使用了 2 个，占 2%。从"TimeQuest Timing Analyzer"工具中可以看到系统最高工作频率为 130 MHz，显然满足工程实例中要求的 8 MHz。

在采用 ModelSim 进行仿真测试之前，还需要编写 TestBench 文件。本实例的 TestBench 文件功能并不复杂，主要采用读取外部文本文件的方式完成数据的读取与存储，本节不再给出完整的激励文件代码。需要说明的是，为了便于在 ModelSim 仿真波形中查看解调前后的数据，E7_3_DQPSKModem.m 将原始数据写进了文本文件 Dqpsk_bit.txt，考虑到 FPGA 在 DQPSK 信号的解调时会存在处理延时，因此在写数据时进行了延时处理。

编写完成激励文件后，即可开始进行程序仿真测试。为了更直观地观察 ModelSim 的仿真波形，需要对波形界面中的一些参数进行简单设置。图 7-28 所示为 DQPSK 信号解调系统 ModelSim 仿真波形。

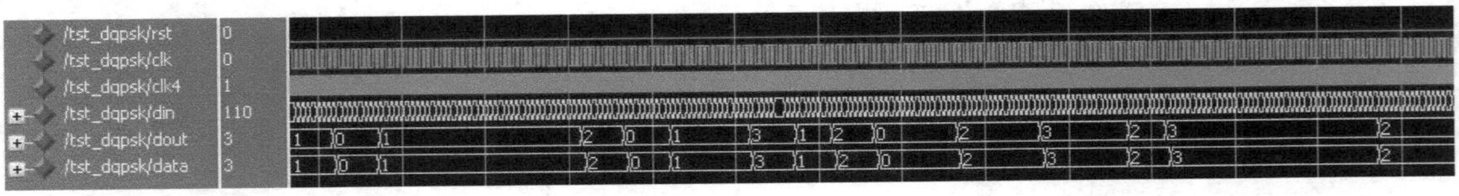

图 7-28　DQPSK 信号解调系统 ModelSim 仿真波形

从仿真波形可以看出，在极性 Costas 环锁定后，DQPSK 信号解调后的信号和原始信号完全一致。

7.6 π/4 QPSK 调制解调原理

7.6.1 π/4 QPSK 调制原理

前面讨论的 QPSK 是一种误码性能好和信号频谱主瓣窄的调制方式，如果在线性信道中工作，则可用滤波器把频谱中的旁瓣滤除，从而获得很高的频带利用率。实际上，在许多场合（如卫星通信或移动通信）无法满足射频功率放大器工作在线性状态的要求。但如果一方面设法减小相移键控信号在码元转换时刻的相位跳变量，即减小相移键控信号在带限外所产生的包络起伏，另一方面设法增大射频功率放大器的动态范围，那么相移键控信号产生的频谱扩散就可以限制在可接受的程度。

可以减小相位跳变量的 QPSK 方式包括偏置键控 QPSK（OK-QPSK）和π/4 偏置的 QPSK（π/4 QPSK）。π/4 QPSK 信号是通过差分相位编码产生的（也称为π/4 DQPSK），能有效地进行差分解调和鉴频器解调，在一些不易提取相干载波的场合很有用。本章接下来讨论π/4 QPSK 的原理、调制解调方法及 FPGA 实现过程。

为了便于叙述和比较，这里先说明 QPSK、OK-QPSK 和π/4 QPSK 信号的相位跳变情况。在 QPSK 信号中，输入信号经过串/并转换后分成同相（I）支路和正交（Q）支路，这两条支路的信号分别对两个相互正交的载波进行 BPSK 调制，调制后的两路信号相加可形成输出信号，其相位每间隔 $T_s = 2T_b$ 就可能跳变一次，每次跳变相位有四种可能的取值，即±π/2 和±π，如图 7-29（a）所示。

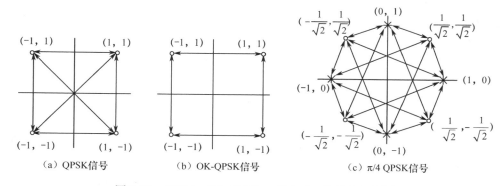

（a）QPSK信号　　　　　（b）OK-QPSK信号　　　　　（c）π/4 QPSK信号

图 7-29　QPSK、OK-QPSK、π/4 QPSK 信号的相位图

和 QPSK 信号不同的是，OK-QPSK 信号经过串/并转换后分成的两路信号，要相互错开（偏置）一个 T_b 后再进行正交调制，以合成输出信号。此输出信号的相位每间隔 T_b 可能跳变一次。但由于两路信号的相位跳变不会同时发生，因而信号的相位跳变限于±π/2，如图 7-29（b）所示，这说明 OK-QPSK 信号不存在±π的相位跳变。

π/4 QPSK 信号是在 QPSK 信号的基础上发展起来的，不同的是π/4 QPSK 信号的相位平面分成间隔为π/4 的 8 种相位，这 8 种相位又相间地分成 2 个相位组，如图 7-29（c）所示。图 7-29（c）中，带符号"×"的相位点为一组，带符号"○"的相位点为另一组。规定π/4 QPSK 信号的相位每隔 $T_s = 2T_b$ 秒必须从一个组跳变到另一个组。如果当前码元的信号相位等于"×"

组的 4 个相位中的一个，那么下一码元的信号相位只能变成 "。"组的 4 个相位中的一个，反之也是一样。这说明，在图 7-29（c）中，信号的不同相位分别构成一个 QPSK 相位图，只是二者在相位上错开π/4，这是为什么把这种调制方式称为π/4 QPSK 的原因。由图 7-29（c）可以看出，在相邻码元之间，信号相位的跳变量共有 4 种，即±π/4 和±3π/4，不会出现±π的相位跳变。

　　π/4 QPSK 信号虽然不存在±π的相位跳变，但如果不抑制π/4 QPSK 信号功率谱的旁瓣，其带限外辐射电平仍不能达到要求。工程上对窄带数字调制信号的要求是：在频差 Δf 等于传输速率 $1/T_b$，即归一化频差 $\Delta f T_b=1$ 时，π/4 QPSK 信号功率谱密度要衰减到−60 dB 以下。因此，在调制前，需要用预调制滤波器对基带信号进行预处理。但是预调制滤波器的带限作用通常会给已调信号带来不同程度的包络起伏，因此，与其他调制方式一样，π/4 QPSK 信号调制后的功率放大器还必须采取措施（如负反馈技术），以扩大功率放大器动态范围，从而减小已调信号在其中发生的频谱扩散。π/4 QPSK 不属于恒包络数字调制，它能够提高信号的频带利用率是进行综合处理的结果。

　　π/4 QPSK 信号的表示式可以写成：

$$
\begin{aligned}
s_k(t) &= \cos(\omega_c t + \varphi_k) \\
&= \cos\varphi_k \cos\omega_c t - \sin\varphi_k \sin\omega_c t \\
&= \cos(\varphi_{k-1} + \Delta\varphi_k)\cos\omega_c t - \sin(\varphi_{k-1} + \Delta\varphi_k)\sin\omega_c t
\end{aligned}
\tag{7-23}
$$

式中，$\Delta\varphi_k$ 是当前码元信号相位 φ_k 与前一码元信号相位 φ_{k-1} 之差。差分相位编码是利用信号的相差 $\Delta\varphi_k$ 来携带所需传输的信息的。对于π/4 QPSK 信号来讲，对于当前码元信号，$\Delta\varphi_k$ 的取值为±π/4、±3π/4，共 4 种取值，其编码规则为：AB=00 对应π/4 相位，AB=10 对应 3π/4 相位，AB=11 对应−3π/4 相位，AB=01 对应−π/4 相位。

　　假设信号的初始相位为 0，则当前码元信号的相位 φ_k 可能有 0、π、±π/2、±π/4、±3π/4 这 8 种相位，如图 7-29（c）所示。我们令：

$$
X_k = \cos(\varphi_{k-1} + \Delta\varphi_k), \quad Y_k = \sin(\varphi_{k-1} + \Delta\varphi_k)
$$

则有：

$$
\begin{aligned}
X_k &= \cos(\varphi_{k-1})\cos\Delta\varphi_k - \sin(\varphi_{k-1})\sin\Delta\varphi_k = X_{k-1}\cos\Delta\varphi_k - Y_{k-1}\sin\Delta\varphi_k \\
Y_k &= \sin(\varphi_{k-1})\cos\Delta\varphi_k + \cos(\varphi_{k-1})\sin\Delta\varphi_k = Y_{k-1}\cos\Delta\varphi + X_{k-1}\sin\Delta\varphi_k
\end{aligned}
\tag{7-24}
$$

　　式（7-24）说明，X_k 和 Y_k 完全取决于前一码元的相位及前后码元的相差，且 X_k 和 Y_k 的取值只有固定的 0、±1、±1/$\sqrt{2}$ 五种，因此，π/4 QPSK 信号的包络不是恒定的。

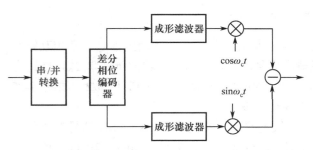

图 7-30　π/4 QPSK 调制器的组成

为了获取已调的π/4 QPSK 信号，只要获取输入的当前码元信号所对应的 X_k 和 Y_k，再将其分别与相互正交的载波信号 $\cos\omega_c t$、$\sin\omega_c t$ 相乘，并进行减法运算即可。π/4 QPSK 调制器的组成如图 7-30 所示。

　　图 7-30 中的成形滤波器的目的，一是抑制已调信号的带外功率辐射，二是去除接收端的码元串扰。

7.6.2　匹配滤波器与成形滤波器

本书写到这里才介绍匹配滤波器与成形滤波器似乎显得有些晚，因为在前面章节讨论各种调制信号的生成时均采用了成形滤波器。不过，有了前面章节的工程设计实践，再讨论成形滤波器的一些设计原理及理论知识，相信读者会理解得更深刻。

在讨论成形滤波器之前，我们先介绍一下匹配滤波器的概念和作用。匹配滤波器是一种非常重要的滤波器，广泛应用于通信、雷达等系统中。匹配滤波器的概念也是通信系统中基本概念之一。

在通信系统中，常常会提到最优滤波器的概念。所谓的最优，实际上都是在某种准则下的最优。匹配滤波器对应的最优准则是输出信噪比（SNR）最大，而且还有一个前提条件是在白噪声的背景下。关于匹配滤波器的公式推导，很多通信类图书都详细介绍过，这里就不再赘述了。匹配滤波器的表达式为：

$$H(f) = S^*(f) \tag{7-25}$$

也就是说，匹配滤波器的频率响应是输入信号频率响应的共轭。这看起来很简单，应该如何从物理上直观地理解匹配滤波器呢？一方面，从幅频特性来看，匹配滤波器的幅频特性和输入信号的幅频特性完全一样。也就是说，在信号越强的频率点，滤波器的放大倍数也越大；在信号越弱的频率点，滤波器的放大倍数也越小。这就是信号处理中的马太效应。匹配滤波器会让信号尽可能多地通过，而不考虑噪声的特性。匹配滤波器的一个前提是白噪声，即噪声的功率谱是平坦的，因此在这种情况下，让信号尽可能多地通过，实际上也隐含着尽量减少噪声的通过。这不正是使得输出的信噪比最大吗？另一方面，从相频特性上看，匹配滤波器的相频特性和输入信号的相频特性正好完全相反。这样，通过匹配滤波器后，信号的相位为 0，正好能实现信号时域上的相干叠加。而噪声的相位是随机的，只能实现非相干叠加。这样在时域上也保证了输出信噪比的最大。

实际上，在幅频特性与相频特性中，幅频特性更多地表征了频率特性，而相频特性更多地表征了时间特性。无论从时域还是从频域，匹配滤波器都会让信号尽可能多地通过、噪声尽可能少地通过，因此能够获得最大的输出信噪比。由匹配滤波器的名字即可知道其鲜明的特点，那就是这个滤波器是匹配输入信号的。一旦输入信号发生变化，原来的匹配滤波器也就不能再称为匹配滤波器了。由此，我们很容易想到相关这个概念，相关的物理意义就是比较两个信号的相似程度。如果两个信号完全一样，不就是匹配吗？事实上，匹配滤波器的另外一个名字就是相关接收器，两者表征的意义是完全一样的，只是匹配滤波器着重在频域的表述，而相关接收器则着重在时域的表述。

讨论到这里，请读者注意其中两点：一是匹配滤波器是匹配输入信号的，也就是说，对应于不同的输入信号，其匹配滤波器也是不相同的；二是对匹配滤波器的频率特性可以扩展开来看，对于整个完整的通信系统来讲，只要从发送端到接收端之间的频率响应符合匹配滤波器特性，就可以获取最大信噪比条件下的接收性能。换句话说，如果将信道传输过程的频率特性看成恒定的值（信道传输带宽相对于信号带宽足够宽），发送端滤波器与接收端滤波器频率响应的乘积满足输入信号的匹配特性，则可以在接收端获取最优解调性能。

本书用到的成形滤波器正是基于所要传输的信号设计的匹配滤波器。在介绍成形滤波器之前，我们先了解一下码间串扰的产生机理。

以 π/4 QPSK 调制为例，对于输入的码元信号来说，其映射后的幅度信号都属于一定时间范围内的基带信号，基带信号的波形决定了基带信号的频谱特性。根据傅里叶变换的原理可知，波形有限的信号在频域会被无限展宽，频域带宽有限的信号在时域中会被无限展宽，所以经过滤波器限制了频率带宽的信号的时域波形会有无限长的拖尾。因此，当码元信号以一定的周期经过滤波器后，每个码元信号的拖尾都会延伸至其他码元信号出现的地方，会造成幅度的叠加，从而改变每个码元信号的幅值。当幅值畸变到一定程度时，就会造成接收端无法正确判决码元信号。数字通信系统中的带宽有有限的，频带无限的数字信号在数字通信系统中传输时会出现波形畸变，在接收端进行采样判决时就可能出现错误造成误码，甚至根本不能判决。但是，对于数字通信系统来讲，由于只要接收端的基带信号在采样判决时是正确的，就可以忽略采样判决点以外地方的畸变。另外，在采样判决时往往会稍微偏离最佳采样点，所以也要求最佳判决点附近的波形畸变尽量小。因此，必须找到一种既能满足把数字通信带宽控制在一定范围内，又不能因为限制了带宽而产生码间串扰的解决方案。为了在最佳采样时刻得到准确的幅度信息，保持信息的无失真传输，奈奎斯特提出了无失真采样的条件，即只需要发送端、传输信道、接收端的整个响应满足理想低通特性。整个系统的传输特性为：

$$H(f) = \begin{cases} T_s, & |f| \leq f_B \\ 0, & |f| > f_B \end{cases} \qquad f_B = 1/2T_s \qquad (7\text{-}26)$$

系统的冲激响应为：

$$h(t) = \frac{\sin \pi t / T_s}{\pi t / T_s} \qquad (7\text{-}27)$$

$$h(nT_s) = \begin{cases} 1, & n = 0 \\ 0, & n = \pm 1, \pm 2, \pm 3 \cdots \end{cases} \qquad (7\text{-}28)$$

由上面的分析可知，理想低通特性的冲激响应也是无限长的，但是除了在最佳采样点 $n=0$ 时冲激响应的值为 1，其他整数时刻冲激响应的值均为零，即当前时刻的采样值只与冲激响应的零点有关，而与其他时刻的冲激响应无关。因此，只要在 $t=nT_s$ 时采样就可以不受码间干扰的影响。但是理想低通特性的信道在工程中是无法实现的，而且理想低通滤波器的截止频率过于陡峭，冲激响应的旁瓣具有拖尾现象，这在滤波器上也是难以实现的，拖尾过长会使得位同步变得异常困难。只有在最佳采样点处才能采到正确的幅值，只要稍微偏离最佳采样点就会出现错误，所以接近理想低通特性的传输信道没有好的抗定时抖动能力。

根据奈奎斯特关于带宽的定理可知，传输速率为 f_s 的信号要无码间干扰地通过传输信道，其最小信道带宽 $f_B=f_s/2$，这样的无码间干扰传输系统的频带利用率能达到 2 Baud/Hz。

既然理想低通特性的传输函数难以实现，就需要更符合现实的方式，由此应运而生了奈奎斯特残留对称定理。在理想低通特性的传输函数上加上一个以最小码间干扰传输信道频率 f_B 为对称中心的传输函数 $G(f)$，得到的新传输函数依然可以满足冲激响应零点位置不变的特性。这个另加的传输函数是一个奇对称实函数，其定义为：

$$G(f_B - f_s) = -G(f_B + f_s), \quad 0 < f_B < f_s \qquad (7\text{-}29)$$

修正后的无码间串扰信道传输特性为：

$$H_a(f) = \begin{cases} 1 + G(f), & |f| < f_B \\ G(f), & f_B \leqslant |f| < 2f_B \\ 0, & |f| < 2f_B \end{cases} \tag{7-30}$$

在实际使用中，满足以上传输特性的升余弦滚降滤波器得到了广泛的应用。不同于具有陡峭截止频率的理想低通滤波器，升余弦滚降滤波器的过渡带平滑，易于工程实现，可以有效降低冲激响应的拖尾效应，使采样定时更加容易。

升余弦滚降滤波器本身是一种有限脉冲响应滤波器，其传递函数的表达式为：

$$H(f) = \begin{cases} T_s, & 0 \leqslant |f| \leqslant \dfrac{1-\alpha}{2T_s} \\ \dfrac{T_s}{2}\left\{1 + \cos\left[\dfrac{\pi T_s}{\alpha}\left(|f| - \dfrac{1-\alpha}{2T_s}\right)\right]\right\}, & \dfrac{1-\alpha}{2T_s} < |f| \leqslant \dfrac{1+\alpha}{2T_s} \\ 0, & |f| > \dfrac{1+\alpha}{2T_s} \end{cases} \tag{7-31}$$

式中，α 为升余弦滚降滤波器的滚降因子，$0 \leqslant \alpha \leqslant 1$。

滚降因子的取值对系统的性能有着重要的影响。α 的大小直接影响系统占用的带宽，当 $\alpha=0$ 时，升余弦滚降滤波器的带宽为 $f_s/2$，称为奈奎斯特带宽；当 $\alpha=0.5$ 时，升余弦滚降滤波器的截止频率为 $(1+\alpha)f_s/2=0.75f_s$；当 $\alpha=1$ 时，升余弦滚降滤波器的截止频率为 $(1+\alpha)R_s/2=f_s$。可见 α 的大小直接决定了传输系统频带利用率，是系统传输有效性的具体体现。在理想情况下，$H(f)$ 在 $f=(1+\alpha)f_B$ 处的衰减应该为无限大，但在实际情况中，根据对相邻信道干扰的不同，取值也不同，工程上常需要大于 60 dB。这样看来，为了提高频带利用率应该将 α 设置得尽量小。其实不然，α 的大小还决定了接收端位同步的难易程度，α 越小，位同步就越困难，对位定时的抖动性能要求越高；α 越大，位同步就越容易。另外，冲激响应的拖尾衰减速度也取决于 α 的大小，α 越大衰减就越快，码间串扰也越小。因此，在进行系统设计时必须把频带利用率和位同步的难易程度综合起来考虑。

根据基带传输系统的传输函数：

$$H(f) = H_T(f)C(f)H_R(f) \tag{7-32}$$

假设信道的传输函数为理想低通特性，即 $C(f)=1$，则基带传输系统的传输函数为：

$$H(f) = H_T(f)H_R(f) \tag{7-33}$$

由最佳接收理论可知，当取 $H_T(f)=H_R(f)$ 时，能够满足差错率最小，在接收端形成一个匹配滤波器。在高斯白噪声信道中，匹配滤波器能够最大限度地抑制噪声，可以得到最佳无码间干扰的基带传输函数，即：

$$\sqrt{H(f)} = H_T(f) = H_R(f) \tag{7-34}$$

也就是把一个升余弦滚降滤波器等分为两个平方根升余弦滚降滤波器，一个用于发送端的成形滤波，另一个用于接收端抑制噪声并进行匹配滤波。在实现平方根升余弦滚降滤波器时，采用的是 FIR 滤波器，其特点是具有线性相位。

对应的 MATLAB 平方根升余弦滚降滤波器函数为：

```
h=rcosfir(R,N_T,RATE,FILTER_TYPE);
```

　　其中，函数返回的 h 是 FIR 滤波器系数；R 表示平方根升余弦滚降滤波器的滚降因子，取值范围为 0 到 1；N_T 表示响应长度的码元个数，默认值为 3；RATE 表示采样倍数，即一个码元周期内采样的点数（如一个码元周期采样 16 点，则 RATE=16），默认值为 5；FILTER_TYPE 表示选择滤波器的类型，默认为升余弦滚降滤波器，当 FILTER_TYPE 为 sqrt 时，表示平方根升余弦滚降滤波器。例如，"fir=rcosfir(0.5,2,16,1,'sqrt');"生成的是一个滚降因子为 0.5、响应长度为 2 个码元长度、每个码元内采样 16 点的平方根升余弦滚降滤波器。

　　现在回过头来看看本书前几章中收发两端的滤波器设计情况。发送端在调制信号时使用的成形滤波器是升余弦滚降滤波器，在发送端使用升余弦滚降滤波器对基带信号进行了成形滤波，也就是说升余弦滚降滤波器可用于消除码间串扰。接收端的滤波器只需要保证信号带宽内没有衰减即可。如果在调制信号时采用的是升余弦滚降滤波器，则在解调信号时也需要采用相同的升余弦滚降滤波器，从而构成匹配滤波器，以获取最佳的解调性能。

　　为了进一步说明收发两端滤波器设计对解调性能的影响，下面通过一个实例来进行仿真，在收发两端采用不同的滤波器组合，通过观察解调信号的眼图来比较不同滤波器组合的解调性能。

例 7-8　MATLAB 仿真不同滤波器对解调性能的影响

● 采用 MATLAB 仿真不同滤波器对基带传输系统解调性能的影响；
● 符号速率 R_b=1 Mbps；
● 成形滤波器的滚降因子 α=0.5；
● 采样频率 f_s=8R_b。

```
%E7_8_MatchFilter.m 程序清单
ps=1*10^6;                              %码元速率为 1 MHz
a=0.5;                                  %成形滤波器的滚降因子
Fs=8*10^6;                              %采样频率
N=2000;                                 %仿真数据的长度

t=0:1/Fs:(N*Fs/ps-1)/Fs;                %产生长度为 N、频率为 fs 的时间序列
s=randint(N,1,2);                       %产生随机二进制信号作为原始信号

%将单极性码变为双极性码
for i=1:N
    if s(i)==0
        s(i)=-1;
    end
end
%对信号以 Fs 频率进行采样
Ads_i=upsample(s,Fs/ps);
```

```
%设计升余弦滚降滤波器
n_T=[-2 2];
rate=Fs/ps;
T=1;
cos_b = rcosfir(a,n_T,rate,T);                    %升余弦滚降波器
cos_sqrt_b = rcosfir(a,n_T,rate,T,'sqrt');        %平方根升余弦滚降滤波器

%设计普通滤波器
fc=[ps 3.1*10^6];                                 %过渡带
mag=[1 0];                                        %窗函数的理想滤波器幅度
dev=[0.01 0.01];                                  %纹波
[n,wn,beta,ftype]=kaiserord(fc,mag,dev,Fs)        %获取凯塞窗参数
fpm=[0 fc(1)*2/Fs fc(2)*2/Fs 1];                  %firpm 函数的频段向量
magpm=[1 1 0 0];                                  %firpm 函数的幅值向量
normal_lpf=firpm(n,fpm,magpm);

%第一种情况：收发两端均采用平方根升余弦滚降滤波器
tra=filter(cos_sqrt_b,1,Ads_i);
rec_1=filter(cos_sqrt_b,1,tra);
eyediagram(rec_1(100:length(tra)),4*Fs/ps);

%第二种情况：发送端采用升余弦滚降滤波器，接收端采用普通滤波器
tra=filter(cos_b,1,Ads_i);
rec_2=filter(normal_lpf,1,tra);
eyediagram(rec_2(100:length(tra)),4*Fs/ps);

%第三种情况：收发两端均采用升余弦滚降滤波器
tra=filter(cos_b,1,Ads_i);
rec_3=filter(cos_b,1,tra);
eyediagram(rec_3(100:length(tra)),4*Fs/ps);

%第四种情况：收发两端均采用普通滤波器
tra=filter(normal_lpf,1,Ads_i);
rec_4=filter(normal_lpf,1,tra);
eyediagram(rec_4(100:length(tra)),4*Fs/ps);
```

程序运行结果如图 7-31 所示，从图中可以清楚地看出，收发两端均采用平方根升余弦滚降滤波器时的解调性能最好，这种模式也正是匹配滤波器的概念；发送端采用升余弦滚降滤波器，接收端采用普通滤波器也能得到较好的解调性能，这正是前面章节讨论接收端解调时采用的方式；收发两端均采用升余弦滚降滤波器，以及收发两端均采用普通滤波器时所获得的解调性能要差很多，解调的误码率也会更大。

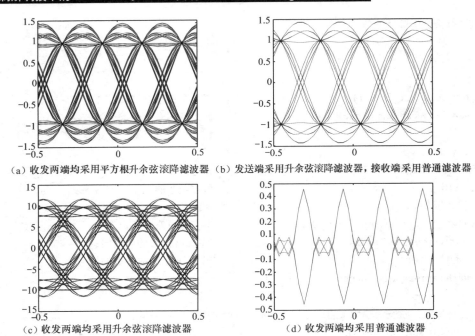

（a）收发两端均采用平方根升余弦滚降滤波器　（b）发送端采用升余弦滚降滤波器，接收端采用普通滤波器

（c）收发两端均采用升余弦滚降滤波器　　　　　（d）收发两端均采用普通滤波器

图 7-31　收发两端采用不同滤波器时解调信号的眼图

7.6.3　π/4 QPSK 信号的差分解调原理

与 DPSK、MSK、ASK 等信号一样，π/4 QPSK 信号的常用解调方法也有相干解调法和非相干解调法。如果采用相干解调法，就需要获取相干载波。在静态情况下，相干解调法的性能要比非相干解调法好，但在移动通信中，相干解调法的性能优势就荡然无存了。这是因为在移动通信中，信号的衰落变化大，频移特性变化大，不利于相干载波的获取。

π/4 QPSK 信号的非相干解调法主要包括鉴频检测和差分解调两种，其中差分解调可以分为基带差分解调和中频差分解调。基带差分解调也需要本地载波，不过与接收端的载波是非相干的。但是当本地载波和接收端的载波存在频差时，如果在一个码元内的频差使相差达到一定程度，则会使解调系统的误码率急剧变高。中频差分解调不需要本地载波，是利用接收信号和两个分别延时一个码元周期和π/2 的信号相乘得到解调信号的，在解调中要求信号的延时准确才能保证信号能量不会过多地丢失，如果延时不准确就会使解调性能降低。接下来我们讨论π/4 QPSK 信号的差分解调原理。

图 7-32 所示为π/4 QPSK 信号的中频差分解调的组成，从图中可以看出，中频差分解调不需要用振荡器产生本地的同相载波和正交载波。经过延时的信号 $s_{k-1}(t)=\cos(\omega_c t+\varphi_{k-1})$ 与两条支路的信号 $\cos(\omega_c t+\varphi_k)$ 和 $\sin(\omega_c t+\varphi_k)$ 分别相乘，即：

$$U(k) = \cos(\omega_c t + \varphi_k)\cos(\omega_c t + \varphi_{k-1})$$
$$V(k) = \sin(\omega_c t + \varphi_k)\cos(\omega_c t + \varphi_{k-1})$$

（7-35）

经过滤波和采样后，可得：

$$I(k) = \frac{1}{2}\cos(\varphi_k - \varphi_{k-1}), \qquad Q(k) = \frac{1}{2}\sin(\varphi_k - \varphi_{k-1})$$

（7-36）

根据π/4 QPSK 信号的编码规则可知，$\Delta\varphi_k=\varphi_k-\varphi_{k-1}$ 只有 4 种取值。编码规则为：AB=00 对应π/4 相位，AB=10 对应 3π/4 相位，AB=11 对应−3π/4 相位，AB=01 对应−π/4 相位。当 $\Delta\varphi_k$ 为π/4 时，$I(k)>0$，$Q(k)>0$；当 $\Delta\varphi_k$ 为 3π/4 时，$I(k)<0$，$Q(k)>0$；当 $\Delta\varphi_k$ 为−3π/4 时，$I(k)<0$，$Q(k)<0$；当 $\Delta\varphi_k$ 为−π/4 时，$I(k)>0$，$Q(k)<0$。因此，可以直接对 $I(k)$、$Q(k)$ 的符号进行判决，进而可直接判决输出解调信号。判决规则为：$I(k)>0$ 时判为 0，否则判为 1；$Q(k)>0$ 时判为 0，否则判为 1。从前面的分析可知，采用差分解调时，接收端不再需要进行差分解码。

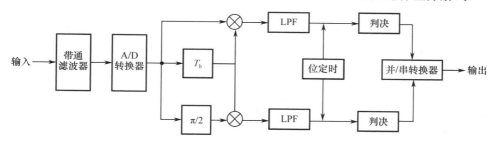

图 7-32　π/4 QPSK 信号的中频差分解调的组成

7.6.4　π/4 QPSK 调制解调的 MATLAB 仿真

根据前面的分析，π/4 QPSK 信号的差分解调原理比较简单，如果发送端采用平方根升余弦滚降滤波器，则接收端需要采用相同的平方根升余弦滚降滤波器，以获得最佳的解调性能。

如图 7-32 所示，差分解调的下边支路还需要对中频采样信号进行π/2 的相位延时，也就是获取直接中频采样信号的正交信号。获取正交支路信号的方法有两种：直接延时处理，以及采用 Hilbert 变换滤波。直接延时处理的前提是需要获取准确的载波频率。例如，载波频率为 2 MHz，采样频率为 8 MHz，则每个载波周期采样 4 个点，π/2 的相位延时相当于正好延时 1 个采样点。这种处理方法随着载波频率的估计误差，以及移动环境下载波频率偏移的变大而带来较大的误差，从而影响解调性能。Hilbert 变换滤波是一个更加准确的相位延时系统，但是需要使用 Hilbert 滤波器。Hilbert 滤波器是一个全通滤波器，通过它的信号正频率部分会产生−90°的相移，负频率部分会产生 90°的相移。Hilbert 滤波器的频率响应为：

$$h(\mathrm{e}^{\mathrm{j}\omega})=\begin{cases}-\mathrm{j}, & 0\leqslant\omega<\pi \\ \mathrm{j}, & -\pi<\omega<0\end{cases} \tag{7-37}$$

MATLAB 提供了 Hilbert 滤波器的设计函数 firpm()。细心的读者会发现，Hilbert 滤波器的设计函数与普通 FIR 滤波器的设计函数完全相同，只是将函数中的 ftype 参数设置成 hilbert 即可，其他参数设计方法与普通 FIR 滤波器完全相同。

图 7-32 中的另一个延时处理是码元周期延时。在进行工程实现时，如果需要得到精确的码元周期延时，需要获得准确的位同步信号。当然，可以将位同步处理后的信号送回差分解调环路。在工程实现中，通常会将采样频率设计成码元周期（符号速率）的整数倍，且采样频率远大于符号速率。为了简化工程设计，通常采用直接延时采样点数的方法，例如，符号速率为 1 MHz，采样频率为 8 MHz，则延时 8 个采样点即可实现 1 个码元周期延时。

例 7-9   MATLAB 仿真 π/4 QPSK 调制解调（差分解调）过程

● 仿真 π/4 QPSK 信号的产生方法；

● 仿真 π/4 QPSK 信号差分解调的过程；

● 符号速率 R_b=1 Mbps；

● 成形滤波器的滚降因子 α=0.8；

● 采样频率 f_s=8R_b；

● 将生成的 π/4 QPSK 信号及原始信号分别写入 pi4_Qpsk.txt 和 pi4_Qpsk_bit.txt；

● 绘制 π/4 QPSK 信号的频谱及波形，绘制解调后的同相支路和正交支路的信号眼图。

```
%E7_9_PiQpskModem.m 程序清单
ps=1*10^6;                        %码元速率为 1 MHz
a=0.8;                            %成形滤波器的滚降因子
B=(1+a)*ps;                       %中频信号处理带宽
Fs=8*10^6;                        %采样频率
fc=2*10^6;                        %载波频率
N=2000;                           %仿真数据的长度

t=0:1/Fs:(N*Fs/ps-1)/Fs;          %产生长度为 N，频率为 fs 的时间序列
s=randint(N,1,4);                 %产生随机四进制信号作为原始信号


%将绝对码变成相对码
xk=ones(1,N);
yk=ones(1,N);
for i=2:N
    if s(i)==0
        xk(i)=xk(i-1)*cos(pi/4)-yk(i-1)*sin(pi/4);
        yk(i)=yk(i-1)*cos(pi/4)+xk(i-1)*sin(pi/4);
    elseif s(i)==1
        xk(i)=xk(i-1)*cos(-pi/4)-yk(i-1)*sin(-pi/4);
        yk(i)=yk(i-1)*cos(-pi/4)+xk(i-1)*sin(-pi/4);
    elseif s(i)==2
        xk(i)=xk(i-1)*cos(3*pi/4)-yk(i-1)*sin(3*pi/4);
        yk(i)=yk(i-1)*cos(3*pi/4)+xk(i-1)*sin(3*pi/4);
    elseif s(i)==3
        xk(i)=xk(i-1)*cos(-3*pi/4)-yk(i-1)*sin(-3*pi/4);
        yk(i)=yk(i-1)*cos(-3*pi/4)+xk(i-1)*sin(-3*pi/4);
    end
end

%对信号（相对码）以 Fs 的频率进行采样
Ads_i=upsample(xk,Fs/ps);
Ads_q=upsample(yk,Fs/ps);

%设计平方根升余弦滚降滤波器
```

```
n_T=[-2 2];
rate=Fs/ps;
T=1;
Shape_b = rcosfir(a,n_T,rate,T,'sqrt');
%对采样后的信号进行升余弦滤波
rcos_Ads_i=filter(Shape_b,1,Ads_i);
rcos_Ads_q=filter(Shape_b,1,Ads_q);

%产生同相支路和正交支路的载波信号
f0_i=cos(2*pi*fc*t);
f0_q=sin(2*pi*fc*t);

%产生π/4 QPSK 信号
piqpsk=rcos_Ads_i.*f0_i-rcos_Ads_q.*f0_q;

%设计 Hilbert 滤波器及相同阶数的普通带通滤波器
fpm=[0 0.25 1 3 3.75 4]*10^6*2/Fs;          %firpm 函数的频段向量
magpm=[0 0 1 1 0 0];                         %firpm 函数的幅值向量
n=30;                                        %滤波器的阶数
h_bpf=firpm(n,fpm,magpm,'hilbert');          %Hilbert 带通滤波器
bpf=firpm(n,fpm,magpm);                      %普通带通滤波器

%完成对π/4 QPSK 信号的 Hilbert 滤波及普通带通滤波
piqpsk_i=filter(bpf,1,piqpsk);
piqpsk_q=filter(h_bpf,1,piqpsk);

%对普通带通滤波后的信号进行 1 个码元周期延时的处理
piqpsk_di=[zeros(1,Fs/ps),piqpsk_i(1:length(piqpsk_i)-Fs/ps)];

%实现差分解调
demod_mult_i=piqpsk_i.*piqpsk_di;
demod_mult_q=piqpsk_q.*piqpsk_di;

%对乘法运算后的同相支路和正交支路的信号进行滤波
demod_i=filter(Shape_b,1,demod_mult_i);
demod_q=filter(Shape_b,1,demod_mult_q);

%绘制解调后的同相支路和正交支路的信号眼图
eyediagram(demod_i,4*Fs/ps)
eyediagram(demod_q,4*Fs/ps)

%绘制π/4 QPSK 信号频谱和波形
%将产生的 DQSK 信号进行 8 bit 的量化后写入 pi4_Qpsk.txt 文件
%将 DQPSK 信号写入 pi4_Qpsk_bit.txt 文件
%将成形滤波器系数写入 Shape_lpf.txt 文件
%将 Hilbert 滤波器系数写入 h_bpf.txt 文件
%将普通带通滤波器系数写入 bpf.txt 文件
```

图 7-33 所示为 π/4 QPSK 信号的频谱及波形。

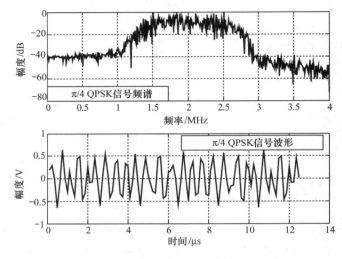

图 7-33   π/4 QPSK 信号的频谱及波形

图 7-34 为解调后的同相支路和正交支路的信号眼图。从解调后的信号眼图可以看出，两条支路的信号眼图均十分清晰，具有良好的解调性能。

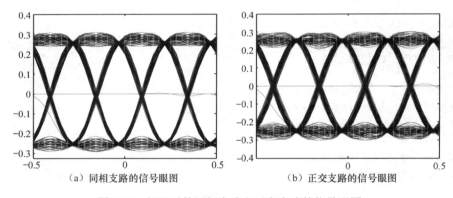

（a）同相支路的信号眼图　　　　　　　　　（b）正交支路的信号眼图

图 7-34   解调后的同相支路和正交支路的信号眼图

需要说明的是，在 MATLAB 仿真程序中，π/4 QPSK 信号的编码过程完全是按照式（7-21）所示的方法实现的。在进行差分解调时，正交支路的信号是通过 Hilbert 滤波器实现的，由于 Hilbert 滤波器会带来处理延时，同时考虑到 Hilbert 滤波器本身需要设计成一个带通滤波器，因此在同相支路也设计了一个频带特性与 Hilbert 滤波器相似的带通滤波器（如滤波器过渡带、阶数相同），以保证两条支路的延时完全相同，还可以进一步抑制带外噪声。

仿真程序同时给出了成形滤波器、Hilbert 滤波器、普通带通滤波器系数绝对值之和（分别为 3995、1394、1199），以此可以计算出滤波处理后所需增加的位宽分别为 12、11 及 11。

7.7　π/4 QPSK 调制解调的 FPGA 实现

7.7.1　基带编码的 Verilog HDL 设计

前面讨论了 π/4 QPSK 调制解调原理及其 MATLAB 仿真过程。从 π/4 QPSK 的调制原理看，调制的关键是 π/4 QPSK 信号编码的 Verilog HDL 设计，完成编码设计后，其他功能部件（如乘法器、载波信号产生器、减法器、成形滤波器等）的设计在本书其他实例中都已讨论过。因此，本节不打算讨论完整的 π/4 QPSK 调制解调的 FPGA 实现过程，只讨论其 π/4 QPSK 信号编码的 Verilog HDL 设计，其他功能部件的 FPGA 实现由读者来完成。

π/4 QPSK 信号的编码原理已经由式（7-24）给出了，当然可以采用 MATLAB 仿真程序进行 Verilog HDL 设计。但我们可以对其进一步分析，看看是否有更好的 Verilog HDL 设计方法。

如前所述，π/4 QPSK 信号编码的作用是：把输入的 2 个二进制信号通过一定的编码规则映射到对应的相位（0、π、±π/2、±π/4、±3π/4，共 8 种相位状态，需要 3 bit 的二进编码）。对应的相位是 π/4 QPSK 调制时的相位增量，且相位增量只有 4 种状态（±π/4、±3π/4，共 4 种相位增量，需要 2 bit 的二进制编码）。因此，为了获得 $X_k=\cos(\varphi_{k-1}+\Delta\varphi_k)$ 和 $Y_k=\sin(\varphi_{k-1}+\Delta\varphi_k)$，可以将当前二进制编码所对应的 8 种相位值的正、余弦结果存放在 8 bit 的存储器中，分别设定正、余弦波信号的初始相位（相差为 π/2），以当前 2 个二进制编码作为地址累加器，设计周期为 8 的循环计数器，计数器的输出（3 bit 的二进制编码）作为存储器的地址，则存储器输出的值即基带编码数据。

显然，8 种相位所对应的正、余弦值是不同的，存放到存储器时还需要进行量化处理。假设量化位宽为 8，则量化前后的正、余弦值如表 7-2 所示。

表 7-2　相位值与量化前后的正、余弦值对应表

编码地址	φ_k	$\cos\varphi_k$	量化 $\cos\varphi_k$	$\sin\varphi_k$	量化 $\sin\varphi_k$
000	0	1	01111111	0	00000000
001	π/4	0.7071	01011010	0.7071	01011010
010	π/2	0	00000000	1	01111111
011	3π/4	−0.7071	10100110	0.7071	01011010
100	π	−1	10000001	0	00000000
101	−3π/4	−0.7071	10100110	−0.7071	10100110
110	−π/2	0	00000000	−1	10000001
111	−π/4	0.7071	01011010	−0.7071	10100110

例 7-10　使用 Verilog HDL 设计 π/4 QPSK 信号编码

● 使用 Verilog HDL 设计 π/4 QPSK 信号编码模块；
● 输入为 2 bit 的二进制信号；

● 输出为 8 bit 信号；

● 系统时钟频率与输入信号频率相同。

有了前面的分析，我们就可以开始编写基带编码的 Verilog HDL 设计了，下面是π/4 QPSK 信号编码的 Verilog HDL 程序清单。

```verilog
//PiQpskCode.v 的程序清单
module PiQpskCode (rst,clk,din,Xk,Yk);
    input    rst;                          //复位信号，高电平有效
    input    clk;                          //FPGA 系统时钟
    input    signed [1:0]   din;
    output   signed [7:0]   Xk;
    output   signed [7:0]   Yk;

    //将输入信号存入寄存器
    reg [1:0] dint;
    always @(posedge clk)
    dint <= din;

    //根据当前的输入信号，对寄存器的地址进行累加
    reg [2:0] addr;
    always @(posedge clk or posedge rst)
    if (rst)
        addr <= 3'd0;
    else
        case (dint)
            2'd0: addr <= addr + 3'd1;
            2'd1: addr <= addr + 3'd7;
            2'd2: addr <= addr + 3'd3;
            2'd3: addr <= addr + 3'd5;
            default : addr <= addr + 3'd1;
        endcase
    //设计正弦值及余弦值表
    reg [7:0] cos,sine;
    always @(posedge clk or posedge rst)
    if (rst)
        begin
            cos <= 8'd0;
            sine<= 8'd0;
        end
    else
        case(addr)
            3'd0:
            begin
                cos <= 8'b01111111;
                sine <=8'b00000000;
            end
```

```
                3'd1:
                begin
                    cos <= 8'b01011010;
                    sine <= 8'b01011010;
                end
                3'd2:
                begin
                    cos <= 8'b00000000;
                    sine <= 8'b01111111;
                end
                3'd3:
                begin
                    cos <= 8'b10100110;
                    sine <= 8'b01011010;
                end
                3'd4:
                begin
                    cos <= 8'b10000001;
                    sine <= 8'b00000000;
                end
                3'd5:
                begin
                    cos <= 8'b10100110;
                    sine <= 8'b10100110;
                    end
                3'd6:
                begin
                    cos <= 8'b00000000;
                    sine <= 8'b10000001;
                end
                3'd7:
                begin
                    cos <= 8'b01011010;
                    sine <= 8'b10100110;
                end
                default:
                begin
                    cos <= 8'b01111111;
                    sine <=8'b00000000;
                end
            endcase
        assign Xk = cos;
        assign Yk = sine;
endmodule
```

π/4 QPSK 信号编码模块综合后的 RTL 原理图如图 7-35 所示。

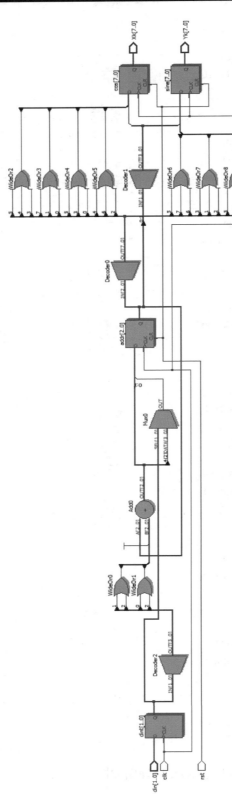

图 7-35 π/4 QPSK 信号编码模块综合后的 RTL 原理图

7.7.2　差分解调的 Verilog HDL 设计

例 7-11　FPGA 实现π/4 QPSK 信号的差分解调

- 采用 FPGA 实现完整的π/4 QPSK 信号差分解调；
- 符号速率 R_b=1 Mbps；
- 成形滤波器的滚降因子α=0.8；
- 采样频率和 FPGA 系统时钟频率 f_s=8R_b；
- 载波频率 f_c=2 MHz；
- 输入数据位宽 B_{data}=8；
- FPGA 采用 Altera 公司 Cyclone-IV 系列的 EP4CE15F17C8。

经过前面的分析，FPGA 实现差分解调的过程就比较简单了，只需要设计带通滤波器、Hilbert 滤波器、匹配滤波器、乘法器及码元周期延时处理即可。位同步（位定时）仍然可以采用例 5-6 所设计的位同步模块（BitSync.v）。

例 7-9 中的 MATLAB 程序已经将设计好的成形滤波器（Shape_lpf.txt）、普通带通滤波器（bpf.txt）、Hilbert 滤波器（h_bpf.txt）系数写入相应的外部 TXT 文件，可以供 FPGA 设计时使用。码元周期延时处理可采用寄存器来实现。

在设计π/4 QPSK 信号差分解调时，还需要考虑目标器件的硬件资源情况。由于解调电路需要使用到 4 个 FIR 滤波器，如果滤波器均采用乘加结构，则所需的乘法器资源会较多，如果均采用分布式结构，则所需的逻辑资源（Slice LUT、Slice Registers 等）会很多。因此，综合考虑目标器件的硬件资源以及差分解调的组成结构，将带通滤波器（BPF）及 Hilbert 滤波器（h_bpf）均设计成乘加结构，低通滤波器采用分布式结构。除了需要考虑滤波器的结构，还需要考虑运算过程中有效数据位宽的问题。尤其是对于滤波器来讲，输入数据位宽会直接影响滤波器占用的硬件资源。关于各级运算过程中的有效数据位截取方法，请读者结合前面章节的实例讨论，自行分析π/4 QPSK 信号差分解调中的有效数据位宽处理过程。π/4 QPSK 差分解调电路综合后的 RTL 原理图如图 7-36 所示。

```
//PiQpskModem.v 的程序清单
module PiQpskModem (rst,clk,clk4,din,dout,bitsync);
    input    rst;                          //复位信号，高电平有效
    input    clk;                          //FPGA 系统时钟：8 MHz
    input    clk4;                         //FPGA 系统时钟：32 MHz
    input    signed [7:0]  din;            //输入信号：8 MHz
    output   [1:0]         dout;           //解调后的信号
    output   bitsync;

    //将输入信号存入寄存器
    reg signed [7:0] dint;
    always @(posedge clk)
        dint <= din;

    //输入信号分别经过阶数相同的普通带通滤波器及 Hilbert 滤波器处理
```

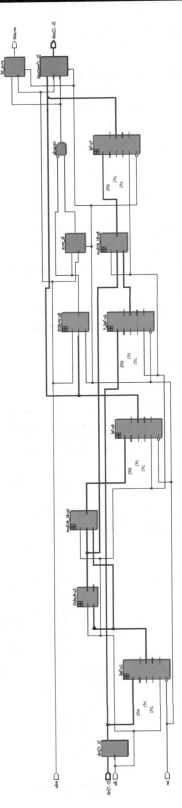

图 7-36 π/4 QPSK 差分解调电路综合后的 RTL 原理图

```
//普通带通滤波器处理
wire ast_sink_valid,ast_source_ready,reset_n;
wire [1:0] ast_sink_error;
assign ast_sink_valid=1'b1;
assign ast_source_ready=1'b1;
assign reset_n=!rst;
assign ast_sink_error=2'd0;

wire sink_ready1,source_valid1;
wire [1:0] source_error1;
wire signed [17:0] bpf_out;
bpf u1(.clk (clk), .reset_n (reset_n), .ast_sink_data (dint), .ast_sink_valid (ast_sink_valid),
    .ast_source_ready (ast_source_ready), .ast_sink_error (ast_sink_error),
    .ast_source_data (bpf_out), .ast_sink_ready (sink_ready1),
    .ast_source_valid (source_valid1), .ast_source_error (source_error1));

//Hilbert 滤波器处理
wire sink_ready2,source_valid2;
wire [1:0] source_error2;
wire signed [17:0] hbpf_out;
h_bpf u2(.clk (clk), .reset_n (reset_n), .ast_sink_data (dint), .ast_sink_valid (ast_sink_valid),
        .ast_source_ready (ast_source_ready), .ast_sink_error (ast_sink_error),
        .ast_source_data (hbpf_out), .ast_sink_ready (sink_ready2),
        .ast_source_valid (source_valid2), .ast_source_error (source_error2));
//对普通带通滤波器的输出信号延时 8 个采样点，相当于 1 个码元周期延时
wire signed [15:0] delay_out,taps;
delay8 u3 (.clock (clk), .shiftin (bpf_out[17:2]), .shiftout (delay_out),
        .taps (taps));//没有使用该信号接口

//2 路滤波后的信号分别与延时的信号相乘，实现差分解调
wire signed [33:0] mult_out;
mult16_18 u4 (.clock (clk), .dataa (delay_out), .datab (bpf_out), .result (mult_out));
wire signed [33:0] hmult_out;
mult16_18 u5 (.clock (clk), .dataa (delay_out), .datab (hbpf_out), .result (hmult_out));

//对乘法运算后的信号进行匹配滤波，完成差分解调
wire sink_ready6,source_valid6;
wire [1:0] source_error6;
wire signed [27:0] lpf_out;
lpf u6(.clk (clk), .reset_n (reset_n), .ast_sink_data (mult_out[32:17]),
    .ast_sink_valid (ast_sink_valid), .ast_source_ready (ast_source_ready),
    .ast_sink_error (ast_sink_error), .ast_source_data (lpf_out),
    .ast_sink_ready (sink_ready6), .ast_source_valid (source_valid6),
    .ast_source_error (source_error6));

wire sink_ready7,source_valid7;
wire [1:0] source_error7;
```

```verilog
wire signed [27:0] hlpf_out;
lpf u7(.clk (clk), .reset_n (reset_n), .ast_sink_data (hmult_out[32:17]),
        .ast_sink_valid (ast_sink_valid), .ast_source_ready (ast_source_ready),
        .ast_sink_error (ast_sink_error), .ast_source_data (hlpf_out),
        .ast_sink_ready (sink_ready7), .ast_source_valid (source_valid7),
        .ast_source_error (source_error7));


//提取位同步信号
//实例化位同步模块 BitSync
wire sync_i;
BitSync u8 (.rst (rst), .clk (clk4), .datain (lpf_out[27]), .sync (sync_i));

//在位同步信号 sync_i 的驱动下，输出解调后的信号 douttem
reg sync_id,bit_sync;
reg [1:0] douttem;
always @(posedge clk4 or posedge rst)
if (rst)
    begin
        sync_id <= 1'b0;
        douttem <= 2'd0;
        bit_sync <= 1'b0;
    end
else
    begin
        sync_id <= sync_i;
        if ((sync_id) &&(!sync_i))
            begin
                douttem <= {lpf_out[27],hlpf_out[27]};
                bit_sync <= 1'b1;
            end
        else
            bit_sync <= 1'b0;
    end
assign dout = douttem;
assign bitsync = bit_sync;
endmodule
```

其中，乘法器核的设置比较简单，只需要设置输入数据位宽分别为 16 和 18，取全精度运算数据输出，并设置 2 级流水线结构。由于后续滤波器输入数据位宽设置为 16，因此截取乘法运算结果的[32:17]作为后续匹配滤波器（u6:lpf、u7:lpf）的输入。

普通带通滤波器（u1:bpf）和 Hilbert 滤波器（u2:h_bpf）模块均采用 FIR 滤波器实现，且均采用乘加结构实现。考虑到 Alrtera 公司的 FPGA 中硬件乘法器可配置成 9 bit×9 bit 的结构，且输入数据位宽为 8，因此将滤波器系数量化为 9 bit。后续低通滤波器由于采用分布式结构，不使用乘法器核，滤波器系数量化位宽设置成 10，以提高运算精度。下面是滤波器核的主要参数。

bpf 核的部分参数如下：

系数量化方式（Coefficient Scaling）：自动（Auto）。

系数量化位宽（Bit Width）：9。

滤波器结构（Filter Structure）：Multi-Cycle。

流水线级数（Pipline Level）：1。

运算时钟数（Clock to Compute）：1。

乘法器实现方式（Multiplier inplementation）：DSP Blocks。

滤波器速率设置（Rate Specification）：单速率（Single Rate）。

输入数据通道数（Number of input Channels）：1。

输入数据类型（Input Number System）：有符号二进制数据（Signed Binary）。

输入数据位宽（Input Bit Width）：8。

输出数据位宽（Output Number System）：全精度（Full Resoulation）。

滤波器系数（Coefficients）："D:\ModemPrograms\Chapter_7\E7_9_PiQpskModem\bpf.txt"。

h_bpf 核的部分参数如下：

系数量化方式（Coefficient Scaling）：自动（Auto）。

系数量化位宽（Bit Width）：9。

滤波器结构（Filter Structure）：Multi-Cycle。

流水线级数（Pipline Level）：1。

运算时钟数（Clock to Compute）：1。

乘法器实现方式（Multiplier inplementation）：DSP Blocks。

滤波器速率设置（Rate Specification）：单速率（Single Rate）。

输入数据通道数（Number of input Channels）：1。

输入数据类型（Input Number System）：有符号二进制数据（Signed Binary）。

输入数据位宽（Input Bit Width）：8。

输出数据位宽（Output Number System）：全精度（Full Resoulation）。

滤波器系数（Coefficients）："D:\ModemPrograms\Chapter_7\E7_9_PiQpskModem\h_bpf.txt"。

lpf 核的部分参数如下：

系数量化方式（Coefficient Scaling）：自动（Auto）。

系数量化位宽（Bit Width）：10。

滤波器结构（Filter Structure）：Distributed Arithmetic: Fully Parallel Filter。

流水线级数（Pipline Level）：1。

运算时钟数（Clock to Compute）：1。

乘法器实现方式（Multiplier inplementation）：DSP Blocks。

滤波器速率设置（Rate Specification）：单速率（Single Rate）。

输入数据通道数（Number of input Channels）：1。

输入数据类型（Input Number System）：有符号二进制数据（Signed Binary）。

输入数据位宽（Input Bit Width）：16。

输出数据位宽（Output Number System）：全精度（Full Resoulation）。

滤波器系数（Coefficients）："D:\ModemPrograms\Chapter_7\E7_9_PiQpskModem\Shape_lpf.txt"。

程序中使用了寄存器 IP 核。在 IP 核生成界面中依次单击 "Memory Compiler→Shift

register"即可产生寄存器 IP 核。寄存器核的使用非常简单，只需设置输入数据位宽、寄存器深度等几个参数即可，下面是 Delay8 核的主要参数。

> 输入输出数据位宽：16。
> 寄存器级数：1。
> 每级寄存器深度：8。
> 时钟允许信号：不选。
> 异步清零信号：不选。

7.7.3　FPGA 实现后的仿真测试

编写完成整个系统的 Verilog HDL 实现代码并经过测试后就可以进行 FPGA 实现了。在 Quartus II 中完成对工程的编译后，启动"TimeQuest Timing Analyzer"工具，并对时钟信号 clk 添加时序约束（周期为 20 ns，频率为 50 MHz）。保存时序约束结果后重新对整个 FPGA 工程进行编译。

完成综合实现后，在工作过程区中会自动显示整个设计所占用的器件资源情况。本实例选用的目标器件是 Altera 公司 Cyclone-IV 系列的 EP4CE15F17C8。Logic Elements（逻辑单元）使用了 7461 个，占 48%；Registers（寄存器）使用了 69345 个，占 45%；Memory Bits（存储器）使用了 780 bit，占 1%；Embedded Multiplier 9-bit elements（9 bit 嵌入式硬件乘法器）使用了 4 个，占 4%。从"TimeQuest Timing Analyzer"工具中可以看到系统最高工作频率为 108 MHz，显然满足工程实例中要求的 8 MHz。

在采用 ModelSim 进行仿真测试之前，还需要编写 TestBench 文件。本实例的 TestBench 文件功能并不复杂，主要采用读取外部文本文件的方式完成数据的读取与存储，本节不再给出完整的激励文件代码。需要说明的是，为了便于在 ModelSim 仿真波形中对比查看解调前后的数据，E7_9_PiQpskModem.m 程序将原始信号写进了文本文件 pi4_Qpsk_bit.txt 中，考虑到 FPGA 解调 $\pi/4$ QPSK 信号会存在处理延时，因此写信号时进行了延时处理。

编写完成激励文件后，即可开始进行程序仿真测试。为了更直观地观察 ModelSim 的仿真波形，需要对波形界面中的一些参数进行简单设置。图 7-37 所示为 $\pi/4$ QPSK 差分解调电路实现后的 ModelSim 仿真波形。

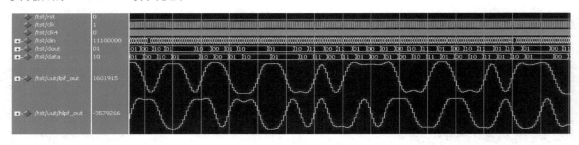

图 7-37　$\pi/4$ QPSK 差分解调电路实现后的 ModelSim 仿真波形

从图 7-37 中可以看出，经过匹配滤波后的两条支路的信号（lpf_out、hlpf_out）波形比较规则（用示波器观察，可发现信号的眼图清晰），解调性能较好。同时，对比经过位同步及判决输出的解调信号（dout）与从 pi4_Qpsk_bit.txt 文件直接读取的原始信号（data）可以看出，两者之间只有一定的时间延时，信号完全一致，也就是说恢复出了发送端送出的信号。

7.8 DQPSK 调制解调系统的板载测试

7.8.1 硬件接口电路

本章前面几节讨论了 PSK、DQPSK、π/4 QPSK 调制解调的原理及 FPGA 实现过程，接下来讨论 DQPSK 调制解调系统的板载测试情况。读者在理解 DQPSK 调制解调系统的板载测试过程之后，可自行完善程序，实现其他几种调制解调系统的板载测试。

本次板载测试的目的有 2 个：验证 FPGA 产生 DQPSK 信号；验证 DQPSK 信号解调的工作情况（不包括位同步模块）。

CRD500 开发板配置有 2 路独立的 DA 通道、1 路 AD 通道、2 个独立的晶振。为尽量真实地模拟数字调制解调过程，采用晶振 X2（gclk2）作为驱动时钟，产生 DQPSK 信号，经 DA2 通道输出。DA2 通道输出的模拟信号通过 CRD500 开发板上的 P5 跳线端子（引脚 1、2 短接）连接至 AD 通道，送入 FPGA 进行处理。FPGA 完成 DQPSK 信号的解调、判决后通过扩展口 ext9、ext11 输出同相支路信号和正交支路信号。AD 通道的驱动时钟由 X1（gclk1）提供，即板载测试中的收发两端时钟完全独立。程序下载到开发板后，通过示波器观察 DQPSK 信号及其解调后输出的信号波形，即可判断整个调制解调系统的工作情况。DQPSK 调制解调系统板载测试的 FPGA 接口信号定义如表 7-3 所示。

表 7-3　DQPSK 调制解调系统板载测试的 FPGA 接口信号定义表

信号名称	引 脚 定 义	传输方向	功 能 说 明
rst	P14	→FPGA	复位信号，高电平有效
gclk1	M1	→FPGA	50 MHz 的时钟信号，作为接收模块驱动时钟
gclk2	E1	→FPGA	50 MHz 的时钟信号，作为发送模块驱动时钟
ad_clk	K15	FPGA→	A/D 采样频率，8 MHz
ad_din[7:0]	G15、G16、F15、F16、F14、D15、D16、C14	→FPGA	AD 通道输入信号，8 bit
da2_clk	D12	FPGA→	DA2 通道时钟信号，8 MHz
da2_out[7:0]	A13、B13、A14、B14、A15、C15、B16、C16	FPGA→	DA2 通道输出信号，DQPSK 信号
ext9	B1	FPGA→	DQPSK 解调后输出同相支路信号
ext11	A2	FPGA→	DQPSK 解调后输出正交支路信号

7.8.2 板载测试程序

DQPSK 为四相调制，在产生 DQPSK 信号时，需要使用 2 个成形滤波器。为了满足较高的 DA 通道的转换速率，需要成形滤波器阶数较多，占用的资源也比较多。完整的发送端程序与接收端解调程序在同一片芯片中实现，资源比较紧张。考虑到原始的方波信号经成形滤波后，可近似为正弦波信号（请读者自行用 MATLAB 程序验证），本节直接用正弦波信号模拟方波信号，因此没有成形滤波器及码型转换模块。

具体来讲，并行的 DQPSK 信号采用频率为 500 kHz 的正弦波信号（每个周期有 2 bit 码元，则码元速率为 1 Mbps）来模拟同相支路信号，将其取反后作为正交支路信号，则并行信号为"01 10"的循环数据。解调后，进行符号判决后的同相支路和正交支路的信号均应为频率为 500 kHz 的方波信号，且两路信号正好反相。

根据前面的分析，板载测试程序需要设计时钟产生模块（clk_produce.v）来产生所需的各种时钟信号，设计测试数据生成模块来产生 DQPSK 信号，同时将 7.4 节设计的解调系统作为信号接收处理模块。DQPSK 调制解调系统板载测试程序（BoardTst.v）顶层文件综合后的 RTL 原理图如图 7-38 所示。

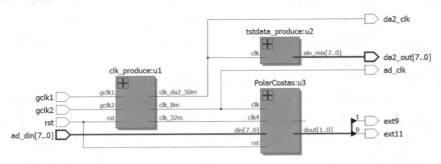

图 7-38　DQPSK 调制解调系统板载测试程序顶层文件综合后的 RTL 原理图

顶层文件 BoardTst.v 的程序代码如下所示。

```
library IEEE;
module BoardTst(
     //2 路系统时钟及 1 路复位信号
     input gclk1, input gclk2, input rst,
     output ext9 ,                          //解调输出同相支路信号
     output ext11,                          //解调输出正交支路信号
     //DA 通道
     output da2_clk,
     output [7:0] da2_out,                  //滤波后输出的信号
     //AD 通道
     output ad_clk,                         //A/D 采样频率：8 MHz
     input [7:0] ad_din);

     wire clk_da2_50m;
     wire clk_32m;
     wire clk_8m;

     assign da2_clk = clk_da2_50m;
     assign ad_clk   = clk_8m;
     clk_produce u1 (.rst(rst), .gclk1(gclk1), .gclk2(gclk2), .clk_da2_50m(clk_da2_50m),
                 .clk_32m(clk_32m), .clk_8m(clk_8m));
     tstdata_produce u2(.clk   ( clk_da2_50m), .sin_mix ( da2_out));
     PolarCostas u3(.rst( rst), .clk ( clk_8m), .clk4 ( clk_32m), .din ( ad_din), .bit_sync ( ),
                 .dout( {ext9,ext11}));

endmodule
```

时钟产生模块（u1）内包括 1 个时钟 IP 核，由板载的晶振 X1（gclk1）驱动产生接收端的 32 MHz 和 8 MHz 系统时钟，晶振 X2（gclk2）的 50 MHz 信号直接作为发送端的 DQPSK 信号来驱动时钟。

测试数据生成模块（u2）采用 50 MHz 作为驱动时钟，调用 NCO 核产生 500 kHz 的正弦波信号，用于模拟 1 Mbps 成形滤波后的信号，在完成有符号数到无符号数的转换后，送入 DA2 通道完成 D/A 转换。

解调模块（u3）在 7.3 节解调程序的基础上增加了无符号数转换为有符号数的代码，将 A/D 采样后的无符号数转换成有符号数后送入解调程序进行处理。

读者可以在本书的配套资料中查看完整的工程实例代码。

7.8.3　板载测试验证

设计好板载测试程序并完成 FPGA 实现后，可以将程序下载至 CRD500 开发板进行板载测试。板载测试的硬件连接如图 7-39 所示。

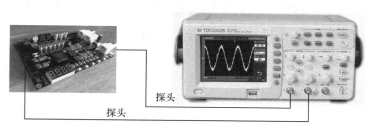

图 7-39　板载测试的硬件连接

板载测试需要采用双通道示波器，将示波器的通道 1 连接 DA2 通道的输出，观察 DQPSK 信号（本实例为 500 kHz 的正弦波信号）；示波器的通道 2 通过示波器探针连接到 CRD500 开发板的扩展口 ext9，观察接收端解调出的同相支路信号。合理设置示波器的参数，可以看到示波器两个通道输出的信号波形，如图 7-40 所示。

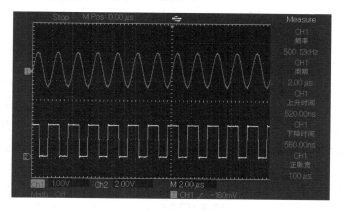

图 7-40　示波器两个通道输出的信号波形

从图 7-40 中可以看出，DQPSK 信号实际上为 500 kHz 的正弦波信号，解调出的同相支路信号为同频率的方波信号。

将示波器的通道 1 连接到 CRD500 开发板的扩展口 ext11，同时观察 DQPSK 解调出的同相支路信号和正交支路信号的波形。

图 7-41 所示为 QPSK 调制解调系统的板载测试波形，从波形上看，同相支路信号和正交支路信号均为频率 500 kHz 的方波信号，且相位刚好相反，与设置的发送端原始信号相同。

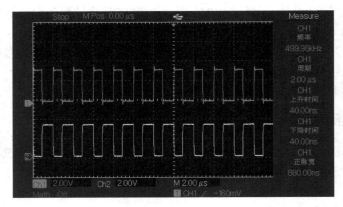

图 7-41　QPSK 调制解调系统的板载测试波形

7.9　小结

本章首先介绍了 DPSK 信号的调制解调原理及 FPGA 实现方法，其中的重点在于 Costas 环的设计。Costas 环是一种非常经典的锁相环，绝大多数电子通信领域的人员对此都不会感到陌生。由于有了第 6 章对锁相环的讨论，理解 Costas 环就相对比较容易了。设计 Costas 环的关键仍然是环路滤波器参数的设计，以及有效数据位的选取。在完成 Costas 环的设计后，通过 ModelSim 仿真 Costas 环的收敛性能时，在波形界面看到完美的收敛曲线后，读者会感觉到工程设计成功的喜悦。一些教科书中的理论，通过这个设计过程，已经演变成了现实的工程设计了。

本章接着讨论 DQPSK 调制解调问题，其调制部分的关键是差分编码方法。相对于 DPSK 信号和 MSK 信号中单比特码元的差分编/解码来讲，DQPSK 信号中双比特码元的差分编/解码的难度稍微大一些，但只需多花点工夫也是很容易理解的。DQPSK 信号的解调仍然采用相干解调法，其中的载波提取在实质上是一个锁相环。相干解调法中锁相环的参数设计方法、环路性能的分析与其他锁相环没有本质的区别，但并非完全相同，一个明显的差别就是环路收敛的速度与稳态相差之间的矛盾和 Costas 环相比更为突出，因此又提出了调整跟踪策略的解决方法。

从调制信号的解调原理来看，相干解调法的关键是锁相环的设计。虽然相干解调法具有较好的解调性能，但获取相干载波的锁相环通常无法适应载波快速变化的情况（锁相环的锁定需要一定的时间，当载波频率或相位变化较快时难以保证锁相环的稳定性），这时就需要采用非相干解调法，以牺牲少量解调性能的代价换取适应载波快速变化的能力。例如，π/4 QPSK 是一种应用十分广泛的调制体制，相比 DQPSK 来讲，它具有更好的主瓣衰减特性，但差分编码更为复杂一些。在采用差分解调方式解调 π/4 QPSK 信号时，解调出的信号不需要再进行差分解调。差分解调方式是一个开环系统，不存在环路稳定与否的问题，这一点可以从差分解调的原理，以及相关的仿真中看出。

参考文献

[1] 郭梯云，刘增基，詹道庸，等. 数据传输（第 2 版）. 北京：人民邮电出版社，1998.

[2] 杜勇. 数字通信同步技术的 MATLAB 与 FPGA 实现——Xilinx/VHDL 版. 北京：电子工业出版社，2017.

[3] 方浩华，王跃林，徐会勤，等. 基于 DSP 的 DPSK 差分解调的实现及研究. 移动通信，2003 年增刊：79-84.

[4] J. P. Costas. Synchronous communication. Proc. IRE，1956,44(12):1713-1718.

[5] Riter S. An Optimum Phase Reference Detector for Fully Modulated Phase Shift Keyed Signal. IEEE AES-5，1969,4(7).

[6] 张厥盛，郑继禹，万心平. 锁相技术. 西安：西安电子科技大学出版社，1998.

[7] 张欣. 扩频通信数字基带信号处理算法及其 VLSI 实现. 北京：科学出版社，2004.

[8] 樊昌信，张莆翔，徐炳祥，等. 通信原理（第 5 版）. 北京：国防工业出版社，2001.

[9] 常鸿. 星载 QPSK 数字解调器理论研究与工程实现. 西安电子科技大学硕士学位论文，2010.

[10] 黄凌. 基于 FPGA 的 QPSK 全数字调制解调系统. 南京航空航天大学硕士学位论文，2010.

[11] 刘思源. 基于 FPGA 的宽带中频数字 QPSK 解调算法设计与实现. 南京信息工程大学硕士学位论文，2012.

[12] 季仲梅，杨洪生，王大鸣，等. 通信中的同步技术及应用. 北京：清华大学出版社，2008.

[13] NM.BLACHMAN,S.HOSSEIN MOUSAVINEZHAO Carrier-Tracking Loop Performance for Quaternary and Binary Psk Signals. IEEE Trans. AERO and Elec Vol. AES-19-19, NO2 Mar 1983.

[14] 王世练. 宽带中频数字接收机的实现及其关键技术的研究. 国防科技大学博士学位论文，2004.

[15] 杜勇. 数字滤波器的 MATLAB 与 FPGA 实现——Altera/Verilog 版（第 2 版）. 北京：电子工业出版社，2019.

[16] 龙幸. π/4 DQPSK 调制解调技术研究及 FPGA 实现. 电子科技大学硕士学位论文，2008.

[17] 范以训. π/4 DQPSK 调制解调的仿真和 FPGA 设计. 西安电子科技大学硕士学位论文，2010.

第 8 章

QAM 调制解调技术的 FPGA 实现

评价调制方式性能的重要指标有两个[1]：一是频带利用率，即在单位频带内所能传输的最大比特率；二是功率利用率，即在误码率达到要求时所需的最小信噪比。对于实际的通信系统而言，这两种指标都需要考虑，但允许有所侧重。20 世纪 60 年代，C. R. Chen 提出了一种振幅和相位的联合调制（Amplitude Phase Keying，APK），引起了人们的重视。和常规的多进制调制相比，APK 既具有较高的频带利用率，又具有较好的功率利用率，因而得到了迅速的发展。其中，使用两个独立的基带信号对两个相互正交（利用载波相位携带信息）的同频载波进行双边带调制（利用载波振幅携带信息）的方式已得到了广泛的应用，这种调制方式正是本章将要介绍的正交振幅调制（Quadrature Amplitude Modulation，QAM）。

8.1 QAM 调制解调的原理

8.1.1 QAM 调制解调系统的组成

正交振幅调制（QAM）利用已调信号在相同带宽内的频谱正交特性来实现两路并行的数据信息传输，其信道频带利用率与单边带调制一样，主要用于高速数据传输系统中。QAM 调制解调系统的组成如图 8-1 所示。

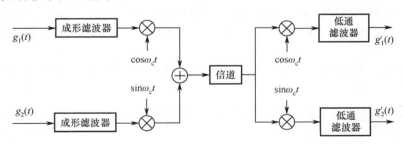

图 8-1　QAM 调制解调系统的组成

图 8-1 中的 $g_1(t)$ 和 $g_2(t)$ 是两路独立的带宽受限的基带信号，$\cos\omega_c t$ 和 $\sin\omega_c t$ 是两路相互正交的载波信号。由图 8-1 可知，发送端形成的正交振幅调制信号（为简化讨论，不考虑成形滤波器对基带信号的影响）为：

$$s(t) = g_1(t)\cos\omega_c t + g_2(t)\sin\omega_c t \tag{8-1}$$

若信道具有理想传输特性，则到达接收端的信号也是 $s(t)$。假设接收端所产生的相干载波与发送端的载波完全相同，那么相互正交的两路解调器的输出分别为：

$$m_1(t) = [g_1(t)\cos\omega_c t + g_2(t)\sin\omega_c t]\cos\omega_c t$$

$$= \frac{1}{2}g_1(t) + \frac{1}{2}[g_1(t)\cos 2\omega_c t + g_2(t)\sin 2\omega_c t] \tag{8-2}$$

$$m_2(t) = [g_1(t)\cos\omega_c t + g_2(t)\sin\omega_c t]\sin\omega_c t$$

$$= \frac{1}{2}g_2(t) + \frac{1}{2}[g_1(t)\sin 2\omega_c t - g_2(t)\cos 2\omega_c t] \tag{8-3}$$

经低通滤波器后，上、下两条支路的输出信号（基带信号）分别为：

$$g_1'(t) = \frac{1}{2}g_1(t)\,, \qquad g_2'(t) = \frac{1}{2}g_2(t) \tag{8-4}$$

这样，就无失真地完成了基带信号的传输。

需要说明的是，在 QAM 中，当接收端恢复出的相干载波与接收信号中的载波存在相差 $\Delta\varphi$ 时，不但单个解调支路的期望信号分量的功率会减少 $\cos^2\Delta\varphi$，而且在同相支路信号和正交支路信号之间还存在交互干扰。由于同相及正交两条支路信号的平均功率电平相似，一个较小的相差就会引起性能大幅下降，因此 QAM 信号对恢复出的相干载波的相位稳态误差要求比其他调制方式更高[2]。

对于 QAM 来讲，若输入的基带信号是多电平信号时，即可构成多电平正交振幅调制，如 16QAM、64QAM 等。对比 QAM 信号的时域表达式与 QPSK 信号的时域表达式可以看出，当 QAM 信号的基带信号取两种电平（±1）时，它与 QPSK 信号完全相同。在实际的工程应用中，为了获得较高的频带利用率，QAM 通常采用 M（$M>4$）进制调制方式，如 4 电平的 16QAM、6 电平的 64QAM、8 电平的 256QAM，甚至更高阶的 QAM 调制系统。

8.1.2　差分编码与星座映射

在通信系统中，通常把信号向量端点的分布图称为星座图，星座图可以看成数字信号的一个二维眼图阵列。星座图中的点所处的位置具有合理的限制或判决边界，代表各接收信号的点在图中的位置越接近，接收信号的质量就越高。星座图对应着幅度和相位，星座图的形状可以用来分析和确定系统或信道的缺陷和畸变，并帮助查找原因。例如，通过星座图可以发现诸如幅度噪声、相位噪声、相位误差、调制误差比等问题。

由于已调信号的振幅和相位有不同的取值，因此已调信号的星座图有多种形状，如圆形、三角形、矩形等。图 8-2 所示为 16QAM 信号的方形星座图和圆形星座图以及 16PSK 信号的星座图。

（a）16QAM 信号的方形星座图　　（b）16QAM 信号的圆形星座图　　（c）16PSK 信号的星座图

图 8-2　16QAM 信号的方形星座图和圆形星座图以及 16PSK 信号的星座图

由图 8-2 可见，在进制数相同的条件下，不同的星座图结构，各信号点之间的最小距离也不同，因而相应的调制方式也会具有不同的误码性能，而且最小距离越大，其误码性能就越好。容易证明[1,3]，对于图 8-2 所示的三种星座图来讲，当各信号点之间的最小距离相同时，16QAM 信号的方形星座图比 16QAM 信号的圆形星座图的平均功率小 1.5 dB，比 16PSK 信号的星座图小 2.55 dB。

由于 16QAM 信号的方形星座图结构应用更为广泛，本章以图 8-2（a）所示的 16QAM 信号的方形星座图进行讨论。结合 QAM 的调制原理和 16QAM 信号的星座图结构，可以将式（8-1）中的 $g_1(t)$、$g_2(t)$ 看成星座图中的横坐标和纵坐标。对于 16QAM 信号来说，每个基带信号需要用 2 bit 的二进制数来表示，横坐标及纵坐标共组成了 4 bit 的二进制数。也就是说，星座图中的每个信号点可由 4 bit 的二进制数来表示。对于 16QAM 信号来说，每个信号携带了 4 bit 的信息，每个信号可能有 16 种状态，每种状态由载波的幅度和相位共同确定。

所谓发送端的信号编码，也就是需要将输入信号（用 4 bit 的二进制数来表示）映射成图 8-2（a）中的横坐标及纵坐标，而后采用图 8-1 所示的结构进行调制。接收端的信号解码，则需要在完成载波的相干解调后，根据相互正交的两路基带信号判决出的值以及发送端的编码规则，还原成原始的调制信号。这里其实涉及两个问题：一是由于 QAM 通常采用相干解调法，在接收端恢复相干载波时，不可避免地存在四相相位模糊的问题[4]；二是根据信息检测理论，对多电平信号进行检测并恢复成二进制代码时，格雷码比自然码具有更好的误码性能，因此在编码时通常采用格雷码编码技术[7]。

我们先讨论差分编/解码的问题。差分编码在讨论 DPSK、QPSK 等调制系统时已经讨论过。对于多进制 QAM（如 16QAM）来讲，差分编码相对更加复杂一些。QAM 信号的差分编码可分为全部差分编码和部分差分编码。所谓全部差分编码，是指将表示每个信号的所有二进制序列均进行差分编码，其实现难度及所需的资源都比较大，特别是对于高阶 QAM 调制系统，所需的资源就更大了。部分差分编码只对每个信号的前 2 bit 进行差分编码，不仅可以减少资源消耗，而且由于减少了差分编码的比特数，还可以减少因差分编码所带来的误码扩散[6]。需要说明的是，在部分编码中，前 2 bit 用来规定信号所处的象限，余下的比特用来确定每个象限中信号向量的位置，可以克服相干解调时带来的四相相位模糊的问题。

差分编码的模 4 格雷码加法器公式为[8]：

$$I_k = [\overline{(A_k \oplus B_k)} \cdot (A_k \oplus I_{k-1})] \oplus [(A_k \oplus B_k) \cdot (A_k \oplus Q_{k-1})]$$
$$Q_k = [\overline{(A_k \oplus B_k)} \cdot (B_k \oplus Q_{k-1})] \oplus [(A_k \oplus B_k) \cdot (B_k \oplus I_{k-1})] \tag{8-5}$$

差分解码的模 4 格雷码加法器公式为[8]：

$$A_k = [\overline{(I_k \oplus Q_k)} \cdot (I_k \oplus Q_{k-1})] \oplus [(I_k \oplus Q_k) \cdot (I_k \oplus I_{k-1})]$$
$$B_k = [\overline{(I_k \oplus Q_k)} \cdot (Q_k \oplus I_{k-1})] \oplus [(I_k \oplus Q_k) \cdot (Q_k \oplus Q_{k-1})] \tag{8-6}$$

式中，A_k、B_k 为差分编码前的数据；I_k、Q_k 为差分编码后的数据，$\oplus$ 表示模 2 加（逻辑异或）。

接下来我们继续讨论信号的星座映射问题。前面讲过，为了获得更好的误码性能，在进行差分编码时需要采用格雷码编码技术。对于 QAM 信号来讲，需要将 QAM 信号的星座图中的映射成旋转对称关系[7]。图 8-3 所示为具有旋转对称关系的 16QAM 信号的星座图。

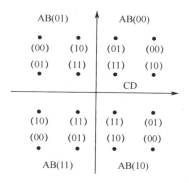

图 8-3　具有旋转对称关系的 16QAM 信号的星座图

由图 8-3 可知，横坐标及纵坐标的取值均只有 4 种，且分别为 ±1、±3，每种坐标值需要 3 bit 的二进制数来表示，其中，1 对应的二进制数为 001，−1 对应的二进制数为 111，3 对应的二进制数为 011，−3 对应的二进制数为 101。根据以上的讨论可以得出经过差分编码后的输入信号（用 4 bit 的二进制数来表示）与 QAM 调制系统中 I、Q 支路的映射关系，如表 8-1 所示。

表 8-1　经过差分编码后的输入信号与 QAM 调制系统中 I、Q 支路的映射关系

输入数据（ABCD）	I 支路（横坐标）	Q 支路（纵坐标）	输入数据（ABCD）	I 支路（横坐标）	Q 支路（纵坐标）	输入数据（ABCD）	I 支路（横坐标）	Q 支路（纵坐标）
0000	011(3)	011(3)	0110	111(−1)	011(3)	1100	101(−3)	101(−3)
0001	001(1)	011(3)	0111	111(−1)	001(1)	1101	111(−1)	101(−3)
0010	011(3)	001(1)	1000	011(3)	101(−3)	1110	101(−3)	111(−1)
0011	001(1)	001(1)	1001	011(3)	111(−1)	1111	111(−1)	111(−1)
0100	101(−3)	011(3)	1010	001(1)	101(−3)	—	—	—
0101	101(−3)	001(1)	1011	001(1)	111(−1)	—	—	—

8.1.3　16QAM 调制解调的 MATLAB 仿真

例 8-1　MATLAB 仿真 16QAM 信号的产生及相干解调

- 仿真原始信号与星座图的编码过程；
- 按照图 8-1 完成 16QAM 的调制解调；
- 符号速率 R_b=1 Mbps；
- 成形滤波器的滚降因子 α = 0.8；
- 载波频率 f_c=2 MHz；
- 采样频率 f_s=8R_b；
- 绘制 16QAM 信号的频谱及波形；
- 仿真相干解调法的解调过程；
- 绘制解调前后的基带信号的波形；
- 将原始信号、QAM 信号、滤波器系数写入相应的文本文件中。

　　根据前面的分析，我们开始编写 16QAM 信号产生及解调的 MATLAB 程序。程序中首先产生随机数据，注意需要产生十六进制的随机数据，然后将其转换成 4 bit 的二进制数，并对高 2 bit 的数据按照式（8-5）进行差分编码。将编码后的 2 bit 数据与其余 2 bit 数据重新合成 4 bit 的数据后，按照表 8-1 的映射关系完成星座映射。完成映射后的 I、Q 支路信号经过成形滤波器滤波后，再与正、余弦载波信号完成乘加运算，即可产生所需的 16QAM 信号。为了简化讨论，在 MATLAB 程序中不仿真载波同步的过程，因此解调过程相对比较简单，只需将调制信号分别与同相支路和正交支路的相干载波信号相乘后经过匹配滤波器，即可获得同相支路和正交支路的基带信号。本实例不仿真对基带信号的定时判决以及解码过程，只通过绘制基带信号的星座图来观察在载波同步或不同步的情况下星座图的变化情况，以此直观了解 QAM 的解调性能。

　　为了节约篇幅，下面的程序清单并没有给出绘图部分的代码，请读者在本书的配套资料中查看完整的 MATLAB 文件（"\Chapter_8\E8_1_QAMModem\E8_1_QAMModem.m"）。

```
% E8_1_QAMModem.m 程序清单
ps=1*10^6;                              %码元速率为 1 MHz
a=0.8;                                  %成形滤波器的滚降因子
Fs=8*10^6;                              %采样频率
fc=2*10^6;                              %载波频率
N=4000;                                 %仿真数据的长度

t=0:1/Fs:(N*Fs/ps-1)/Fs;                %产生长度为 N、频率为 fs 的时间序列
s=randint(N,1,16);                      %产生随机十六进制数作为原始信号
Bs=dec2bin(s,4);                        %将十进制数转换成 4 bit 的二进制数

%对 Bs 的高 2 bit 进行差分编码
%取高 2 bit 分别存放在 A、B 中
A=s>7;
B=(s-A*8)>3;
%将经过差分编码后的信号存放在 C、D 中
C=zeros(N,1);D=zeros(N,1);
for i=2:N
    C(i)=mod(((~mod(A(i)+B(i),2))&mod(A(i)+C(i-1),2)) + (mod(A(i)+B(i),2)&mod(A(i)+D(i-1),2)),2);
    D(i)=mod(((~mod(A(i)+B(i),2))&mod(B(i)+D(i-1),2)) + (mod(A(i)+B(i),2)&mod(B(i)+C(i-1),2)),2);
end
%差分编码后的高 2 bit 数据与原数据低 2 bit 合成映射前的数据 DBs
DBs=C*8+D*4+s-A*8-B*4;

%完成调制前的正交支路和同相支路的星座映射
I=zeros(1,N);Q=zeros(1,N);
for i=1:N
    switch DBs(i)
        case 0, I(i)=3; Q(i)=3;
        case 1, I(i)=1; Q(i)=3;
        case 2, I(i)=3; Q(i)=1;
        case 3, I(i)=1; Q(i)=1;
```

```
            case 4, I(i)=-3;Q(i)=3;
            case 5, I(i)=-3;Q(i)=1;
            case 6, I(i)=-1;Q(i)=3;
            case 7, I(i)=-1;Q(i)=1;
            case 8, I(i)=3; Q(i)=-3;
            case 9, I(i)=3; Q(i)=-1;
            case 10,I(i)=1; Q(i)=-3;
            case 11,I(i)=1; Q(i)=-1;
            case 12,I(i)=-3;Q(i)=-3;
            case 13,I(i)=-1;Q(i)=-3;
            case 14,I(i)=-3;Q(i)=-1;
            otherwise,I(i)=-1;Q(i)=-1;
    end
end

%对差分编码后的信号以 Fs 的频率进行采样
Ads_i=upsample(I,Fs/ps);
Ads_q=upsample(Q,Fs/ps);

%设计平方根升余弦滚降滤波器
n_T=[-2 2];
rate=Fs/ps;
T=1;
Shape_b = rcosfir(a,n_T,rate,T,'sqrt');
%对采样后的信号进行升余弦滚降滤波
rcos_Ads_i=filter(Shape_b,1,Ads_i);
rcos_Ads_q=filter(Shape_b,1,Ads_q);

%产生同相支路和正交支路的载波信号
f0_i=cos(2*pi*fc*t);
f0_q=sin(2*pi*fc*t);

%产生 16QAM 信号
qam16=rcos_Ads_i.*f0_i+rcos_Ads_q.*f0_q;

%实现相干解调
demod_mult_i=qam16.*f0_i;
demod_mult_q=qam16.*f0_q;
%对乘法运算后的同相支路信号和正交支路信号进行滤波
demod=filter(Shape_b,1,demod_mult_i+sqrt(-1)*demod_mult_q);
%绘制相干解调后的信号星座图
scatterplot(demod,Fs/ps,6*rate,'bx');

%仿真频差为 500 Hz 时解调后的信号星座图
f0_di=cos(2*pi*(fc+500)*t);
f0_dq=sin(2*pi*(fc+500)*t);
%实现解调
```

```
demod_mult_i=qam16.*f0_di;
demod_mult_q=qam16.*f0_dq;
%对乘法运算后的同相支路信号和正交支路信号进行滤波
demod=filter(Shape_b,1,demod_mult_i+sqrt(-1)*demod_mult_q);
%绘制解调后的信号星座图
scatterplot(demod,Fs/ps,6*rate,'bx');

%仿真相差为π/6 时解调后的信号星座图
f0_di=cos(2*pi*fc*t+pi/6);
f0_dq=sin(2*pi*fc*t+pi/6);
%实现解调
demod_mult_i=qam16.*f0_di;
demod_mult_q=qam16.*f0_dq;
%对乘法运算后的同相支路信号和正交支路信号进行滤波
demod=filter(Shape_b,1,demod_mult_i+sqrt(-1)*demod_mult_q);
%绘制解调后的信号星座图
scatterplot(demod,Fs/ps,6*rate,'bx');

%绘制 16QAM 信号的频谱和波形
%将产生的 QAM 信号进行 8 bit 量化后写入 QAM.txt 文件
%将 QAM 信号写入 QAM_bit.txt 文件
%将成形滤波器系数进行 10 bit 的量化后写入 Shape_lpf.coe 文件
```

图 8-4 所示为 16QAM 信号的频谱及波形，从图中可以看出，16QAM 信号的频谱形状与相同符号速率的 PSK、QPSK 信号的频谱形状并没有什么差别，信号的带宽仅取决于码元速率和成形滤波器的滚降因子α。

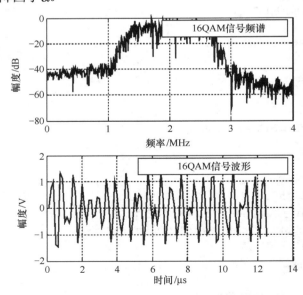

图 8-4　16QAM 信号的频谱及波形

图 8-5 所示为不同频差及相差情况下 16QAM 信号解调后的信号星座图。从图中可以看出，

相干解调后的信号星座图是方形的，如图 8-5（a）所示，而且每个信号点的集中程度都比较好。图 8-5（b）所示的相差为 30°的信号星座图，相比图 8-5（a）所示的星座图正好旋转了 30°，在这种情况下是无法进行正确判决的。当频差为 500 Hz 时，解调后的信号星座图的形状是三个同心圆。为什么会是这种形状呢？因为在 16QAM 信号星座图中，各信号的幅度其实只有 3 种状态，频率的变化也会体现在相位的变化上，当频差固定时，相差会遍历 360°，因而信号星座图是三个同心圆的形状，显然，在这种情况下也是无法进行正确判决的。

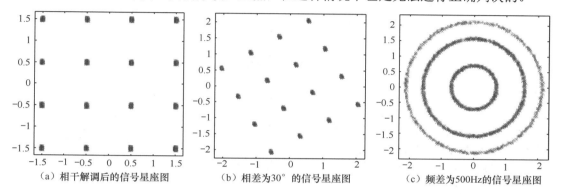

（a）相干解调后的信号星座图　　　（b）相差为 30°的信号星座图　　　（c）频差为 500Hz 的信号星座图

图 8-5　不同频差及相差情况下 16QAM 信号解调后的信号星座图

8.2　16QAM 信号编/解码的 FPGA 实现

例 8-2　FPGA 实现 16QAM 信号的编/解码

- 实现星座映射及差分编码过程；
- 实现星座逆映射及差分解码过程；
- 符号速率 R_b=1 Mbps；
- FPGA 系统频率、数据速率、采样频率 f_s=8R_b。

8.2.1　16QAM 信号编码的 Verilog HDL 设计

根据前面的讨论可知，FPGA 实现 QAM 信号的结构框图如图 8-6 所示。输入的 4 bit 原始信号中，先将高 2 bit 进行差分编码，差分编码后的数据与低 2 bit 数据一起进行星座映射。星座映射后输出的两路信号分别通过成形滤波器进行滤波，滤波后的基带信号再分别与相互正交的载波信号相乘，相加后即可产生 QAM 信号。图中的成形滤波器、乘法器及加法器的 FPGA 实现十分简单，在本书前面章节中已多次讨论，本节不再赘述。本节重点介绍编码的 Verilog HDL 设计。

编码包括差分编码和星座映射两个步骤。差分编码用于实现式（8-5）所示的逻辑，虽然式（8-5）看起来比较复杂，但毕竟只是单比特的一些简单逻辑运算，实现起来还是比较容易的。从星座映射的原理可以看出，最简单直接的办法是设计一个 ROM，根据 4 bit 的输入地址（差分编码后的 4 bit 数据），预先在相应地址单元中写入相应 6 bit 的 I、Q 支路的信号。由于数据量不是很大，这里直接采用 MATLAB 仿真程序 E8_1_QAMModem.m 中的方法，即采用分支语句来实现。下面直接给出了 16QAM 信号编码的 Verilog HDL 程序（CodeMap.v）清单。

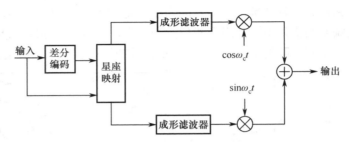

图 8-6　FPGA 实现 QAM 信号的结构框图

```
//CodeMap.v 的程序清单
module CodeMap (rst,clk,din,I,Q);
    Input    rst;                          //复位信号，高电平有效
    Input    clk;                          //FPGA 系统时钟
    input    [3:0]  din;                   //输入信号的绝对码
    output   [2:0]  I,Q;                   //转换后的相对码

    //差分编码
    wire c,d;
    reg    Dc,Dd;
    reg [3:0] code;
    always @(posedge clk or posedge rst)
    if (rst)
        begin
            Dc <= 1'b0;
            Dd <= 1'b0;
            code <= 2'd0;
        end
    else
        begin
            Dc <= c;
            Dd <= d;
            //完成差分编码后，组成新的 4 bit 数据，用于星座映射
            code <= {c,d,din[1:0]};
        end

    wire d3xor2,d3xnordc,d3xnor2,d3xnordd;
    assign d3xor2 = din[3]^din[2];
    assign d3xnordc = !(din[3]^Dc);
    assign d3xnor2 = !d3xor2;
    assign d3xnordd = !(din[3]^Dd);
    assign c = !((d3xor2 & d3xnordc) ^(d3xnor2 & d3xnordd));
```

```verilog
wire d2xnordd,d2xnordc;
assign d2xnordd = !(din[2]^Dd);
assign d2xnordc = !(din[2]^Dc);
assign d = !((d3xor2 & d2xnordd) ^(d3xnor2 & d2xnordc));
//星座映射
reg [2:0] it,qt;
always @(posedge clk or posedge rst)
if (rst)
    begin
        it <= 3'd0;
        qt <= 3'd0;
    end
else
    case(code)
    4'd0:
        begin
            it <= 3'b011;
            qt <= 3'b011;
        end
    4'd1:
        begin
            it <= 3'b001;
            qt <= 3'b011;
        end
    4'd2:
        begin
            it <= 3'b011;
            qt <= 3'b001;
        end
    4'd3:
        begin
            it <= 3'b001;
            qt <= 3'b001;
        end
    4'd4:
        begin
            it <= 3'b101;
            qt <= 3'b011;
        end
    4'd5:
        begin
            it <= 3'b101;
            qt <= 3'b001;
        end
    4'd6:
        begin
```

```verilog
                    it <= 3'b111;
                    qt <= 3'b011;
                end
        4'd7:
            begin
                    it <= 3'b111;
                    qt <= 3'b001;
                end
        4'd8:
            begin
                    it <= 3'b011;
                    qt <= 3'b101;
                end
        4'd9:
            begin
                    it <= 3'b011;
                    qt <= 3'b111;
                end
        4'd10:
            begin
                    it <= 3'b001;
                    qt <= 3'b101;
                end
        4'd11:
            begin
                    it <= 3'b001;
                    qt <= 3'b111;
                end
        4'd12:
            begin
                    it <= 3'b101;
                    qt <= 3'b101;
                end
        4'd13:
            begin
                    it <= 3'b111;
                    qt <= 3'b101;
                end
        4'd14:
            begin
                    it <= 3'b101;
                    qt <= 3'b111;
                end
        default:
            begin
                    it <= 3'b111;
                    qt <= 3'b111;
```

```
                end
            endcase
        assign I = it;
        assign Q = qt;
endmodule
```

8.2.2　16QAM 信号解码的 Verilog HDL 设计

解码模块的输入信号为判决后的 I、Q 支路的信号，因此要根据 I、Q 支路的信号还原出发送端发送的原始信号。解码同样需要经过两个步骤：星座逆映射及差分解码。星座逆映射部分的 Verilog HDL 实现代码仍然采用分支语句实现，而差分解码功能仅仅是实现式（8-6）的逻辑公式。解码模块的功能与编码模块正好相反，程序结构相似，请读者对照起来阅读，以便于理解。

```
//DeCodeMap.v 的程序清单
module DeCodeMap (rst,clk,I,Q,dout);
    input    rst;                              //复位信号，高电平有效
    input    clk;                              //FPGA 系统时钟
    input    [2:0]   I;                        //星座映射的 I 支路信号
    input    [2:0]   Q;                        //星座映射的 Q 支路信号
    output   [3:0]   dout;                     //解调后的原始信号

    //星座逆映射
    reg [3:0] code;
    always @(posedge clk or posedge rst)
    if (rst)
        begin
            code <= 4'd0;
        end
    else
        case({I,Q})
            6'b011_011: code<=4'b0000;
            6'b001_011: code<=4'b0001;
            6'b011_001: code<=4'b0010;
            6'b001_001: code<=4'b0011;
            6'b101_011: code<=4'b0100;
            6'b101_001: code<=4'b0101;
            6'b111_011: code<=4'b0110;
            6'b111_001: code<=4'b0111;
            6'b011_101: code<=4'b1000;
            6'b011_111: code<=4'b1001;
            6'b001_101: code<=4'b1010;
            6'b001_111: code<=4'b1011;
            6'b101_101: code<=4'b1100;
            6'b111_101: code<=4'b1101;
            6'b101_111: code<=4'b1110;
```

```
        6'b111_111: code<=4'b1111;
        default: code<=4'b0000;
    endcase
//差分解码
wire c,d;
reg d3,d2;
reg [3:0] dt;
always @(posedge clk or posedge rst)
if (rst)
    begin
        d3 <= 1'b0;
        d2 <= 1'b0;
        dt <= 4'd0;
    end
else
    begin
        d3 <= code[3];
        d2 <= code[2];
        //完成差分解码后，组成新的 4 bit 数据，用于还原调制信号
        dt <= {c,d,code[1:0]};
    end
assign dout = dt;

wire d3xor2,d3xnordc,d3xnor2,d3xnordd;
assign d3xor2 = code[3]^code[2];
assign d3xnordc = !(code[3]^d2);
assign d3xnor2 = !d3xor2;
assign d3xnordd = !(code[3]^d3);
assign c = !((d3xor2 & d3xnordc) ^(d3xnor2 & d3xnordd));

wire d2xnordd,d2xnordc;
assign d2xnordd = !(code[2]^d3);
assign d2xnordc = !(code[2]^d2);
assign d = !((d3xor2 & d2xnordd) ^(d3xnor2 & d2xnordc));

endmodule
```

8.2.3　FPGA 实现 16QAM 信号编/解码的仿真测试

为了直观方便地观察 16QAM 信号的编/解码模块是否工作正常，另外设计了一个顶层文件（CodeModem.v）将两个模块级联起来测试，将编码模块（CodeMap.v）的输出作为解码模块（DeCodeMap.v）的输入。如果两个模块均能够正常工作，则编码模块的输入应当与解码模块的输出相同。激励文件采用 E8_1_QAMModem.m 程序产生调制信号的文件 QAM_bit.txt。激励文件的设计在前面章节的多个实例中均有说明，本节不再重复，请读者在本书配套资料中查看完整的 FPGA 工程文件（"\Chapter_8\E8_2_QamCodeModem\ QamCodeModem"）。

图 8-7 所示为编/解码模块的 ModelSim 仿真波形，从图中可以看出，编码模块的输入信号（din）与解码模块的输出信号（dout）只有一个处理延时，表明编/解码模块工作正常。

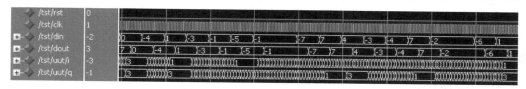

图 8-7　编/解码模块的 ModelSim 仿真波形

8.3　QAM 载波同步的 FPGA 实现

在数字通信中，由于 QAM 对载波偏移的敏感性，使得 QAM 载波恢复技术变得尤为重要。QAM 载波同步技术仍然是一种锁相环技术，只不过因其调制信号的特殊性，锁相环中的鉴相器需要进行针对性的设计。本节首先对 QAM 中几种常用的载波同步算法进行介绍，然后重点对面向判决（Decision Directed，DD）算法中的鉴相器设计进行详细讨论，并通过 FPGA 实现 DD 算法。

8.3.1　QAM 中常用的载波同步算法[10]

1. DD 算法

前面讨论过，QAM 载波同步算法的基础仍然是锁相环，而且 QAM 中各种载波同步算法与经典的锁相环几乎完全相同，区别仅在于鉴相器的设计而已。DD 算法的基本思想是将接收到的信号根据最近原则判决到最近的量化星座点上[11,12]。该方法对接收到的信号星座图与理想的星座图进行比较，把两者的相差作为误差信号，能有效去除加性噪声，并且适合所有形式的星座图。该算法的缺点是存在一个误码率阈值，当误码率过高时，采用此方法会导致大量的误差判决信号，所以 DD 算法一般应用于误码率很小的场合。

DD 算法的实现框图如图 8-8 所示。假定输入信号 $r(n)$ 经过自动增益控制、定时恢复和均衡等处理后与 VCO 的输出信号相乘，产生的相干解调信号 $q(n)$ 经过逐电平判决输出为 $\hat{q}(n)$。鉴相器的输出为：

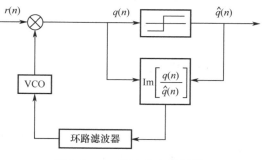

图 8-8　DD 算法的实现框图

$$p(n) = \mathrm{Im}\left[\frac{q(n)}{\hat{q}(n)}\right] \tag{8-7}$$

在不考虑噪声的情况下，有：

$$q(n) = re^{j(2\pi f_1 T_s + \theta)} = r[\cos(2\pi f_1 T_s + \theta) + j\sin(2\pi f_1 T_s + \theta)] \tag{8-8}$$

$$\hat{q}(n) = \hat{r}e^{j(2\pi f_2 T_s + \hat{\theta})} = \hat{r}[\cos(2\pi f_2 T_s + \hat{\theta}) + j\sin(2\pi f_2 T_s + \hat{\theta})] \tag{8-9}$$

$$\text{Im}\left[\frac{q(n)}{\hat{q}(n)}\right]=\text{Im}\left\{\frac{r}{\hat{r}}\mathrm{e}^{\mathrm{j}[2\pi(f_1-f_2)T_s+(\theta-\hat{\theta})]}\right\}=\frac{r}{\hat{r}}\sin[2\pi(f_1-f_2)T_s+(\theta-\hat{\theta})] \qquad (8\text{-}10)$$

假定 $\sin[2\pi(f_1-f_2)T_s+(\theta-\hat{\theta})]$ 的值很小，所以该正弦值可直接等效为其相角，得到的相差信号被送入滤波器，然后送入数字压控振荡器（VCO），该压控振荡器包括一个积分器（相位累加器）和一个正弦表，这样就形成了数字锁相环。

2. 简化星座算法

通过分析我们知道，DD 算法适用于误码率较小的场合，而且其收敛速度较慢。为了快速而准确地锁定载波恢复电路，Jablon 改进了 DD 算法，提出了简化星座（Reduced Constellation，RC）算法[12,13]。

对于 16QAM 和 64QAM 等信号的方形星座图来说，判断其相位是否锁定，仅仅需要比较 4 个角的信号点和一个预先给定信号点的相差，而不用检测星座图上的所有信号点。RC 算法是通过比较所有接收信号的幅度平方与一个预定门限值来检测星座图 4 个角的信号点的，如果接收到的信号幅度的平方大于或等于这个预定门限值，则比较该信号和它在星座图上理想值，否则相位比较器输出 0。既然星座图上所有的信号点受噪声的影响相同，那么星座图 4 个角的信号点因为半径最长，信噪比最大，它们提供的星座信息较其他信号点也更可靠。

从图 8-2（a）我们可以看到，对于 16QAM 信号的星座图而言，假若设定的初始门限值

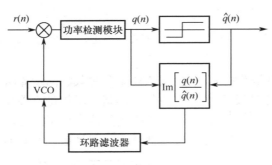

图 8-9　RC 算法的实现框图

为 τ，τ 的值小于 4 个角的信号点的半径，且大于其他信号点的半径，那么当比较相位时，在无噪的情况下只有 4 个角的信号点的幅值平方会大于 τ^2，这 4 个角的信号点就会被检测出来，而又因为这 4 个角的信号点具有最大的信噪比，因此它们包含的信息也最可信，这就是 RC 算法的基本原理。RC 算法和 DD 算法相似，仅仅在逐电平判决之前加上了功率检测模块，功率检测模块中门限值的选择是根据星座的阶数来决定的。RC 算法的实现框图如图 8-9 所示。

3. 极性判决算法

RC 算法是利用 QAM 信号方形星座图 4 个角的信号点来取得相位差的，只能够纠正较小的频差。由于对于高阶 QAM 信号，4 个角的信号点出现的概率比较低，因此 RC 算法不能用于高阶 QAM 信号的载波同步。为了更好地提高载波捕捉的范围，适用于高阶 QAM 信号的载波恢复，Kim 和 Choi 提出了极性判决算法[14]。极性判决算法是对 RC 算法的一种改进，通过功率检测模块使功率较大的信号通过，然后将该信号判决为星座图中相应象限对角线上的点，该算法后面的结构与 DD 算法的结构相似，通过鉴相器得到相差后，经过环路滤波器来驱动 VCO 得到需要补偿的相位。极性判决算法与 RC 算法的主要区别是高阶 QAM 的处理方式不同。极性判决算法是多模式转换的算法，它的功率检测门限值有多个，在不同的模式下使用不同的功率检测门限值。RC 算法只允许星座图中 4 个角的信号点通过，而极性判决算法将功

率检测门限值变低，允许较多的信号点通过，这样可以得到粗略的频差，然后将功率检测门限值提高后得到更精确的频差。在稳态时 DD 算法具有方差较小的特点，在实际运用中，极性判决法算法往往在最后转换为 DD 算法来保证在跟踪模式下较小的稳态方差，因此，极性判决算法具有比其他算法更强的频差捕获能力，健壮性也更好。

下面对极性判决算法中的鉴相器进行分析，也就是对式（8-7）进行分析。根据极性判决算法的原理，式（8-7）中的 $\hat{q}(n)$ 是 $q(n)$ 的极性判决值。所谓极性判决，也就是符号判决。我们将复基带信号表示为：

$$q(n) = I(n) + jQ(n) \tag{8-11}$$

则经过极性判决后的信号为：

$$\hat{q}(n) = \text{sgn}[I(n) + jQ(n)] \tag{8-12}$$

有：

$$p(n) = \text{Im}\left[\frac{I(n) + jQ(n)}{\text{sgn}[I(n) + jQ(n)]}\right] \tag{8-13}$$

式中，$\text{sgn}[X]$ 表示 X 的符号，取值为 ± 1，所以式（8-13）可变为：

$$p(n) = \frac{1}{2}\{Q(n)\text{sgn}[I(n)] - I(n)\text{sgn}[Q(n)]\} \tag{8-14}$$

讨论到这里，我们再回头看看第 7 章讨论的极性 Costas 环工作原理。对比式（7-20）与式（8-14），可以看出两者之间只是相差了一个常系数而已。由于锁相环的增益需要计算整个环路各部件的增益乘积，因此，这里所讨论的极性判决算法与 7.3.3 节讨论的极性 Costas 环其实是完全等效的。

我们继续讨论极性判决算法的鉴相特性。将 $q(n)$ 写成极坐标形式，即：

$$q(n) = r[\cos(\theta_n) + j\sin(\theta_n)] \tag{8-15}$$

误差信号可以写成：

$$p(n) = \frac{r}{2}[\hat{q}_\text{I}(n)\sin(\theta_n) - \hat{q}_\text{Q}(n)\cos(\theta_n)] \tag{8-16}$$

当信号的功率大于设定的门限 τ^2 时，$\hat{q}_\text{I}(n)$ 和 $\hat{q}_\text{Q}(n)$ 分别为 I 支路和 Q 支路的信号极性；否则 $\hat{q}_\text{I}(n)$ 和 $\hat{q}_\text{Q}(n)$ 均等于 0。于是可以得到鉴相器的输出平均值，即：

$$p(n)_\text{ave} = \frac{1}{2M}\left\{\sum_{k=1}^{M} r_k[\hat{q}_\text{I}(k)\sin(\theta_k) - \hat{q}_\text{Q}(k)\cos(\theta_k)]\right\} \tag{8-17}$$

由于接收信号是等概的，所选的判决信号都关于信号星座图的对角线对称，判决门限没有直流分量，因此极性判决算法具有快速而健壮的捕获性能。

4．算法模式转换

前面简要介绍了 QAM 中常用的三种载波同步算法，极性判决算法具有较强的频差捕获能力及同步速度，DD 算法具有更好的稳态相差跟踪性能，因此，在实际工程中通常先采用极性判决算法完成载波的捕获，然后转换成 DD 算法进行环路跟踪。

另外，为了获得更大的频率捕获范围，Hikmet Sari 和 Said Moridi 等人[15]提出了相位频率检测（PFD）算法。这种算法的工作原理是在环路锁定前，以频率检测（FD）方式工作，在环路锁定后，以相位检测（PD）方式进行跟踪。

除了 PFD 算法，还有一种简单的算法来扩展频率捕获范围，即频率扫描算法。一般来说，当环路带宽远小于输入频率时，环路锁定就会花费较长的时间。频率扫描算法是一种减少捕获时间的常用算法，频率扫描可以分为线性频率扫描和非线性频率扫描两大类。在线性频率扫描中，频率呈线性变化，即频率匀速变化；而非线性频率扫描中，频率变化是非匀速的。例如，对数频率扫描，频率是以对数方式变化的，即频率越大则变化越快，而频率越小则变化越慢；又如，分段频率扫描，即频率变化是不连续的，在起始频率和终止频率之间分成几个阶段台阶式地变化，频率是跳跃变化的。频率扫描主要有两个参数，一个是频率扫描时间间隔，另一个是频率扫描步长。要保证在频率扫描时间间隔内能够跟踪到频差，所以频率扫描时间间隔不能太短，但也不能太长，否则会增加频率扫描的总时间。在确定频率扫描步长时，要注意频率扫描步长不能太大，因为必须在一定的频率扫描时间间隔内跟踪到所需的频率信号。在进行实际的设计时，频率扫描的起止频率通常需要设计成可调的。

在进行实际的设计时，还涉及几种状态的转换问题：一是各种算法之间的转换，如频率扫描算法或 PFD 算法转换至极性判决算法，再由极性判决算法转换至 DD 算法；另一种转换是在算法内部通过调整环路滤波器系数来实现粗跟踪与精跟踪之间的转换。所有状态转换的关键是对环路当前捕获状态的判断，相关问题本书不进行详细讨论，读者可以查阅其他资料来了解各种状态转换的策略及算法。

8.3.2　极性判决算法的 FPGA 实现

例 8-3　FPGA 实现 16QAM 信号的载波同步

- 实现 16QAM 信号的载波同步；
- 采用极性判决算法及 DD 算法实现 16QAM 信号中的载波同步；
- 符号速率 R_b=1 Mbps；
- 载波频率 f_c=2 MHz；
- FPGA 系统频率、数据速率、采样频率 f_s=8R_b；
- 输入数据位宽为 8；
- 测试输入为 E8_1_QAMModem.m 程序产生的调制信号；
- 用 MATLAB 绘制载波同步后基带信号的星座图。

我们首先采用极性判决算法实现 16QAM 信号载波同步的 FPGA 设计与仿真。极性判决模块中存在不同判决门限（功率检测门限）的转换，为了简化设计过程，程序中设置判决门限为 0，即信号星座图中所有的信号点均参与鉴相，这样一来，极性判决模块与本书第 7 章讨论的 QPSK 信号极性 Costas 环中的鉴相器几乎完全相同。需要注意的是，在例 7-6 中的极性 Costas 环中，环路中的低通滤波器采用的不是匹配滤波器。根据本实例的设计要求，由于发送端发送的信号是经过平方根升余弦滚降滤波器成形滤波后的信号，因此接收端也需要采用相同的滤波器，即采用匹配滤波器实现。匹配滤波器的系数已由 E8_1_QAMModem.m 程序产生（D:\ModemPrograms\Chapter_8\E8_1_QAMModem\Shape_lpf.txt）。成形滤波器仍然采用 10 bit 的量化，输入数据位宽取 15，则全精度运算会产生 27 bit 的有效数据。因此，与例 7-6 的程序代码相比，需要相应调整 NCO、环路滤波器等模块的接口信号位宽。由于代码结构与例 7-6 十分相似，本实例不再给出完整的工程代码，请读者在本书配套资料"Chapter_8\E8_3_QamCarrier\QamCarrierPolar"中查看完整的工程文件。

　　接下来我们对极性判决算法进行仿真测试，测试数据采用 E8_1_QAMModem.m 程序产生的 16QAM 信号（D:\ModemPrograms\Chapter_8\E8_1_QAMModem\QAM.txt）。为了进一步分析 FPGA 仿真后解调出的基带信号的星座图，还需要在 TestBench 文件中编写代码将相互正交的两路基带信号写入外部 TXT 文件中（di.txt、dq.txt），并编写 MATLAB 程序对其进行处理，绘制信号星座图，从而更直观地查看环路的工作情况。

　　由于 TestBench 文件的结构及功能在其他实例中已有详细讨论，本节不再给出完整的 TestBench 文件，只给出了对基带信号（di、dq）进行处理的相关代码，请读者在本书配套资料中查看完整的 FPGA 工程文件。

```
//产生写入时钟信号，复位状态时不写入数据
wire rst_write;
assign rst_write = clk & (!rst);

//将 di 写入外部 TXT 文件（di.txt）中
integer file_di;
initial
begin
    //文件放置在"工程目录\simulation\modelsim"下
    file_di = $fopen("di.txt");
end
//将 df 转换成有符号数据
wire signed [26:0] s_di;
assign s_di = di;
always @(posedge rst_write)
$fdisplay(file_di,"%d",s_di);

//将 dq 写入外部 TXT 文件（dq.txt）中
integer file_dq;
initial
begin
    //文件放置在"工程目录\simulation\modelsim"下
    file_dq = $fopen("dq.txt");
end
//将 df 转换成有符号数据
wire signed [26:0] s_dq;
assign s_dq = dq;
always @(posedge rst_write)
$fdisplay(file_dq,"%d",s_dq);
```

　　设计好 TestBench 文件后，运行 ModelSim 仿真程序，程序自动将 di、dq 转换成整数并写入指定的 TXT 文件，供 MATLAB 程序分析处理。

　　图 8-10 和图 8-11 分别为在无初始频差和初始频差为 1 kHz 的情况下，极性判决算法 FPGA 实现后的 ModelSim 仿真波形。从图中可以看出，当无初始频差时，环路很够很快完成锁定，

但锁定后的频差（df）波动较大；当初始频差为 1 kHz 时，约经过 40000 个数据才完成锁定，锁定后的频差波动与无初始频差的情况相同。也就是说，初始频差只影响环路的锁定时间，不影响环路锁定后的频差波动，也就是说不影响锁定后的稳态相差。

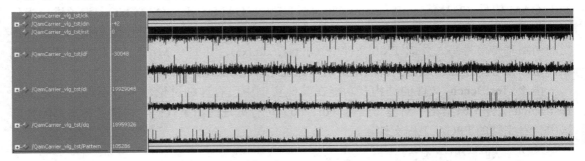

图 8-10　极性判决算法 FPGA 实现后的 ModelSim 仿真波形（无初始频差）

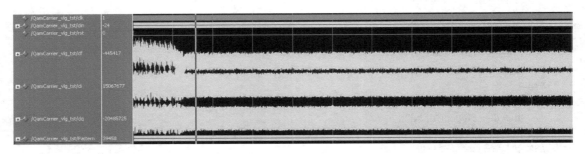

图 8-11　极性判决算法 FPGA 实现后的 ModelSim 仿真波形（初始频差为 1 kHz）

接下来采用 MATLAB 软件对环路同步（锁定）后的基带信号进行分析并绘制信号的星座图。MATLAB 程序的功能十分简单，首先从 di.txt 和 dq.txt 中读取基带信号，然后采用 scatterplot() 函数绘制信号的星座图。

下面是 MATLAB 分析程序（E8_3_SigAnalysisPolar.m）程序清单。

```
%E8_3_SigAnalysisPolar.m 的程序清单
%读取 FPGA 仿真出的信号
%运行程序前，需要根据文件存放路径修改下面相关代码，以读取仿真数据文件
clc

fid=fopen('D:\ModemPrograms\Chapter_8\E8_3_QamCarrier\QamCarrierPolar\
        simulation\modelsim\di.txt','r');
[di,N]=fscanf(fid,'%lg',inf);
fclose(fid);
fid=fopen('D:\ModemPrograms\Chapter_8\E8_3_QamCarrier\QamCarrierPolar\
        simulation\modelsim\dq.txt','r');
[dq,N]=fscanf(fid,'%lg',inf);
fclose(fid);
N                              %显示仿真数据长度
```

```
%设置信号星座图的起始点（绘制捕获前的信号星座图）
start_point=1;
demod=di(start_point:N)+sqrt(-1)*dq(start_point:N);
%设置信号星座图的相位偏移，获取最佳采样点
off=1;                              %设置信号星座图的相位偏移点数
scatterplot(demod,8,off,'bx');

%设置信号星座图的起始点（绘制捕获后的信号星座图）
start_point=40000;
demod=di(start_point:N)+sqrt(-1)*dq(start_point:N);
%设置信号星座图的相位偏移，获取最佳采样点
off=2;                              %设置信号星座图的相位偏移点数
scatterplot(demod,8,off,'bx');
```

通过修改程序中的文件指定路径，运行 MATLAB 分析程序，在无初始频差以及初始频差为 1 kHz 的情况下，捕获频差前后的信号星座图如图 8-12 和图 8-13 所示（采用极性判决算法）。

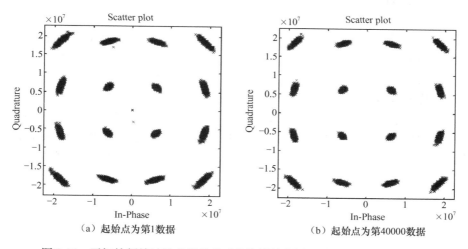

（a）起始点为第1数据　　　　　　　　　（b）起始点为第40000数据

图 8-12　无初始频差时捕获频差前后的信号星座图（采用极性判决算法）

从图 8-12 中可以看出，由于环路很快锁定，星座图中每个信号点明显分开，各信号点散布比较大，信号点之间的判决距离较小，对解调判决性能有一定的影响。

从图 8-13 中可以看出，由于环路锁定时间较长，在环路锁定前，星座图呈圆环形，每个信号点无法分开，在这种情况下显然无法对解调信号进行正确判决；在处理 40000 个数据之后环路完成锁定，此时的星座图中各信号点明显分开，而且各信号点散布比较大，各信号点之间的判决距离较小，对解调判决性能有一定的影响。

需要说明的是，本实例中没有设计位同步环，TestBench 文件将解调的基带信号写入 TXT 文件时，采样频率仍然是符号速率的 8 倍，在绘制星座图时，可以通过调整 scatterplot() 函数的相位偏移参数来设定最佳判决的信号点。

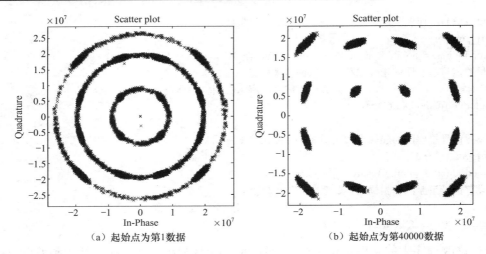

（a）起始点为第1数据　　　　　　　　　　（b）起始点为第40000数据

图 8-13　初始频差为 1 kHz 时捕获频差前后的信号星座图（采用极性判决算法）

8.3.3　DD 算法载波同步的 FPGA 实现

根据前面的分析可知，极性判决算法有利于频差的快速捕获，但捕获后的跟踪性能较差；DD 算法的频差捕获范围较小，但跟踪性能良好。在实际设计中，通常会在环路的初始阶段采用极性判决算法完成频差的捕获，然后采用 DD 算法实现稳定的跟踪。接下来继续讨论 DD 算法的原理及其 Verilog HDL 设计。

对于 QAM 信号的载波同步来讲，DD 算法和极性判决算法均是针对载波同步环中的鉴相器模块所设计的算法，环路中的低通滤波器、环路滤波器等模块的功能与参数在两种算法中是相同的。如果鉴相器的输入、输出接口一致，则只需在环路中使用相应的鉴相器即可构成不同算法的载波同步环。

根据式（8-7），DD 算法的鉴相器输出为：

$$p(n) = \mathrm{Im}\left[\frac{q(n)}{\hat{q}(n)}\right] = \frac{\hat{I}(n)Q(n) - \hat{Q}(n)I(n)}{\hat{I}^2(n) + \hat{Q}^2(n)} \tag{8-18}$$

式中，$\hat{I}(n)$、$\hat{Q}((n)$ 为对同相、正交基带信号判决后的信号。根据表 8-1 所示的星座映射关系，$I(n)$ 和 $Q(n)$ 的取值为 ±1、±3（共 4 种），$\hat{I}(n)$ 和 $\hat{Q}((n)$ 的取值为 ±1、±3（共 4 种），则 $\hat{I}^2(n) + \hat{Q}^2(n)$ 的取值为 2、10、18（共 3 种）。

如何来处理对 $\hat{I}^2(n) + \hat{Q}^2(n)$ 的除法运算呢？一种方法是采用 Quartus II 提供的除法器核来实现，但这种方法会占用不少的硬件资源，而且存在由于近似处理带来的有限字长效应；另一种方法是采用移位相加的方式来实现，除以 2 可以用右移 1 bit 来近似，除以 10 则可以用右移 3 bit 后的数据减去右移 5 bit 后的数据来近似，除以 18 可以采用右移 4 bit 后的数据减去右移 7 bit 的数据来近似，这种方法占用的硬件资源不多，但也存在有限字长效应带来的误差。有没有一种方法可以实现全精度的除法运算呢？我们可以换一个思路来考虑这个问题，即采用乘法运算来实现全精度运算。在 DD 算法中，求计算式（8-18）时，由于 $\hat{I}^2(n) + \hat{Q}^2(n)$ 的值只有 3 种固定值，我们取其最小公倍数为 90，将式（8-18）乘以这个最小公倍数，就可以通过乘法运算实现全精度的除法运算。

根据数字锁相环理论[24]，对式（8-18）乘以 90，相当于环路总增益 K 扩大 90 倍，可以通过增加 NCO 频率字字长来对环路总增益进行调整。具体来讲，将 NCO 频率字字长增加 6，为 37 bit，相当于环路总增益缩小了 64 倍；再根据环路滤波器增益及系数计算公式进行计算（E8_3_LoopDesignDD.m）环路参数，可得环路总增益 K=1.1045，环路滤波器系数 C_1=0.0118、C_2=0.0000767。为了便于 FPGA 实现，采用移位来实现小数乘法运算，取 $C_1=2^6$=0.0156、$C_2=2^{14}$=0.000061。

根据 DD 算法原理，在动手设计 DD 算法的鉴相器之前，还需要解决两个问题：一是需要对输入信号进行星座判决，与理想的星座图进行比较，把两者的相差作为误差信号；二是需要完成定时恢复，提取位同步信号，以便在每个信号的最佳判决时刻进行判决，这可以通过仿真的方法来确定判决门限。具体来讲，对于相同的输入信号，环路收敛后信号的幅值是相同的，因此可以在极性判决算法的载波同步实例中查看环路锁定后的信号幅值，并确定判决门限为 120000（解调信号的位宽为 27）。如何在载波未同步的情况下获取位同步信号呢？这正是本章后续讨论的 Gardner 定时误差检测算法[17]要解决的问题，本节只讨论 DD 算法的载波同步，因此在设计 Verilog HDL 程序时，可以通过模拟的方法来产生位同步信号。

有了前面的分析，加上程序文件中的注释，读者可以比较容易地理解 DD 算法的 Verilog HDL 设计方法。下面给出了 DD 算法鉴相器模块（DD.v）的程序清单，以及整个 QAM 信号载波同步环的顶层文件（QamCarrier.v）清单，其他模块的程序请在本书配套资料中查看（Chapter_8\E8_3_QamCarrier\QamCarrierDD\）。

```
//DD.v 的程序清单
module DD (rst,clk,yi,yq,bitsync,pd);
    input      rst;                          //复位信号，高电平有效
    input      clk;                          //FPGA 系统时钟：8 MHz
    input      bitsync;                      //位同步信号：1 MHz
    input      signed [26:0]  yi;            //输入同相支路信号：8 MHz
    input      signed [26:0]  yq;            //输入正交支路信号：8 MHz
    output     signed [33:0]  pd;            //鉴相器的输出，×90

    //通过仿真得出的理想星座图的判决门限
    wire signed [26:0] gateup,gatedown;
    assign gateup = 27'd12000000;
    assign gatedown = -27'd12000000;

    //同时完成判决门限及I、Q支路的判决值与I、Q支路信号的乘法运算
    reg [2:0] i,q;
    reg signed [28:0] i_yq,q_yi;
    always @(posedge clk or posedge rst)
    if (rst)
        begin
            i <= 3'd0;
            q <= 3'd0;
            i_yq <= 29'd0;
            q_yi <= 29'd0;
        end
```

```
        else
            //位同步定时信号，每个符号判决一次
            if (bitsync)
                begin
                    //同时完成判决门限及 I 支路信号的判决值与 Q 支路信号的乘法运算
                    if (!yi[26])
                        if (yi > gateup)
                            begin
                                i <= 3'b011;
                                i_yq <= {{2{yq[26]}},yq} +{{1{yq[26]}},yq,1'b0};        //*3
                            end
                        else
                            begin
                                i <= 3'b001;
                                i_yq <= {{2{yq[26]}},yq};                              //*1
                            end
                    else
                        if (yi > gatedown)
                            begin
                                i <= 3'b111;
                                i_yq <= -{{2{yq[26]}},yq};                             //*-1
                            end
                        else
                            begin
                                i <= 3'b101;
                                i_yq <= -{{2{yq[26]}},yq} - {{1{yq[26]}},yq,1'b0};      //*-3
                            end
                    //同时完成判决门限及 Q 支路信号的判决值与 I 支路信号的乘法运算
                    if(!yq[26])
                        if (yq > gateup)
                            begin
                                q <= 3'b011;
                                q_yi <= {{2{yi[26]}},yi} + {{1{yi[26]}},yi,1'b0};//*3
                            end
                        else
                            begin
                                q <= 3'b001;
                                q_yi <= {{2{yi[26]}},yi};//*1
                            end
                    else
                        if (yq > gatedown)
                            begin
                                q <= 3'b111;
                                q_yi <= -{{2{yi[26]}},yi};//*-1
                            end
                        else
                            begin
```

```verilog
                              q <= 3'b101;
                              q_yi <= -{{2{yi[26]}},yi} - {{1{yi[26]}},yi,1'b0};//*-3
                       end
              end

       wire signed [28:0] aiq;
       assign aiq = i_yq - q_yi;
       reg signed [35:0] pdout;

       //根据式（8-10）和式（8-18），dangle=aiq/(i^2+q^2)
       //为实现全精度的除法运算，将 dangle 扩大 90 倍
       always @(posedge clk or posedge rst)
       if (rst)
           pdout <= 36'd0;
       else
           if (((i==3'b011)|(i==3'b101)) && ((q==3'b011)|(q==3'b101)))
               //i*i+q*q=18    90=18* 5    5=4+1
               pdout <= {{5{aiq[28]}},aiq,2'd0} + {{7{aiq[28]}},aiq};
           elseif (((i==3'b001)|(i==3'b111)) && ((q==3'b001)|(q==3'b111)))
               //i*i+q*q=2    90=2* 45    45=32+8+4+1
               pdout <= {{2{aiq[28]}},aiq,5'd0} + {{4{aiq[28]}},aiq,3'd0}+
                        {{5{aiq[28]}},aiq,2'd0}+ {{7{aiq[28]}},aiq};
           else
               //i*i+q*q=10    90=10*9    9=8+1
               pdout <= {{4{aiq[28]}},aiq,3'd0} + {{7{aiq[28]}},aiq};

       assign pd = pdout[33:0];
endmodule

//QamCarrier.v 的程序清单
module QamCarrier (rst,clk,din,di,dq,df);
    input    rst;                          //复位信号，高电平有效
    input    clk;                          //FPGA 系统时钟：8 MHz
    input    signed [7:0]    din;          /输入的 16QAM 信号
    output   signed [26:0]   di;           //解调后的信号（同相支路）
    output   signed [26:0]   dq;           //解调后的信号（正交支路）
    output   signed [33:0]   df;           //环路滤波器的输出

    //数据通过寄存器输入
    reg signed [7:0] dint;
    always @(posedge clk)
    dint <= din;
    //实例化 NCO 核所需的接口信号
    wire reset_n,out_valid,clken;
    wire [36:0] carrier;
    wire signed [9:0] sin,cos;
    wire signed [36:0] frequency_df;
```

```verilog
wire signed [33:0] Loopout;
assign reset_n = !rst;
assign clken = 1'b1;
//assign carrier=37'd34359738368;                              //2 MHz, df=0 Hz
//assign carrier=37'd34368328303;                              //2.0005 MHz, df=500 Hz
assign carrier=37'd34376918237;                                //2.001 MHz, df=1 kHz
assign frequency_df={{3{Loopout[33]}},Loopout};               //根据 NCO 核接口，扩展为 30 bit

//实例化 NCO 核，Quartus II 提供的 NCO 核输出数据位宽最小为 10,
//根据环路设计需求，只取高 8 bit 参与后续运算
nco u0 (.phi_inc_i (carrier), .clk (clk), .reset_n (reset_n), .clken (clken),
        .freq_mod_i (frequency_df), .fsin_o (sin), .fcos_o (cos), .out_valid (out_valid));

//实例化 NCO 同相支路乘法器核
wire signed [15:0] zi;
mult8_8 u1 (.clock (clk), .dataa (sin[9:2]), .datab (dint), .result (zi));

//实例化 NCO 正交支路乘法器核
wire signed [15:0] zq;
mult8_8 u2 (.clock (clk),.dataa (cos[9:2]),.datab (dint),.result (zq));

//实例化鉴相器同相支路低通滤波器核
wire ast_sink_valid,ast_source_ready;
wire [1:0] ast_sink_error;
assign ast_sink_valid=1'b1;
assign ast_source_ready=1'b1;
assign ast_sink_error=2'd0;
wire sink_readyi,source_validi;
wire [1:0] source_errori;
wire signed [26:0] yi;
fir_lpf u3(.clk (clk), .reset_n (reset_n), .ast_sink_data (zi[14:0]),
           .ast_sink_valid (ast_sink_valid), .ast_source_ready (ast_source_ready),
           .ast_sink_error (ast_sink_error), .ast_source_data (yi),
           .ast_sink_ready (sink_readyi), .ast_source_valid (source_validi),
           .ast_source_error (source_errori));
//实例化鉴相器正交支路低通滤波器核
wire sink_readyq,source_validq;
wire [1:0] source_errorq;
wire signed [26:0] yq;
fir_lpf u4(.clk (clk), .reset_n (reset_n), .ast_sink_data (zq[14:0]) ,
           .ast_sink_valid (ast_sink_valid), .ast_source_ready (ast_source_ready),
           .ast_sink_error (ast_sink_error), .ast_source_data (yq),
           .ast_sink_ready (sink_readyq), .ast_source_valid (source_validq),
           .ast_source_error (source_errorq));
//实例化鉴相器模块
wire signed [33:0] pd;
reg bitsync;
```

```
DD u6 (.rst (rst), .clk (clk), .bitsync (bitsync), .yi (yi), .yq (yq), .pd (pd));

//实例化环路滤波器模块
LoopFilter u5(.rst (rst), .clk (clk), .pd (pd), .frequency_df(Loopout));

//模拟产生位同步信号
reg [2:0] c;
always @(posedge clk or posedge rst)
if (rst)
        c <= 3'd0;
else
        begin
            c <= c+ 3'd1;
            if (c==3'd0)
                bitsync <= 1'b1;
            else
                bitsync <= 1'b0;
        end
    assign df = Loopout;
//匹配滤波后的信号为同相支路和正交支路的输出信号
    assign di = yi;
    assign dq = yq;
endmodule
```

　　编写完成整个系统的 Verilog HDL 代码并经过测试后就可以进行 FPGA 实现了。在 Quartus II 中完成对工程的编译后，启动"TimeQuest Timing Analyzer"工具，并对时钟信号 clk 添加时序约束（周期为 20 ns，频率为 50 MHz）。保存时序约束结果后重新对整个 FPGA 工程进行编译。

　　完成综合实现后，在工作过程区中会自动显示整个设计所占用的器件资源情况。本实例选用的目标器件是 Altera 公司 Cyclone-IV 系列的 EP4CE15F17C8。Logic Elements（逻辑单元）使用了 6179 个，占 40%；Registers（寄存器）使用了 5629 个，占 37%；Memory Bits（存储器）使用了 2544 bit，占 1%；Embedded Multiplier 9-bit elements（9 bit 嵌入式硬件乘法器）使用了 2 个，占 2%。从"TimeQuest Timing Analyzer"工具中可以看到系统最高工作频率为 75.34 MHz，显然满足工程实例中要求的 8 MHz。

　　在采用 ModelSim 进行仿真测试之前，还需要编写 TestBench 文件。本实例的 TestBench 文件与极性判决算法载波同步实例的 TestBench 文件相同，本节不再给出完整的激励文件代码。编写完成激励文件后，即可开始进行程序仿真测试。为了更直观地观察 ModelSim 的仿真波形，需要对波形界面中的一些参数进行简单设置。图 8-14 和图 8-15 分别为在无初始频差和初始频差为 1 kHz 的情况下，DD 算法 FPGA 实现后的 ModelSim 仿真波形。从图中可以看出，当无初始频差时，环路能够很快完成锁定，锁定后的频差（df）波动范围与极性判决算法相比明显减小；当初始频差为 1 kHz 时，经过 200000 个数据才完成锁定，锁定后的频差波动范围与无初始频差的情况相同。也就是说，初始频差只影响环路的锁定时间，不影响锁定后的频差波动，也就是说，不影响锁定后的稳态相差。

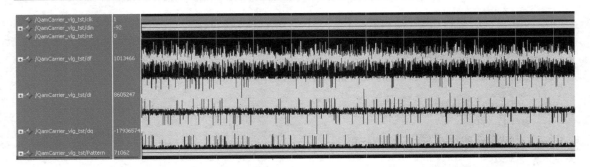

图 8-14　DD 算法 FPGA 实现后的 ModelSim 仿真波形（无初始频差）

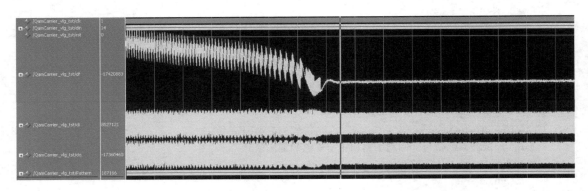

图 8-15　DD 算法 FPGA 实现后的 ModelSim 仿真波形（初始频差为 1 kHz）

接下来我们采用 MATLAB 软件对环路同步后的基带信号进行分析，并绘制信号星座图（E8_3_SigAnalysisDD.m）。图 8-16 和图 8-17 是在无初始频差以及初始频差为 1 kHz 的情况下，捕获频差前后的信号星座图（采用 DD 算法）。

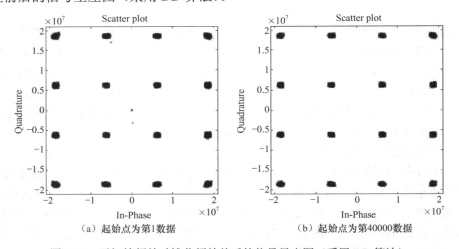

（a）起始点为第 1 数据　　　　　　　　　　（b）起始点为第 40000 数据

图 8-16　无初始频差时捕获频差前后的信号星座图（采用 DD 算法）

从图 8-16 中可以看出，由于环路可以很快锁定，星座图中每个信号点明显分开，各信号点的散布比较小，信号点之间的判决距离较大，与例 8-1 的理论仿真结果相似。

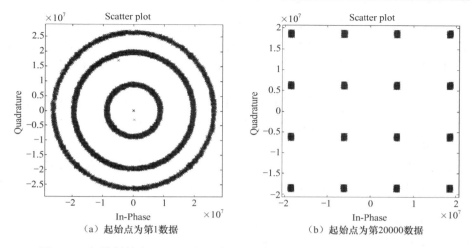

（a）起始点为第 1 数据　　　　　　（b）起始点为第 20000 数据

图 8-17　初始频差为 1 kHz 时捕获频差前后的信号星座图（采用 DD 算法）

从图 8-17 中可以看出，由于环路锁定的时间较长，在环路锁定前，星座图呈圆环形，每个信号点无法分开，在这种情况下显然无法对解调信号进行正确的判决；在处理 200000 个数据后，环路完成锁定，此时星座图中各信号点明显分开，且各信号点散布比较小，信号点之间的判决距离较大，与例 8-1 的理论仿真结果相似。

8.4　插值算法位同步技术原理

本书前面章节讨论的位同步均针对二电平信号，首先通过设置一个判决门限来获取基带信号的过零点，再根据过零点来获取位同步信号。对于多电平信号（如 16QAM 信号）来讲，无法通过先设置多门限来获取过零点，也就是说第 5 章介绍的微分型位同步环无法实现类似 16QAM 信号的位同步。本节讨论的位同步技术可以很好地解决多电平信号的位同步问题。

8.4.1　位同步技术的分类及组成

前文讨论过微分型位同步环的工作原理及 FPGA 实现方法，并简单分析了微分型位同步环无法实现多电平信号位同步的原因。在介绍基于插值算法的位同步技术之前，我们先简单介绍几种常用的位同步技术。位同步技术的分类如图 8-18 所示[19]。

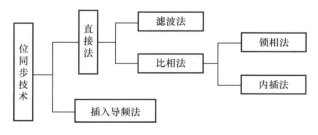

图 8-18　位同步技术的分类

插入导频法是在发送的信号中加入导频信号，然后在接收端提取该导频信号，从而实现位同步的方法。由于这种方法在插入导频信号时，增加了发送功率和频谱间的干扰，而且为了消除导频信号对判决门限的影响，接收端还必须对导频信号进行反向消除，因此该方法目前在数字通信中很少采用。

直接法是在数字通信中广泛应用的位同步技术之一，它不需要在发送端单独发送导频信号，而是直接从接收到的信号中提取时钟信号，或者通过相位比较来调整本地产生的时钟信号。直接法又可以分为比相法和滤波法两种。

滤波法是通过对接收到的频带或者基带信号进行变换处理，使得经过变换的信号中包含位同步信号，再通过窄带滤波器提取位同步信号，从而实现位同步的。滤波法中的常用变换方法有以下三种：

- 对带限的基带信号进行平方或绝对值等非线性变换；
- 将不归零基带信号变换成归零基带信号；
- 对带限的频带信号进行包络检波等处理。

比相法是目前数字接收端中应用比较广泛的方法之一，它在本地产生一个定时采样时钟信号，为保证在匹配滤波器或相关器输出信号在最佳时刻进行采样判决，接收端必须不断地检测本地采样时钟与最佳判决时刻的误差，同时不断地调整本地采样时钟的频率和相位，以便补偿在发送端和接收端定时振荡器之间的频差，始终在最佳采样时刻进行采样判决。

用比相法实现位同步应包括两个功能：一个是相位比较功能，另一个是调整功能。相位比较通过相位误差检测算法估计出本地时钟当前采样时刻与最佳判决时刻之间的偏差，相位误差检测算法在比相法中非常关键。

在检测出相位误差后，还要不断地调整采样时钟的相位和频率，以便补偿在发送端和接收端定时振荡器之间的频率漂移，这个过程称为位同步信号的调整。根据对采样时钟的不同处理，位同步信号的调整方法主要分为以下两种：

- 通过直接改变采样时钟的频率和相位来实现位同步信号的调整；
- 不改变采样时钟的频率和相位，仅通过改变相关参数来实现位同步信号的调整。

第一种方法称为锁相法，在实际应用中比较多，它采用传统锁相环技术，利用反馈控制改变采样时钟的频率和相位来实现位同步信号的调整。锁相法的原理比较简单，可靠性较好，前文介绍的微分型位同步技术就属于锁相法。

本节讨论的是第二种方法，即不改变采样时钟的频率和相位来实现位同步信号调整的方法——内插调整法，其实现框图如图 8-19 所示。

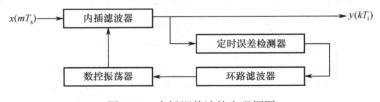

图 8-19 内插调整法的实现框图

内插滤波器实现的是一种插值算法，其作用是根据输入信号，通过插值获得最佳时刻（插值时刻由数控振荡器控制产生）的采样信号。由于接收端的采样时钟与发送端时钟不同步，因此接收端采样值可能没有所需的最佳采样值。但插值算法却可以根据采样值，以及数控振荡器输出的采样时刻信号和误差信号，通过插值算法获取最佳采样值。定时误差检测器的作用是检测本地时钟与最佳采样时刻之间的相差，检测出的相差经过环路滤波器滤波后，送入数控振荡器产生下一个内插时刻。根据采样定理，当采样频率大于或等于 2 倍的信号带宽时，信号可以由采样值恢复出来。为了实现正常的解调，需要采样值位于码元的"中点"，即判决点，因此，只要知道检测出的相差，就可以计算出最佳采样值，从而实现位同步。

8.4.2　内插滤波器的原理及结构

内插滤波器实现的是速率转换功能[20]，速率转换模型如图 8-20 所示。

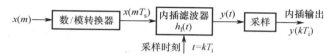

图 8-20　速率转换模型

假定接收端的采样时钟周期为 T_s，符号周期为 T。以同相（I）支路信号为例，内插滤波器接收到的信号为 $x(mT_s)$，采样频率 $f_s = 1/T_s$，通过数/模转换器（DAC）及内插滤波器后，得到一个连续时间的输出 $y(t)$，即：

$$y(t) = \sum_m x(mT_s)h_1(t - mT_s) \tag{8-19}$$

假设在 $t = kT_i$ 时刻对 $y(t)$ 再次进行采样，其中，k 为正整数，T_i 为内插周期，它与符号周期 T 是同步的，即 T/T_i 的比值为一整数。经过采样后的信号，即内插输出 $y(kT_i)$ 为：

$$y(kT_i) = \sum_m x(mT_s)h_1(kT_i - mT_s) \tag{8-20}$$

在图 8-20 所示的速率转换模型中，尽管出现了 DAC 及内插滤波器，但若已知输入信号 $x(m)$、内插滤波器的冲激响应 $h_1(t)$、采样时钟周期 T_s，以及内插周期 T_i，那么就完全可以在数字域上利用式（8-20）计算出内插点。简单分析一下上述条件，容易知道关键问题是找到内插周期 T_i 和滤波器冲激响应 $h_1(t)$。

对于式（8-20），m 为输入序列指针，定义内插滤波器指针为：

$$i = \mathrm{int}[kT_i / T_s] - m \tag{8-21}$$

同样，定义基本指针为：

$$m_k = \mathrm{int}[kT_i / T_s] \tag{8-22}$$

则分数间隔为：

$$\mu_k = kT_i / T_s - m_k \tag{8-23}$$

根据上述关系，内插公式可以重新写为：

$$y(kT_i) = y[(m_k + \mu_k)T_s] = \sum_{i=N_1}^{N_2} x[(m_k - i)T_s]h_1[(i + \mu_k)T_s] \tag{8-24}$$

式（8-21）为数字内插滤波器的基本方程。引入参数 m_k、μ_k 是有实际意义的，它们表明了 T_s 和 T_i 之间的调整关系，在时间上有如图 8-21 所示的关系。其中，m_k 决定了计算第 k 个内插值 $y(kT_i)$ 的 N 个信号样值（$N = N_2 - N_1 + 1$），μ_k 指示了内插估值点，并决定用来计算内插值 $y(kT_i)$ 的 N 个内插滤波器脉冲响应值。在一般情况下，由于 T/T_s 是无理数，所以 μ_k 也是个无理数，而且在每次内插时都是变化的。因此，要达到定时调整的目的，就要设法得到内插滤波器的控制量 m_k 和 μ_k。

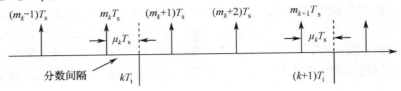

图 8-21　采样点的关系

前面只讲了内插滤波器的原理，对于工程实现来讲，重要的是找到可实现的内插滤波器结构及相应的滤波器系数。常用的内插滤波器有简单的线性内插滤波器、拉格朗日（Lagrange）内插滤波器、具有 Farrow 结构的内插滤波器，以及由最佳低通滤波器构成的性能优良的内插滤波器。使用最为广泛是具有 Farrow 结构的内插滤波器，这种结构只需要从最接近最佳内插时刻的 4 个连续输入信号 $x[(m_k-1)T_s]$、$x[m_kT_s]$、$x[(m_k+1)T_s]$、$x[(m_k+2)T_s]$ 计算内插值 $y[(m_k+\mu_k)T_s]$。

需要特别注意的是，在 FPGA 实现时，显然不可能采用未来的输入信号（$x[(m_k+1)T_s]$、$x[(m_k+2)T_s]$）来计算当前的内插值 $y[(m_k+\mu_k)T_s]$，只可能使用当前及以前的输入信号来计算内插值。例如，采用 $x[(m_k-3)T_s]$、$x[(m_k-2)T_s]$、$x[(m_k-1)T_s]$、$x[m_kT_s]$ 几个输入信号来计算一个内插值，这个内插值实际上不再是 $y[(m_k+\mu_k)T_s]$，而是 $y[(m_k-2+\mu_k)T_s]$。

图 8-22 所示为具有 Farrow 结构的内插滤波器。

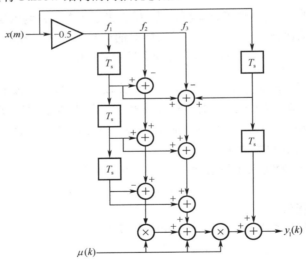

图 8-22　具有 Farrow 结构的内插滤波器

其中有三条纵向支路 f_1、f_2、f_3 及横向支路 $y_1(k)$，它们的计算公式分别为：

$$f_1 = 0.5x(m) - 0.5x(m-1) - 0.5x(m-2) + 0.5x(m-3)$$
$$f_2 = 1.5x(m-1) - 0.5x(m) - 0.5x(m-2) - 0.5x(m-3)$$
$$f_3 = x(m-2)$$
$$y_1(k) = f_1u(k)u(k) + f_2u(k) + f_3$$

（8-25）

从上面的分析可知，具有 Farrow 结构的内插滤波器类似于 FIR 滤波器，在 FPGA 中比较容易实现，且计算一个插值只需要一个符号周期内的 4 个采样点，或者说输入采样信号只需要为符号速率的 4 倍。

8.4.3　Gardner 定时误差检测算法

定时误差检测器的作用是检测环路的位定时误差，类似于锁相环中的鉴相器。在 Gardner 定时误差检测算法提出之前，业界也提出过一些基于采样点的定时误差检测算法。例如，Mueller 提出了一种基于每个信号设置一个采样点的经典定时恢复算法，这个算法是面向判决的。在基于反馈的定时恢复中，Gardner 提出了定时误差检测器，由于其简单的结构和能够独立于未知载波相位等优点而得到了广泛应用。Gardner 定时误差检测算法通常用于同步的二进制基带信号或者 BPSK、QPSK 信号，通过简单的改进也可以应用于 QAM 等多进制基带信号中。Gardner 定时误差检测算法的优点是非面向判决的，定时恢复独立于载波相位。考虑 QPSK 信号的 I 支路和 Q 支路，内插滤波器在每个码元间隔内输出 2 个采样点，且序列对之间的采样点在时间上是一致的。符号以时间间隔 T 同步传输。一个采样点出现在数据的峰值时刻，另一个采样点出现在两个数据峰值的中间时刻。我们用 $y_I(k)$、$y_Q(k)$ 表示第 k 个码元的数据选通时刻的抽样值，$y_I(k-1/2)$、$y_Q(k-1/2)$ 表示位于第 k 个和第 $k-1$ 个码元的中间时刻的抽样值。那么 Gardner 定时误差检测算法可以表示成：

$$\mu_t(k) = y_I(k-1/2)[y_I(k) - y_I(k-1)] + y_Q(k-1/2)[y_Q(k) - y_Q(k-1)] \tag{8-26}$$

式中，$\mu_t(k)$ 与载波相位相互独立，我们可以不考虑载波相位，直接进行定时相位的锁定。Gardner 定时误差检测算法可以这样理解：定时误差检测器在 I、Q 两条支路的每个峰值位置之间的中间点进行采样。如果没有定时误差，那么中间点的值应该为零。如果中间点的值不为零，就可以用它的值来表示定时误差的大小。但因为中间点处的斜率可能为正，也可能为负，也就是说，仅仅中间点的值还不能够提供足够的信息，还需要两侧的两个峰值来提供关于定时误差的正负方向。在该算法中使用峰值的符号来代替实际的值是可行的，这可以消除大部分的噪声影响。如果所有的信号滤波都是在峰值点之前进行的，则峰值点的符号是对信号的最优判决，该算法就变成面向判决的算法了，可以有效地提高追踪的能力。但在面向判决的运算中，获得的性能可能会变差。如果使用峰值点的符号，而不是实际的值，Gardner 定时误差检测算法中就不需要进行实际的乘法运算。对于数字系统来说，虽然会带来一定的性能损失，但却可以减少乘法器的使用。采用峰值点的符号代替实际值后，式（8-26）可变为：

$$\mu_t(k) = y_I\left(k-\frac{1}{2}\right)\{\mathrm{sgn}[y_I(k)] - \mathrm{sgn}[y_I(k-1)]\} + \\ y_Q\left(k-\frac{1}{2}\right)\{\mathrm{sgn}[y_Q(k)] - \mathrm{sgn}[y_Q(k-1)]\} \tag{8-27}$$

Gardner 定时误差检测算法需要通过 3 个不同的采样点来获取定时误差信息并产生定时误差，在计算误差时会产生一个延时。定时可以在 3 个抽样点的范围内进行调整，因此在最后一个抽样点上的定时误差不需要与第一个抽样点上的定时误差完全相同。

Gardner 定时误差检测算法是基于 QPSK 信号推导出来的，而 QAM 信号与 QPSK 信号的区别是 QAM 信号采用了多进制技术。在 16QAM 信号中，有些情况和 QPSK 信号类似，如在信号从-1 变为 1、1 变为-1、-3 变为 3、3 变为-3 等的时候，则没有定时误差时，中间点的平均值应为零。而有定时误差时，将产生一个非零值，它的大小与差错的大小成正比。另外一些情况，当没有定时误差时，中间点的平均值并不是零。例如，当信号从 3 变为 1 时，当没有定时误差时，中间点的平均值是 1。

　　根据前面对 Gardner 定时误差检测算法的分析，如果将其直接运用在 QAM 信号解调系统中，定时误差检测的结果在有些点上是正确的，而在有些点上是错误的。对于大量数据，这些错误的平均值是零。因为没有定时误差的情况，中间点（16QAM 信号的情况）可能是 0、1、−1、−2、2，其平均值是零。因此这些错误会导致定时时钟的抖动，通过滤波器可以减小这些抖动。

　　我们希望消除 Gardner 定时误差检测算法在 QAM 中的错误。例如，当信号从 3 变为 1 时，没有定时误差情况下中间点是 $a=(3-1)/2=1$，这其实相当于横坐标向上移 a。对于 QAM 信号来讲，定时误差检测公式变为：

$$\mu_t(k) = \left[y_I\left(k-\frac{1}{2}\right) - a_I\right]\{\text{sgn}[y_I(k)] - \text{sgn}[y_I(k-1)]\} + \left[y_Q\left(k-\frac{1}{2}\right) - a_Q\right]\{\text{sgn}[y_Q(k)] - \text{sgn}[y_Q(k-1)]\} \tag{8-28}$$

式中，

$$a_I = [y_I(k) + y_I(k-1)]/2, \quad a_Q = [y_Q(k) + y_Q(k-1)]/2 \tag{8-29}$$

8.4.4　环路滤波器与数控振荡器

　　位同步环中的环路滤波器与锁相环的环路滤波器相同，均采用理想积分滤波器。环路滤波器系数 C_1、C_2 仍然对整个位同步环的跟踪、捕获性能起重要的调节作用。

　　图 8-19 中的数控振荡器（NCO）与锁相环中的 NCO 的功能完全不同。图 8-19 中，NCO 的作用是溢出产生时钟，即确定内插基点 m_k，同时完成分数间隔 μ_k 的计算，以便内插滤波器进行内插。下面简单介绍一下它们的原理。

　　位同步环中的数控振荡器（NCO）是一个相位递减器，它的差分方程为：

$$\eta(m+1) = [\eta(m) - \omega(m)]\bmod 1 \tag{8-30}$$

式中，$\eta(m)$ 是第 m 个工作时钟的 NCO 寄存器的内容，$\omega(m)$ 为 NCO 的控制字，两者都是正小数。由于 NCO 的工作周期是 T_s，而内插滤波器的周期为 T_i，$\omega(m)$ 由环路滤波器进行调节，以便 NCO 能在最佳采样时刻溢出。环路达到平衡时，$\omega(m)$ 近似是个常数，此时平均每隔 $1/\omega(m)$ 个 T_s 周期，NCO 寄存器就溢出一次，所以 $T_i=T_s/\omega(m)$，即：

$$\omega(m) \approx T_s/T_i \tag{8-31}$$

　　从式（8-31）可以看出，$\omega(m)$ 表示的是插值平均频率 $1/T_i$ 和采样 $1/T_s$ 之间的估计关系。$\omega(m)$ 由带噪声的定时误差经过滤波产生，是个估计值。

　　NCO 寄存器的内容随时间变化关系如图 8-23 所示，图中 m_kT_s 是采样时钟脉冲时刻，超前第 k 个插值时刻 $kT_i=(m_k+T_s)T_s$，这个插值时刻是直线的过零点，即 NCO 寄存器下溢时刻。根据图 8-23，利用相似三角形原理，很容易得到：

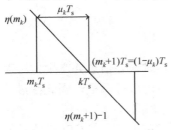

图 8-23　NCO 寄存器的内容随时间变化关系

$$\frac{\mu_k}{\eta(m_k)} = \frac{(1-\mu_k)T_s}{1-\eta(m_k+1)} \qquad (8\text{-}32)$$

从式（8-32）可以得到分数间隔：

$$\mu_k = \frac{\eta(m_k)}{\omega(m_k)} \qquad (8\text{-}33)$$

式（8-33）是一个除法运算，FPGA 实现是比较困难的。如何处理呢？我们需要再次用到工程上的近似处理方法。根据前面分析的具有 Farrow 结构的内插滤波器可知，采用立方插值结构时，$\omega(m) \approx 0.5$（依据 Gardner 定时误差检测算法，每个信号需要 2 个采样点参与运算，即 $T=2T_i$；依据具有 Farrow 结构的内插滤波器原理，每个插值需要 4 个采样点参与运算，即 $T=4T_s$）。因此，在 FPGA 工程实现时，可以简单地将式（8-33）变换为 $\mu_k=2\eta(m_k)$。

一旦正确得到 m_k 和 μ_k，系统就能够以此来计算正确的内插点，再根据内插点计算相应的定时误差，将该误差通过环路滤波器后，可得到更新后的步长 $\omega(m)$，再将步长送到 NCO 中计算 m_k 和 μ_k。整个系统就如此周而复始工作，自身不断进行反馈调节，从而得到正确的内插点，最后达到稳定状态。

8.5　插值算法位同步技术的 MATLAB 仿真

8.4 节用较多的篇幅介绍了插值算法位同步技术的原理，这些原理的介绍已经进行了较大程度的融合精简。如果读者是初次接触插值算法位同步技术，在阅读完前面的原理介绍后，对这种技术的理解十分有限，其中各模块本身的理论分析、概念理解，以及各模块之间复杂的时序逻辑关系，很容易就让读者感觉无从下手。查阅资料是科学研究的首要工作，作者在学习掌握这种技术时已记不清楚查阅了多少资料。但当最后理解并实现这种技术后，再回过头来看这些原理介绍，才感觉原来各资料介绍的内容均大同小异，甚至奇怪为什么当初就理解不了呢。

如何理解插值算法位同步技术的原理呢？我们需要进一步通过 MATLAB 仿真来验证这种技术的正确性，最后通过 FPGA 实现这种技术，再反过来理解这种技术的原理，如此循环反复，最终彻底掌握这种技术，才能得心应手地在各种工程实践中加以运用。

例 8-4　MATLAB 仿真插值算法的位同步技术

- 仿真基于插值算法的位同步技术；
- 仿真 16QAM 信号的位同步；
- 符号速率 R_b=1 Mbps；
- 成形滤波器的滚降因子 α=0.8；
- 采样频率 $f_s = 4R_b$；
- 仿真分析不同初始定时误差情况下的环路收敛情况。

8.5.1　环路滤波器系数的设计

本书在第 6 章讨论平方环时，给出了平方环性能参数的设计步骤和方法，主要是为了计算满足性能要求的环路滤波器系数 C_1、C_2，设计这两个系数的前提是计算出平方环增益 K 及固有振荡角频率 ω_n。

平方环的参数（如环路单边噪声带宽 B_L、固有振荡角频率 ω_n 等）[24]之间是相互制约的，因此，在设计环路滤波器系数时，可以以某个条件为出发点对环路滤波器系数进行计算，其中一个最常用的方法通过 B_L 与 T_s 的乘积值来设计环路滤波器系数。当平方环正常锁定时，通常要求[25] $B_L T_s \ll 0.1$。

文献[23]对基于插值算法的位同步技术的性能进行了分析，并推导了环路滤波器系数 C_1、C_2 与 $B_L T_s$ 之间的关系。文献[23]中的环路滤波器模型与图 6-34 相比，只是对 C_1 进行了归一化处理。根据文献[23]及图 6-34，很容易得到环路滤波器系数的计算公式，即：

$$C_1 = 8B_L T_s / 3, \qquad C_2 = 32(B_L T_s)^2 / 9 \qquad (8\text{-}34)$$

需要注意的是，式（8-34）中，默认平方环的增益 $K=1$。后续进行 FPGA 的实现时会看到，在平方环的设计过程中需要保证其各模块增益均为 1。在本实例中，设置 $B_L T_s=0.01$，则根据式（8-34）可得，$C_1=0.0267$、$C_2=0.00035556$。

8.5.2 Gardner 定时误差检测算法的 MATLAB 仿真程序

前面讲到过，在阅读了大量关于插值算法位同步技术的资料后，还需要动手编写 MATLAB 程序来进行仿真测试，以进一步理解插值算法位同步的实现过程。由于插值算法位同步技术的原理比较难以掌握，因此从头到尾独立编写插值算法位同前的 MATLAB 仿真程序并不是一件容易的事。记得十几年前在学校读研时，讲授电路设计课程的老师说过一句给我留下了深刻印象的话。他讲道，当你打算开始设计某个电路时，首要的工作是从各种渠道查阅与设计相关的资料，不要以为你的想法有多么奇特，是没有人做过的，其实你所能想到的设计，95%都是很多人已经设计过的。所以，找到那些已经做过类似设计的资料，是每个电子工程师在开始某项设计之初最应该做的事。

现在是一个信息社会，各种资料以及大量信息都隐藏在信息的汪洋中，要找到对自己有用的信息并不是一件容易的事。经过反复搜索及测试，下面是通过互联网找到的一份基于 Gardner 定时误差检测算法位同步的 MATLAB 仿真程序[26]。

下面是 Gardner 定时误差检测算法的 MATLAB 仿真程序的源代码及运行结果（见图 8-24），程序是针对 BPSK 信号和 Gardner 定时误差检测算法的仿真，掌握了这种算法后，对其进行简单的修改后就可以应用于 QAM 信号的位同步。

```
%E8_41_gardner.m 程序
N=50000;                              %信号数
K=4;                                  %每个信号采样 4 个点
Ns=K*N;                               %总的采样点数
w=[0.5,zeros(1,N-1)];                 %环路滤波器输出寄存器，初值设为 0.5
n=[0.7 zeros(1,Ns-1)];               %NCO 寄存器，初值设为 0.7
n_temp=[n(1),zeros(1,Ns-1)];
u=[0.6,zeros(1,2*N-1)];              %NCO 输出的定时分数间隔寄存器，初值设为 0.6
yI=zeros(1,2*N);                      %I 支路内插后的输出信号
yQ=zeros(1,2*N);                      %Q 支路内插后的输出信号
time_error=zeros(1,N);               %定时误差寄存器
```

```
i=1;
k=1;
ms=1;
strobe=zeros(1,Ns);
%环路滤波器系数
c1=5.41*10^(-3);
c2=3.82*10^(-6);

%仿真输入测试的 BPSK 信号
bitstream=randint(1,N,2);
psk2=pskmod(bitstream,2);
xI=zeros(1,Ns);
xQ=zeros(1,Ns);
xI(1:8:8*N)=real(psk2);                        %8 倍插值
xQ(1:8:8*N)=imag(psk2);
%截短后的平方根升余弦滚降滤波器
h1=rcosfir(0.8,[-8,8],4,1,'sqrt');
hw=kaiser(65,3.97);
hh=h1.*hw.';aI1=conv(xI,h1);
bQ1=conv(xQ,h1);
L=length(aI1);
%仿真输入信号
aI=[aI1(22:2:L),0,0];                          %2 倍抽取
bQ=[bQ1(22:2:L),0,0];

ns=length(aI)-2;
while(i<ns)
    n_temp(i+1)=n(i)-w(ms);
    if(n_temp(i+1)>0)
        n(i+1)=n_temp(i+1);
    else
        n(i+1)=mod(n_temp(i+1),1);
        %内插滤波器模块
        FI1=0.5*aI(i+2)-0.5*aI(i+1)-0.5*aI(i)+0.5*aI(i-1);
        FI2=1.5*aI(i+1)-0.5*aI(i+2)-0.5*aI(i)-0.5*aI(i-1);
        FI3=aI(i);
        yI(k)=(FI1*u(k)+FI2)*u(k)+FI3;
        FQ1=0.5*bQ(i+2)-0.5*bQ(i+1)-0.5*bQ(i)+0.5*bQ(i-1);
        FQ2=1.5*bQ(i+1)-0.5*bQ(i+2)-0.5*bQ(i)-0.5*bQ(i-1);
        FQ3=bQ(i);
        yQ(k)=(FQ1*u(k)+FQ2)*u(k)+FQ3;
        strobe(k)=mod(k,2);
        %定时误差提取模块，采用的是 Gardner 定时误差检测算法
        if(strobe(k)==0)
            %每个信号计算一次定时误差
            if(k>2)
```

%用来表示 Ts 的时间序号，指示 n,n_temp,nco,
%用来表示 Ti 时间序号，指示 u,yI,yQ
%用来表示 T 的时间序号，指示 a、b 和 w

```
            time_error(ms)=yI(k-1)*(yI(k)-yI(k-2))+yQ(k-1)*(yQ(k)-yQ(k-2));
        else
            time_error(ms)=(yI(k-1)*yI(k)+yQ(k-1)*yQ(k));
        end
        %环路滤波器，每个信号都计算一次环路滤波器的输出
        if(ms>1)
            w(ms+1)=w(ms)+c1*(time_error(ms)-time_error(ms-1))+c2*time_error(ms);
        else
            w(ms+1)=w(ms)+c1*time_error(ms)+c2*time_error(ms);
        end
        ms=ms+1;
    end
    k=k+1;
    u(k)=n(i)/w(ms);
    end
    i=i+1;
end

subplot(311);plot(u);xlabel('运算点数');ylabel('分数间隔');
subplot(312);plot(time_error);xlabel('运算点数');ylabel('定时误差');
subplot(313);plot(w);xlabel('运算点数');ylabel('环路滤波器输出');
```

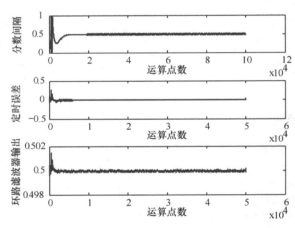

图 8-24　Gardner 定时误差检测算法的 MATLAB 仿真程序运行结果

从程序的运行结果看，分数间隔会很快收敛到 0.5 附近，定时误差很快收敛到 0，环路滤波器输出会很快收敛到 0.5 附近。仿真运行结果绘出的收敛曲线很平滑，表示 Gardner 定时误差检测算法运行正确。

简单分析一下程序中测试输入信号 aI、bQ 的产生过程。这个过程比较烦琐，首先产生 BPSK 信号，然后对其进行 8 倍插值，为了对 BPSK 信号进行 4 倍插值，最后又对 BPSK 信号进行 2 倍采样。

为什么不直接对产生的 BPSK 信号进行 4 倍插值呢？这是很容易想到的问题，因此可以将 "aI=[aI1(22:2:L),0,0];" "bQ=[bQ1(22:2:L),0,0];" 这两条语句用下面两条语句替换：

```
aI=rcosflt(real(psk2),1,4,'sqrt',0.8);
bQ=rcosflt(imag(psk2),1,4,'sqrt',0.8);
```

替换语句后再运行程序，得到的仿真结果如图 8-25 所示。

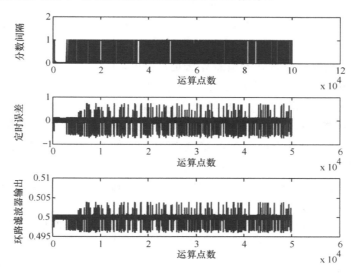

图 8-25　修改输入信号产生语句后的程序仿真结果

　　图 8-25 所示的仿真结果让人感觉到很意外，为什么 Gardner 定时误差检测算法会不收敛呢？仔细分析程序修改前后的代码，实在想不明白为什么会出现两个截然不同的结果。再次想起以前讲授电路课程老师的提醒，虽然身边没有同事做过位同步技术的研究，但还可以通过专业网站论坛寻找答案。在各大论坛发帖后，一边自行研究代码，一边等待论坛中的专家提出解决方案。

　　总算在某个论坛[27]上有了回复。网友 sunyunxin 首先要求将代码贴出来，而不要将程序以打包文件的形式放在网站上，接受其建议将代码文件及仿真结果均在论坛上贴出。很快网友 swas 给出了针对性的回复。以下是几次交流情况，现利用出版本书的机会将其原文贴出来，一是对网友 swas 的回复表示感谢，二是展示一下通过技术交流完成对问题逐步理解深入直至掌握的过程。

　　swas 的回复是：只要在两条语句之间插一条语句就可以了。

```
psk2 = upsample(psk2,4);                        %就插这么一句，紧接着是 4 倍插值滤波语句
aI=rcosflt(real(psk2),1,4,'sqrt',0.5);
```

　　作者的回复是：添加了 "psk2 = upsample(psk2,4);" 语句后，从运行结果看，u 值仍然在 0 与 1 之间振荡。这是为何呢？查了下 MATLAB 的帮助，upsample 函数的目的是对输入信号内插 0 值。"upsample(psk,4)" 相当于在每个 psk2 信号之间内插 3 个 0 值。如果紧接采用低通滤波器进行滤波，相当于将 psk2 信号的采样频率提高 4 倍。而 "rcosflt(real(psk2),1,4,'sqrt',0.5)" 本身就具备内插 4 倍且完成低通成形滤波的功能。因此，在程序中添加 "upsample(psk,4)" 后，相当于在原来信号的基础上进行了 4 倍内插，再加上语句 "rcosflt(real(psk2),1,4,'sqrt',0.5)"，就成了 16 倍内插了。

swas 的回复是：实际上也可以进行 2 倍上采样后，再进行 2 倍下采样，你取奇数点和偶数点，结果是不同的。包括原来的程序，如果取奇数点，则是你的效果，如果取偶数点，则是原图效果，你比较一下。另外原来的程序也是有问题的，如 "h1=rcosfir(0.5,[-8,8],4,1,'sqrt');" 实际上应为 "h1= rcosfir(0.5,[-8,8],8,1,'sqrt');"。

"实际上你也可以进行 2 倍上采样后，再进行 2 倍下采样，你取奇数点和偶数点，结果是不同的。" 这句话提醒了我！

（1）程序中的 Gardner 定时误差检测算法是正确的。

（2）采样时，从不同的起始点开始采样，u 的最后收敛值是不同的，但都在 0～1 内。

（3）当每个信号采样 4 个点时，程序的代码 "aI=rcosflt(real(psk2),1,4,'sqrt',0.5);" 表示对一个信号从起始点到终止点的时间段时每隔 $T/4$ 时间采样一次，4 个采样点的时刻依次为 0、$T/4$、$2T/4$、$3T/4$。这样在 Gardner 定时误差检测算法收敛后，当 m_k 为 $2T/4$ 时，$u_k=0$，计算出的插值为 $2T/4$ 处的值（眼图张开最大时刻的值）；当 m_k 为 $T/4$ 时，$u_k=1$，计算出的插值仍为 $2T/4$ 处的值（眼图张开最大时刻的值）。因此，出现在 Gardner 定时误差检测算法收敛后 u_k 在 0 和 1 之间来回振荡的现象。

（4）在原来的程序中仅仅插入语句 "psk2 = upsample(psk2,4);" 是不可以的，但后面进行 2 倍下采样，则可以得到正确的结果。

这时读者应该可以理解图 8-25 所示的仿真结果了。图 8-25 所示的仿真结果也是正确的，在这种情况下 Gardner 定时误差检测算法已经完成了收敛，只是修改后的测试数据对于 Gardner 定时误差检测算法来讲，恰好是一种特殊情况，也就是恰好有两个性质完全相同的收敛点而已。

为进一步验证对 Gardner 定时误差检测算法的理解是否正确，现在对上面修改后的两条语句重新进行修改，先对 BPSK 信号进行 16 倍的上采样，而后对其进行 4 倍的下采样，并设置不同的初始下采样值（initial 的值），运行程序并观察 u 值收敛情况。修改后的语句为：

```
I=rcosflt(real(psk2),1,16,'sqrt',0.8);
Q=rcosflt(imag(psk2),1,16,'sqrt',0.8);
initial=3;                    %不同的起始点时采样值对应不同的 u 的收敛值
m=4; L=length(I);             %4 倍下采样后，形成每个信号有 4 个采样点的输入
aI=[I(initial:m:L)];
bQ=[Q(initial:m:L)];
```

程序运行后，可以看出，当 initial=1 时，运行后的图形与图 8-25 相似；当 initial=2 时，运行后 u 稳定地收敛到 0.75 左右；当 initial=3 时，运行后的图形与图 8-24 相似；当 initial=4 时，运行后 u 稳定地收敛到 0.25 左右。

根据前面对插值算法位同步技术的分析，通常情况下，本地采样频率都不是符号速率的整数倍。在前面的仿真程序中，采样频率均是符号速率的整数倍，因此环路 u 的收敛值是一个稳定的值。如果本地采样频率不是符号速率的整数倍，u 的收敛值会如何变化呢？u 的收敛值的变化是一个类似于锯齿波的形状，原因不再给出，读者在理解了插值算法位同步技术的原理后，可以很容易推算出 u 的收敛值的变化趋势。

再次将输入信号产生的代码修改为：

```
I=rcosflt(real(psk2),1,32,'sqrt',0.8);
Q=rcosflt(imag(psk2),1,32,'sqrt',0.8);
initial=2;                              %不同的起始点时采样值对应不同的 u 的收敛值
m=9; L=floor(length(I)/m)*m;            %9 倍下采样后，形成每个信号有 32/9 个采样点的输入
aI=[I(initial:m:L)];
bQ=[Q(initial:m:L)];
```

本地采样频率不是符号速率整数倍时的位同步程序仿真结果如图 8-26 所示，平方环仍然能够很快收敛，只是 u 的收敛值不再稳定在某个具体的值，而是呈现锯齿波的形状，定时误差与图 8-24 相比有较大的增加。

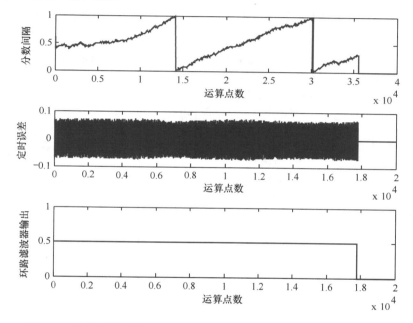

图 8-26　本地采样频率不是符号速率整数倍时的位同步程序仿真结果

8.5.3　16QAM 信号位同步算法的仿真

在 BPSK 信号的 Gardner 定时误差检测算法 MATLAB 仿真的基础上，再根据 8.4 节介绍的 QAM 信号位同步技术，编写 16QAM 信号位同步算法的仿真程序就比较容易了。

根据例 8-4 的要求，需要对 E8_41_gardner.m 进行以下修改。

（1）对环路滤波器系数进行调整，设置 C_1=0.0267、C_2=0.00035556。

（2）根据式（8-25），对参与插值算法的输入信号进行调整。设置循环变量 i 的初始为 3，且将插值算法模块中参与运算的信号均向后延时 2 个数据点。例如，将

```
FI1=0.5*aI(i+2)-0.5*aI(i+1)-0.5*aI(i)+0.5*aI(i-1);
```

修改为：

```
FI1=0.5*aI(i+2-2)-0.5*aI(i+1-2)-0.5*aI(i-2)+0.5*aI(i-1-2);
```

（3）根据式（8-28）修改定时误差检测计算公式，将

```
time_error(ms)=yI(k-1)*(yI(k)-yI(k-2))+yQ(k-1)*(yQ(k)-yQ(k-2));
```

修改为：

```
Ia=(yI(k)+yI(k-2))/2;
Qa=(yQ(k)+yQ(k-2))/2;
time_error(ms)=[yI(k-1)-Ia ]*(yI(k)-yI(k-2))+[yQ(k-1)-Qa]*(yQ(k)-yQ(k-2));
```

（4）修改输入信号的产生方法。将例 8-3 中的 FPGA 工程 QamCarrier 仿真产生 16QAM 信号作为位同步仿真算法的输入信号。需要注意的是，QamCarrier 仿真产生的信号（保存在 di.txt 和 dq.txt 中）采样频率为符号速率的 8 倍，因此需要对其进行 2 倍抽取处理。修改的相关代码如下：

```
%fid=fopen('D:\ModemPrograms\Chapter_8\E8_3_QamCarrier\QamCarrierDD\
        simulation\modelsim\di.txt','r');
fid=fopen('D:\ModemPrograms\Chapter_8\E8_3_QamCarrier\QamCarrierPolar\
        simulation\modelsim\di.txt','r'); [di,N]=fscanf(fid,'%lg',inf);
fclose(fid);
%fid=fopen('D:\ModemPrograms\Chapter_8\E8_3_QamCarrier\QamCarrierDD
        \simulation\modelsim\dq.txt','r');
fid=fopen('D:\ModemPrograms\Chapter_8\E8_3_QamCarrier\QamCarrierPolar\
        simulation\modelsim\dq.txt','r');
[dq,N]=fscanf(fid,'%lg',inf);
fclose(fid);

aI=[di(1:2:length(di))];              %2 倍抽取
bQ=[dq(1:2:length(dq))];
ma=max(abs(aI));mb=max(abs(bQ));
m=max(ma,mb);
aI=aI/m;bQ=bQ/m;
N=floor(length(aI)/4);
Ns=4*N;                               %总的采样点数
bt=0.001;
c1=3/8*bt;
c2=32/9*bt*bt;
```

为了进一步观察平方环收敛后解调出的信号星座图，还需要在程序中插入几行代码，用于计算最佳采样值，并绘制信号星座图。

运行程序后可以得到与图 8-24 相似的收敛曲线，平方环能够正确收敛。由于本地采样频率为符号速率的整数倍（4 倍），因此 u 的收敛值稳定在固定的值附近（0.5）。平方环收敛后解调出的信号星座图如图 8-27 所示，其中图 8-27（a）采用的是极性判决算法，图 8-27（b）采用的是 DD 算法。

完整的仿真程序请参见本书配套资料"\Chapter_8\ E8_4_Gardner\E8_42_gardner.m"。

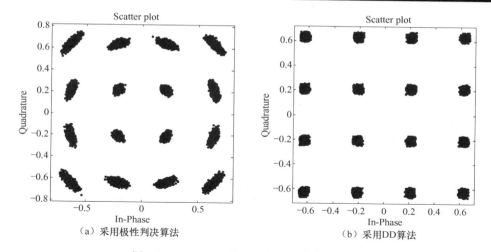

图 8-27 平方环收敛后解调出的信号星座图

（a）采用极性判决算法　　　　　（b）采用DD算法

8.6 插值算法位同步技术的 FPGA 实现

8.6.1 顶层模块的 Verilog HDL 设计

例 8-5 FPGA 实现插值算法的位同步技术

- 基于 Verilog HDL 设计 QAM 信号的位同步环；
- 符号速率 R_b=1 Mbps；
- 采样频率 f_s=4R_b；
- 以例 8-3 中 16QAM 信号作为测试数据进行测试；
- 仿真分析位同步环收敛情况；
- 仿真分析位同步环收敛后的基带信号星座图。

采用 MATLAB 仿真插值算法位同步技术后，相信大家对插值算法的原理有了更进一步的认识。如果此时再回过头来阅读 8.4 节介绍的插值算法位同步技术原理，应该比初次阅读时有更深的理解。接下来我们基于 Verilog HDL 设计这种算法，将 8.4 节中的理论通过 FPGA 这个平台进行工程实现，从而彻底掌握这种算法。

插值算法位同步环采用的是一个负反馈电路结构，从 8.5 节讨论的 MATLAB 仿真过程可以看出，位同步环（如平方环）的参数设计主要涉及环路滤波器系数。根据文献[23]的分析，采用一阶环路可以在确保性能的前提下降低设计的难度，也会减少 FPGA 实现时所需的硬件资源。

为了便于讲解，也便于读者对整个设计过程的理解，我们先给出了位同步环的顶层结构。图 8-28 为位同步环（FpgaGardner.v）顶层文件综合后的 RTL 原理图。可以看出，位同步环由数控振荡器及插值间隔产生模块（u1：gnco）、内插滤波器模块（u2、u3：InterpolateFilter）、定时误差检测及环路滤波器模块（u4：ErrorLp）组成。图 8-28 所示的结构与图 8-19 所示的结构稍微有些不同，之所以采用这种结构，是为了便于进行 Verilog HDL 设计。

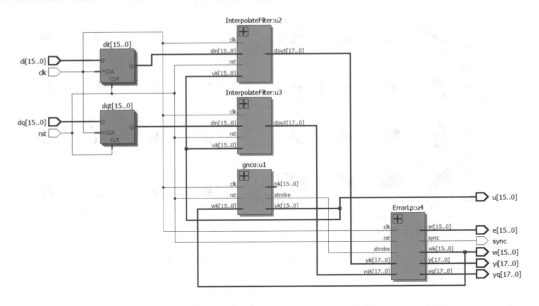

图 8-28　位同步环顶层文件（gardner.v）综合后的 RTL 原理图

下面给出了位同步环（FpgaGardner.v）的程序清单。

```
//FpgaGardner.v 的程序清单
module FpgaGardner (rst,clk,di,dq,yi,yq,sync,u,e,w);
    input     rst;                        //复位信号，高电平有效
    input     clk;                        //FPGA 系统时钟：4 MHz
    input     signed [15:0]  di;          //I 支路基带信号：4 MHz
    input     signed [15:0]  dq;          //Q 支路基带信号：4 MHz
    output    signed [17:0]  yi;          //I 支路插值信号：1 MHz
    output    signed [17:0]  yq;          //Q 支路插值信号：1 MHz
    output    signed [15:0]  u;           //插值间隔输出
    output    signed [15:0]  e;           //定时误差检测的器输出
    output    signed [15:0]  w;           //经环路滤波器滤波后的定时误差 w
    output    sync;                       //位同步信号：1 MHz

    //将输入信号存入寄存器
    reg signed [15:0] dit,dqt;
    always @(posedge clk or posedge rst)
    if (rst)
        begin
            dit <= 16'd0;
            dqt <= 16'd0;
        end
    else
        begin
            dit <= di;
            dqt <= dq;
        end
```

```
    //实例化数控振荡器及插值间隔产生模块
    wire signed [15:0] wk,uk,nk;
    wire strobe;
    gnco u1(.rst (rst), .clk (clk), .wk (wk), .strobe (strobe), .uk (uk), .nk (nk));

    //实例化内插滤波器模块
    wire signed [17:0] yik;
    InterpolateFilter u2(.rst (rst), .clk (clk), .din (dit), .uk (uk), .dout (yik));
    wire signed [17:0] yqk;
    InterpolateFilter u3( .rst (rst), .clk (clk), .din (dqt), .uk (uk),.dout (yqk));

    //定时误差检测及环路滤波器模块
    ErrorLp u4(.rst (rst), .clk (clk), .strobe (strobe), .yik (yik), .yqk (yqk), .yi (yi), .yq (yq),
                .sync (sync), .er (e), .wk (wk));
    assign u = uk;
    assign w = wk;
endmodule
```

8.6.2　内插滤波器模块的 Verilog HDL 设计

内插滤波器模块的功能其实就是完成式（8-25）的计算，由于式（8-25）中的系数只有 0.5、1、1.5 三种，因此可以采用移位的方法实现系数的乘法运算。根据 8.5 节对环路滤波器系数的讨论，要求位同步环各模块的增益均为 1，因此在设计内插滤波器模块时，也需要考虑运算过程中有效数据位宽的问题。

在进行 Verilog HDL 设计之前，首先设定输入信号（16 bit 的数据）的小数位宽为 15，整数位宽为 1，则输入信号的表示范围为 $-1 \sim 1$。根据第 3 章的讨论可知，在进行乘法运算时，如乘数 A 的小数位宽和整数位宽分别为 A_d、A_I，乘数 B 的小数位宽和整数位宽分别为 B_d、B_I，则全精度乘法运算后的小数位宽 $M_d=A_d+B_d$，整数位宽 $M_I=A_I+B_I$。两个二进制数进行加法运算时，小数点位置必须对齐，也就是说小数位宽必须相同。根据乘法运算及加法运算的规则，同时考虑到防止运算数据溢出需要扩展整数位的问题，再来理解下面给出的内插滤波器模块的 Verilog HDL 实现代码就比较容易了。

```
//InterpolateFilter.v 的程序清单
module InterpolateFilter (rst,clk,din,uk,dout);
    input    rst;                       //复位信号，高电平有效
    input    clk;                       //时钟信号、数据输入速率、4 倍符号速率：4 MHz
    input    signed [15:0]  din;        //基带 I 或 Q 支路信号：4 MHz，15 bit 的小数
    input    signed [15:0]  uk;         //插值间隔，15 bit 的小数
    output   signed [17:0]  dout;       //插值滤波输出：4 MHz，范围为 -4～4，15 bit 的小数

    //根据计算需要，对信号进行延时处理
    reg   signed [15:0] din_1,din_2,din_3,din_4,din_5,din_6;
    reg   signed [15:0] u_1,u_2;
    wire    signed [33:0] f2_u;
    reg    signed [33:0] f2_u_1,f2_u_2;
    always @(posedge clk or posedge rst)
```

```
    if (rst)
        begin
            din_1 <= 16'd0;
            din_2 <= 16'd0;
            din_3 <= 16'd0;
            din_4 <= 16'd0;
            din_5 <= 16'd0;
            din_6 <= 16'd0;
            u_1 <= 16'd0;
            u_2 <= 16'd0;
            f2_u_1 <= 34'd0;
            f2_u_2 <= 34'd0;
        end
    else
        begin
            din_1 <= din;
            din_2 <= din_1;
            din_3 <= din_2;
            din_4 <= din_3;
            din_5 <= din_4;
            din_6 <= din_5;
            u_1 <= uk;
            u_2 <= u_1;
            f2_u_1 <= f2_u;
            f2_u_2 <= f2_u_1;
        end

//采用移位方法来实现 1/2 倍乘法：f1=0.5*din-0.5din(m-1)-0.5*din(m-2)+0.5*din(m-3)
//为了防止数据溢出，f1、f2 均扩展成 3 位整数，小数位宽仍为 15
wire signed [17:0] f1,f2;
assign f1 = (rst)? 18'd0: ({{3{din[15]}},din[15:1]}-{{3{din_1[15]}},din_1[15:1]}
            -{{3{din_2[15]}},din_2[15:1]}+{{3{din_3[15]}},din_3[15:1]});
//f2=1.5*din(m-1)-0.5*din-0.5*din(m-2)-0.5*din(m-3)
assign f2 = (rst)? 18'd0: ({{2{din_1[15]}},din_1}+{{3{din_1[15]}},din_1[15:1]}
            -{{3{din[15]}},din[15:1]}-{{3{din_2[15]}},din_2[15:1]}-{{3{din_3[15]}},din_3[15:1]});
//f3 <= din_2;
//f1_u=f1*uk，f1_u 的整数位宽为 4，小数位宽为 30，设置乘法器核的处理延时为 2 个 clk 周期
wire signed [33:0] f1_u;
mult18_16 u1 (.clock( clk), .dataa (f1), .datab (uk), .result (f1_u));

//f2_u=f2*uk,f2_u 的整数位宽为 4，小数位宽为 30，设置乘法器核的处理延时为 2 个 clk 周期
mult18_16 u2 (.clock( clk), .dataa (f2), .datab (uk), .result (f2_u));

//f1_u2=f2*u*u，u_2 为 u 延时 2 个 clk 周期后的信号，使 u 与 f1_u 在时序上对齐
//f1_u 只取 15 bit 小数，3 bit 整数参与运算，f1_u2 的整数位宽为 4，小数位宽仍为 30
wire signed [33:0] f1_u2;
mult18_16 u3 (.clock( clk), .dataa (f1_u[32:15]), .datab (u_2), .result (f1_u2));
```

```
//对齐 f2_u、f1_u2 和 din_2 的小数点位置（小数位宽均取 15）
//f1_u2 的运算相对于 f2_u 有 2 个 clk 周期延时，相对于 f3(din_2)有 4 个 clk 周期延时，因此
//在加法运算中需要进行延时处理，以对齐时序
wire signed [18:0] dt;
assign dt = (rst)? 19'd0:(f2_u_2[33:15]+f1_u2[33:15]+{{3{din_6[15]}},din_6});
//由于 u 值小于 1，综合考虑整个插值算法，整数位宽增加 2 即可防止数据溢出，因此
//取 3 bit 的整数，15 bit 的小数，共 18 bit 的数据输出
//此时增加一级寄存器，是为了增加系统的运算速度
reg signed [17:0] dtem;
always @(posedge clk or posedge rst)
if (rst)
        dtem <= 18'd0;
else
        dtem <= dt[17:0];
assign dout =dtem;
endmodule
```

为了便于读者理解程序中各级运算的时序及数据截取情况，代码中增加了比较详细的注释。读者在阅读程序时，需要把握两点：一是在 Verilog HDL 设计时，为了提高整个系统的运算速度，需要在各级运算中增加寄存器，增加寄存器会带来运算延时，为了使参与运算的信号（也可称为数据）在时序上对齐，需要对部分信号进行延时处理；二是考虑乘法运算及加法运算中小数点的位置，在进行乘法运算时不需要对齐小数点的位置，在进行加法运算时必须对齐小数点的位置。

程序中使用到了乘法器核，设置该 IP 核参数时，需设置成 18 bit×16 bit 的有符号运算，同时设置运算延时为 2 个时钟（clk）周期，并且实现全精度运算（输出数据位宽为 34）。乘法器核的使用在前面章节中已有详细讨论，本节不再给出乘法器核的详细参数。

8.6.3　定时误差检测及环路滤波器模块的 Verilog HDL 设计

为便于 Verilog HDL 设计，我们用一个文件实现定时误差检测及环路滤波器模块。编写 Verilog HDL 实现代码时可以参照 MATLAB 文件中的相应设计。其中，Gardner 定时误差检测算法本身比较简单，需要注意的是，该算法的运算过程是在数控振荡器及插值间隔产生模块（gnco）送来的选通信号 strobe 有效的情况下进行的。在进行环路滤波器运算时，每两个 strobe 信号运算一次，一方面可以输出位同步信号 sync，另一方面可以保证对每个信号都计算一次滤波后的定时误差。

根据 Verilog HDL 设计特点，为了便于工程实现，对式（8-26）中的乘法运算进行近似处理，用信号的符号来代替信号的实际值，从而形成式（8-27）所示的简化符号算法。在简化符号算法中，$sgn[y_I(k)]$ 和 $sgn[y_I(k-1)]$ 的值取 1（正数情况下）或-1（负数情况下），因此 $sgn[y_I(k)]-sgn[y_I(k-1)]$ 的取值只有 2、0、-2。

文献[23]对一阶环路（$C_2=0$）及二阶环路的捕获跟踪性能进行了分析对比，根据分析的结果可知，无论从实现的复杂性还是性能上来讲，对于接收端信号速率已知的情况下，只需要使用一阶环路就可以很好地完成位同步任务。为了进一步简化设计，在进行 Verilog HDL 设计时，取环路滤波器系数 $C_2=0$，采用一阶环路实现。

根据前面的分析，当 $B_L T_s$=0.01 时，根据式（8-34）可得，C_1=0.0267，为了采用移位的方式实现小数乘法运算，可取 $C_1 \approx 2^{-6}$=0.0156。

与内插滤波器模块的 Verilog HDL 设计类似，在进行定时误差检测及环路滤波器模块的 Verilog HDL 设计时，同样要考虑数据运算的小数点位置对齐及有效数据截取的问题。下面给出了该模块的程序清单。

```verilog
//ErrorLp.v 的程序清单
module ErrorLp (rst,clk,strobe,yik,yqk,yi,yq,sync,er,wk);
    input    rst;                              //复位信号，高电平有效
    input    clk;                              //时钟信号、数据输入速率、4 倍符号速率：4 MHz
    input    strobe;                           //gnco 模块送来的选通信号
    input    signed [17:0]  yik;               //插值滤波后的 I 支路信号：4 MHz
    input    signed [17:0]  yqk;               //插值滤波后的 Q 支路信号：4 MHz
    output   signed [17:0]  yi;                //最佳采样时刻的插值 I 支路信号：1 MHz
    output   signed [17:0]  yq;                //最佳采样时刻的插值 Q 支路信号：1 MHz
    output   signed [15:0]  er;                //定时误差信号
    output   signed [15:0]  wk;                //环路滤波后信号
    output   sync;                             //位同步信号，与最佳采样时刻同步：1 MHz

    reg signed [17:0] yik_0,yqk_0,yik_1,yqk_1,yik_2,yqk_2,yit,yqt,err_1;
    wire signed [17:0] err;
    reg signed [15:0] w;
    reg sk;
    always @(posedge clk or posedge rst)
    if (rst)
        begin
            yik_0 <= 18'd0;
            yqk_0 <= 18'd0;
            yik_1 <= 18'd0;
            yqk_1 <= 18'd0;
            yik_2 <= 18'd0;
            yqk_2 <= 18'd0;
            yit <= 18'd0;
            yqt <= 18'd0;
            sk <= 1'b0;
            err_1 <= 18'd0;
            //设置环路滤波器输出的初值为 0.5
            w <= 16'b0100000000000000;
        end
    else
        begin
            //在检测到 gnco 模块送来的 strobe 后，取出有效插值数据进行定时误差检测
            if (strobe)
                begin
                    yik_0 <= yik;
                    yqk_0 <= yqk;
```

```verilog
                        yik_1 <= yik_0;
                        yqk_1 <= yqk_0;
                        yik_2 <= yik_1;
                        yqk_2 <= yqk_1;
                        //设置 sk 信号，其周期为符号周期，作为位同步信号输出
                        sk <= !sk;
                        //对每个信号都进行一次环路滤波处理
                        if(sk)
                            begin
                                //此时将最佳插值数据输出，获取最佳位定时采样值，用于基带
                                //信号的最后判决解码
                                yit <= yik_0;
                                yqt <= yqk_0;
                                //环路滤波器
                                err_1 <= err;
                                //通过移位运算近似实现乘以 0.0156 的小数运算，err 还需要乘以 2 才
                                //能得到 er，因此只需对 err 左移 5 bit 即可实现乘以 2^(-6)
                                w <= w+{{3{err[17]}},err[17:5]}-{{3{err_1[17]}},err_1[17:5]};
                            end
                    end
            end
    assign sync = sk;
    assign wk = w;
    assign yi = yit;
    assign yq = yqt;


    //基于 Gardner 定时误差检测算法
    wire signed [17:0] Ia2,Qa2,yik1_Ia,yqk1_Qa;
    reg signed [17:0] eri,erq;
    //计算式（8-29），这里没有除以 2
    assign Ia2 = yik_0+yik_2;
    assign Qa2 = yqk_0+yqk_2;
    //计算式（8-28）中的乘数，进行减法时通过移位实现除以 2 的运算
    assign yik1_Ia = yik_1-{Ia2[17],Ia2[17:1]};
    assign yqk1_Qa = yqk_1-{Qa2[17],Qa2[17:1]};


    //计算式（8-28），根据 yik 及 yik_2 的符号位实现乘法运算
    //两个数的符号位相减只有 3 种结果：2、0、-2，这里不进行 2 倍乘法
    always @(*)
    if ((!yik[17]) && yik_2[17])
        eri <= yik1_Ia;
    elseif ((!yik_2[17]) && yik[17])
        eri <= -yik1_Ia;
    else
        eri <= 18'd0;
    always @(*)
    if ((!yqk[17]) && yqk_2[17])
```

```
                erq <= yqk1_Qa;
        elseif ((!yqk_2[17]) && yqk[17])
                erq <= -yqk1_Qa;
        else
                erq <= 18'd0;
        assign err = eri+erq;
        //通过移位处理，实现 2 倍乘法运算
        assign er = (sk)? {err[14:0],1'b0} :16'd0;
        //基于 Gardner 定时误差检测算法
endmodule
```

8.6.4　数控振荡器及插值间隔产生模块的 Verilog HDL 设计

根据前面对位同步技术工作原理的讨论，数控振荡器及插值间隔产生模块实际上是一个递减计数器，当寄存器（nk）的值小于零时，输出一个选通脉冲（strobe），同时对寄存器中的内容进行模 1 处理（实际上是加 1），并对模 1 处理前的数据乘以 2，作为插值间隔输出。这里的乘以 2 处理，也是根据数据速率及插值算法的原理所进行的工程近似。

与前面几个模块相同，在进行数控振荡器及插值间隔产生模块的 Verilog HDL 设计时，除了要准确理解各信号之间的时序，还需要精心设计各运算步骤中的有效数据位宽。对整个位同步环而言，前面已经假定滤波器输出定时误差信号 w、插值间隔 u，以及数控振荡器 nk 的小数位宽均为 15，因此，在进行模 1 处理时，整数 1 对应的二进制数为 "0_1000_0000_0000_0000"。

为了便于读者理解数控振荡器及插值间隔产生模块的设计过程，程序中添加了较为详细的注释，下面给出了该模块的程序清单。

```
//gnco.v 的程序清单
module gnco (rst,clk,wk,uk,nk,strobe);
    input    rst;                        //复位信号，高电平有效
    input    clk;                        //时钟信号、数据输入速率、4 倍符号速率：4 MHz
    input    signed [15:0] wk;           //环路滤波器输出定时误差信号，小数位宽为 15
    output   signed [15:0] uk;           //NCO 输出的插值间隔小数，小数位宽为 15
    output   signed [15:0] nk;           //NCO 寄存器值
    output   strobe;                     //NCO 输出的插值计算选通信号，高电平有效

    reg signed [16:0] nkt;
    reg signed [16:0] ut;
    reg str;
    always @(posedge clk or posedge rst)
    if (rst)
        begin
            //设置 nk、uk 的初值
            nkt <= 17'b00110000000000000;
            str <= 1'b0;
            ut <= 17'b00100000000000000;
        end
    else
```

```
            begin
                if (nkt < {wk[15],wk})
                    begin
                        //负值+1，相当于 mod(1);
                        nkt <= 17'b01000000000000000+nkt-{wk[15],wk};
                        str <= 1'b1;
                        //取出 nkt 减去 wk 之前的值，后续乘以 2 作为 u 值输出
                        ut <= nkt;
                    end
                else
                    begin
                        nkt <= nkt-{wk[15],wk};
                        str <= 1'b0;
                    end
            end
    assign nk = nkt[15:0];
    assign uk = {ut[14:0],1'b0};
    assign strobe = str;
endmodule
```

8.6.5　插值算法位同步技术 FPGA 实现后的仿真测试

编写完成整个系统的 Verilog HDL 代码并经过测试后就可以进行 FPGA 实现了（读者可以在本书配套资料 "Chapter_8\E8_5_FpgaGardner\FpgaGardner" 中查看完整的工程文件及实现代码）。在 Quartus II 中完成对工程的编译后，启动 "TimeQuest Timing Analyzer" 工具，并对时钟信号 clk 添加时序约束（周期为 20 ns，频率为 50 MHz）。保存时序约束结果后重新对整个 FPGA 工程进行编译。

完成综合实现后，在工作过程区中会自动显示整个设计所占用的器件资源情况。本实例选用的目标器件是 Altera 公司 Cyclone-IV 系列的 EP4CE15F17C8。Logic Elements（逻辑单元）使用了 851 个，占 6%；Registers（寄存器）使用了 660 个，占 4%；Memory Bits（存储器）使用了 90 bit，占 1%；Embedded Multiplier 9-bit elements（9 bit 嵌入式硬件乘法器）使用了 12 个，占 11%。从 "TimeQuest Timing Analyzer" 工具中可以看到系统最高工作频率为 66.5 MHz，显然满足工程实例中要求的 8 MHz。

完成位同步技术的 FPGA 设计之后，还需要对其进行测试。测试的方法仍然可以采用读取外部 TXT 文件的方式，这需要重新设计 MATLAB 程序仿真产生的解调信号，且采样频率为符号速率的 4 倍。本节采用另外一种方法，即直接使用例 8-3 中的 FPGA 工程（QamCarrier）中的解调信号进行测试。

在 QamCarrier 工程中，输出的是 8 倍符号速率的信号，且仿真显示了从载波同步到不同步的全过程。为了测试位同步环的功能，首先需要另外设计一个顶层文件，在该顶层文件中将 QamCarrier 及 FpgaGardner 作为子模块。由于 QamCarrier 模块的解调信号和系统时钟频率均为 8 倍符号速率（8 MHz），而 FpgaGardner 模块的输入信号及时钟频率均为 4 倍符号速率（4 MHz），因此需要对 QamCarrier 模块的输出信号进行 2 倍抽取。根据 QamCarrier 模块的设计原理，信号解调前的滤波器带宽小于符号速率，直接进行 2 倍抽取后仍然满足奈奎斯特采样定理。

一般来讲，在同一个 FPGA 工程中，最好采用同一个系统时钟进行设计。由于本实例只是为了验证位同步环的功能，为了简化设计，在设计顶层文件时，直接对 QamCarrier 模块的系统时钟进行 2 分频处理，并将分频后的始终作为 FpgaGardner 模块的主时钟。

在例 8-3 中，设计 16QAM 信号载波同步环时，分别采用了极性判决算法和 DD 算法。采用极性判决算法时不需要输入位同步信号，因此本实例设计的位同步模块直接与其串联即可。顶层文件的功能及代码均十分简单，读者可以在本书配套资料中查看完整的 FPGA 工程文件（"Chapter_8\E8_5_FpgaGardner\QamModemPolar"）。

接下来重点讨论采用 DD 算法的 16QAM 信号的载波同步环与 Gardner 位同步环之间的连接及系统测试。根据前面的分析可知，采用 DD 算法的载波同步环需要获取位同步信号，而且只有在获取正确的位同步信号后，环路才能够正常锁定。Gardner 位同步环可以在载波相位未同步的情况下完成环路的锁定。因此，将两个环路级联起来可以有效实现 16QAM 信号的载波锁定、位同步信号提取等功能。

为了进一步测试载波同步环与位同步环的工作情况，还需要新建一个文件夹（Chapter_8\E8_5_FpgaGardner\QamCarrierDD），首先将采用 DD 算法的载波同步环 FPGA 工程中的全部文件复制到该文件夹下，并将 FpgaGardner 工程中的源文件（FpgaGardner.v、ErrorLp.v、InterpolateFilter.v、gnco.v）复制到采用 DD 算法的载波同步环 FPGA 工程中，并新建 mult16_18 乘法器核。新建的位同步程序文件（BitSync.v）的程序清单如下。

```verilog
//BitSync.v 的程序清单
module BitSync (rst,clk,yi,yq,di,dq,sync);
    input    rst;                           //复位信号，高电平有效
    input    clk;                           //时钟信号、数据输入速率、4 倍符号速率：4 MHz
    input    signed [15:0]  yi;             //基带 I 支路信号：4 MHz
    input    signed [15:0]  yq;             //基带 Q 支路信号：4 MHz
    output   signed [17:0]  di;             //插值 I 支路信号：1 MHz
    output   signed [17:0]  dq;             //插值 Q 支路信号：1 MHz
    output   sync;                          //位同步信号：1 MHz

    reg clk_half;
    reg signed [15:0] dig,dqg;
    always @(posedge clk or posedge rst)
    if (rst)
        begin
            clk_half <= 1'b0;
            dig <= 16'd0;
            dqg <= 16'd0;
        end
    else
        begin
            //对时钟进行分频，产生位同步模块的时钟信号 clk_half
            clk_half <= !clk_half;
            //对基带信号进行 2 倍抽取后送入位同步模块
            if (!clk_half)
                begin
```

```
                            dig <= yi;
                            dqg <= yq;
                        end
                end
        wire signed [15:0] u,e,w;
        wire bit_sync;
        //实例化位同步模块
        FpgaGardner u1(.rst (rst), .clk (clk_half), .di (dig), .dq (dqg), .yi (di), .yq (dq), .u(u),
                        .e(e), .w(w), .sync(bit_sync));
        //位同步信号周期为 clk_half，载波同步环要求位同步信号的周期为 clk
        //用 clk 取位同步信号的上升沿作为载波同步环位同步信号
        reg bitsync_d;
        always @(posedge clk or posedge rst)
        if (rst)
            bitsync_d <= 1'b0;
        else
            bitsync_d <= bit_sync;
        assign sync = (!rst)?(bit_sync & (!bitsync_d)): 1'b0;
    endmodule
```

位同步程序（BitSync.v）的功能比较简单，主要用于调整 16QAM 信号载波同步环与 Gardner 位同步环之间的接口信号。

完成位同步程序文件后，还需要简单修改一下 QAM 载波同步环的顶层文件 (QamCarrier.v)，对位同步模块进行实例化，并将其输出的位同步信号 sync 作为 DD 算法鉴相模块的输入信号，相关代码不再给出，请读者在本书配套资料中查看完整的 FPGA 工程文件及程序代码（Chapter_8\E8_5_FpgaGardner\QamCarrierDD）。

顶层文件设计完成后，直接利用 QAM 载波同步环工程原有的 TestBench 文件即可，测试信号仍然采用 E8_1_QAMModem.m 程序产生的文本文件（QAM.txt）。图 8-29 为 FPGA 实现位同步环后的 ModelSim 仿真波形（初始频差为 100 Hz）。

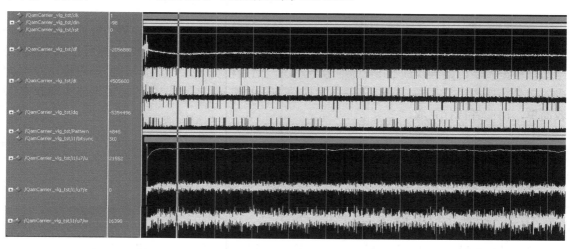

图 8-29　FPGA 实现位同步环后的 ModelSim 仿真波形（初始频差为 100 Hz）

从仿真波形中可以看出，插值间隔能够很快收敛，在环路初始的载波捕获阶段，位同步环已经完成收敛。从 16QAM 信号的载波同步，到基于 Gardner 定时误差检测算法的位同步环（Gardner 位同步环），整个 FPGA 工程已经初具规模，相信在调制成功后，看到如图 8-29 所示的光滑的收敛曲线，可以极大地增强读者的设计信心。

为了进一步验证位同步环工作的正确性，在设计 TestBench 文件时，将位同步环输出的最佳采样时刻的插值信号（yi、yq）同时写入外部 TXT 文件（yi.txt、yq.txt）中。再使用 MATLAB 程序（"Chapter_8\E8_5_FpgaGardner\E8_5_SigAnalysisDD.m"）对其分析处理，并绘制环路不同时段的信号星座图。

载波同步环与位同步模块级联后仿真的信号星座图如图 8-30 所示，图 8-30（a）采用的是极性判决算法，图 8-30（b）采用的是 DD 算法。从图中可以看出，采用 DD 算法的信号星座图优于采用极性判决算法的信号星座图。对比图 8-27 和图 8-30 可以看出，图 8-30 所示的信号星座图没有图 8-27 所示的信号星座图清晰，主要原因是 FPGA 实现过程中的有效数据位宽造成的运算误差。

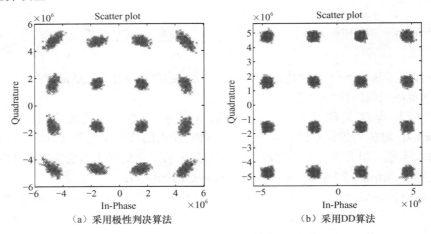

（a）采用极性判决算法　　　　　　　　（b）采用 DD 算法

图 8-30　载波同步环与位同步模块级联后仿真的信号星座图

到此，我们完成了 16QAM 信号解调的绝大部分功能。对于一个完整的解调系统来讲，还需要对定时采样后的信号进行判决及解码输出。也就是说，还需要将定时采样出的 I、Q 支路信号根据判决门限判决成 3 bit 的信号星座图，然后根据 8.2.3 节所设计的解码模块对判决出的信号星座图进行处理，最后还原成发送端发送的信号。后续部分的功能电路实现起来比较简单，请读者自行完成。

8.7　插值算法位同步环的板载测试

8.7.1　硬件接口电路

本次板载测试的目的是验证插值算法位同步环的工作情况，即验证顶层文件 FPGAGardner.v 是否能从输入信号中提取位同步信号。

根据 QAM 信号的产生原理，考虑到 D/A 转换的速率要求，为了便于在 CRD500 开发板上进行板载测试，本次板载测试采用了简化的 QAM 信号产生方式，即直接用正弦波信号模拟方波信号，省略了成形滤波器及码型转换模块。

具体来讲，QAM 基带数据用频率为 500 kHz 的正弦波信号（每个周期有 2 bit 码元，则码元速率为 1 Mbps）模拟同相支路数据，由 DA 通道转换后输出。接收端设置正交支路数据为 0，程序下载到 CRD500 后，示波器查看提取出的位同步信号是否稳定，以此判决电路是否正常工作。

CRD500 开发板配置有 2 路独立的 DA 通道、1 路 AD 通道、2 个独立的晶振。为尽量真实地模拟数字通信中的位同步过程，采用晶振 X2（gclk2）作为驱动时钟，产生 0.5 MHz 的正弦波信号（用来模拟解调后的信号），经 DA2 通道输出。DA2 通道输出的模拟信号通过 CRD500 开发板上的 P5 跳线端子（引脚 1、2 短接）连接至 AD 通道，送入 FPGA 进行处理。AD 通道的驱动时钟由 X1（gclk1）提供，即板载测试中的收发两端时钟完全独立，同时将提取的位同步信号由板载的扩展口 ext9 输出。程序下载到 CRD500 开发板之后，通过示波器同时观察 DA2 通道的输出信号及位同步信号的相位关系，判断位同步环的工作情况。板载测试电路的 FPGA 接口信号定义如表 8-2 所示。

表 8-2　板载测试电路的 FPGA 接口信号定义

信号名称	引脚定义	传输方向	功能说明
rst	P14	→FPGA	复位信号，高电平有效
gclk1	M1	→FPGA	接收处理及数据采样的驱动时钟
gclk2	E1	→FPGA	生成测试信号的驱动时钟
KEY1	T10	→FPGA	按键信号，按键按下时为高电平；按下时 AD 通道的输入为全 0 信号；否则 AD 通道的输入为 DA2 通道产生的信号。
ext9	N3	FPGA→	扩展口 ext9，用于提取位同步信号
ad_clk	K15	FPGA→	A/D 采样信号，4 MHz
ad_din[7:0]	G15、G16、F15、F16、F14、D15、D16、C14	→FPGA	AD 通道的输入信号，8 bit

8.7.2　板载测试程序

根据前面的分析，板载测试程序需要设计时钟产生模块（clk_produce.v）来产生所需的各种时钟信号；设计测试数据生成模块（testdata_produce.v）来产生 0.5 MHz 的正弦波信号。板载测试程序（BoardTst.v）顶层文件综合后的 RTL 原理图如图 8-31 所示。

时钟产生模块（u1）内包括 1 个时钟管理 IP 核，由板载的 X1（gclk1）晶振产生 4 MHz 的接收端处理时钟信号及采样频率信号。DA2 通道的驱动时钟直接由 X2（gclk2）晶振输出，用于产生 0.5 MHz 的正弦波信号。

测试数据生成模块（u2）的功能比较简单，调用 NCO 核，在 50 MHz 的时钟信号驱动下产生正弦波信号，并完成有符号数到无符号数的转换，送至 DA2 通道完成 D/A 转换。

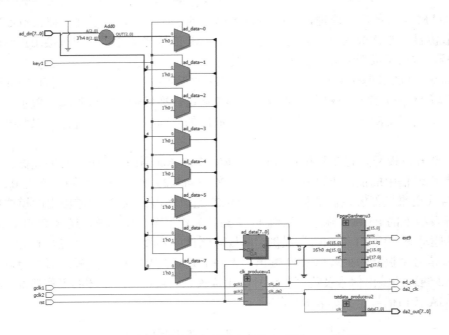

图 8-31　板载测试程序顶层文件综合后的 RTL 原理图

8.7.3　板载测试验证

设计好板载测试程序并完成 FPGA 实现后，可以将程序下载至 CRD500 开发板进行板载测试。板载测试的硬件连接如图 8-32 所示。

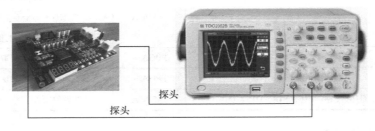

图 8-32　板载测试的硬件连接

板载测试采用双通道示波器，将示波器的通道 1 连接到 CRD500 开发板的 DA2 通道，观察 0.50005 MHz 的正弦波信号；示波器的通道 2 通过示波器探头连接到 CRD500 开发板的扩展口 ext9。调整示波器的参数，示波器的通道 1 显示正弦波信号，示波器的通道 2 显示提取出的位同步信号，近似为方波信号。示波器通道的输出信号波形如图 8-33 所示。示波器的通道 2 输出的位同步信号始终在小范围内左右抖动，并且每个位同步信号对应正弦波信号的半个周期，实现了位同步信号的提取。

接下来测试一下位同步环的失步状态。按下 KEY1 键，使位同步环没有输入，可以看到示波器的通道 2 输出的位同步信号相对于通道 1 输出信号匀速滑动，这是由于收发两端采用的是相互独立的时钟，驱动时钟不同步，两者之间存在频差，因此出现滑动的现象。

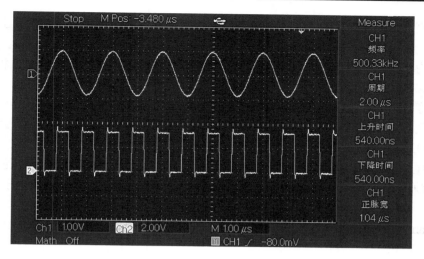

图 8-33　示波器通道的输出信号波形

8.8　小结

本章介绍了一个完整的 QAM 调制解调系统，包括从原理到 MATLAB 仿真，再到 FPGA 实现的过程。QAM 是一种应用十分广泛的多进制调制方式，相比前面章节讨论的调制系统来讲，无论工作原理还是 FPGA 的实现过程，QAM 都更为复杂些。从 QAM 调制解调系统的实现过程来看，关键问题仍然是载波同步及位同步。其中，载波同步与前面章节讨论的载波锁相环有很强的关联性，如果读者对载波锁相环有较深刻的认识，就可以比较容易地理解载波同步的原理和实现方法了。

插值算法位同步技术是本章的重点和难点。为了给读者更多的参考，本章还花费了一定的笔墨对作者理解其工作原理及仿真的过程进行了介绍。之所以写这些，是想说明，作为一名工程技术人员，掌握一项技术，首先需要从原理上准确把握其工作机理，对仿真出的各种结果需要做出合理的解释。在遇到理解上的困难时，可以采用各种方式学习借鉴，如查阅资料或论坛求助等，但前提是需要首先花费大量精力对已有的一些基本知识进行消化。掌握的知识越多，积累的工程经验越丰富，学习的速度就越快，对相关领域知识的理解能力就越强，这一定是一个正反馈不断增强的过程。

参考文献

[1] 郭梯云，刘增基，詹道庸，等. 数据传输（第 2 版）. 北京：人民邮电出版社，1998.

[2] 王春林. QAM 解调芯片中载波恢复的设计与实现. 东南大学硕士学位论文，2006.

[3] 樊昌信，张甫翔，徐炳祥，等. 通信原理（第 5 版）. 北京：国防工业出版社，2001.

[4] John R.Treichler, Michael G Larimore and Jeff rey C. Harp. Practical Blind Demodulators for Hiigh-Order OAM Signals.IEEE Proceedings,Vol.86,No.10,PP.1907-1926,Oct.1998.

[5] 马娅娜．基于 FPGA 的 QAM 调制解调技术研究．西安电子科技大学硕士学位论文，2007．

[6] 常力，杨育红，曲保章．差分编码在 16QAM 通信系统中的应用．信息工程大学学报，2009,4(3):446-47．

[7] 姚彦．多电平正交调幅的集映射与差分编码．电信科学，1987,(7):28-30;1987,(8):47-51．

[8] 李文辉．128QAM 调制解调系统关键技术研究及 FPGA 实现．电子科技大学硕士学位论文，2009．

[9] 龚建荣．QAM 解调芯片中载波恢复的设计与实现．东南大学硕士学位论文，2006．

[10] 郑旭阳．高阶 QAM 载波恢复算法研究及 QAM 测试仪实现．西安电子科技大学硕士学位论文．2006

[11] Randall Bret Perlow，Washington Crossing. Decision Derected Phase Detector. PA(US)，No:6351293 B1 Feb.26，2002．

[12] NeilK.Jablon．Joint Blind Equalization Carrier Recovery and Timing Recovery for High-Order QAM Signal Constellations. IEEE Trans.Signal processing，vo1.40,PP.1383-1398，June 1992．

[13] JoshuaL.Koslov，EastWinder,N.J.．Carrier Recovery Using Acquisition and Tracking Modes and Automatic Carrier-to-Noise Estimation，U.S.Patent[19] No:547508 Nov.28，1995．

[14] Ki-YunKim and Hyung-Jin Choi．Design of Carrier Recovery Algorithm for High-Order QAM with Large Frequence Acquisition Range．IEEE,2001．

[15] Hikmet Sari，Said Moridi．New Phase and Frequency Detectors for Carrier Recovery in PSK and QAM Systems．IEEE Trans. on Comm, Vol.36,No.9,September 1988,pp.1035-1043．

[16] 孔明东．全数字 QAM 解调器研究．电子科技大学硕士学位论文，2003．

[17] Floyd.M.Gardner．Interpolation in Digital Modems-Part I：Fundamentals．IEEE transactions on communication，1993，V01.41，No.3：501-507．

[18] Floyd.M.Gardner．Interpolation in Digital Modems-Part II：Implementation and Performance．IEEE transactions on communication，1993，V01.41，No.6：998-1008．

[19] 朱雪阳．基于 Gardner 算法的位定时同步研究．南京理工大学硕士学位论文，2010．

[20] 宗孔德．多采样率信号处理．北京：清华大学出版社，1996．

[21] Farrow C W.A．Continuously Variable Digital Delay Element．In Proc.IEEE Int.symp．Criduits&Syst. Espoo Finland，June6-9，1988.2641-2645．

[22] K．H Mueller，M Muller．Timing recovery in digital synchronous data receivers．IEEE Transaction On Communications．1976(24)：516-530．

[23] 付永明，朱江，琚瑛珏．Gardner 定时同步参数设计及性能分析．通信学报，2012,33(6):191-198．

[24] 杜勇．数字通信同步技术的 MATLAB 与 FPGA 实现——Xilinx/VHDL 版．北京：电子工业出版社，2017．

[25] 张欣．扩频通信数字基带信号处理算法及其 VLSI 实现．北京：科学出版社，2004．

[26] 程序员联合开发网．http://www.pudn.com/login.asp．

[27] 电子顶极开发网．http://bbs.eetop.cn．

第 9 章

扩频调制解调技术的 FPGA 实现

扩频通信系统是指待传输信息的信号频谱用某个特定的扩频函数扩展后,再将该信号压缩并送入信道中传输的通信系统[1]。由于扩频通信技术具有抗干扰能力强、截获率低、码分多址、信号隐蔽和易于组网等一系列独特优点,一经提出便引起了世界各国的极大关注。尤其是近年来随着超大规模集成电路和微处理器技术的快速发展,使扩频通信技术在军用及民用领域都得到了广泛的应用[2]。

众所周知,数字通信的基本调制方式有幅度调制、相位调制及频率调制,第 8 章讨论的 QAM 是幅度与相位的联合调制方式。本章将要讨论的扩频调制,其本质上是一种相位调制,因此,相位调制的一些基本原理及实现方法仍然适用于扩频调制。但由于扩频调制本身的特殊性,导致其信号特点及调制解调方法相比前面几种调制体制又有较大的不同。扩频调制的种类有很多,本章在介绍扩频通信基本原理的基础上,重点讨论直接序列扩频通信的调制解调技术。

9.1 扩频通信的基本原理

9.1.1 扩频通信的概念

扩频通信是一种利用比原始信号(信源产生的信号)本身频谱宽得多的射频信号进行通信的,其全称是扩展频谱通信(Spread Spectrum Communication)。在扩频通信中,发送端用一种特定的调制方法将原始信号的频谱加以扩展,得到扩频信号。接收端再对接收到的扩频信号加以处理,把它恢复为原始信号。

扩频通信与光纤通信、卫星通信一同被看成进入信息时代的三大高技术通信传输方式。可以从以下三个方面来理解扩频通信的概念。

1. 信号的频谱被展宽了

我们知道,传输任何信息都需要一定的带宽,称为信息带宽。例如,人类语音的信息带宽为 300~3400 Hz,电视图像的信息带宽为数兆赫。为了充分利用频率资源,通常都是尽量采用大体相当带宽的信号来传输信息的。在无线电通信中,射频信号的带宽与所传信息的带宽是可相比拟的。例如,用调幅信号来传输语音信息时,其带宽为语音信息带宽的 2 倍;电视广播射频信号带宽是视频信息带宽的一倍多。通常把这些通信带宽与信息带宽可相比拟的通信称为窄带通信。

一般的调频信号，如脉冲编码调制信号，它们的信号带宽与信息带宽之比也只有几到十几。扩频通信的信号带宽与信息带宽之比则高达 100～1000，属于宽带通信。为什么要用这样大的信号带宽来传输信息呢？这样岂不太浪费宝贵的频率资源了吗？其实不然，与窄带通信不同，扩频通信中同一频带之内可以同时建立多个信道进行通信，各信道之间通过扩频码（伪码）进行区别，这就是码分多址通信技术。

2．采用伪码序列调制的方式来展宽信号频谱

我们知道，在时间上有限的信号，其频谱是无限的。例如，很窄的脉冲信号，其频谱则很宽。信号的频谱宽度（带宽）与其持续时间近似成反比，如持续时间为 1 µs 的脉冲，带宽约为 1 MHz，因此，如果持续时间很窄的脉冲序列被所传输的信息调制时，就可以产生带宽很大的信号。直扩系统就是采用这种方法来产生扩频信号的。这种持续时间很窄的脉冲码序列，其码元速率是很高的，称为伪码序列。这里需要说明的一点是，所采用的伪码序列与所传输的信息是无关的。也就是说，伪码序列与正弦波信号一样，丝毫不影响信息传输的透明性，伪码序列仅仅起扩展信号频谱的作用。

3．在接收端用相关解调来实现解扩

在窄带通信中，已调信号在接收端都要进行解调来恢复所传输的信息。与窄带通信类似，扩频通信系统中的接收端要用与发送端相同的伪码序列对接收到的扩频信号进行相关解调，从而恢复所传输的信息。这种相关解调起到解扩的作用，即把扩展以后的信号又恢复成原来的信号。这种在发送端把窄带信息扩展成宽带信号，在接收端又将其解扩成窄带信号的过程，会带来一系列好处。例如，对于通信带宽中的窄带干扰来讲，在发送端，采用高速率的伪码序列对原始信号进行调制，使原始信号的频谱得以扩展，这可以把原始信号的能量分散到整个频谱内。在接收端，采用相同的伪码序列对调制信号进行解扩时，由于伪码的自相关特性，对原始信号中有用的能量进行重新集中，而伪码与窄带干扰信号不相关，因此解扩的过程相当于对窄带干扰信号的一次扩频调制，可以分散干扰信号的能量，经滤波处理后，信号带宽内的信噪比会得到显著提高。理解扩频和解扩的机制，是理解扩频通信的关键所在。

9.1.2　扩频通信的种类

扩频通信的关键是如何在发送端产生宽带的扩频信号，如何在接收端解调扩频信号。根据产生扩频信号方式的不同，扩频通信可以分为以下五种。

1．直接序列扩频通信

直接序列扩频（Direct Sequence Spread Spectrum，DSSS）通信通常简称为直接序列系统或直扩系统，用待传输的信号与高速率的伪码相乘后，去直接控制射频信号的某个参量来扩展传输信号的频谱。

在直扩系统中，通常会对载波进行相移键控（Phase Shift Keying，PSK）。为了降低发送功率和提高发送端的工作效率，直扩系统通常采用抑制载波的平衡调制器，抑制载波的平衡调制器对提高扩频信号的抗侦破能力很有利。

在发送端，待传输的信号与伪码相乘（或与伪码进行模 2 加），用形成的复合码对载波进行调制，然后由天线发送出去。在接收端，要产生一个和发送端中伪码同步的本地参考伪码，对接收到的信号进行相关处理，这一相关处理过程通常称为解扩。解扩后的信号送到解调器进行解调，从而恢复出传输的信号。

2．跳频扩频通信

跳频扩频通信（Frequecy Hopping Spread Spectrum，FH-SS）简称为跳频通信。确切地说，跳频通信应称为多频、选码和频移键控通信，它用二进制伪码来离散地控制射频载波振荡器的输出信号，使信号的频率随伪码的变化而跳变。在跳频通信中，可供随机选取的离散频率数量通常在几千个以上，在如此多的离散频率中，每次输出哪一个是由伪码决定的。

跳频通信与常规通信的最大差别是发送端的载波发生器和接收端中的本地振荡器。在常规通信中，载波发生器和本地振荡器的输出信号频率是固定不变的，然而在跳频通信中，它们的输出信号频率是跳变的。在跳频通信中，发送端的载波发生器和接收端中的本地振荡器主要由伪码产生器和频率合成器两部分组成，响应快速的频率合成器是跳频通信的关键部件。

在跳频通信中，发送端发送的信号频率由伪码序列控制的频率合成器伪随机地在一个预定的离散频率集内由一个频率跳到另一个频率。接收端的频率合成器控制的频率也按照相同的顺序跳变，产生一个和接收信号频率只差一个中频频率的参考本振信号，经混频后得到一个频率固定的中频信号，这一过程称为对跳频信号的解跳。解跳后的中频信号经过放大后送到解调器解调，从而恢复出传输的信号。

跳频通信中控制频率跳变的指令码的速率一般为每秒几十比特到几千比特，没有直扩系统中的伪随机码（简称伪码）的速率高。由于跳频通信中输出频率的改变速率就是伪码的速率，所以伪码的速率也称为跳频速率。根据跳频速率的不同，可以将跳频通信分为频率慢跳变通信和频率快跳变通信两种。

3．跳时扩频通信

时间跳变也是一种扩展频谱技术，时间跳变扩频（Time Hopping Spread Spectrum，TH-SS）通信简称跳时通信，主要用于时分多址（TDMA）的通信中。与跳频通信相似，跳时通信使发送信号频率在时间上离散地跳变。先把时间分成许多时隙，这些时隙在跳时通信中也称为时片，若干时片组成跳时时间帧。在一个时间帧内的哪个时隙发送信号由伪码序列来控制。因此，可以把跳时通信理解为用一伪码序列进行选择的多时隙时移键控。由于采用了很窄的时隙去发送信号，信号的频谱也就相对展宽了。

在发送端先存储输入信号，由伪码产生器产生的伪码序列去控制通断开关，先经过二相或四相调制再经过射频调制后发送已调输入信号。当接收端的伪码产生器与发送端的伪码产生器同步时，所需信号就能每次按时间顺序通过开关进入解调器。解调后的信号经过缓冲器后恢复原来的传输速率，不间断地传输信号。只要收发两端在时间上严格同步，就能正确地恢复原始信号。

跳时通信也可以看成一种时分系统，所不同的地方在于它不是在一个时间帧中固定分配一定位置的时隙，而是在伪码序列的控制下按照一定的规律跳变位置的时隙的。跳时通信能够用时间的合理分配来避开附近发送端的强干扰，是一种理想的多址技术。但是当同一信道中有多个跳时信号工作时，某一时隙内的多个信号可能会相互重叠，因此跳时通信和跳频通信一样，必须采用纠错编码或协调方式构成时分多址系统。由于单独的跳时通信抗干扰性不强，很少单独使用，跳时通信通常都与其他方式的扩频系统结合使用。

跳时通信的优点是可以减少工作时间的占空比，缺点是对定时要求非常严格。

4．线性脉冲调频

线性脉冲调频是指系统的载波频率在一给定脉冲间隔内线性地扫描一个带宽范围，形成带宽较宽的频率扫描信号，载波频率在一给定的时间间隔内线性地增大或减小，使得发送信号的频谱占据一个较宽的范围。在语音通信中，线性脉冲调频听起来类似于鸟的"啾啾"叫声，所以也称为鸟声调制。

线性脉冲调频是一种不需要用伪码序列调制的扩频调制技术，由于线性脉冲调频信号占用的频带宽度远远大于信息带宽，因此也可获得较好的抗干扰性能。

线性脉冲调频通常作为雷达测距的一种工作方式，线性脉冲调频信号可由一个锯齿波信号调制压控振荡器（VCO）来产生。线性脉冲调频信号的特点是，发送脉冲信号的瞬时频率在信息脉冲持续周期内随时间进行线性变化，在脉冲起始时刻和终止时刻存在一定的频差。线性脉冲调频信号的接收解调可用匹配滤波器来完成。

5．混合扩频通信

以上几种基本的扩频通信各有优缺点，单独使用其中一种方式有时难以满足实际的要求，将以上几种扩频通信结合起来可构成混合扩频通信，常见的有频率跳变-直接序列（FH-DS）混合系统、直接序列-时间跳变（DS-TH）混合系统、频率跳变-时间跳变（HF-TH）混合系统等。混合扩频通信的性能比单一的直扩系统、跳频通信、跳时通信等的性能优良。

在实际的通信中，除了线性脉冲调频方式，其他几种扩频通信方式可以组合来组成混合扩频通信。从理论角度讲，这是可行的，但在工程实现上还存在某些需要解决的问题。例如，在 FH-DS 混合系统中，由于直扩系统中伪码的同步捕获时间不可能太短，这就限制了频率跳变的速率，而在频率跳变系统中又很难保证跳变载波相位的连续性，这会进一步增加直扩系统伪码序列的同步捕获时间。又如，由跳时通信和其他通信方式组成的混合扩频通信中，存在高频开关的问题，若把高频开关放置在功率放大器之后，则存在能否研制出开关时间短且载荷功率大的高频开关，目前国内的高频开关在小功率时开关时间在纳秒的量级上，在功率为几十毫瓦到几百毫瓦时开关时间是几十纳秒，在功率为几十瓦到几百瓦时开关时间为毫秒量级了。若把高频开关放置在功率放大器的前面，则发送端的发送建立时间将加长，这是因为功率放大器输出信号的功率从无到有需要一定的时间，能量的建立不可能在瞬间完成。

在设计具体的系统时，要根据具体问题进行具体分析，更要考虑系统能够在工程上实现，一味追求高指标而不顾工程上实现的难度，很可能使得设计出的系统不是最合理或最优的。

9.1.3　直扩系统的工作原理

直扩系统的组成框图如图 9-1 所示[3]，由信源输出的信号 $a(t)$ 是码元持续时间为 T_a 的信息流，伪码（PN）产生器产生的伪码为 $c(t)$，每一伪码的码元宽度或切普（Chip）宽度为 T_c。将信码 $a(t)$ 与伪码 $c(t)$ 进行模 2 加，产生一速率与伪码速率相同的扩频序列，然后用扩频序列去调制载波，这样就得到扩频调制的射频信号。由于伪码速率远大于信码速率，故扩频后的信号速率为伪码速率。这样扩频序列调制后的信号带宽由伪码速率及调制方式决定，对于常用的 BPSK 来说，其射频带宽为伪码速率的 2 倍。

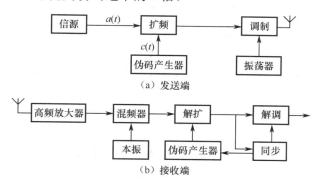

图 9-1　直扩系统的组成框图

在接收端，接收到的扩频信号经过高频放大器和混频器后，用与发送端同步的伪码序列对中频的扩频调制信号进行相关解扩，将扩频调制信号的频谱恢复为信号 $a(t)$ 的频谱，即中频调制信号，然后进行解调，恢复出所传输的信号 $a(t)$，从而完成信息的传输。接收端进行的相关处理是将两信号相乘，然后求其数学期望（均值），或求两个信号瞬时值相乘的积分。当两个信号完全相同时（或相关性很好时），可得到最大的相关峰值。对于干扰信号和噪声而言，由于与伪码序列不相关，在相关解扩器的作用下，相当于进行了一次扩频。干扰信号和噪声的频谱被扩展后，其谱密度会降低，这会大大降低进入信号通带内的干扰功率，提高解调器的输入信噪比，从而提高系统的抗干扰能力。直扩系统接收端解扩前后的信号频谱如图 9-2 所示。

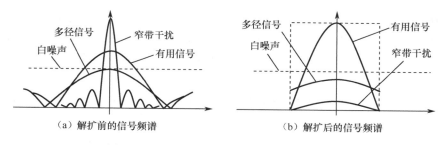

（a）解扩前的信号频谱　　　　　　　　　（b）解扩后的信号频谱

图 9-2　直扩系统接收端解扩前后的信号频谱

通常使用处理增益 G_p 来衡量直扩系统的抗干扰性能，处理增益 G_p 的定义是接收端中解扩器的输出信噪功率比与解扩器的输入信噪功率比之比，即：

$$G_p = \frac{\text{输出信噪功率比}}{\text{输入信噪功率比}} \tag{9-1}$$

处理增益 G_p 表示在增强信号的同时抑制干扰信号的能力大小。处理增益 G_p 越大，则抗干扰能力越强。对于采用 BPSK 的直扩系统来说，处理增益 G_p 为[1]：

$$G_p = \frac{\text{射频带宽}}{\text{信号带宽}} = \frac{\text{伪码速率}}{\text{信号速率}} \tag{9-2}$$

9.2　直扩系统调制信号的 MATLAB 仿真

9.2.1　伪码序列的产生原理

由图 9-1（a）可知，直扩系统的信调制原理与 BPSK 十分相似，仅仅是在进行载波调制之前，对原始信号进行了伪随机扩频而已。而原始信号的伪随机扩频处理，实际上也只是进行简单的模 2 加（相当于异或）而已，因此，对于直扩系统的信号调制技术来讲，关键是产生符合要求的伪码。

在扩频通信系统中，信号源的扩展是通过伪码序列来实现的。从理论上讲，用随机序列来扩展信号的频谱是最理想的。但在接收端中进行解扩时需要一个同发送端码同步的随机序列副本，随机序列是很难复制的，因此在实际工程中多用伪码序列，这是因为伪码序列也具有类似随机序列的性质，即伪码序列具有以下 3 种性质。

（1）平衡性：在伪码序列中，1 码元的数目最多比 0 码元数目少一个，也就是说，0 码元和 1 码元的个数接近相等。

（2）游程特性：在伪码序列中，长度为 1 的游程约占游程总数的 1/2，长度为 2 的游程总数约占游程总数的 1/4，长度为 3 的游程总数约占游程总数的 1/8，以此类推。在同长度的游程中，0 码元的游程数和 1 码元的游程数大致相等。

（3）相关性：若将某个伪码序列与它的任何循环移位后的序列在一个周期内进行逐位比较，则在它们对应的码元中，相同的数目与不同的数目之差最多为 1。

满足上述性质的序列有多种，如 m 序列、Gold 序列、GMW 序列、JPL 序列等。选用 m 序列作为码分多址通信的地址码时，具有很大的局限性，这主要是因为 m 序列组成的互相关性好、互为优选的序列集很少。相比而言，Gold 序列具有良好的自相关性和互相关性，并且可以作为地址码的数量比 m 序列多得多，被广泛应用于工程领域。Gold 序列是 m 序列的复合码，它是由两个长度相等、时钟相同的 m 序列通过模 2 加运算构成的。不失一般性，本章只讨论 m 序列的性质及产生原理。

详细讨论 m 序列要涉及有限域（Galois 域）的内容，本书仅讨论一些相关的基本概念及构造方法，有兴趣的读者可以参考有关 Galois 域的专著和文献。

我们知道，m 序列是一种线性序列，可根据本原多项式产生。然而，并非所有的不可约多项式都是本原多项式，也就是说，并非所有的不可约多项式都能产生 m 序列。关于诸如 r 次不可约多项式中究竟有多少个本原多项式，如何寻找本原多项式，如何构造 m 序列，以及如何验证所产生的 m 序列的正确性等问题，有兴趣的读者可以阅读文献[5,6]。本章仅讨论 m 序列的构造问题，有关寻找本原多项式的具体形式，是一项非常烦琐的工作，特别在次数较高的情况下，还需要借助于计算机来完成，这方面的工作已经有人完成并制成了表格，可供研究者查阅。文献[7]给出了所有次数小于或等于 11 的不可约多项式及其周期数，文献[8]给出了 r 从 35 到 100 的所有本原多项式。

在确定本原多项式之后，产生 m 序列的方法就比较十分简单了，只需要根据本原多项式构造一个线性寄存器即可。例如，已知本原多项式 $f(x)=x^5+x^2+1$，显然这是一个 5 次多项式，产生的 m 序列的周期为 31，其线性寄存器结构如图 9-3 所示。

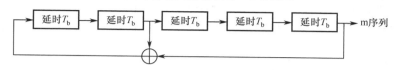

图 9-3 5 次 m 序列的线性寄存器结构

根据图 9-3 产生 m 序列时，在每次进行延时时，如果线性寄存器的初值不同，则产生的 m 序列的相位不同，但 m 序列的周期及码序列是唯一的。在 MATLAB 仿真以及后续 Verilog HDL 设计实现时，可以通过设置线性寄存器的初值以及抽头位置来产生不同相位及不同本原多项式所对应的 m 序列。

9.2.2 MATLAB 仿真直扩系统调制信号

例 9-1 利用 MATLAB 仿真直扩系统调制信号

- 根据本原多项式产生 m 序列；
- 仿真伪码序列对原始信号的扩频过程；
- 原始信号速率 R_b=200 kbps；
- 伪码序列的长度 L_{PN}=31；
- 伪码速率 R_c=$L_{PN}R_b$=6.2 MChip/s；
- 采样频率 f_s=8R_c==49.6 MHz；
- 载波频率 f_c=8 MHz；
- 成形滤波器（升余弦滚降滤波器）的滚降因子 α=0.8；
- 绘制原始信号、伪码序列，以及扩频处理后的信号波形；
- 绘制调制信号的波形及频谱；
- 将成形滤波后的信号、直扩系统调制信号、滤波器系数写入外部文本文件中。

如前所述，产生直扩系统调制信号可以分为三个主要过程：产生伪码序列、原始信号通过伪码序列进行扩频、载波调制。m 序列（这里作为伪码序列）可以根据本原多项式产生，如图 9-3 所示。根据本实例的要求，我们首先编写一个伪码产生函数（E9_1_PnCode.m），函数的输入参数为本原多项式（ploynomial）和线性寄存器初值（reg），输出为根据该本原多项式产生的伪码。

```
%伪码产生器函数
function p=E9_1_PnCode(polynomial,reg)
%polynomial 的长度=reg 的长度+1，polynomial 的值不能全为 0
%polynomial 为本原多项式，从左到右依次为高位到低位，且最高位与最低位必须为 1
%reg 为线性寄存器的初值，也相当于伪码的初始相位，左边为高位

grade=length(polynomial)-1;              %根据本原多项式计算延时级数
PN_Length=(2^grade-1);                   %计算伪码的一个周期长度

pn=zeros(1,PN_Length);                   %设置线性寄存器的初值
```

```
%找出本原多项式中除最低位外为 1 的位，并依次存放在线性寄存器 c 中
%例如对于 polynomial=[1 0 0 1 0 1]，则 c(1)=2，c(2)=5
p=0;
c=zeros(1,grade);
for i=grade:-1:1
    if ploynomial(i)==1
        p=p+1;
        c(p)=grade+1-i;
    end
end

%产生一个周期的伪码
q=0;
for i=1:PN_Length
    %从最高延时的线性寄存器中输出伪码
    p(i)=reg(1);
    %定位第一个抽头位置并取值
    m=reg(grade+1-c(1));
    %完成各抽头位置取值的模 2 加
    for q=2:grade
        if (c(q)>0) & (reg(grade+1-c(q))==1)
            m=~m;
        end
    end
    %线性寄存器依次移位
    for q=1:(grade-1)
        reg(q)=reg(q+1);
    end
    reg(5)=m;
end
```

设计完伪码产生器函数之后，再设计直扩系统调制信号的主程序，主程序的功能比较简单，除了扩频部分的代码，其他处理过程与前面章节讨论的信号调制原理基本一致，下面直接给出了程序清单。

```
%E9_1_DSSProduce.m 程序清单
%仿真直扩系统信号的调制过程（产生调制信号）

Rb=200*10^3;                    %码元速率为 200 kHz
Lpn=31;                         %伪码序列的长度
Rc=Rb*Lpn;                      %伪码速率为 6.2 Mchip/s
Fs=8*Rc;                        %采样频率为 49.6 MHz
fc=8*10^6;                      %载波频率为 8 MHz
a=0.8;                          %成形滤波器的滚降因子为 0.8
N=5000;                         %原始信号长度
L=N*Lpn*Fs/Rc;                  %仿真信号长度
```

```
t=0:(L-1);                              %产生长度为 L、频率为 Fs 的时间序列
t=t/Fs;

polynomial=[1 0 0 1 0 1];               %产生本原多项式
reg=[1 0 0 0 0];                        %设置线性寄存器初值，相当于伪码的初始相位
PN= E9_1_PnCode(polynomial,reg)         %调用函数产生伪码，并在命令行窗口中显示

bitstream=randint(1,N,2);               %产生 N 点原始信号（二进制数据）
source=rectpulse(bitstream,Lpn);        %对 N 点原始信号进行 Lpn 倍采样

%用伪码对原始信号进行扩频调制
data=zeros(1,N*Lpn);
for i=1:N
    if bitstream(i)==0
        data((i-1)*Lpn+1:i*Lpn)=PN;
    else
        data((i-1)*Lpn+1:i*Lpn)=~PN;
    end
end
%将扩频信号转换成双极性码，以便进行平衡调制
for i=1:N*Lpn
    if data(i)==0
        data(i)=-1;
    end
end

%对扩频后的信号以 Fs 进行采样
Ads=upsample(data,Fs/Rc);

%设计升余弦滚降滤波器
n_T=[-2 2];
rate=Fs/Rc;
T=1;
Shape_b = rcosfir(a,n_T,rate,T);%figure(4);freqz(Shape_b)
%对采样后的数据进行升余弦滤波
rcos_Ads=filter(Shape_b,1,Ads);

%产生载波信号
f0=sin(2*pi*fc*t);
%产生直扩系统的调制信号
dss=rcos_Ads.*f0;
%绘图
```

运行该程序后，可以在命令行窗口中显示一个周期的伪码序列：

[1 0 0 0 0 1 0 1 0 1 1 1 0 1 1 0 0 0 1 1 1 1 1 0 0 1 1 0 1 0 0]

原始信号通过伪码序列进行扩频调制后的波形如图 9-4 所示，从图中可以看出，原始信

号的速率远低于伪码的速率，扩频后信号的速率与伪码的速率完全相同，扩频的过程仅仅是简单地进行模 2 加（异或）处理。需要说明的是，图 9-4 中的信号幅度没有什么实际意义，在仿真程序中，仅是为了将 3 个波形在一张图上进行显示，对其幅度进行了平移处理。

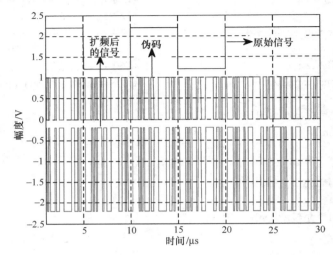

图 9-4   原始信号通过伪码序列进行扩频调制后的波形

直扩系统调制信号（已调信号）的波形及频谱如图 9-5 所示，从图中可以看出，直扩系统调制信号的波形和频谱与 BPSK 信号没有什么区别，这是因为直扩系统调制信号采用的是 BPSK 信号。

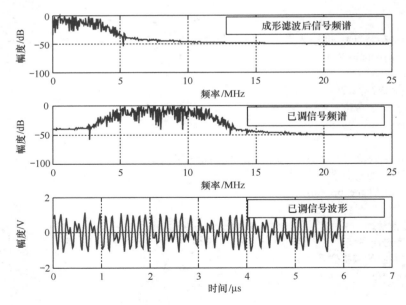

图 9-5   直扩系统调制信号的波形及频谱

9.3 直扩系统调制信号的 FPGA 实现

例 9-2 采用 FPGA 实现直扩系统调制信号

● 采用 Verilog HDL 设计直扩系统调制信号；

● 原始信号速率 R_b=200 kbps；

● 5 次本原多项式 ploynomial =[1 0 0 1 0 1]；

● 伪码序列长度 L_{PN}=31；

● 伪码速率 R_c=$L_{PN}R_b$=6.2 MChip/s；

● 采样频率、FPGA 系统时钟频率 f_s=8R_c=49.6 MHz；

● 载波频率 f_c=8 MHz；

● 成形滤波器（升余弦滚降滤波器）的滚降因子 α=0.8。

9.3.1 伪码模块的 Verilog HDL 设计

我们首先设计伪码模块，如果知道本原多项式和线性寄存器初值，则可以完全按照图 9-3 所示的结构来产生伪码，其结构十分简单。另外一种产生伪码的方法是，首先利用 MATLAB 仿真产生一个完整周期的伪码，然后在 FPGA 中利用存储器 IP 核存放这个周期的伪码，最后在时钟信号的驱动下依次循环读出这个周期的伪码即可。这种方法简单易行，但缺点是不够灵活，如果系统中有多个伪码序列，则需要占用多个存储器资源来存放伪码。

经过前面的讨论可知，伪码由本原多项式决定，伪码的初始相位由产生伪码的线性寄存器的初值决定。这样，在伪码模块的 Verilog HDL 设计时，如果将本原多项式及线性寄存器初值设置成可灵活修改的常量参数，就可以大大增加伪码模块的通用性。伪码模块的 Verilog HDL 设计并不复杂。为了确定伪码的初始相位，程序中采用了同步复位机制。下面给出了伪码模块（PnCode.v）的程序清单。

```
//PnCode.v 的程序清单
module PnCode (rst,clk,pn);
    input    rst;                              //复位信号，高电平有效
    input    clk;                              //FPGA 系统时钟：31×Rb=6.2 MHz
    output   pn;                               //输出的伪码序列

    //设置产生伪码的本原多项式及线性寄存器初值
    parameter Len = 5;                         //线性寄存器长度
    wire [Len-1:0] reg_state = 5'b10000;       //线性寄存器初值
    wire [Len:0]   polynomial= 6'b100101;      //本原多项式

    reg [Len-1:0] pn_reg;
    reg pncode;
    integer i;
    reg poly=1'b0;
```

```
        always @(posedge clk)
        //采用同步复位机制确定伪码的初始相位
        if (rst)
            begin
                pn_reg <= reg_state;
                pncode <= 1'b0;
            end
        else
            begin
                //线性寄存器的第 1 位为根据本原多项式进行异或运算后的值
                pn_reg[0] <= poly;
                //线性寄存器的最末位为输出的伪码
                pncode <= pn_reg[Len-1];
                //pn_reg 中的内容右移 1  bit
                for (i=0; i<=(Len-2); i=i+1)
                pn_reg[i+1] <= pn_reg[i];
            end

    integer j;
    //根据本原多项式的值产生组合逻辑电路
    always @(*)
    for (j=(Len-1); j>=0; j=j-1)
        begin
            if (j==(Len-1))
                poly = pn_reg[j];
            elseif (polynomial[j+1])
                poly = poly ^ pn_reg[j];
        end
    assign pn = pncode;
endmodule
```

9.3.2　扩频调制模块的 Verilog HDL 设计

根据图 9-1（a）的直扩系统的调制原理，产生伪码后，将原始信号与伪码进行异或（模 2 加）后就可以完成原始信号的扩频，之后的信号插值、成形滤波、与载波信号相乘完成载波调制等过程，与 PSK 调制方式完全相同。需要说明的是，为了简化接收端解扩及解调的设计，通常使一个数据码元的周期与一个伪码周期相同，也就是说一个原始数据码元刚好包括一个完整的伪码周期。

下面先来看看完整的扩频调制模块（DssMod.v）程序清单，程序中添加了较为详细的注释，便于读者理解程序设计思路和方法。

```
//DssMod.v 的程序清单
module DssMod (rst,clk,din,clk_data,dout);
    input    rst;                        //复位信号，高电平有效
    input    clk;                        //FPGA 系统时钟：8×31×Rb=49.6 MHz
    input    din;                        //原始信号，Rb=200 kbps
```

```verilog
output    clk_data;                         //信号采样时钟，Rb=200 kbps
output    signed [15:0]    dout;            //经过载波调制后的扩频信号

//对 clk 信号进行 8 分频，产生伪码时钟信号 clk_pn
reg [2:0] count = 3'd0;
always @(posedge clk or posedge rst)
count <= count + 3'd1;

wire clk_pn;
assign clk_pn = count[2];

//对 clk_pn 进行 31 分频，产生信号采样时钟 clk_data 并对原始信号进行采样
reg [4:0] c_data;
reg clkdata,data;
always @(posedge clk_pn or posedge rst)
if (rst)
    begin
        c_data <= 5'd0;
        clkdata <= 1'b0;
        data <= 1'b0;
    end
else
    begin
        if (c_data<30)
            c_data <= c_data + 5'd1;
        else
            c_data <= 5'd0;
        if (c_data==5'd0)
            //原始信号在 clk_data 的上升沿进行采样
            //在下降沿获取信号，保证获取信号时稳定可靠
            begin
                data <= din;
                clkdata <= 1'b0;
            end
        elseif (c_data==5'd15)
            clkdata <= 1'b1;
    end

assign clk_data = clkdata;

//对信号进行扩频处理，并扩展为双极性码
reg signed [1:0] data_pn;
wire pn;
always @(posedge clk or posedge rst)
if (rst)
    data_pn <= 2'd0;
else
```

```verilog
                //扩频（异或），并扩展为 2 bit 的双极性码
                begin
                    if (data==pn)
                        data_pn <= 2'b01;
                    else
                        data_pn <= 2'b11;
                end


        //调用伪码模块产生伪码序列
        PnCode u1 (.rst (rst), .clk (clk_pn), .pn (pn));
        //调用 FIR 滤波器核，对扩频信号进行插值及成形滤波
        wire ast_sink_valid,ast_source_ready,reset_n;
        wire [1:0] ast_sink_error;
        assign reset_n = ~rst;
        assign ast_sink_valid=1'b1;
        assign ast_source_ready=1'b1;
        assign ast_sink_error=2'd0;
        wire sink_ready,source_valid;
        wire [1:0] source_error;
        wire signed [14:0] fir_data;
        shape_fir u2(.clk (clk), .reset_n (reset_n), .ast_sink_data (data_pn),
                    .ast_sink_valid (ast_sink_valid), .ast_source_ready (ast_source_ready),
                    .ast_sink_error (ast_sink_error), .ast_source_data (fir_data),
                    .ast_sink_ready (sink_ready), .ast_source_valid (source_valid),
                    .ast_source_error (source_error));


        //调用 NCO 核，产生 8 MHz 的载波信号
        //实例化 NCO 核所需的接口信号
        wire out_valid,clken;
        wire [31:0] carrier;
        wire signed [9:0] sin;
        assign clken = 1'b1;
        assign carrier=32'd692736661;                    //8 MHz
        //实例化 NCO 核，Quartus II 提供的 NCO 核输出数据位宽最小为 10，根据环路设计需求
        //只取高 8 bit 参与后续的运算
        nco8m u3 (.phi_inc_i (carrier), .clk (clk), .reset_n (reset_n), .clken (clken), .fsin_o (sin),
                    .out_valid (out_valid));
        //调用乘法器核，实现载波调制
        mult8_8 u4 (.clock (clk), .dataa (sin[9:2]), .datab (fir_data[14:7]), .result (dout));
endmodule
```

完成直扩调制模块的 Verilog HDL 设计后，还需要设计 TestBench 文件来进行 ModelSim 仿真。为了简化设计，TestBench 文件将原始信号设置成方波信号（如图 9-6 中所示的 data 信号波形）。从图 9-6 可以看出，每个原始信号码元均恰好对应一个周期的伪码，且伪码的初始相位与程序中设计的线性寄存器初值（reg_statae=[1 0 0 0 0]）相同。完整的直扩调制模块程序请参见本书配套资料中的 FPGA 工程文件"\Chapter_9\E9_2\DssMod"。

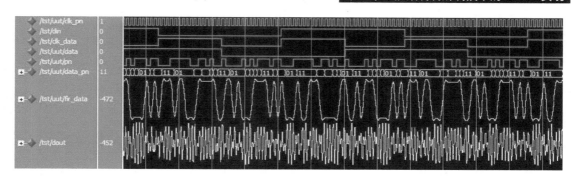

图 9-6　直扩调制模块 FPGA 实现后的 ModelSim 仿真波形

9.4　伪码同步的原理

由图 9-1（b）可知，直扩系统的已调信号的解调与普通 PSK 信号的解调相比，仅仅增加了一个解扩环节。要完成解扩，就必须实现伪码同步。从直扩系统的工作原理可知，扩频通信正是由于具有解扩功能而极大地增强了其抗干扰的性能。扩频信号的解调关键在于伪码同步环的设计，这不仅是其区别于 PSK 信号解调的主要不同点，也是解调电路设计的重点和难点。

在直扩系统中，接收端与发送端必须实现位同步、伪码同步及载波同步。只有实现了这些同步，直扩系统才能正常工作，可以说没有同步就没有直扩系统。同步系统是直扩系统的关键，在上述几种同步中，信息码元的时钟可以和伪码的码元时钟联系起来，有固定的关系，一个实现了同步，另一个自然也就同步了。对于载波同步来说，主要是相干解调的相位同步，其工作原理及实现过程与 PSK 信号的相干解调过程相同，本节只讨论直扩系统中的伪码同步，在完成伪码同步环的 FPGA 设计后再讨论载波同步及整个完整的直扩系统的解调环路。

同步系统的作用是实现本地产生的伪码与接收到的信号中的伪码同步，即频率上相同、相位上一致。同步过程通常包含以下两个阶段：

（1）接收端在一开始并不知道发送端是否发送了信号，因此需要有一个捕获过程，即在一定的频率和时间范围内搜索并捕获有用信号。这一阶段也称为起始同步或粗同步，也就是要把发送端发来的信号与本地信号的相差纳入同步保持范围内。

（2）完成起始同步后就进入了跟踪过程，即继续保持同步，不因外界的影响而失步。也就是说，无论因何种因素使收发两端的频率和相位发生偏移，同步系统都会进行调整，使收发两端的信号仍然保持同步。图 9-7 为伪码同步环的捕获和跟踪的框图。

接收信号经宽带滤波器后，在乘法器中与本地伪码序列进行相关运算。此时捕获器件调整压控时钟源，调整本地伪码产生器产生的本地伪码序列的频率和相位，以捕获有用信号。一旦捕获到有用信号后，则启动跟踪器件，由其调整压控时钟源，使本地伪码产生器与接收信号保持同步。如果发生失步，则重新开始新的一轮捕获和跟踪过程，因此，整个同步过程还包含捕获和跟踪两个阶段闭环的自动控制和调整过程。

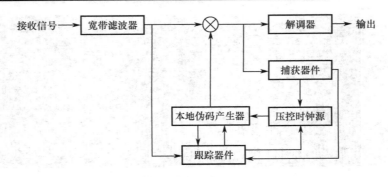

图 9-7　伪码同步环的捕获和跟踪的框图

9.4.1　滑动相关捕获原理

捕获的作用就是在频率和时间（相位）不确定的范围内获取有用的伪码，使本地伪码与其同步，大多数的捕获方法都采用非相干检测方式。捕获方法的共同特点是用本地信号与接收信号进行相乘和积分运算（即相关运算），获得二者的相关值，并与门限检测器中的某一门限相比较，以判断其是否捕获到了有用信号。如果确捕获到了有用信号，则开始跟踪过程，使系统保持同步；否则开始新的捕获过程。

常用的捕获方法有滑动相关捕获法、序贯估值捕获法和匹配滤波器捕获法。滑动相关捕获法所需的硬件资源较少，捕获时间较长；序贯估值捕获法所需的硬件资源较少，捕获时间短，但抗干扰能力不强；匹配滤波器捕获法所需的硬件资源较多，捕获时间较短。本书采用的是滑动相关捕获法，故只对滑动相关捕获法的原理进行介绍。

当接收到的伪码序列与本地伪码序列的频率不同时，在示波器上可以看到两个序列在相位上是相互滑动的。这种滑动过程就是两个伪码序列逐位进行相关检测的过程。两个序列的相位总会在某一时刻滑动到一起，如果这时能使滑动停止，则可完成捕获过程，就可以转入跟踪过程，实现伪码同步。图 9-8 为滑动相关器的原理框图，图 9-9 为滑动相关器算法的流程。

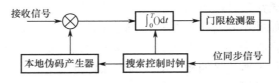

图 9-8　滑动相关器的原理框图

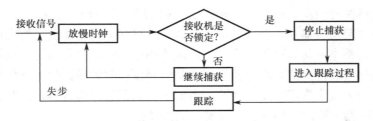

图 9-9　滑动相关器算法的流程

如图 9-8 和图 9-9 所示，接收信号与本地伪码序列相乘后再进行积分，即求出它们的互相关值，然后在门限检测器中与某一门限比较，以判断是否已捕获到有用信号。这里利用伪码序列的相关性，当两个相同的伪码序列在相位上一致时，其相关值有最大的输出。一旦确认捕获完成，则捕获指示信号的同步脉冲控制搜索控制时钟，调整本地伪码产生器产生的伪码频率和相位，使之与接收信号保持同步。

由于滑动相关器对两个伪码序列是顺序比较相关的，所以这种方法又称为顺序搜索法。滑动相关器因其算法简单而得到了广泛的应用，其缺点是当收发两端的伪码频率相差不多时，相对滑动的速度很慢，导致搜索时间过长。现在常用的一些搜索方法大多在该方法的基础上，采取一些措施来限定搜索范围或加快捕获的时间，从而改善捕获的性能。

9.4.2　延迟锁相环的跟踪原理

当捕获到有用信号后，即收发两端的伪码相差在 1 个伪码码元以内时，同步系统转入保持同步阶段，也称为细同步或跟踪过程。

跟踪环可分为相干与非相干两类，前者是在已知发送端信号的载波频率和相位情况下工作的，后者则是不知道的情况下工作的，大多数实际情况属于后者。常用的跟踪环是延迟锁相环（Delay-Looked Loop，DLL）和抖动锁相环（Tau-Dither Loop，TDL），它们都是属于超前-滞后类型的锁相环。延迟锁相环采用两个独立的相关器，抖动锁相环则采用分时的单个相关器。本书采用的是延迟锁相环，故只对延迟锁相环的跟踪原理进行介绍。

无论哪种跟踪环，首先必须获得本地伪码序列与接收信号的相差，对于延迟锁相环来说，它是利用扩频序列自相关函数的偶对称特性来实现跟踪功能的。图 9-10 是扩频序列的自相关函数曲线，图 9-11 为延迟锁相环的鉴相曲线。

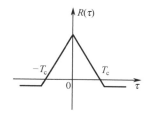

图 9-10　扩频序列的自相关函数曲线

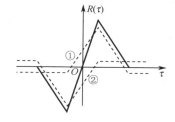

图 9-11　延迟锁相环的鉴相曲线

由图 9-10 可以看到，当 $\tau=0$ 时，自相关值最大。图 9-11 中的虚线①为自相关函数 $R(\tau)$ 左移 $T_c/2$ 后的自相关函数 $R(\tau+T_c/2)$，虚线②为自相关函数 $R(\tau)$ 右移 $T_c/2$ 后的自相关函数 $R(\tau-T_c/2)$。自相关函数 $R(\tau-T_c/2)$ 和 $R(\tau+T_c/2)$ 相减后可以得到扩频序列的跟踪曲线，即图 9-11 中的实线。

由图 9-11 所示的鉴相曲线可以看出，当两个扩频序列相差 τ 为 0 时，鉴相器输出为 0；当 τ 不等于 0 时，鉴相器输出一个与 τ 成比例的极性信号，这个信号可以用来控制本地伪码序列的相位，以实现闭环控制。

延迟锁相环的结构如图 9-12 所示，接收信号下变频至基带，分别与超前 $T_c/2$、滞后 $T_c/2$ 的本地伪码序列进行相关运算。两条支路的相关器特性相同，则二者出现相关峰的时间相差 T_c。鉴相误差经环路滤波器后送至 VCO，控制本地伪码序列向减小跟踪偏差的方向调整。

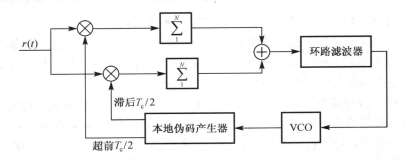

图 9-12　延迟锁相环的结构

9.5　伪码同步算法的设计及仿真

9.5.1　伪码同步算法的设计

例 9-3　FPGA 实现伪码同步算法

- 原始信号速率 R_b=200 kbps；
- 伪码序列长度 L_{PN}=31；
- 伪码速率 R_c=$L_{PN}R_b$=6.2 MChip/s；
- 采样频率 f_s=8R_c==49.6 MHz；
- 成形滤波器（升余弦滚降滤波器）的滚降因子 α=0.8。

由前所述，传统的滑动相关器通过控制本地伪码产生器的驱动时钟频率来达到滑动的目的。在数字电路中，则改为通过控制本地伪码产生器，使其按固定步长左移（或右移）来达到本地伪码与接收信号中的伪码相对滑动的目的，这种方式也称为固定步长串行搜索法（Fixed-Dwell Serial-Search Acquisition）[9-11]，其原理框图如图 9-13 所示。

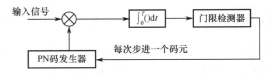

图 9-13　固定步长串行搜索法的原理框图

下面根据图 9-13 来计算完成捕获所需的最长时间。由于每次滑动步长为 1 个码元周期 T_c=1/R_c，每次调整都需要完成一个伪码周期（相当于一个数据码元周期 T_b=1/R_b）的相关运算，则最多需要完成 L_{PN} 次调整，其最长捕获时间为：

$$T_a = L_{PN} / R_b = 0.155 \text{ ms} \tag{9-3}$$

由上文分析可知，伪码同步一般包括捕获和跟踪两个阶段，在两个阶段需使用不同的环路来实现。如果能用同一个环路来实现，或者尽可能多地对两种环路中的部分部件（如积分累加器）加以重用，则可大大减少所需的硬件资源。又因捕获与跟踪这两个阶段在时间轴上没有重复，这就为环路部件的重用提供了可能。基于这一思想，文献[12]提出了一种捕获与跟踪环路重用部件的实现方案——全数字伪码同步环，其原理图如图 9-14 所示。

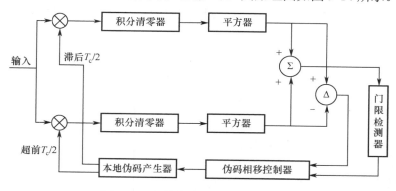

图 9-14　全数字伪码同步环的原理图

全数字伪码同步环与传统的同步环的主要差别是捕获方法的改变，即采用延迟锁相环中的超前支路及滞后支路的相关累加器的平方和作为判断是否捕获到有用信号的依据，而不单只使用一条支路的相关累加器的输出作为门限检测值。延迟锁相环的跟踪部分保持不变，采用固定步长的方式来调整本地伪码相位，从而实现滑动搜索及延迟锁定的功能。超前支路和滞后支路这两条支路相关累加器的相关函数如图 9-15 所示。

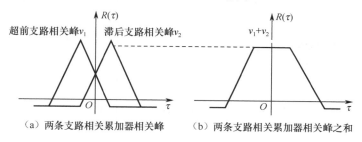

（a）两条支路相关累加器相关峰　　　（b）两条支路相关累加器相关峰之和

图 9-15　超前支路和滞后支路这两条支路相关累加器的相关函数

由图 9-15 所示，两条支路相关累加器输出的相关峰之和是平坦的，与单一支路相关累加器的相关峰相比，相关峰之和略有降低，相关峰之和的长度增加了一半。另外，采用固定步长串行搜索法的一个前提条件是收发两端的伪码序列时钟稳定度及精度要足够高，以免因收发两端伪码的时钟的频差而引起累积的相差过多，造成本地伪码序列滑动时无法达到同步状态。解决这一问题的方法主要有三种：一是采用传统的 VCO 控制本地伪码时钟频率，使其进行滑动；二是尽量提高收发两端伪码序列时钟的稳定度及精度；三是减少本地伪码的固定步长，使之小于一个伪码码元长度。例如，本实例中每次步进 1/2 伪码码元长度（4 个采样点）作为固定步长，则本地伪码的最长捕获间为：

$$T_a = 2L_{PN} / R_b = 0.31 \text{ ms} \tag{9-4}$$

9.5.2　捕获及跟踪门限的 MATLAB 仿真

根据前面的分析，我们编写 MATLAB 程序来仿真图 9-14 所示结构的伪码捕获及跟踪门限，并绘制滑动过程中的相关峰之和的曲线和相关峰之差的曲线。由于仿真程序需要产生经过升余弦滚降滤波器处理后的扩频信号，相应的代码与 **E9_1_DSSProduce.m** 程序中的代码完全相同，在此不再重复给出。跟踪状态下的相关峰仿真代码与捕获状态仅是滑动的步进参数不同，下面只给出捕获部分的相关峰仿真代码，完整的程序请参见本书配套资料"\Chapter_9\E9_3\E9_3_PnAcquisition.m"。

```
%E9_3_PnAcquisition.m 程序清单
%产生扩频信号，参见本书配套资料中的完整程序文件
%对采样后的信号进行升余弦滚降滤波
rcos_Ads=filter(Shape_b,1,Ads);

%取一个伪码码元周期的信号进行相关运算
pn_ad=Ads(1:Fs/Rb);
dat=rcos_Ads(Fs/Rb/2: Fs/Rb/2+Fs/Rb-1);

Len=length(dat)

%产生滞后 1/2 个伪码码元周期的支路信号
data_aft=[dat(Len-Fs/Rc/2+1:Len)，dat(1:Len-Fs/Rc/2)];
%产生超前 1/2 个伪码码元周期的支路信号
data_pre=[dat(Fs/Rc/2+1:Len),dat(1:Fs/Rc/2)];
%捕获时的相关峰之和的曲线和相关峰之差的曲线，捕获时每次相位步进 4 个采样点
step=2;
PN_oc=pn_ad;
sum_aft=zeros(1,Lpn*step);
sum_pre=zeros(1,Lpn*step);
for i=1:Lpn*step
    if i>1
        PN_oc=[pn_ad((i-1)*Fs/Rc/step+1:Len),pn_ad(1:(i-1)*Fs/Rc/step)];
    end
    for j=1:Fs/Rb
        if PN_oc(j)==1
            sum_aft(i)=sum_aft(i)+data_aft(j);
            sum_pre(i)=sum_pre(i)+data_pre(j);
        else
            sum_aft(i)=sum_aft(i)-data_aft(j);
            sum_pre(i)=sum_pre(i)-data_pre(j);
        end
    end
end
square_aft=sum_aft.*sum_aft;
square_pre=sum_pre.*sum_pre;
square_sum=square_aft+square_pre;
square_sub=square_aft-square_pre;

figure(1);
t=1:Lpn*step;
subplot(211);
plot(t,square_aft,'--',t,square_pre);grid on;
```

```
legend('超前支路','滞后支路')
subplot(212);
plot(t,square_sum,'--',t,square_sub);grid on;
legend('相关峰之和','相关峰之差')
%跟踪时的相关峰之和的曲线和相关峰之差的曲线，捕获时每次相位步进1个采样点
```

分析图 9-16 和图 9-17 的仿真结果可知，无论捕获状态（每次相位调整的步长为 4 个采样点），还是跟踪状态（调整步长为 1 个采样点），超前及滞后支路相关累加器的相关峰均十分明显，相关峰之差（即鉴相曲线）与理论分析结果十分吻合，但相关峰之和并没有出现图 9-15（b）所示的形状，而且当伪码完全同步时（鉴相曲线的过零点）的相关峰明显低于最大峰值。显然，这种相关峰不利于保持环路的锁定，因为判断环路是否锁定（伪码是否处于跟踪状态）的依据就是判决相关峰的大小。

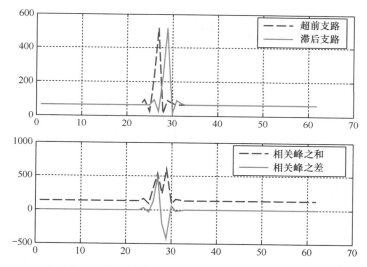

图 9-16 捕获状态相关峰曲线的 MATLAB 仿真（步进 4 个采样点）

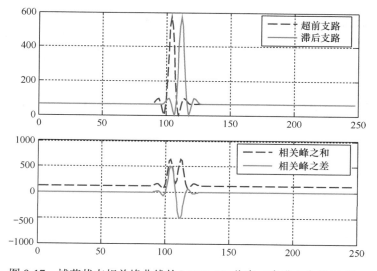

图 9-17 捕获状态相关峰曲线的 MATLAB 仿真（步进 1 个采样点）

前文在讨论仿真实例时说过，掌握并理解理论知识的标志之一是可以解决问题，标志之二是可以解释各种仿真或工程现象。仔细分析图 9-16 和图 9-17 的仿真结果，再对比图 9-15 所示的曲线，不难想到其中的原因。图 9-15 给出的是模拟信号或者采样频率足够高的情况下的分析结果，图 9-16 和图 9-17 中的相关峰之和曲线出现中间凹下去的形状，是因为采样频率不够高，每个伪码码元仅采样 8 个点。进一步的理论分析本书不再探讨，读者可以尝试修改仿真程序中的采样频率来验证采样频率对相关峰之和曲线的影响。

对例 9-3 的要求来讲，完全按照图 9-14 来实现伪码序列的捕获及跟踪时难以达到良好的性能，解决办法之一是提高采样频率，增加每个伪码码元的采样点数；二是将捕获环路与跟踪环路分开设计，即再设计一路中间支路的相关器，并作为捕获状态的判决依据，本实例采用的就是这个方案。

9.6　伪码同步的 FPGA 实现

9.6.1　顶层模块的 Verilog HDL 设计

经过前面的讨论，我们可以着手编写 Verilog HDL 代码了。根据图 9-14 可知，伪码同步环的关键部件是相关积分器和伪码相位调整电路。为了更好地讲解伪码同步环的设计思路及方法，下面先给出了伪码同步环顶层文件综合后的 RTL 原理图及程序清单。

```
//PnSync.v 的程序清单
module PnSync (rst,clk,di,dq,pn,bit_sync,locked,douti,doutq);
    input    rst;                              //复位信号，高电平有效
    input    clk;                              //FPGA 系统时钟：49.6 MHz
    input    signed [14:0] di;                 //输入的下变频后的 I 支路信号
    input    signed [14:0] dq;                 //输入的下变频后的 Q 支路信号
    output   pn;                               //本地伪码序列
    output   bit_sync;                         //扩频解调数据的位同步信号
    output   locked;                           //锁定状态指示信号，高电平锁定
    output   signed [22:0] douti;              //中间支路同相相关积分器的输出
    output   signed [22:0] doutq;              //中间支路正交相关积分器的输出

    //将输入信号存入寄存器
    reg signed [14:0] dit,dqt;
    always @(posedge clk)
    begin
        dit <= di;
        dqt <= dq;
    end

    wire signed [35:0] gate = 36'd2147496128;    //根据仿真结果确定捕获门限
    wire signed [22:0] di_pre,di_mid,di_aft,dq_pre,dq_mid,dq_aft;
        wire [7:0] addr_load,addr_pn;
    wire load,pn_pre,pn_aft,pn_mid;
```

```
//实例化相关积分模块
integrator_col u1 (.clk (clk), .rst (rst), .addr (addr_pn), .pn_pre (pn_pre), .pn_mid (pn_mid),
    .pn_aft (pn_aft), .di (dit), .dq (dqt), .di_pre (di_pre), .dq_pre (dq_pre), .di_mid (di_mid),
    .dq_mid (dq_mid), .di_aft (di_aft), .dq_aft (dq_aft));
//实例化伪码模块
pn_code u2 (.clk (clk), .rst (rst), .load (load), .addr_load (addr_load), .addr_pn (addr_pn),
    .pn_pre (pn_pre), .pn_aft (pn_aft), .pn_mid (pn_mid));
//实例化伪码相位调整模块
PN_adjust u3 (.clk (clk), .rst (rst), .gate (gate), .addr_pn (addr_pn), .load (load),
    .locked (locked), .addr_load (addr_load), .di_pre (di_pre[22:5]), .dq_pre (dq_pre[22:5]),
    .di_mid (di_mid[22:5]), .dq_mid (dq_mid[22:5]), .di_aft (di_aft[22:5]), .dq_aft (dq_aft[22:5]));
assign pn = pn_mid;
assign bit_sync = load;
assign douti = di_mid;
assign doutq = dq_mid;
endmodule
```

由以上程序及 RTL 原理图（见图 9-18）可知，RTL 原理图由相关积分模块（u1：integrator_col）、伪码模块（u2：pn_code）和伪码相位调整模块（u3：PN_adjust）组成。相关积分模块由 6 路相关积分器组成，即 I 支路（di）的超前（pn_pre）、中间（pn_mid）及滞后（pn_aft）三路相关积分器，以及 Q 支路（dq）的三路相关积分器，每路相关积分器只完成一个伪码码元周期的相关积分运算。伪码模块用于产生超前（相当于中间支路超前半个伪码码元周期）、中间及滞后（相当于中间支路滞后半个伪码码元周期）三路的伪码序列，同时输出伪码序列的位置信息。伪码相位调整模块需要根据相关积分器结果，实时调整本地伪码相位，最终使本地伪码与输入信号的伪码保持同步。容易注意到，程序中将 PN_adjust 模块输出的 load 信号（伪码产生器中的计数器置位信号）当成扩频解调器的位同步信号，将相关积分模块中的中间支路相关累加结果 di_mid 当成扩频解调器输出信号，其中的原因读者可以先思考一下，在后续讨论相关积分器设计时，读者可以找到合理的解释。

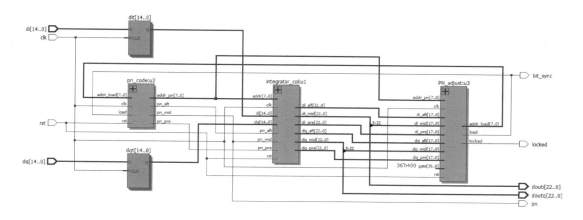

图 9-18　伪码同步环顶层文件综合后的 RTL 原理图

需要说明的是，根据伪码捕获和跟踪的原理可知，需要根据相关累加值判决捕获状态，因此涉及捕获门限（gate）的设定问。为了简化设计，本程序根据仿真结果设置了一个固定捕获门限。在实际工程设计中，由于输入信号的信噪比，以及功率电平的变化，通常需要实时地对捕获门限捕获进行调整，读者可以参考其他相关文献了解捕获门限的自适应设计方法。

由伪码同步环顶层文件综合后的 RTL 原理图来看，其整体结构比较简单。接下来依次讨论三个功能模块的设计。

9.6.2　伪码模块的 Verilog HDL 设计

伪码模块的功能是产生三路相位依次相差半个伪码码元周期的伪码序列，并根据相关累加器的结果调整伪码序列的相位，实现伪码序列滑动的目的。产生伪码序列的方法很多，最直接的方法是采用 9.2.1 节所讨论的线性寄存器，但这种方法对伪码序列的相位调整（如调整 1/8 个伪码码元周期的相位）比较困难。另一种方法是对一个周期的伪码序列进行 8 倍采样后存入 ROM 中，通过设置 ROM 的地址来调整伪码序列的相位，本实例采用的就是这种方法。根据实例的要求，伪码序列的长度为 31，对一个周期的伪码序列采样 8 次，则需要采用存储深度为 248 的 ROM 来存储伪码序列。ROM 的地址需要设置成周期为 248 的循环计数器，为了对 ROM 地址（计数器输出值）进行调整，本实例采用带置位功能的 248 进制计数器 IP 核来实现。

三条支路的伪码序列可以通过简单的多级触发器来实现。根据相关积分器的要求，相关积分器需要根据伪码码元的位置进行计算，因此需要使输出的中间支路伪码（pn_mid）与其位置信息（addr_pn）同步。根据单端 ROM 的 IP 核手册，地址的输入与输出之间存在一个伪码码元周期的延时，这可以通过触发器进行修正。当修正伪码序列的相位时，实际上是通过对地址计数器的输出值进行置位完成的，因此，由实际需要修正的是地址计数器的输出值，而相关累加器计算时位置信息 addr_pn 与地址计数器的输出值存在一定的延时关系，这之间的延时也需要在设计时加以考虑，并完成时序修正。

根据前面的分析，本实例采用将伪码序列存入 ROM 的方式来实现。首先用 MATLAB 仿真产生 ROM 中的内容，然后按照 ROM 核的要求生成相应格式的文件（pncode.mif）。下面是 MATLAB 程序清单（pncoderom.m）。

```
%pncoderom.m 程序清单
%对伪码序列进行 8 倍采样后存入 mif 文件
polynomial=[1 0 0 1 0 1];
regstate=[1 0 0 0 0];
pn=E9_1_PnCode(polynomial,regstate)              %调用自行设计的函数产生一个周期的伪码序列
pn8=rectpulse(pn,8);                             %对伪码序列进行 8 倍采样
data=[pn8,zeros(1,256-length(pn8))];

%%%%%%%%%%%%%%%%%%%%%%%%%%%%%%%%%%%%%%%%%%%%%%%%%%%%%%%%%%%%%%%%%%%%%%
%在新建文本文件前，必须设置好文件存放的路径，否则会出现提示信息：
%??? Error using ==> fprintf
%Invalid file identifier
%请根据需要修改下面语句，以改变文件名及文件存放路径
fid=fopen('D:\ModemPrograms\Chapter_9\E9_3\pncode.mif','w');
```

```
fprintf(fid,'WIDTH=1;\r\n');                    %指定每个数值的宽度
fprintf(fid,'DEPTH=256;\r\n');                   % ROM 的存储深度
fprintf(fid,'ADDRESS_RADIX=UNS;\r\n');           %指定地址：无符号数
fprintf(fid,'DATA_RADIX=DEC;\r\n');              %指定数据基数：十进制有符号数
fprintf(fid,'CONTENT BEGIN\r\n');                %固定格式，开始写数据
%将数据值写入文件中
for k=1:256
    m=k-1;
    fprintf(fid,'%3d',m);
    fprintf(fid,':');
    fprintf(fid,'%3d',data(k));
    fprintf(fid,';\r\n');
end
fprintf(fid,'END;\n');                           %固定格式，写数据结束
fclose(fid);
```

需要说明的是，在设计伪码模块的 FPGA 程序时，需要将 pncode.mif 文件存放在工程文件夹的根目录下。下面是伪码模块（pn_code.v）的程序清单。

```
//pn_code.v 程序清单
module pn_code (rst,clk,load,addr_load,addr_pn,pn_pre,pn_aft,pn_mid);
    input    rst;                           //复位信号，高电平有效
    input    clk;                           //FPGA 系统时钟：49.6 MHz
    input    load;                          //地址计数器置位信号，用于调整伪码相位
    input    [7:0] addr_load;               //地址计数器的置位地址
    output   [7:0] addr_pn;                 //伪码序列的位置地址
    output   pn_pre;                        //比 pn_mid 超前半个伪码码元的伪码序列
    output   pn_aft;                        //比 pn_mid 滞后半个伪码码元的伪码序列
    output   pn_mid;                        //本地伪码序列

    //实例化单端口 ROM 核
    //生成 IP 核时，输入信号经过寄存器处理，输出信号不经过寄存器处理
    wire [7:0] addr;
    wire [0:0] pn_code;
    pn u1 (.address(addr), .clock(clk), .q(pn_code));

    //248 进制计数器（地址计数器），用于产生伪码序列存储器的地址
    //具有同步置位功能
    counter u2 (.aclr(rst), .clock(clk), .data(addr_load), .sload(load), .q(addr));
    //通过触发器产生超前支路和滞后支路的伪码序列及对应的地址
    reg [7:1] pncode;
    reg [7:0] addr_1,addr_2,addr_3,addrpn;
    always @(posedge clk)
    begin
        pncode[1]<= pn_code[0];
        pncode[2]<= pncode[1];
        pncode[3]<= pncode[2];
```

```
            pncode[4]<= pncode[3];
            pncode[5]<= pncode[4];
            pncode[6]<= pncode[5];
            pncode[7]<= pncode[6];
            addr_1 <= addr;
            addr_2 <= addr_1;
            addr_3 <= addr_2;
            addrpn <= addr_3;
        end
    //pn_mid 与 addr_pn 同步
    //pn_pre 与 pn_aft 分别比 pn_mid 超前及滞后 3~4 个伪码码元周期
    assign pn_pre = pn_code[0];
    assign pn_mid = pncode[3];
    assign pn_aft = pncode[7];
    assign addr_pn = addrpn;
endmodule
```

单端口 ROM 核的主要参数如下：

输出数据位宽：1。
存储器的存储深度：256 bit。
时钟使用模式：Single Clock。
输出数据寄存器：不选。
时钟允许信号：不选。
存储器内容文件路径：D:\ModemPrograms\Chapter_9\E9_3\pncode.mif。

为进一步说明伪码序列与序列地址之间的关系，图 9-19 给出了程序的仿真波形，从图中可以看出，三路伪码序列依次延时半个伪码码元周期，从放大部分的图中可以看出，序列地址与中间支路的伪码序列同步。

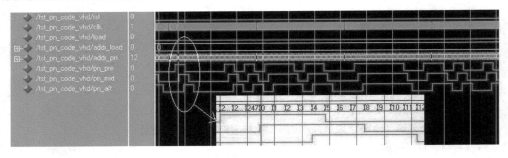

图 9-19　伪码模块 FPGA 实现后的 ModelSim 仿真波形

9.6.3　相关积分模块的 Verilog HDL 设计

相关积分模块的设计思路是先用本地伪码序列与输入信号完成解扩（模 2 加）运算，然后在一个伪码码元周期（一个数据码元）内完成积分（累加）运算。根据扩频信号的产生原理可知，一个数据码元内正好是一个完整的伪码码元。因此，当伪码同步时，在一个数据码元内完成解扩后，相当于恢复出原始信号，进行累加运算就相当于完成一个伪码码元周期的相关累加运算。当伪码同步时，相关累加器输出相关峰。

在图 9-18 中的顶层文件中，相关积分模块（integrator_col）由 6 个完全独立的相关积分器组成，分别用于完成 6 路的相关积分运算。这里讨论的只是其中的一路的相关积分模块。相关积分模块是伪码同步环中的核心模块，但对于 Verilog HDL 设计来讲却比较简单，下面给出了完整的程序清单，其中的信号含义十分明了，不再给出其他注释。

```verilog
//integrator.v 的程序清单
module integrator (rst,clk,pn,addr,din,dout);
    input    rst;                         //复位信号，高电平有效
    input    clk;                         //FPGA 系统时钟：49.6 MHz
    input    pn;                          //本地伪码序列
    input    [7:0]   addr;                //伪码地址
    input    signed [14:0] din;           //输入信号
    output   signed [22:0 ] dout;         //相关积分器输出

    reg signed [22:0] sum,dtem;
    always @(posedge clk or posedge rst)
    if (rst)
        begin
            sum <= 23'd0;
            dtem <= 23'd0;
        end
    else
        begin
            if (addr <8'd247)
                if (pn)
                    sum <= sum + {{8{din[14]}},din};
                else
                    sum <= sum - {{8{din[14]}},din};
            elseif (addr==8'd247)
                begin
                    if (pn)
                        dtem <= sum + {{8{din[14]}},din};
                    else
                        dtem <= sum - {{8{din[14]}},din};
                    sum <= 23'd0;
                end
        end
    assign dout = dtem;
endmodule
```

9.6.4 伪码相位调整模块的 Verilog HDL 设计

伪码相位调整模块是伪码同步环的另外一个核心模块，主要功能是完成本地伪码的相位调整，即通过调整伪码模块中的伪码序列地址，来实现本地伪码向前滑动或向后滑动的功能。

在进行门限判决之前，首先需要获取三条支路的相关峰。首先需要对相关积分器送来的

信号进行平方运算，由于前端输入的下变频后的信号为 I 支路和 Q 支路的信号，因此需要取两条支路的信号平方和作为最终的相关峰。为什么要取其平方和呢？是否只取 I 支路信号的平方运算或绝对值运算也可以呢？这是因为 I 支路和 Q 支路的信号平方和运算后可以消除载波不同步所带来的影响，当存在载波不同步引起相差时，I 支路和 Q 支路的信号相当于输入信号各乘以一个正弦值和余弦值，正弦值和余弦值的平方和为 1，即可消除相差的影响。

为了提高系统的运算速度，乘法运算可以增加一级寄存器，这又会造成整个环路多延时一个周期，在完成置位伪码序列时需要一并考虑。由于伪码相关器计算的长度刚好是一个伪码码元周期，因此地址置位时刻及置位值是固定的。在捕获阶段，相关峰小于捕获门限，伪码序列需要向前滑动 4 个采样点；在跟踪阶段，超前状态时向后滑动 1 个采样点，滞后状态时向前滑动 1 个采样点。下面的程序清单中给出了相应的代码注释，请读者仔细分析置位操作的时序关系。

```
//PN_adjust.v 程序清单
module PN_adjust (rst,clk,di_pre,dq_pre,di_mid,dq_mid,di_aft,dq_aft,gate,addr_pn,load,locked,addr_load);

    input    rst;                        //复位信号，高电平有效
    input    clk;                        //FPGA 系统时钟：49.6 MHz
    input    [7:0]    addr_pn;           //输入的伪码地址
    input    signed [35:0] gate;         //输入的捕获门限
    //相关积分模块送来的 6 路积分信号
    input    signed [17:0 ]di_pre;
    input    signed [17:0 ]dq_pre;
    input    signed [17:0 ]di_mid;
    input    signed [17:0 ]dq_mid;
    input    signed [17:0 ]di_aft;
    input    signed [17:0 ]dq_aft;
    output   load;                       //输出的伪码序列置位信号
    output   locked;                     //锁定状态指示信号，高电平时锁定
    output   [7:0]addr_load;             //输出的伪码序列置位值

    //乘法器完成平方运算，设置 1 个伪码码元周期的延时
    wire signed [35:0] mid_i,mid_q,pre_i,pre_q,aft_i,aft_q;
    mult18_18 u1(.clock (clk), .dataa (di_mid), .result (mid_i));
    mult18_18 u2(.clock (clk), .dataa (dq_mid), .result (mid_q));
    mult18_18 u3(.clock (clk), .dataa (di_pre), .result (pre_i));
    mult18_18 u4(.clock (clk), .dataa (dq_pre), .result (pre_q));
    mult18_18 u5(.clock (clk), .dataa (di_aft), .result (aft_i));

    mult18_18 u6(.clock (clk), .dataa (dq_aft), .result (aft_q));
    //完成 I 支路和 Q 支路相关峰的求和运算
    wire signed [35:0] mid,pre,aft;
    assign mid = mid_i + mid_q;
    assign pre = pre_i + pre_q;
    assign aft = aft_i + aft_q;
```

```verilog
//由于乘法运算延时 1 个伪码码元周期，因此在 addr_pn=1 时设置 load 信号并完成判决门限及
//地址置位操作。考虑到 pn_code 模块中计数器输出值与 addr_pn 之间的相位关系，根据
//超前支路与滞后支路的值设置 addr_load
reg [7:0] addrload;
reg loadt,lockedt;
always @(posedge clk or posedge rst)
if (rst)
    begin
        loadt <= 1'b0;
        lockedt <= 1'b0;
        addrload <= 8'd0;
    end
else
    begin
        if (addr_pn==8'd1)
            begin
                loadt <= 1'b1;
                //中间支路平方和小于捕获门限，伪码序列向前滑动 4 个采样点
                if (mid < gate)
                    begin
                        addrload <= 8'd11;
                        lockedt <= 1'b0;
                    end
                //否则伪码同步环进入跟踪阶段
                elseif (pre < aft)
                    begin
                        addrload <= 8'd6;
                        lockedt <= 1'b1;
                    end
                elseif (pre > aft)
                    begin
                        addrload <= 8'd8;
                        lockedt <= 1'b1;
                    end
                else
                    begin
                        addrload <= 8'd7;
                        lockedt <= 1'b1;
                    end
            end
        else
            loadt <= 1'b0;
    end
assign load = loadt;
assign locked = lockedt;
assign addr_load = addrload;
endmodule
```

我们再来回忆一下最佳接收理论及处理方法。最佳接收结构是在一个数据码元内完成积分运算，并将积分结果作为判决依据。对比伪码同步环的工作原理和相关积分器的工作原理，相关积分器正是完成一个数据码元（一个伪码码元周期）的积分运算，且置位信号（load）与积分运算结果存在严格的时序关系。在直扩系统中，由于完成了伪码同步，因此不再需要进行位同步信号提取。由于本实例中的调制信号为 BPSK 信号，因此可以直接取中间支路积分运算的符号位（判决门限为 0）作为解调信号输出。

9.6.5 FPGA 实现后的仿真测试

编写完成整个伪码同步环的 Verilog HDL 实现代码并经过测试后就可以进行 FPGA 实现了（读者可以在本书配套资料"\Chapter_9\E9_3\PnSync"中查看完整的工程文件及实现代码）。在 Quartus II 中完成对工程的编译后，启动"TimeQuest Timing Analyzer"工具，并对时钟信号 clk 添加时序约束（周期为 20 ns，频率为 50 MHz）。保存时序约束结果后重新对整个 FPGA 工程进行编译。

完成综合实现后，在工作过程区中会自动显示整个设计所占用的器件资源情况。本实例选用的目标器件是 Altera 公司 Cyclone-IV 系列的 EP4CE15F17C8。Logic Elements（逻辑单元）使用了 2602 个，占 17%；Registers（寄存器）使用了 1315 个，占 9%；Memory Bits（存储器）使用了 272 bit，占 1%；Embedded Multiplier 9-bit elements（9 bit 嵌入式硬件乘法器）使用了 0 个，占 0%。从"TimeQuest Timing Analyzer"工具中可以看到系统最高工作频率为 69.92 MHz，满足工程实例中要求的 49.6 MHz。

完成伪码同步技术的 FPGA 设计之后，还需要对其进行测试。测试数据仍然采用读取外部 TXT 文件的方式来获取，本实例的测试数据为 E9_1_DSSProduce.m 程序产生的基带信号。为了便于查看伪码同步环中的捕获过程，使用成形滤波前的扩频调制信号（data_ads.txt），输入信号的符号位是原始的扩频信号。根据本实例设计要求，捕获门限为固定门限。为了确定合适的捕获门限，可以将程序中的捕获门限（gate）设置得较高，以便查看伪码序列滑动过程中的相关峰，以及伪码序列滑动过程。图 9-20 为伪码序列滑动过程的仿真波形。

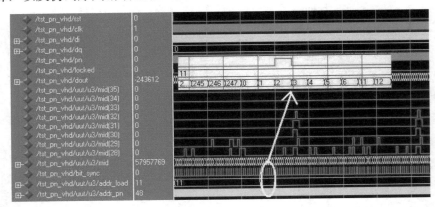

图 9-20　伪码序列滑动过程的仿真波形

从图 9-20 可以清楚地看出伪码序列滑动过程中的相关峰，且每两个相关峰之间有 62 个 bit_sync 信号，相当于伪码相位调整了 62 次。根据相关峰，可以设置程序中的捕获门限（gate），使其略小于相关峰。为了便于查看伪码序列的滑动过程，将 bit_sync 信号附近的图进行局部放大，从放大部分图中可以看出，伪码序列位置信息在 bit_sync 信号之后的几个周期内，地址值从 6 直接跳变到 11，跳跃地滑动了 4 个采样点。

修改程序中的捕获门限，使其略小于图 9-20 中的最大值（bit31=1，其他位全为 0），重新运行仿真程序，查看伪码跟踪状态仿真图，如图 9-21 所示。

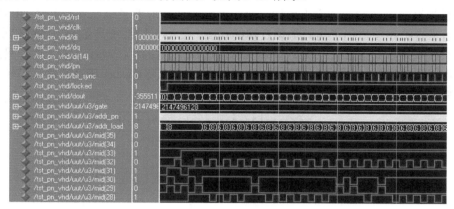

图 9-21　伪码同步环跟踪状态仿真波形

从图 9-21 可以看出，伪码同步环锁定指示信号 locked 很快就变为高电平，表示环路已完成捕获，滑动过程中地址位置调整值为 11（每次相位调整 4 个采样点），相关峰初次大于设定的捕获门限后，地址位置调整值为 8（相位向前调整 1 个采样点），连续调整 4 次后（半个伪码码元）进入跟踪阶段，地址位置调整值在 8 和 6 之间交替变换（在向前滑动 1 个采样点与向后滑动 1 个采样点之间交替变换）。读者还可以查看输入信号 di[14] 与输出信号 pn 之间的相位关系，在跟踪阶段，两者的相差始终保持在 1 个采样周期之内。

接下来我们采用更为真实的信号进行仿真，即采用基带成形滤波后的测试信号（可以从 E9_1_DSSProduce.m 程序仿真生成的 rcos_ads.txt 获取），仿真结果与图 9-21 类似，只是初始捕获时间较长，这是因为 rcos_ads.txt 中的测试信号经过了滤波处理，其相位比 data_ads.txt 中的测试信号滞后几个采样周期。从两种情况的仿真结果也可以看出，伪码捕获时间与信号的初始相位有关，但最长捕获时间是由伪码同步环的设计参数决定的。

本实例的 TestBench 文件与本书前面章节的大部分实例都相同，本实例不再给出程序清单，读者可以在本书配套资料中查看完整的 FPGA 工程文件（"\Chapter_9\ E9_3\PnSync"）。

9.7　直扩系统解调环路的 FPGA 实现

例 9-4　FPGA 实现直扩系统解调环路

- 原始信号速率 R_b=200 kbps；
- 伪码序列的长度 L_{PN}=31；
- 伪码速率 $R_c=L_{PN}R_b$=6.2 MChip/s；

- 采样频率 $f_s=8R_c==49.6$ MHz；
- 载波频率 $f_c=8$ MHz；
- 成形滤波器（升余弦滚降滤波器）的滚降因子 $\alpha=0.8$。

9.7.1 Costas 环的 Verilog HDL 设计

根据直扩系统的调制解调原理可知，直扩系统的调制解调系统在本质上是 BPSK 调制解调系统，由于直扩系统增加了伪码扩频及解扩功能，使得直扩系统具备了一系列优良的性能。由于直扩系统采用的是 BPSK 信号，因此其解调电路仍然采用 Costas 环来实现，只是需要在 Costas 环中增加伪码解扩环节。文献[4]对直扩系统的解调及 Costas 环设计进行了较为详细的探讨，给出的解调框图如图 9-22 所示。

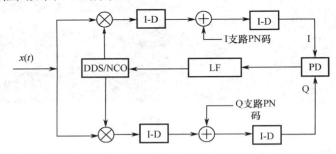

图 9-22　直扩系统的解调框图

由图 9-22 可知，与 Costas 环相比，除了增加了伪码解扩环节，低通滤波器由两级 I-D（积分清零器）代替，且下变频后的第一级 I-D 的清零率取每个伪码码元的采样点数，第二级 I-D 的清零率取每位数据位上的伪码片数。I-D 的作用是实现整数倍抽取的 CIC（积分梳状）滤波器，这种滤波器更适用于采样率远高于数据速率的情况，否则会因为滤波器性能差而严重影响解调的性能。文献[13]将下变频后的第一级滤波器改为 FIR 低通滤波器，伪码解扩后仍使用 I-D 进行低通滤波。根据前面对伪码同步环的讨论，伪码解扩及第二级积分清零器已经完成，可以直接输出解扩及积分清零后的信号，且同时输出位同步信号（bit_sync）。

需要说明的是，第一级低通滤波器的设计方法与普通 BPSK 信号的解调设计完全相同。对于本实例来讲，其通带频率为伪码速率，即 6.2 MHz。根据式（7-8）、式（7-9）和式（7-10）可计算出截止频率，即 10.42 MHz。采用 MATLAB 获取最优低通滤波器系数后，将其写入 TXT 文件（rec_lpf.txt），供 Verilog HDL 设计使用，相关的 MATALB 程序请参见本书配套资料 "Chapter_9\E9_4\E9_4_RecLpf.m"。由于伪码解扩及积分清零运算后的输出信号为解调后的原始信号，其数据速率不再是伪码速率，而是原始信号速率，即 200 kHz，因此，环路滤波器中的累加信号为位同步信号，DDS/NCO 的更新频率也为 200 kHz，在计算环路总增益、DDS/NCO 频率字字长、环路滤波器系数时需要一并考虑。环路滤波器系数的计算方法与 8.5.1 节相同，可根据式（8-34）来计算，其中的 T_s 是指原始信号周期而不是伪码码元周期。

下面给出了整个解调环路的顶层文件程序及环路滤波器程序清单，其中前面设计的伪码同步环作为顶层文件的一个模块直接使用。解调环路中的 NCO 核、乘法器核及低通滤波器核的参数设计，以及环路滤波器模块与 BPSK 信号的解调环路相同，请读者自行分析各模块之间数据接口设计方法。直扩系统解调环路综合后的 RTL 原理图如图 9-23 所示。

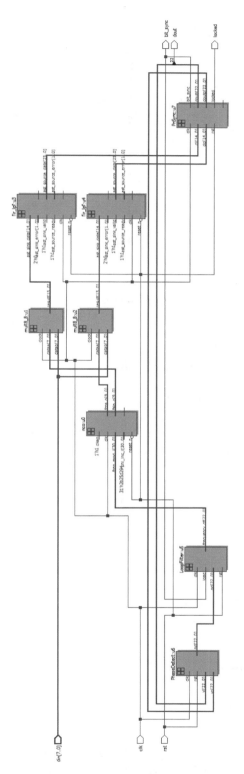

图 9-23　直扩系统解调环路综合后的 RTL 原理图

```
//DsssDemod.v 的程序清单
module DsssDemod (rst,clk,din,locked,bit_sync,dout);
    input    rst;                        //复位信号，高电平有效
    input    clk;                        //FPGA 系统时钟：49.6 MHz
    input    signed [7:0] din;           //直扩系统的中频输入信号
    output   locked;                     //伪码锁定指示信号，高电平时锁定
    output   bit_sync;                   //位同步信号
    output   dout;                       //解调后的信号

    //实例化 NCO 核所需的接口信号
    wire reset_n,out_valid,clken;
    wire [30:0] carrier;
    wire signed [9:0] sin,cos;
    wire signed [30:0] frequency_df;
    wire signed [22:0] Loopout;
    assign reset_n = !rst;
    assign clken = 1'b1;
    assign carrier=31'd346368330;         //8 MHz
    //assign carrier=31'd346584811;       //8.0005 MHz

    //根据 NCO 核接口，扩展为 31 bit
    assign frequency_df={{8{Loopout[22]}},Loopout};

    //实例化 NCO 核，Quartus II 提供的 NCO 核输出数据位宽最小为 10，根据环路设计需求，
    //只取高 8 bit 参与后续运算
    nco u0 (.phi_inc_i (carrier), .clk (clk), .reset_n (reset_n), .clken (clken),
            .freq_mod_i (frequency_df), .fsin_o (sin), .fcos_o (cos), .out_valid (out_valid));
    //实例化 NCO 同相支路乘法器核
    wire signed [15:0] zi;
    mult8_8 u1 (.clock (clk), .dataa (sin[9:2]), .datab (din), .result (zi));

    //实例化 NCO 正交支路乘法器核
    wire signed [15:0] zq;
    mult8_8 u2 (.clock (clk), .dataa (cos[9:2]), .datab (din), .result (zq));

    //实例化鉴相器同相支路低通滤波器核
    wire ast_sink_valid,ast_source_ready;
    wire [1:0] ast_sink_error;
    assign ast_sink_valid=1'b1;
    assign ast_source_ready=1'b1;
    assign ast_sink_error=2'd0;
    wire sink_readyi,source_validi;
    wire [1:0] source_errori;
    wire signed [25:0] yi;
    fir_lpf u3(.clk (clk), .reset_n (reset_n), .ast_sink_data (zi[14:0]), .ast_sink_valid (ast_sink_valid),
            .ast_source_ready (ast_source_ready), .ast_sink_error (ast_sink_error),
```

```
             .ast_source_data (yi), .ast_sink_ready (sink_readyi),
             .ast_source_valid (source_validi), .ast_source_error (source_errori));

        //实例化鉴相器正交支路低通滤波器核
        wire sink_readyq,source_validq;
        wire [1:0] source_errorq;
        wire signed [25:0] yq;
        fir_lpf u4(.clk (clk), .reset_n (reset_n), .ast_sink_data (zq[14:0]), .ast_sink_valid (ast_sink_valid),
             .ast_source_ready (ast_source_ready), .ast_sink_error (ast_sink_error),
             .ast_source_data (yq), .ast_sink_ready (sink_readyq),
             .ast_source_valid (source_validq), .ast_source_error (source_errorq));

        wire signed [22:0] pd;
        wire load;
        //实例化环路滤波器模块
        LoopFilter u5(.rst (rst), .clk (clk), .load (load), .pd (pd),
             .frequency_df(Loopout));

        //实例化鉴相器模块
        wire signed [22:0] douti,doutq;
        PhaseDetect u6(.rst (rst), .clk (clk), .yi (douti), .yq (doutq), .pd (pd));

        //实例化伪码模块
        wire pn;
        PnSync u7(.rst (rst), .clk (clk), .di (yi[25:11]), .dq (yq[25:11]), .pn (pn), .bit_sync (load),
                  .locked (locked), .douti (douti), .doutq (doutq));

        assign bit_sync = load;
        assign dout = douti[22];
endmodule
```

9.7.2 FPGA 实现后的仿真测试

编写完成整个解调环路的 Verilog HDL 代码并经过测试后就可以进行 FPGA 实现了（读者可以在本书配套资料 "\Chapter_9\E9_4\DsssDemod" 中查看完整的工程文件及实现代码）。在 Quartus II 中完成对工程的编译后，启动 "TimeQuest Timing Analyzer" 工具，并对时钟信号 clk 添加时序约束（周期为 20 ns，频率为 50 MHz）。保存时序约束结果后重新对整个 FPGA 工程进行编译。

完成综合实现后，在工作过程区中会自动显示整个设计所占用的器件资源情况。本实例选用的目标器件是 Altera 公司 Cyclone-IV 系列的 EP4CE15F17C8。Logic Elements（逻辑单元）使用了 7033 个，占 17%；Registers（寄存器）使用了 6656 个，占 9%；Memory Bits（存储器）使用了 2816 bit，占 1%；Embedded Multiplier 9-bit elements（9 bit 嵌入式硬件乘法器）使用了 2 个，占 2%。从 "TimeQuest Timing Analyzer" 工具中可以看到系统最高工作频率为 63.43 MHz，满足工程实例中要求的 49.6 MHz。

在进行测试之前，还需要说明伪码捕获门限的选取问题。捕获门限的选取方法与实例 9-3

类似，首先将捕获门限设置成较高的值，以便查看伪码序列的滑动过程，并根据仿真波形选取合适的捕获门限（gate=36'd33554432）。由于解调环路的输入信号是经过载波同步环解调后的信号，因存在有限字长效应，伪码捕获的信号的整体值要比实例 9-3 中的信号小一些，因此捕获门限也相对较小。

接下来我们就来开始本书最后一个 FPGA 实例程序的仿真与测试。根据前面的讨论，直扩系统解调环路的核心问题是载波同步与伪码同步环的设计。本书已经实现了已多次完成了伪码同步环和载波同步环的设计与仿真了，将两者结合起来后是否仍能正确工作，正是直扩系统解调环路的关键。如果伪码不同步，则实现载波同步的难度很大，因为载波同步环的总体参数是以伪码同步为前提的。根据前面的分析可知，通过在伪码同步环中对 I 支路和 Q 支路相关累加器进行平方和运算，可以消除载波频差对伪码同步环的影响。理论分析是一回事，工程设计结果是否与理论分析一致，需要我们接下来进行验证。

测试信号为 E9_1_DSSProduce.m 程序产生的信号（保存在 dss.txt 文件中），首先将 NCO 核的初始频率设置成 8 MHz（程序中的 carrier=31'd346368330），以查看在没有频差（初始差频为 0）情况的直扩系统解调环路的收敛情况，仿真波形如图 9-24 所示。

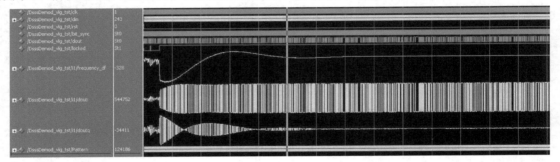

图 9-24   初始频差为 0 时直扩系统解调环路的仿真波形

从图 9-24 中可以看出，伪码同步环的同步时间比载波同步环要短一些，当两者都同步后，同相支路的相关累加器的输出（douti）呈明显的方波形状，取其符号位作为解调输出即可获得正确的解调结果（dout）。同时，正交支路的相关累加器的输出（doutq）近似为 0，环路滤波器的频率更新字信号（df）稳定收敛在 0 值附近。对波形进行局部放大，可以看到伪码序列位置调整值在锁定情况下，交替出现 6、8 两种值，即伪码相位差始终在一个采样点之内。

修改程序代码，将 NCO 核的初始频差设置成 1 kHz（程序中的 carrier=31'd346411626），查看在有初始频差的情况下直扩系统解调环路的收敛情况，仿真波形如图 9-25 所示。

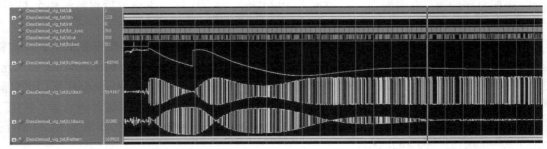

图 9-25   初始频差为 1 kHz 时直扩系统解调环路的仿真波形

对比图 9-25 与图 9-24 可以看出，伪码同步环的锁定时间几乎完全相同，这说明伪码同步环的捕获及锁定时间与初始频差无关，实践证明前面的理论是正确的。由于初始频差的影响，有初始频差时的收敛时间明显要比无初始频差时的收敛时间长。伪码同步环和载波同步环均收敛后，I 支路和 Q 支路的相关累加器的输出信号波形与图 9-24 完全一致。至此，我们完成了所有实例的设计、实现及仿真测试，完整的程序清单请参见本书配套资料中的 "Chapter_9\E9_4\DsssDemod" 工程文件。

9.8 小结

伪码同步技术是扩频通信中最核心的技术，扩频通信的抗干扰性能也体现在伪码同步后的解扩上。本章首先对直扩系统的原理做了简要的介绍，然后较详细地讨论了直扩系统中的同步原理及方法，并重点分析了基于滑动相关捕获方法及基于延迟锁相环的跟踪方法。利用 FPGA 实现伪码同步环的关键问题在于合理划分功能模块、准确掌握各功能模块之间的控制与被控制关系，以及整个系统的时序关系。

如果没有 Costas 环的 FPGA 设计基础，直接学习本章的内容是比较困难的，不仅因为直扩系统解调环路需要将载波同步环与伪码同步环有机结合在一起，还因为在介绍整个直扩系统解调环路的 Verilog HDL 设计时有意略去了载波同步环相关参数的设计。

参考文献

[1] 查光明，熊贤祚. 扩频通信. 西安：西安电子科技大学出版社，1997.

[2] 王秉钧，居谧，等. 扩频通信. 天津：天津大学出版社，1992.

[3] 杜勇. SSB 短波自适应天线抗干扰系统中关键技术的设计与实现. 国防科技大学硕士论文，2005.

[4] 张欣. 扩频通信数字基带信号处理算法及其 VLSI 实现. 北京：科学出版社，2004.

[5] 万哲先. 代数和编码. 北京：科学出版社，1976.

[6] Berlekamp E E. Algebraic Coding Theory,New York:McGRaw-Hall,1968.

[7] S W Golomb. Shift Register Sequence.Holden Day,Inc,1967.

[8] E J Waston. Primitive Polynomials(mod 2),Mathematics of Computation,1962.16:368-369.

[9] Murat Salih, Sawasd Tantaratana. A Closed-Loop Coherent Acquisition Scheme for PN Sequence Using an Auxiliary Sequence,IEEE Jouranl On Selected Areas In Communications. Vol.14.N0.8,1996.10.

[10] W. R. Braun. Performance analysis for the expanding search PN acquisition algorithm, IEEE Trans. Commun.,vol.com-30,no.3.pp.424-435,Mar.1982.

[11] J. K. Holmes and C. C. Chen.. Acquisition time performance of PN spread-spectrum systems,IEEE Trans,Commun,Vol.25.n0.8.pp.778-783,Aug.1977.

[12] R. T. Compton,Jr. . An Adaptive Array in a Spread-Spectrum Communication System, Proceesings of the IEEE,Vol. 66,No.3,March 1978.

[13] 杜勇,刘帝英.直扩信号数字载波环的 FPGA 设计与实现.微处理机,2008,32(4):8-10.

[14] 张安安，杜勇，韩方景．全数字 Costas 环在 FPGA 上的设计与实现．电子工程师，2006,32(1):18-20.